D1690346

Jürgen Kletti

Konzeption und Einführung von MES-Systemen

Jürgen Kletti

Konzeption und Einführung von MES-Systemen

Zielorientierte Einführungsstrategie
mit Wirtschaftlichkeitsbetrachtungen,
Fallbeispielen und Checklisten

Mit 122 Abbildungen und 53 Tabellen

Springer

Dr.-Ing. Jürgen Kletti
MPDV Mikrolab GmbH
Römerring 1
74821 Mosbach
Germany
j.kletti@mpdv.de

Bibliografische Information der Deutschen Nationalbibliothek
Die Deutsche Bibliothek verzeichnet diese Publikation in der Deutschen Nationalbibliografie;
detaillierte bibliografische Daten sind im Internet über http://dnb.d-nb.de abrufbar.

ISBN 3-540-34309-1 Springer Berlin Heidelberg New York
ISBN 978-3-540-34309-7 Springer Berlin Heidelberg New York

Dieses Werk ist urheberrechtlich geschützt. Die dadurch begründeten Rechte, insbesondere die der Übersetzung, des Nachdrucks, des Vortrags, der Entnahme von Abbildungen und Tabellen, der Funksendung, der Mikroverfilmung oder der Vervielfältigung auf anderen Wegen und der Speicherung in Datenverarbeitungsanlagen, bleiben, auch bei nur auszugsweiser Verwertung, vorbehalten. Eine Vervielfältigung dieses Werkes oder von Teilen dieses Werkes ist auch im Einzelfall nur in den Grenzen der gesetzlichen Bestimmungen des Urheberrechtsgesetzes der Bundesrepublik Deutschland vom 9. September 1965 in der jeweils geltenden Fassung zulässig. Sie ist grundsätzlich vergütungspflichtig. Zuwiderhandlungen unterliegen den Strafbestimmungen des Urheberrechtsgesetzes.

Springer ist ein Unternehmen von Springer Science+Business Media
springer.de

© Springer-Verlag Berlin Heidelberg 2007

Die Wiedergabe von Gebrauchsnamen, Handelsnamen, Warenbezeichnungen usw. in diesem Buch berechtigt auch ohne besondere Kennzeichnung nicht zu der Annahme, dass solche Namen im Sinne der Warenzeichen- und Markenschutz-Gesetzgebung als frei zu betrachten wären und daher von jedermann benutzt werden dürften. Sollte in diesem Werk direkt oder indirekt auf Gesetze, Vorschriften oder Richtlinien (z. B. DIN, VDI, VDE) Bezug genommen oder aus ihnen zitiert worden sein, so kann der Verlag keine Gewähr für die Richtigkeit, Vollständigkeit oder Aktualität übernehmen. Es empfiehlt sich, gegebenenfalls für die eigenen Arbeiten die vollständigen Vorschriften oder Richtlinien in der jeweils gültigen Fassung hinzuzuziehen.

Satz: Digitale Vorlage des Autors
Herstellung: LE-TEX Jelonek, Schmidt & Vöckler GbR, Leipzig
Einbandgestaltung: WMX Design GmbH, Heidelberg

Gedruckt auf säurefreiem Papier   68/3100/YL - 5 4 3 2 1 0

Vorwort

Der Unterschied zwischen einem erfolgreichen und einem nicht erfolgreichen Unternehmen liegt nicht in seinen Maschinen, Anlagen, Werkzeugen oder Verfahren, sondern in seiner Kommunikation, d.h. in der Art und Weise, wie das Unternehmen seine Strategie, sein Leistungsversprechen nach innen vermittelt, damit es im Unternehmen gelebt und auf der operativen Ebene umgesetzt werden kann.

Während die Vorgaben nach innen sich im traditionellen Unternehmen am Mengengerüst der Fertigung orientierten – dargestellt durch das Zahlenwerk des betrieblichen Rechnungswesens – rücken heute die nichtmateriellen Assets, also das Wissen des Unternehmens und seine Kreativität in den Vordergrund.

Dieser Wandel hat entscheidende Folgen für den unternehmerischen Alltag: Verbesserungen der Wirtschaftlichkeit und damit der Marktpositionen, die in der Vergangenheit über eine Verbesserung der Bearbeitung – also über Maschinen, Werkzeuge oder Verfahren und der dazu eingesetzten Fertigungstechnologie versucht wurden – müssen in der Zukunft über Leistungsmerkmale erreicht werden, die sich nicht nur am Produkt festmachen. Der Kunde entscheidet sich zunehmend weniger für die Produkte – diese werden im globalen Markt von vielen Herstellern in vergleichbarer Qualität angeboten – als vielmehr für die Leistungsmerkmale des Anbieters. In Kapitel 1 wird dieses Umdenken von der traditionellen Produktionsökonomie hin zur modernen Serviceökonomie, die Veränderung der Wettbewerbsbedingungen vom Wettbewerb der Produkte hin zum Wettbewerb der Prozesse und seinen Konsequenzen unter den Stichworten Turbulenz und Wandelbarkeit des Unternehmens dargestellt.

Mit den veränderten Leistungsanforderungen an die Unternehmen ändern sich auch die Schwachstellen. In der Vergangenheit wurden Schwachstellen überwiegend in der Produkterstellung erkannt. Das Tool dafür war die Kostenrechnung mit der Zielgröße Stückkosten. Für die Ausrichtung des Unternehmens auf den Kunden dagegen ergeben sich die Schwachstellen aus den Prozessen. Im Kapitel 2 werden die häufigsten Schwachstellen in den Prozessen detailliert aufgeführt.

Die moderne Fertigung steht vor der Aufgabe, die Ressourcenlenkung am Prozessergebnis, am Markt bzw. am Kunden auszurichten. Hier geht es um Gestaltung der Abläufe, die sich hinter den Zahlenwerk des Rechnungswesens verbergen. In Kapitel 3 wird gezeigt, wie moderne IT-Lösungen es dem Unternehmen ermöglichen, die Wertschöpfung zeitnah und effektiv auf die Anforderungen des Marktes auszurichten.

Wer gleichzeitig in alle Richtungen arbeitet, schwitzt zwar, aber er kommt nicht von der Stelle. Das Dilemma der traditionellen Wertschöpfung bestand darin, dass man immer alles wollte: Hohe Maschinenauslastung, kurze Durchlaufzeiten, niedrige Bestände und Termintreue. Die Leistungsanstrengungen des Unternehmens müssen auf seine Strategie, seine Herausstellungsmerkmale im Markt, focussiert werden. Im Kapitel 4 wird eine zielorientierte Auswahl von MES Funktionalitäten an Hand des in Kapitel zwei vorgestellten Schwachstellenprofils vorgestellt.

Der Erfolg eines Unternehmens entsteht auf dem Mark in monetären Größen. Daher ist es wichtig, die Handlungsalternativen in Geldwerten auszudrücken. Dazu gab es in der Vergangenheit keine Systematik. Die klassischen Berechnungen zum Return on Investment (ROI) bezogen sich immer auf konkrete Maschinen, ihre Preise, Verbräuche und Leistungen. Im modernen Fertigungsumfeld haben Maschinen und Anlagen keinen ROI. Dieser ergibt sich vielmehr aus dem Prozess, in den die Anlage eingebettet ist. Im Kapitel 5 wird ein Verfahren vorgestellt, mit dem es möglich ist, einen ROI verschiedener Handlungsalternativen auf Grund der Prozesseffizienz zu berechnen.

Die Einführung von MES legt bereits den Grundstein für das mögliche Scheitern oder den Grad der späteren Nutzung der Implementierung. Die immer wieder auftauchenden Probleme bestehen z.B. in einer geringen Eingriffstiefe im Unternehmen, unzureichende Nutzung der gekauften Funktionen, Desinteresse bei Mitarbeitern und Führungskräften. Im Kapitel 6 wird daher schrittweise und detailliert dargestellt, wie sich eine Systemeinführung zum größtmöglichen Nutzen des Unternehmens gestalten lässt.

In den Kapiteln 7 und 8 werden auf der Basis von konkreten Anwendungen in der Praxis mögliche Systemnutzungen gezeigt. In Gegenüberstellungen Früher – Heute werden Veränderungsmöglichkeiten und ihr monetärer Nutzen an konkreten Beispielen, Systemkonfigurationen und Masken dargestellt.

Inhaltsverzeichnis

1 Die Anforderungen an die moderne Fertigung 1
   1.1 Eigenschaften von Prozessen 2
   1.2 Von der Planung zur Regelung 4
   1.3 Funktionsebenen 6
   1.4 Vertikale und horizontale Integration 8
   1.5 Das „Werkzeug" MES 10
   Literatur 12

2 Häufige Schwachstellen in der Fertigung 13
   2.1 Schwachstellen im Überblick 13
   2.2 Durchlaufzeiten 14
      2.2.1 Durchlaufzeit und Wirtschaftlichkeit 14
      2.2.2 Schwachstellen der Durchlaufzeit 15
      2.2.3 Kennzahlen der Durchlaufzeit 16
      2.2.4 Durchlaufzeiten und Lieferantenbeurteilung 17
   2.3 Termintreue 18
      2.3.1 Unsichere Planvorgaben 19
      2.3.2 Zu späte Rückmeldungen 20
      2.3.3 Keine vorausschauende Kapazitätsplanung 20
      2.3.4 Falsche Steuerungsprioritäten 21
      2.3.5 Deterministische Fertigungssteuerung 22
      2.3.6 Feinsteuerung 23
   2.4 Anlagenproduktivität 24
      2.4.1 Die Maschinenauslastung 24
      2.4.2 Prozesssicherheit 24
      2.4.3 Falsche Berechnung der Maschinenstundensätze 25
      2.4.4 Maßnahmen zur Maschinenauslastung 27
      2.4.5 Konflikte zwischen Kosten- und Prozesszielen 27
   2.5 Läger und Bestände 30
      2.5.1 Umlaufbestände (Work in progress) 30
      2.5.2 Lagerbestände 31
      2.5.3 Sicherheitsbestände 32
      2.5.4 Losgrößen 32
      2.5.5 Bestände und Lieferfähigkeit 32

Inhaltsverzeichnis

- 2.6 Flexibilität ... 33
  - 2.6.1 Schnittstellen ohne Wertschöpfung ... 33
  - 2.6.2 Liegezeiten ... 36
  - 2.6.3 Rückstände ... 37
  - 2.6.4 Chefaufträge ... 38
- 2.7 Transparenz ... 39
- 2.8 Planungsqualität ... 41
  - 2.8.1 Die Planungsfalle ... 41
  - 2.8.2 Die Beschäftigungsplanung ... 42
  - 2.8.3 Terminplanung ... 42
  - 2.8.4 Personalplanung ... 42
  - 2.8.5 Wird Planung benötigt? ... 43
- 2.9 Personalproduktivität ... 43
  - 2.9.1 Wie gut ist ein Mitarbeiter? ... 43
  - 2.9.2 Mitarbeiterführung ... 44
  - 2.9.3 Taylorismus ... 44
  - 2.9.4 Stellenbeschreibungen ... 44
  - 2.9.5 Vom Arbeiter zum Mitarbeiter ... 44
  - 2.9.6 Typische Schwachstellen der Mitarbeitsführung ... 45
  - 2.9.7 Entlohnungsformen ... 46
- 2.10 Produktqualität ... 47
  - 2.10.1 Qualitätsorganisation ... 47
  - 2.10.2 Qualitätsregelkreise ... 48
  - 2.10.3 Qualitätsprüfungen ... 49
  - 2.10.4 Qualitätsdokumentation ... 49
  - 2.10.5 Prozesslenkung ... 50
  - 2.10.6 Weitere Anforderungen der ISO 9001 ... 50
- 2.11 Externe Anforderungen ... 51
- 2.12 Fehlende Kennzahlen ... 52
  - 2.12.1 In was will das Unternehmen gut sein? ... 52
  - 2.12.2 Kennzahlen in der Praxis ... 52
  - 2.12.3 Abhängigkeit der Maßnahmen von Kennzahlen ... 54
- 2.13 Ressourcenlenkung ... 54
  - 2.13.1 Die schwarzen Löcher in der Fertigung ... 54
  - 2.13.2 Die Stückkostenfalle ... 55
- Literatur ... 56

3 MES: IT-Lösung zur Prozessoptimierung ... 57
- 3.1 MES-Struktur ... 59
- 3.2 Softwarearchitektur ... 62
- 3.3 Fertigungsmanagement mit MES ... 64
  - 3.3.1 Reaktive Feinplanung ... 67
  - 3.3.2 Datenerfassung ... 72
- 3.4 Qualitätsmanagement im Unternehmen ... 76
  - 3.4.1 Geplante Qualität ... 77
  - 3.4.2 Integrierte Qualität ... 81

3.4.3 Dokumentation ... 84
3.4.4 Analyse und Bewertung ... 85
3.5 Personalmanagement im Unternehmen ... 87
3.5.1 Personalzeitwirtschaft ... 87
3.5.2 Personaleinsatzplanung ... 90
3.6 MES als Produktionscockpit ... 95
Literatur ... 97

4 myMES: Zielorientierte Modulauswahl eines MES ... 99
4.1 Definition der Ziele ... 100
4.2 Definition von Maßnahmen zur Zielerreichung ... 101
   4.2.1 Reduzierung der Auftragsdurchlaufzeit ... 102
   4.2.2 Verbesserung der Maschinenproduktivität ... 104
   4.2.3 Verbesserung der Personalproduktivität ... 106
   4.2.4 Verbesserung der Termintreue ... 107
   4.2.5 Reduzierung der Umlaufbestände ... 109
   4.2.6 Verbesserung der Produktqualität ... 111
   4.2.7 Erhöhung der Flexibilität ... 115
   4.2.8 Erfüllung sonstiger interner und externer Anforderungen ... 117
   4.2.9 Die Maßnahmen im Überblick ... 124
4.3 Unterstützung der Maßnahmen mit MES ... 129
   4.3.1 Durchlaufzeitreduzierung mit MES ... 131
   4.3.2 Verbesserung der Maschinenproduktivität mit MES ... 134
   4.3.3 Verbesserung der Personalproduktivität mit MES ... 140
   4.3.4 Verbesserung der Termintreue mit MES ... 143
   4.3.5 Reduzierung der Umlaufbestände mit MES ... 146
   4.3.6 Verbesserung der Produktqualität mit MES ... 149
   4.3.7 Erhöhung der Flexibilität mit MES ... 152
   4.3.8 Erfüllung sonstiger interner und externer Anforderungen mit MES 155
4.4 Hinweise zur Modulauswahl ... 168
   4.4.1 Bewertung der Zielgrößen durch Paarvergleich ... 169
   4.4.2 Bewertung der MES-Module ... 170
4.5 Beispielkonzepte für verschiedene Fertigungstypen ... 171
   4.5.1 Beispielkonzept für Einzelfertiger ... 171
   4.5.2 Beispielkonzept für Serienfertiger ... 172
   4.5.3 Beispielkonzept für Massenfertiger ... 173
Literatur ... 175

5 Wirtschaftlichkeitsbetrachtungen und ROI - Analyse ... 177
5.1 Quantifizierung des Nutzens ... 178
   5.1.1 Produktionsfaktor Information ... 180
   5.1.2 Vorgehen bei der Ermittlung der Potenziale ... 182
   5.1.3 Operationalisierung der Potenziale ... 183
5.2 Quantifizierung der Kosten ... 185
   5.2.1 Das Total Cost of Ownership Konzept ... 185
   5.2.2 Prozesskostenrechnung ... 186

5.2.3 Einführungskosten bei MES 187
5.2.4 Laufende Betriebskosten eines MES.. 189
5.3. Bewertung von MES-Investitionen 190
5.3.1. Methoden der Investitionsbewertung.. 190
5.3.2. Bewertung der MES-Einführung auf Basis der Initialkosten.......... 192
5.3.3. Bewertung der MES-Einführung nach TCO................................... 194
5.4 Softwaregestützte Potenzialanalyse.. 195
5.4.1 Abgrenzung des Untersuchungsbereichs 196
5.4.2 Erhebung der Potenziale 197
5.4.3 Unternehmensindividuelle Anpassung.. 202
5.4.4 Ergebnisse.. 203
5.4.5 Erfassung von Einführungs- und Betriebskosten 205
5.4.6. Bewertung der Wirtschaftlichkeit 206
Literatur 207

6 Einführung eines MES im Unternehmen 209
6.1 Konzepterstellung 210
6.1.1 Phasen der Konzepterstellung... 210
6.1.2 Beispiele... 215
6.2 Auswahl eines MES 223
6.2.1 Auswahl eines MES Partners 223
6.2.2 Systemauswahl... 228
6.3 Projektmanagement und Systemeinführung 232
6.3.1 Vorbereitung 232
6.3.2 Auftragserteilung und Projektstart 234
6.3.3 Teambildung zur Systemeinführung 238
6.3.4 Projektregeln.. 242
6.3.5 Definition eines Templates und Competence Teams 244
6.3.6 Schnittstellen zum MES 245
6.3.7 Erstellung des Projektplans 246
6.3.8 Kostenkontrolle im Projekt 248
6.3.9 Änderungsmanagement 249
6.3.10 Schulung und Einführungsberatung 250
6.3.11 Infrastruktur schaffen... 252
6.3.12 GoLive-Strategien.. 255
6.3.13 Abschluss des Projektes 259
Literaturnachweis: 260

7 Fallbeispiel Firma Legrand-BTicino GmbH 261
7.1 Vorstellung des Unternehmens.. 261
7.2 Ausgangssituation... 261
7.2.1 Kunststoffverarbeitung – Spritzerei 261
7.2.2 Kunststoffverarbeitung – Werkzeugbau.. 262
7.2.3 Endmontage 263
7.2.4 Projekt Flow Production 264
7.3 MES-Einführung im Unternehmen.. 265

7.4 Projektablauf	265
7.4.1 MES-Einführung	265
7.4.2 Einführung eines Kennzahlensystems	267
7.5 Bisher erzielte Ergebnisse	270
7.6 Zusammenfassung	275

8 Fallbeispiel Firma Swiss Caps AG ... 277

8.1 Vorstellung des Unternehmens	277
8.2 Ausgangssituation	278
8.3 MES Einführung im Unternehmen	279
8.4 Projektablauf	282
8.4.1 Evaluation	282
8.4.2 Projektorganisation	283
8.4.3 Konzeption / Pflichtenheft	283
8.4.4 Implementierung / Umsetzung des Pflichtenhefts	283
8.4.5 Integrationstest	284
8.4.6 Parallellauf	284
8.4.7 Go Live	284
8.4.8 Validierung	284
8.4.9 Roll-Out auf andere Standorte	285
8.4.10 Weitere Hinweise	287
8.5 Bisher erzielte Ergebnisse	288

Autorenverzeichnis ... **289**

Sachverzeichnis ... **293**

1 Die Anforderungen an die moderne Fertigung

Unter der „Fabrik von morgen" wird man nicht mehr primär den Massen- oder Serienproduzenten verstehen, der mit wenigen Umstellungs- und Umrüstvorgängen große Stückzahlen eines Produktes herstellt. Der moderne Produktionsbetrieb wird sich eher als Dienstleistungszentrum verstehen, das vielfältige Produkte in kleiner Stückzahl für jeden Kunden individuell zusammenstellt. Termintreue, Flexibilität, Lieferzeit und Variantenvielfalt werden die Begriffe sein, die die neue Produktionswelt beschreiben. Heute schon ist es für den Kunden eine Selbstverständlichkeit, Produkte in erstklassiger Qualität zu einem günstigen Preis termingerecht zu erhalten. Diese drei Dinge werden neben den Produktmerkmalen in Zukunft noch wichtigere Komponenten im globalen Wettbewerb werden.

Die Kundenanforderungen nach Termintreue, Qualität und wettbewerbsfähigem Preis werden überlagert durch neue Technologien, die in jedem Markt und um jedes Produkt herum entstehen. Der Kunde kann erwarten, dass die Produkteigenschaften mit den Erkenntnissen aus Forschung und Technologie mitwachsen. Der Produzent wird mehr denn je den Faktor Innovation in seiner Produktgestaltung verankern müssen. Diese Innovation wird er jedoch im Gegensatz zu früher nicht mehr so ohne weiteres auf den Produktpreis abwälzen können. In den globalen Märkten entstehen neue Hersteller, die unter günstigeren Bedingungen, seien es Lohnkosten oder sonstige Rahmenbedingungen, produzieren. Daraus resultiert eine Forderung nach mehr Wirtschaftlichkeit in Märkten, die individuelle Produkte termingerecht in hoher Qualität fordern. Aufgrund dieser Anforderungen wird ein typischer Herstellungsprozess nicht mehr über lange Zeit laufen, sondern er wird durch Umrüstungen und durch Produktwechsel unterbrochen werden. Die Produktlebenszyklen werden dabei immer kürzer. Häufigere Innovationen bringen neue Versionen von Produkten hervor.

Diese Effekte zusammengenommen kann man mit den Begriffen Turbulenz und Wandelbarkeit beschreiben. Diese beiden Kräfte erzeugen zunächst mehr Aufwendungen und erschweren damit eine Produktion am wirtschaftlichen Optimum. Sie fördern und verstärken außerdem ein mangelhaftes Informationsmanagement und stabilisieren ungünstigerweise untaugliche bzw. veraltete Geschäftsprozesse. Für den Kunden resultiert daraus eine mangelhafte Liefertermintreue und eine unbefriedigende Produktqualität. Beim Hersteller entstehen oft längere Durchlaufzeiten, welche überhöhte Bestände verursachen. Die Folge davon ist eine vermeidbare Kapitalbindung. Die Liste der Negativeffekte, die durch Turbulenz und Wandelbarkeit entstehen, ließe sich beliebig fortsetzen. Am Ende dieses Prozesses fehlen dem Hersteller die Mittel für die am Markt notwendige Innovation in seinen Produkten. Der moderne Produktionsbetrieb beherrscht diese Effekte durch Transparenz, Reaktionsfähigkeit und Wirtschaftlichkeit.

Geschäftsprozesse enden beim Kunden. Das sollte konsequenterweise zur Ausrichtung des gesamten Unternehmens auf das Prozessergebnis, also auf den Markt und damit auf die konkreten Anforderungen des Kunden, führen. Hemmschuhe hierfür sind die aktuelle Arbeitsweise von Unternehmen und historisch bedingte Vorgänge. Dies führt zu einer Reihe von so genannten Verschwendungen, die man mit der einfachen Formel definieren kann: Verschwendung ist alles, was offensichtlich für die eigentliche Arbeit nicht benötigt wird. Die Verschwendungen in den Unternehmen sind immer noch groß, obwohl in vielen Unternehmen Kostensparprogramme und Personalabbau durchgeführt wurden und immer noch durchgeführt werden.

In der Literatur wird eine Reihe von Verschwendungen vorgestellt und beschrieben. Die wichtigsten sollen hier kurz skizziert werden:

1. Verschwendung durch Überproduktion
2. Verschwendung durch Warte- und Stillstandszeiten
3. Verschwendung beim Materialtransport
4. Verschwendung bei der Bearbeitung
5. Verschwendung durch Umlaufbestände
6. Verschwendung durch unnötige Bewegungen
7. Verschwendung durch Fehler

Die heute immer noch übliche Kostenrechnung beschäftigt sich fast nur mit der Leistungserbringung und konzentriert sich also auf das eingesetzte Material, auf die Betriebsmittel und auf den Personaleinsatz. Nicht-Leistungen werden in den wenigsten Fällen in die Betrachtungen von Stückkosten einbezogen. Diese Vorgänge werden in der Literatur als „Stückkostenfalle", als „Verborgene Fabrik" und „Schwarze Löcher in der Fertigung" beschrieben.

1.1 Eigenschaften von Prozessen

Die Produktionsprozesse eines typischen, klassischen Massen- oder Serienherstellers konnten prinzipiell relativ wenige Schwachstellen enthalten. Durch die oben beschriebene Turbulenz und Wandelbarkeit und neue Kundenanforderungen gestalten sich die Prozesse immer komplexer. Immer mehr Prozesse greifen ineinander. Wird die optimale Abfolge und das Wechselspiel der Prozesse gestört, so entstehen die oben genannten Verschwendungen. Das gleiche passiert natürlich auch, wenn die Designer der Prozesse von anderen oder falschen Annahmen ausgegangen sind, oder wenn die Prozesse nicht mit den Anforderungen des Marktes und den Wünschen der Kunden weiterentwickelt wurden. Prozesse müssen also stetig überprüft werden und in ein Verbesserungsverfahren eingebunden werden. Dabei sollten Prozesse sowohl im Design wie auch in der Verbesserung drei wichtige Eigenschaften haben: Wirtschaftlichkeit, Transparenz und Reaktionsfähigkeit.

- Wirtschaftlichkeit: Der Prozess muss so gestaltet sein, dass er mit einer positiven Bilanz abschliessbar ist. Negative Prozessergebnisse, besonders im wirtschaftlichen Sinne, dürfen nur durch unvorhergesehene Einflüsse auftreten.
- Transparenz: Der Prozess muss transparent sein. Alle Vorgänge, Einflüsse und Details, die zur Beurteilung des Prozesses notwendig sind, müssen registriert werden. Die Registrierung muss so erfolgen, dass eine zeitnahe Beurteilung des Prozessstatus möglich ist. Klassische Aufschreibungen, die irgendwann einmal im Falle eines Problems ausgewertet werden, sind hierzu nicht geeignet.
- Reaktionsfähigkeit: Auf Basis der für die Transparenz registrierten Prozesskennzahlen müssen Entscheidungen getroffen werden können. Der Prozess muss so strukturiert werden, dass aufgrund dieser Entscheidung eine zeitnahe Einflussnahme auf den weiteren Verlauf des Prozesses möglich ist.

Entwicklung der Kosten der indirekten Bereiche

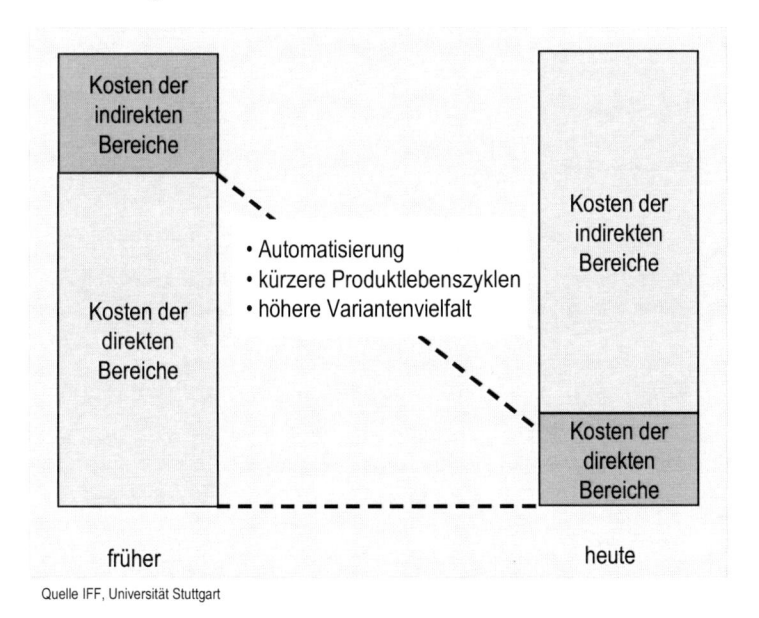

Quelle IFF, Universität Stuttgart

Abb. 1.1 Das Kostenmodell der modernen Fertigung

Die Abbildung 1.1 stellt plakativ die Kostenstruktur in der Fertigung früher und heute gegenüber. Dem hohen Anteil der direkten (variablen) Kosten bei einem geringen Gemeinkostenanteil steht heute ein verschwindend geringer Anteil an variablem Kosten bei einem extrem hohen Gemeinkostenanteil gegenüber, der beispielsweise durch hohe Automation, kürzere Produktlebenszyklen oder ein breites Variantenspektrum ausgelöst wird. In der früheren klassischen Fabrik waren die direkten Bearbeitungskosten sehr leicht zu identifizieren, da die Mitarbeiter direkt an den Produkten arbeiteten und deren Zeit- und Materialverbräuche auch direkt erfasst werden konnten. Die Kosten der indirekten Bereiche waren relativ niedrig und umfassten hauptsächlich low-level-Tätigkeiten für die Fertigungsunterstützung. Durch Automatisierung, kürzere Produktlebenszyklen und eine höhere Variantenvielfalt wurden und werden die Fertigungsvorgänge immer komplexer. Ein Maschinenbediener ist zum Beispiel für mehrere Aggregate gleichzeitig zuständig, auf denen völlig unterschiedliche Produkte hergestellt werden können. Ein Bearbeitungszentrum fertigt nacheinander oder kreuz und quer völlig verschiedene Arbeitsgänge. Aufgrund von kleinen Losen werden immer mehr Transport- und Versandvorgänge notwendig. Aufgrund komplexer werdender Vorgänge werden der Einfachheit halber oder aufgrund fehlender Möglichkeiten Kosten immer weniger direkt, also fertigungsverursachend, sondern immer mehr indirekt in Richtung Gemeinkosten betrachtet. Kostenverursacher sind mit dieser Logik immer weniger deutlich zu identifizieren. Darunter leidet natürlich die Transparenz und die Reaktionsfähigkeit. Ist diese Transparenz nicht vorhanden, können leicht falsche Entscheidungen gefällt werden, die die Kostensituation noch weiter negativ beeinflussen. Diesem Trend gilt es, Einhalt zu gebieten, wenn man Transparenz, Reaktionsfähigkeit und Wirtschaftlichkeit von Prozessen wieder herstellen möchte.

1.2 Von der Planung zur Regelung

Die Logik der transparenten und reaktionsfähigen Prozesse wird heute immer noch überlagert durch den Glauben, dass man mit mehr Planung ein besseres Ergebnis erzielen könne. Diese Logiken waren zu Zeiten hilfreich, als Materialien in großen Mengen beliebig verfügbar waren, die Kapitalkosten von Beständen noch nicht berücksichtigt werden mussten und Produkte in geringer Vielfalt produziert werden konnten. Hier konnte ein mehr oder minder dauerlaufender Prozess mit einem Horizont von mehreren Tagen gestaltet, unterbrochen, verändert werden, ohne die Wirtschaftlichkeit des Gesamtverfahrens wesentlich zu beinflussen. Heute, bei teuren Bearbeitungszentren, hohen Personalkosten und dem Druck zu geringen Beständen und kurzen Durchlaufzeiten, ist es notwendig, die Fertigung auch in kurzen Abständen mehrfach innerhalb einer Schicht optimal zu trimmen. Die beiden Betrachtungsweisen sollen im Folgenden weiter verdeutlicht werden.

In der Abbildung 1.2 ist die klassische Fertigungssteuerung und der Einsatz eines ERP-Systems in Form eines Regelkreises dargestellt. Die Sollgröße besteht aus ERP-Vorgaben in Form von Mengen und Terminen und zu fertigenden Produkten. Die Fertigung produziert die gewünschten Mengen. Nach Fertigstellung werden die Mengen an das ERP-System zurückgeliefert. Ein Soll-/Ist-Vergleich entscheidet dann darüber, ob nachproduziert werden muss oder ob der Vorgang abgeschlossen ist. Prozesseingriffe werden hier nur über das ERP vorgenommen, was zu einem Regelzyklus führt, der bedingt durch lange Informationslaufzeiten wie Aufschreibungen und Rückmeldungen oder langwierige Entscheidungsprozesse durch eine hierarchische Organisation hervorgerufen wurden und heute für die moderne Fabrik zu lang ist.

1.2 Von der Planung zur Regelung

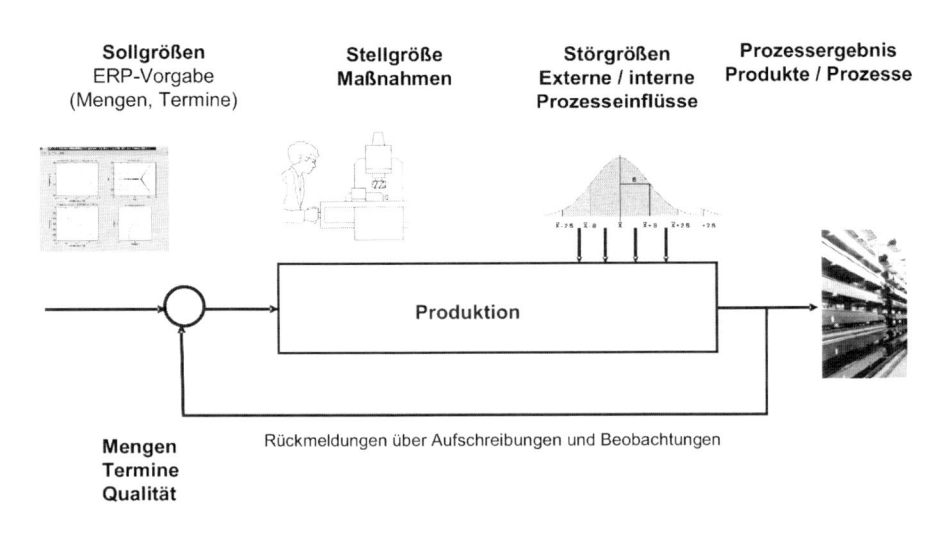

Abb. 1.2 Der Regelkreis der klassischen Fertigungssteuerung

Dieses Verfahren kann man zwar immer noch als Regelkreis sehen, allerdings mit einer sehr langen Zykluszeit. Es werden Planvorgaben gemacht, ohne die aktuelle Situation zu kennen (Auftragsfortschritt, Rückstände, Maschinenzustand, Werkzeug). Oft sind Stammdaten veraltet, Rüstzeit, Bearbeitungszeit, Maschinennutzungsgrad sind mehr angenommene Werte als gemessene Realitäten.

Die hier beschriebene Art von Regelkreis passt eher zur klassischen Fabrik. Die moderne Fabrik verlangt bei der Fertigungsregelung oder auch Fertigungssteuerung kurze Zykluszeiten, Eingriffe und Korrekturen während der laufenden Produktion und Entscheidungen innerhalb der Fertigung im Zeitraum von wenigen Minuten. Eine solche Fertigungsregelung mit der genannten kurzen Zykluszeit von wenigen Stunden kann realistisch nur mit Hilfe eines MES realisiert werden. Abbildung 1.3 veranschaulicht diese Situation: Die Produktion wird durch ein MES permanent beobachtet.

Damit sind Prozessbeurteilungen zeitgleich möglich. Prozesseingriffe basieren damit auf aktuellen und dokumentierten Realitäten Die Sollgrössen sind, wie bei der klassischen Fertigungssteuerung, ERP-Vorgaben, welche die Fertigung in Produkten oder Teilprodukten umsetzt. Eine Endemeldung des Vorganges wird genauso wie oben beschrieben erfolgen. Der entscheidende Unterschied ist, dass in der Fertigung bei jedem Teilprozess aktuelle Zustände erfasst werden können. Die Zustände können mit einem permanenten Soll-/Istvergleich darüber Auskunft geben, inwieweit sich der Prozess noch in der wirtschaftlichen Phase befindet.

1 Die Anforderungen an die moderne Fertigung

In diesem Soll-/Istvergleich kann nun auch eine direkte Einflussnahme in den Fertigungsprozess kompetent vorbereitet werden, ohne erst über die lange Schleife des ERP-Systems gehen zu müssen. Gerade an diesem Punkt setzt nun die Reduzierung von Verschwendungen an, die sich als Summe vieler oder minimaler Fehlleistungen darstellt. Fehlleistungen können das Starten eines Arbeitsganges sein, obwohl noch kein Material verfügbar ist. Sie können aber auch in einer ungenügenden Personaldisposition bestehen, die zu ungeplanten Überstunden führt. Die Liste vermeidbarer Stillstände an Arbeitsplätzen oder Fehlleistungen ließe sich beliebig fortführen.

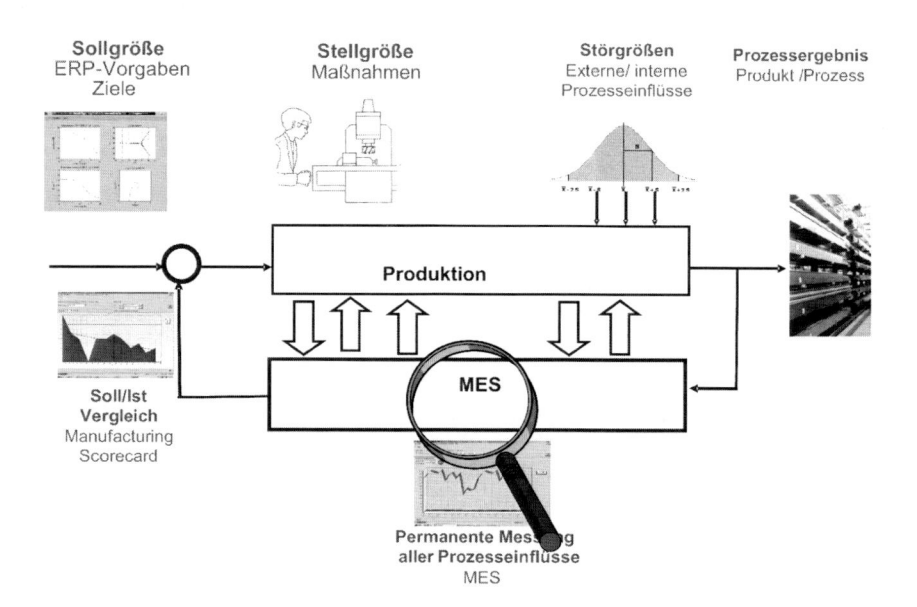

Abb. 1.3 Fertigungsregelung mit MES

1.3 Funktionsebenen

Bei der Bekämpfung der Verschwendungen wurde im letzten Abschnitt ein wichtiges Hilfsmittel, das MES, ins Spiel gebracht. Um dessen Funktion verstehen zu können, ist es wichtig, die moderne Fabrik in Ebenen einzuteilen, denen verschiedene Aufgaben im Gesamtproduktionsprozess zugewiesen werden können. Unabhängig vom Fertigungstyp soll ein Produktionsbetrieb in 3 Ebenen betrachtet werden.

Das Unternehmensmanagement

Das Unternehmensmanagement nimmt vordergründig kommerzielle Aufgaben wahr. Aus den Aktivitäten des Vertriebes und der Produktgestaltung ergeben sich Programmplanungen und die zugehörige Mengenplanung. Darauf basierend erfolgt eine Auftragsfreigabe und davon abhängig eine Termin- und Kapazitätsplanung für die Fertigung, welche man auch als Grobplanung bezeichnet. Das heißt, man betrachtet einen Bearbeitungszeitraum in groben Rastern und verteilt die zur Verfügung stehenden Kapazitäten auf die zu fertigenden Einheiten.

Das Fertigungsmanagement

Das Fertigungsmanagement übernimmt die Auftragsbelastung und die zugehörigen Termine aus dem Unternehmensmanagement und erstellt daraus einen Reihenfolge- und Belegungsplan. Dieser Schritt wird als so genannte Feinplanung bezeichnet. Aufträge bzw. Arbeitsgänge werden auf die vorhandenen Kapazitäten eingelastet und möglichst präzise Starttermine vorgegeben. Das Fertigungsmanagement führt auch die Erfassung der Fertigungsdaten durch, mit deren Hilfe man einen zeitnahen Soll-/Istvergleich zwischen Vorgaben und realen Zuständen durchführen kann. Auf dieser Ebene werden üblicherweise alle Arten von Ressourcenverwaltungen durchgeführt. Personaleinsatzplanung und Qualitätsmanagement sind üblicherweise auch im Fertigungsmanagement angesiedelt.

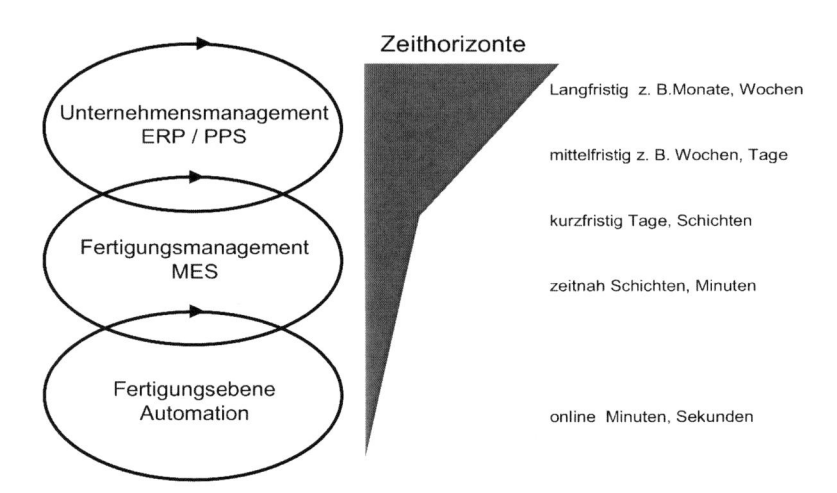

Abb. 1.4 Funktionsebenen eines Fertigungsbetriebes

Fertigungsebene (Automationsebene)

Der eigentlichen Fertigung werden nun Maschinen- und Anlagensteuerungen sowie Lagersteuerung zugeordnet. Transport und Instandhaltung und die eigentliche Herstellung der Waren sind Aufgaben der Fertigung. Diese Funktionsebenen eines Produktionsbetriebes sind beschrieben in der VDI-Richtlinie 5600. Das Fertigungsmanagement ist damit als eine Art Informationsdrehscheibe und als Trennstelle zwischen Informationsmanagement und der eigentlichen Fertigung zu sehen. Hier treffen der lang- und mittelfristige Ansatz des ERP und der Echtzeitansatz der Maschinen- und Anlagensteuerung zusammen. In der klassischen Fabrik wurde das Fertigungsmanagement mit IT-Funktionalitäten aus dem ERP-Bereich und der Automation versorgt. Die Fragestellungen sind hier jedoch detailreicher und komplexer und bieten demzufolge ein ideales Betätigungsfeld für den Einsatz eines MES-Systems. Die Grafik in Abbildung 1.4 zeigt die Funktionsebenen in einem Fertigungsbetrieb. ERP/PPS Fertigungsmanagement und Automation haben sehr unterschiedliche Zeithorizonte. Ein MES spielt als Unterstützung des Fertigungs^-managements den Mittler zwischen langfristiger Betrachtungsweise im ERP und Echtzeitsichten in der Automation.

Die in den einzelnen Funktionsebenen angegebenen Pfeile symbolisieren die so genannte Fristigkeit. Das heißt, ein ERP-System arbeitet eher mittel- und langfristig, ein MES dagegen kurz- bis mittelfristig im Minuten- bis Schichtbereich. Die Automatisierung ist aufgrund ihrer starken technologischen Orientierung im Millisekunden bis Sekundenbereich tätig. Die beschriebene Aufteilung in Ebenen birgt natürlich die Gefahr der Separierung und damit der Entstehung von neuen Prozessen, die sich nicht am Ziel des ganzen, nämlich der wirtschaftlichen und an der kundenorientierten Fertigung, orientieren.

1.4 Vertikale und horizontale Integration

Um diese Gefahren abzumildern ist es wichtig, die so genannte vertikale Integration zu betrachten. Die vertikale Integration stellt sicher, dass die zeitlichen Extreme eines Fertigungsunternehmens, nämlich das Unternehmensmanagement und die Automationsebene, synchron zusammenarbeiten. Dazu ist es notwendig, die Kommunikationswege effektiv zu gestalten. In jeder Ebene ist eine entsprechende Verdichtung von Daten vorzunehmen, so dass die jeweils überlagerte und unterlagerte Ebene mit „sinnvollen" Daten versorgt wird. Es macht beispielsweise wenig Sinn, einem ERP-System jeden Ventilzustand eines Produktionsaggregates zu übermitteln.

Es macht ebenso wenig Sinn, das ERP-System mit jeder Start-/Stopmeldung eines Arbeitsganges zu belasten. Hier ist eine aufgabenorientierte Verdichtung und Weiterleitung der Daten notwendig. Die Abbildung 1.5 veranschaulicht die vertikale Integration durch ein MES, wodurch eine aufgabenorientierte Datenverdichtung, Datenkommunikation und Datenzugriff möglich wird. Die Ebene des eigentlichen Fertigungsmanagements, also die Ebene des MES-Systems, leistet für diese aufgabenorientierte Datenbereitstellung einen entscheidenden Beitrag. Hier kommen teilweise extreme Datenmengen aus der Fertigung an. Man denke hier nur an Auftrags-, Start- und Stop-Buchungen, an die ganzen Zustandsdaten von Maschinen und auch an die Prozessdaten, die aus komplexeren Maschinen anfallen.

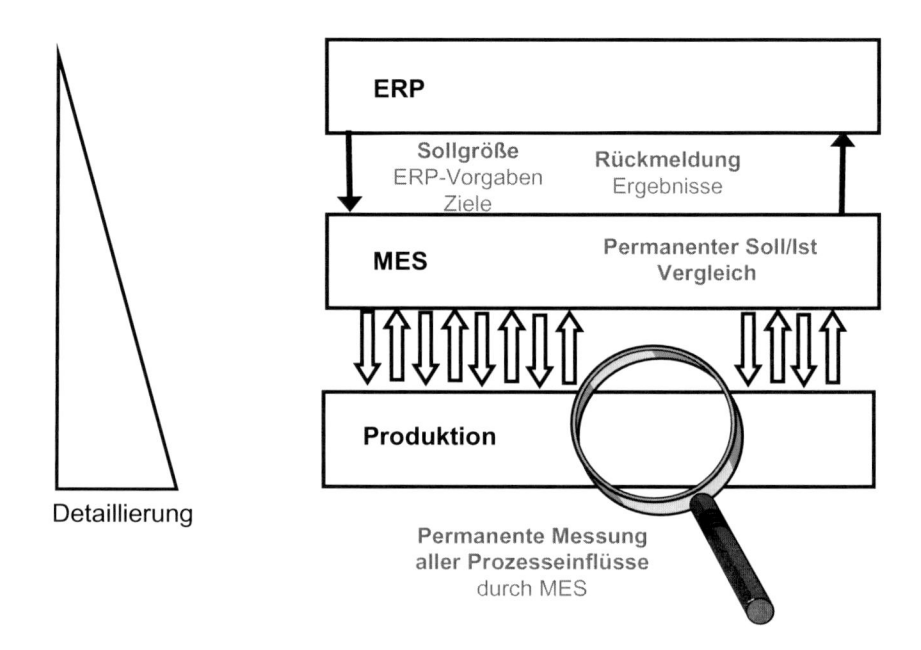

Abb. 1.5 Vertikale Integration durch ein MES

Das ERP-System benötigt aus dieser Datenfülle nur einen relativ bescheidenen Anteil. Jedoch benötigt das ERP eine Menge neuer Daten, so genannte Rückmeldungen, die aus den genannten Detaildaten durch Verdichtungen und Interpretationen entstehen.

Aus der Vielfalt der Aufgaben, die ein MES zu bewältigen hat, entstanden für die einzelnen Aufgabenbereiche inselartige Lösungen. Im modernen vernetzten Fertigungsunternehmen sind diese Inseln natürlich ebenso ein Störfaktor wie die oben beschriebenen, nicht synchronisierten Prozesse. Um diese Störfaktoren zu vermeiden ist es wichtig, ein horizontal integriertes Fertigungsmanagement anzustreben, welches in einer Systematik, also in einem MES-System, die verschiedenen Aufgaben vereint und synchronisiert. Will man also Verschwendungen effektiv beherrschen, so ist es notwendig, die zeitlichen Extreme von Automation und langfristigem ERP-Denkansatz über die vertikale Integration zu synchronisieren und mit der horizontalen Integration Schnittstellen zwischen einzelnen Prozessen zu vermeiden.

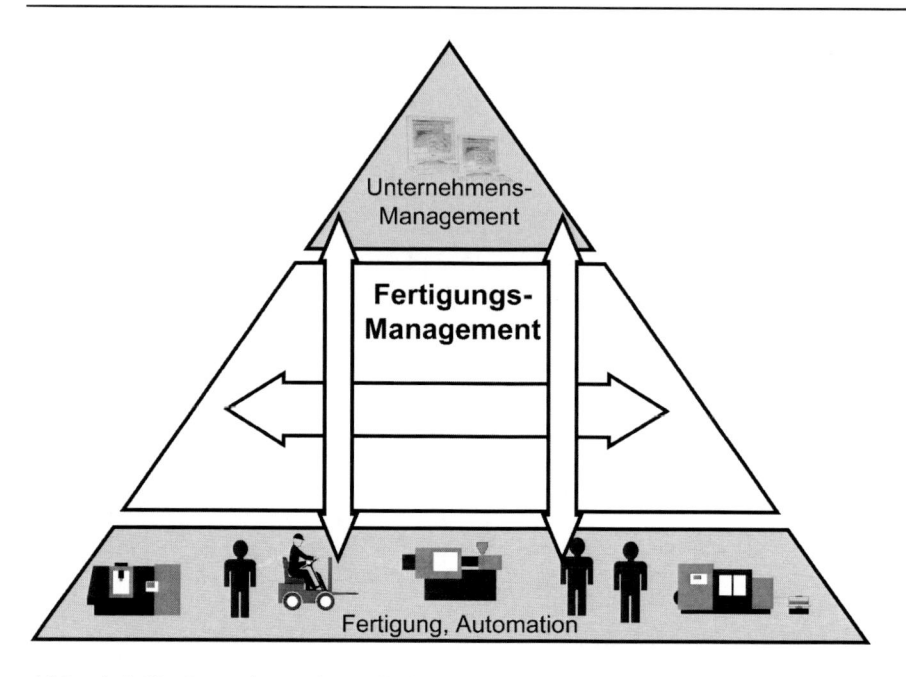

Abb. 1.6 Horizontale und vertikale Integration gewährleisten eine permanente Synchronisation von Produktions- und Informationsprozessen

1.5 Das „Werkzeug" MES

Ein MES-System ist damit als Werkzeug umschrieben, das es erlaubt, die Anforderungen der Produktion von morgen zu meistern. Wie wir in der so genannten Stückkostenfalle geneigt sind, nur die einzelnen Bearbeitungsschritte und nicht den gesamten Herstellungsweg zu betrachten, so neigen wir bei der Betrachtung von Softwaresystemen dazu, uns nur mit den Eigenschaften dieser Systeme zu befassen und den Funktionalitäten. Dabei muss man bedenken, dass bei der Einführung eines solchen IT-Systems ein ganzes Produktionsunternehmen betroffen sein kann. Arbeitsplätze und Maschinen werden mit der entsprechenden Infrastruktur ausgerüstet. Die Mitarbeiter müssen das System effektiv bedienen können und die Entscheider sollen die Funktionen zu richtigeren Entscheidungen nutzen können. Damit ist schon angedeutet, dass es neben der Funktionsbetrachtung auch eine wichtige logistische Betrachtung einer solchen Systemeinführung gibt. So ist es wichtig, vor der Systemeinführung zu fragen, welche Ziele sollen denn mit der Einführung eines solchen Systems verfolgt werden? Welche Aufgaben soll es wahrnehmen? Es muss ein Zeitplan erstellt werden und aufgrund der flächendeckenden Einführung muss auch eine Vorgehensweise definiert werden, die möglichst ohne Produktionsbehinderungen auskommt. Eine solche Einführung und die Anschaffung sind natürlich mit Kosten verbunden. Solche Kosten provozieren

ROI-Betrachtungen. Im Falle eines MES hat der Anwender allerdings die Chance, über die typischen kleinen Beiträge, mit denen er normalerweise seinen ROI berechnet, auch große Veränderungen zur Kompensierung seiner Anschaffungskosten hernehmen zu können. Er kann mit einem MES Verbesserungspotenziale lokalisieren, die ihm permanent in den nächsten Jahren Vorteile bringen. Vorteile, die weit über die typische ROI-Betrachtung hinausgehen. Dazu ist es natürlich notwendig, von einem MES lokalisierten Potenzial auch ausschöpfen zu können. Ein MES soll also als erste Aufgabe das Darstellen von Potenzialen haben, sollte die Einleitung von Verbesserungsmassnahmen ermöglichen und sollte dann eine permanente Ergebnisüberprüfung dieser Verbesserungsmassnahmen ermöglichen. Die Vorgänge hierzu sind in der Literatur dargestellt.

Es kann auch richtig sein, in einem Fertigungsbetrieb nur ganz bestimmte Bereiche mit einem MES auszurüsten, zum Beispiel die Bereiche, die von permanenten Fertigungsveränderungen belastet werden. Die folgenden Kapitel dieses Buches sollen eine Hilfestellung geben, sich in dem vielfältigen Marktangebot das richtige MES zusammen zu stellen. Besonderer Wert wurde hierbei gelegt auf das Erkennen und Ausnutzen von Potenzialen. So wird im Kapitel 2 zunächst aufgelistet, welche Arten von Schwachstellen in einem Fertigungsbetrieb entstehen können. In Kapitel 3 wird das Werkzeug MES kurz übersichtsartig dargestellt. Kapitel 4 zeigt das komplexe Geflecht zwischen Funktionalitäten, Schwachstellen und Nutzen auf, mit dessen Hilfe man sich „myMES" zusammenstellt. Die Potenziale, die sich aus einem MES ergeben, sowohl im Kosten- wie auch im Nutzensinne, werden in Kapitel 5 in Form einer ROI-Analyse dargestellt. Die um die Einführung und Definition eines MES-Systems notwendigen organisatorischen Massnahmen werden in Kapitel 6 beleuchtet.

Die einzelnen Kapitel sind als Baukasten in einer Gesamtsystematik zu verstehen. Hieraus kann man die Komponenten selektieren, die im praktischen Falle für die Definition und die Einführung eines MES notwendig sind. So kann es natürlich sein, dass in einem stark maschinisierten Fertigungsunternehmen die klassische MDE-Komponente eine sehr wichtige Rolle spielt und der Nutzen in Form einer Stillstandsreduktion schon sehr klar auf der Hand liegt. Die Funktionsdefinition und die Einführung kann anhand von einfachen Leistungsbeschreibungen und wenigen Zeitplänen erfolgen. Die folgenden Kapitel sollen aber auch Anleitung geben für den Anwender, der eine hoch komplexe Fertigung besitzt, der viele Potenziale in seinem Unternehmen sieht, wie Stillstandsreduktion, wie Reduzierung der Umlaufbestände, wie Steigerung der Produktqualität. Diese Kapitel sollen auch denjenigen Anwender beraten, der aufgrund neuer Anforderungen seiner Kunden eine umfassende Dokumentation seiner Fertigungsvorgänge benötigt. Aus solchen Anforderungen ergibt sich ein komplexes Geflecht von kleinen Nutzenvorteilen, die in Zielen, in Potenzialen, in Pflichten- und Lastenheften beschrieben werden müssen.

Die beiden letzten Kapitel, die die Einführung eines MES in zwei Unternehmen beschreiben, runden den Gesamteindruck ab und sollen nochmals eine praxisnahe Zusammenfassung über die notwendigen Schritte in diesem Umfeld geben.

Literatur

Kletti J, Brauckmann O (2004) Manufacturing Scorecard. Gabler, Wiesbaden
Kletti J (2005) Manufacturing Execution Systems. Springer, Berlin

2 Häufige Schwachstellen in der Fertigung

2.1 Schwachstellen im Überblick

Der Focus der modernen Fertigung im globalen Umfeld verschiebt sich weg vom Produkt und seiner Herkunft (Fertigungstiefe) hin zur Wahrnehmung des Anbieters (OEM). Dieser Wandel hat entscheidende Folgen für den unternehmerischen Alltag: Verbesserungen der Wirtschaftlichkeit und damit der Marktpositionen, die in der Vergangenheit über eine Verbesserung der Bearbeitung und der dazu eingesetzten Fertigungstechnologie versucht wurden, müssen in der Zukunft über völlig andere Leistungsparameter gelöst werden. Der Kunde entscheidet sich zunehmend weniger für die Produkte – diese werden im globalen Markt von vielen Herstellern in vergleichbarer Qualität angeboten – als für den Anbieter. Damit muss jeder Anbieter versuchen, im gesamten Wertschöpfungsprozess auf diese Anforderungen hin zu reagieren. Die Schwachstellen in vielen Unternehmen entstehen durch das Abkoppeln der internen Produktionsziele von den Kunden- und Marktanforderungen. Das zeigt sich drastisch in der **Durchlaufzeit**. Eine Aufteilung der Durchlaufzeit in 5 Prozent Bearbeitungs- und damit Werterhöhungszeit, die vom Kunden bezahlt werden gegenüber 95 Prozent Warte- und Liegezeiten, die von Kunden nicht vergütet werden, signalisiert betriebliches Chaos. **Läger** entstehen durch den Unterschied zwischen Lieferlosen und Fertigungslosen. Läger sind erhebliche Ertragsfresser, die aber in die Berechnung der Kosten kaum eingehen. **Bestände** (Work in Process) sind Missmanagement. Sie entstehen durch eine nicht synchronisierte Fertigung, also Bearbeitungsschritten mit unterschiedlichen Taktzeiten, durch die Staus im Materialfluss entstehen. Die **Termintreue** wird erheblich durch interne Kostenziele wie Maschinenauslastungen und optimale Fertigungslose beeinträchtigt. In vielen Unternehmen ist die dominante Zielgröße die Anlagenproduktivität. Aus der Sicht des Kunden aber ist nichts so teuer, wie eine hohe Maschinenauslastung – auch hier stoßen Kundenforderungen und interne Kostenanforderungen aufeinander. **Flexibilität** bedeutet, schnell auf Kundenwünsche wie Lieferfähigkeit und Termine reagieren zu können. Dem stehen in den Unternehmen aber die oben genannten internen Ziele wie Anlagennutzung, und daraus resultierende Bestände sowie der unproduktiven Liege- und Wartezeiten gegenüber. **Transparenz** gibt es im traditionellen Unternehmen nicht. Die internen Abläufe werden überwiegend manuell durch Aufschreibungen und Berichte erfasst. Die internen Abläufe werden damit entweder gar nicht, oder zu spät oder verfälscht dargestellt. Die **Planungsqualität** ist eine Funktion des Planungshorizontes. Bei Lieferzeiten im Wochen- und Monatsbereich ist keine Planung mehr möglich. Planung ersetzt dann Zufall durch Irrtum. Das führt dann im betrieblichen Alltag dazu, dass die Arbeit der Fertigungssteuerung eine permanente Baustellenarbeit ist. **Mitarbeiterproduktivität** ist eine gefühlte Größe. Mitarbeiter wissen – im Gegensatz zum Sportler – nicht, wie gut sie sind, und was sie tun können, um sich und das Unternehmen zu verbessern. **Produktqualität** ist im heutigen Fertigungs- und Marktumfeld keine Zielgröße, sondern eine Voraussetzung, um weiter mitspielen zu können. Qualität ist damit eine Eigenschaft des operativen Geschäftes. Trotzdem führt die Qualitätssicherung in den Unternehmen zu einer aufwändigen Parallelbürokratie. **Ressourcenlenkung** im Sinne einer Ausrichtung der immer knappen Ressourcen am Prozessergebnis spielt in den Unternehmen keine Rolle. Durchgängig wird die Wirtschaftlichkeit an den Zahlen des betrieblichen Rechnungswesens mit der Zielgröße Stückkosten ausgerichtet. Dazu unterstellt die **Kostenrechnung** eine verursachungsgerechte Zuordnung der Verbräuche auf den Kostenträger. Im heutigen Fertigungsumfeld haben die Unternehmen ca. 80 Prozent Gemeinkosten (ohne Material), damit lassen sich 80 Prozent aller Kosten nicht auf den Kostenträger verursachungsgerecht zuordnen. Die Ausrichtung der Wirtschaftlichkeit an den Stückkosten führt zu riesigen Verschwendungen.

2.2 Durchlaufzeiten

Nach verschiedenen Untersuchungen und eigenen Erfahrungen entfallen 90 Prozent der Durchlaufzeiten auf unproduktive Warte- und Liegezeiten. Dieses Verhältnis, welches in vielen Unternehmen noch weitaus krasser ist, bedeutet organisatorisches Chaos (Brauckmann 2002). Für diese Zeitanteile müssen Ressourcen in erheblichem Umfang bereitgestellt werden, welche vom Kunden nicht vergütet werden. Hier liegt ein erhebliches unerschlossenes Verschwendungspotenzial für viele Unternehmen.

2.2.1 Durchlaufzeit und Wirtschaftlichkeit

Dazu ein Gedankenexperiment: Was wäre, wenn man nur zwei Tage Durchlaufzeit hätte?
- Man könnte ausschließlich auftragsbezogen disponieren,
- dadurch würden sich Absatzpläne erübrigen,
- das Unternehmen hätte keinen Steuerungsaufwand,
- es hätte keine Vorräte
- und dadurch eine hohe Liquidität.
- Man könnte in zwei Tagen liefern,
- wäre dadurch bei den Kunden begehrt,
- was sich wieder auf die Preise niederschlüge.

Der wirtschaftliche Vorteil einer kurzen Lieferzeit ist für die meisten Praktiker unbestritten. Schon eine nachhaltige Verbesserung des oben angenommenen Verhältnisses von 10 Prozent Bearbeitungszeit und entsprechend 90 Prozent Warte- und Liegezeiten auf eine Relation von 20:80 hätte für jedes Unternehmen erhebliche Konsequenzen: Die Durchlaufzeiten, die Bestände und die Lieferzeiten halbierten sich bei einer gleichzeitigen Erhöhung der Liquidität. Dass den Durchlaufzeiten eine erhebliche Bedeutung als Maß für die Wirtschaftlichkeit zukommt, zeigt das Beispiel von General Motors. Man hat dort eine Verkürzung der Durchlaufzeit von 32 Stunden auf 19 Stunden als Zielgröße angekündigt. Die Abbildung 2.1 zeigt ein Wertschöpfungsdiagramm und die verschiedenen Zeitanteile der gesamten Durchlaufzeit.

Wertschöpfungsdiagramm

$$\text{Nutzgrad} = \frac{\text{Hauptnutzungszeit}}{\text{Durchlaufzeit}}$$

$$\text{Beleggrad} = \frac{\Sigma \text{ Belegzeiten}}{\text{Durchlaufzeit}}$$

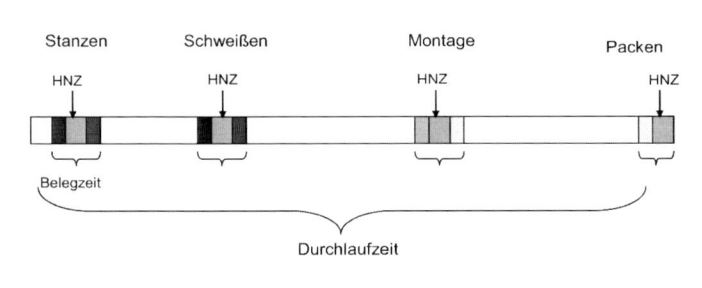

$$\text{Bearbeitungsgrad} = \frac{\Sigma \text{ HNZ}}{\Sigma \text{ Belegzeiten}}$$

Abb. 2.1 Wertschöpfungsdiagramm

Daraus gehen hervor: Die Hauptnutzungszeiten (HNZ), die Belegzeiten mit den unterschiedlichsten Zeitanteilen wie Rüsten und Anfahren und die ungeplanten Betriebsunterbrechungen wie Werkzeugmangel, Werkzeugbruch, Materialmangel, Personalmangel- um nur die wichtigsten zu nennen.

2.2.2 Schwachstellen der Durchlaufzeit

Das Problem in der Praxis besteht in der fehlenden Messbarkeit der Durchlaufzeiten. Was man nicht messen kann, wird entsprechend auch nicht zu einer Zielgröße. Die traditionellen manuellen Aufschreibungen können weder ein zeitnahes noch ein zuverlässiges Bild der internen Abläufe wiedergeben. Trotzdem sind manuell erstellte Listen und Berichte immer noch die häufigste Technik, die Fertigung zu lenken.

Die Hauptnutzungszeit

Die Erfassung der Hauptnutzungszeit als der einzige Zeitanteil, den der Markt vergütet, erfolgt in der Praxis wahlweise über Rückmeldungen eines abgearbeiteten Auftrags entweder am Auftragsende oder als Teilmengenbuchung zum Schichtende. Diese Rückmeldung kann in ein ERP-System gebucht werden. Sie umfasst in der Regel nur die gefertigte Stückzahl – wobei eine genaue Erfassung der Stückzahl in den meisten Fällen gar nicht möglich ist: Die Maschinenzähler sind zu ungenau und eine Erfassung durch Zählen oder Verwiegen ist meist zu teuer.

Rüsten und Anfahren

Rüsten und Anfahren fasst man als Nebennutzungszeiten zusammen. Sie sind in vielen Fällen technisch bedingt. Da eine manuelle Erfassung dieser Zeitanteile in der Fertigung zu aufwändig und zu ungenau ist und weiterhin die permanente Berechnung eines NNZ Index (NNZ / Belegzeit) nicht erfolgt, wird eine Verringerung von Rüsten und Anfahren nicht zur Zielgröße: Das Rüsten bleibt wie immer in der Verantwortung der Einrichter. Eine überwältigende Anzahl von Unternehmen hat dagegen durch die Zielsetzung Rüstzeitverkürzung eine dramatische Verbesserung seiner Rüstprozesse erzielt.

Ungeplante Betriebunterbrechungen

Der Topf der ungeplanten Betriebunterbrechungen ist groß. Der Katalog der Unterbrechungsgründe umfasst in vielen Unternehmen bis zu dreißig verschiedene Ausfallgründe. In vielen Fällen werden diese immer wieder auftretenden Störungen hingenommen. Das heißt für die Praxis: Es passieren immer wieder die gleichen Fehler. Obwohl jede Organisation ein unbegrenztes Verbesserungspotenzial hat, ist eine systematische permanente Verbesserung (KVP / Kaizen) heute für die operative Ebene nicht Stand der Technik.

2.2.3 Kennzahlen der Durchlaufzeit

Die Verknüpfung der Zeitanteile der Durchlaufzeiten zu Kennzahlen liefert wichtige Vorgaben für die Mitarbeit. Die Tabelle 2.1 zeigt verschiedene einfache Indices und ihre Bedeutung für die Fertigung.

Tabelle 2.1 Kennzahlen der Durchlaufzeit

Kennzahl	Bedeutung für die Fertigung
Nutzgrad	Der Nutzgrad beschreibt den Anteil der Bearbeitungszeit an der gesamten Durchlaufzeit. Der Nutzgrad ist ein Index für die Prozessfähigkeit der Fertigung
Beleggrad	Der Beleggrad beschreibt den Anteil der Auftragsbelegung an den verschiedenen Bearbeitungsstufen im Verhältnis zur gesamten Durchlaufzeit. Der Beleggrad ist ein Maß für die Prozessverkettung und damit auch für die Höhe der Umlaufbestände.
Bearbeitungsgrad	Der Bearbeitungsgrad beschreibt den Anteil der Hauptnutzungszeit während der Inanspruchnahme des jeweiligen Betriebsmittels. Der Bearbeitungsgrad ist ein Maß für die Prozesssicherheit.

2.2.4 Durchlaufzeiten und Lieferantenbeurteilung

Der Kunde im globalen Markt entscheidet sich nicht für ein Produkt, sondern für einen Anbieter – jedenfalls immer dann, wenn der Anbieter kein Monopolist ist und er das Produkt bei einem anderen Anbieter beziehen kann oder könnte. Es ist gerade die entscheidende Auswirkung der Globalisierung, dass sich der Focus verschiebt weg vom Produkt und seiner Herkunft (Fertigungstiefe) hin zu Wahrnehmung und der Servicefähigkeit des Herstellers (OEM). Wie wird der Hersteller vom Kunden wahrgenommen? Die Abbildung 2.2 zeigt beispielhaft Lieferfähigkeit, Flexibilität oder Liefertreue als entscheidende Leistungsmerkmale, die einen direkten Bezug zur Durchlaufzeit haben.

Eine kurze Durchlaufzeit hat aus der Sicht des Kunden erhebliche Vorteile für die Wettbewerbsfähigkeit des Unternehmens. Kurze Durchlaufzeiten führen:

- zu einer verbesserten Lieferfähigkeit
- einer hohen Flexibilität (Reaktion auf Kundenwünsche)
- einer hohen Termintreue und damit zu einer
- verbesserten Lieferantenbeurteilung

Obwohl kurze Durchlaufzeiten einen erheblichen Einfluss auf die Marktposition des Unternehmens haben, lassen sich diese Vorteile in der Systematik der Kostenrechnung nicht rechnen: Die Kalkulationen können den Zeitfaktor nicht berücksichtigen, die Vorkalkulationen sind für eine lange oder kurze Durchlaufzeit gleich.

Wirtschaftlichkeit als Prozesseigenschaft

Die Wirtschaftlichkeit im modernen Fertigungsumfeld ist keine Eigenschaft der Produkte, sondern der Prozesse

Der Kunde entscheidet sich nicht für das Produkt, sondern für den Anbieter

Abb. 2.2 Servicemerkmale des Herstellers

2.3 Termintreue

Obwohl die Termintreue ein entscheidendes Merkmal in jeder Lieferantenbeurteilung ist, sind die Anstrengungen zur Termineinhaltung in vielen Unternehmen chaotisch. Lieferzusagen an den Kunden von mehr als 10 Tagen sind – wie jede Planung – prinzipiell fehlerbehaftet. Planung ersetzt lediglich Zufall durch einen organisierten Irrtum. Das führt in der Praxis dazu, dass die Arbeit der Fertigungssteuerung oder der AV eine permanente Baustellenarbeit ist: Es werden die Löcher von morgen gestopft und die für übermorgen aufgerissen.

Das Bild 2.3 zeigt einen typischen Auftragsdurchlauf mit fünf Arbeitsgängen. Darin steht einer sehr kurzen (planbaren) Bearbeitungszeit (Hauptnutzungszeiten und Nebennutzungszeiten) eine um ein vielfaches größere und kaum planbare Lieferzeit gegenüber.

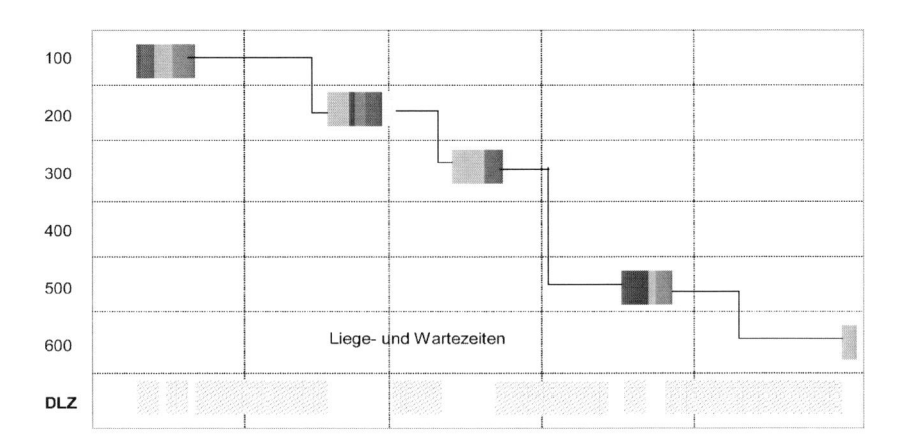

Liege- und Wartezeiten – die schwarzen Löcher in der Fertigung

Abb. 2.3 Ein typisches Durchlaufdiagramm für den mehrstufigen Serienfertiger

2.3.1 Unsichere Planvorgaben

Die Planzeiten für die Durchlaufsteuerung werden in der Regel in den PPS-/ERP-Systemen gepflegt. Dazu gehören insbesondere Stücklisten und Arbeitspläne, welche Daten zur Durchlaufsteuerung und Nachkalkulation enthalten wie z.B.:

- Bearbeitungszeiten (Te)
- Rüstzeiten (Tr)
- Materialverbräuche
- Materialarten
- Zukaufmaterialien
- Werkzeuge und Werkzeugstandzeiten

Diese Daten müssen permanent gepflegt und aktualisiert werden. Jede neue Maschine, jedes neue Werkzeug erfordert eine Anpassung. Dies geschieht in der Praxis – meist aus Zeitgründen – nur sehr selten: Die Vorgabezeiten sind veraltet, sie beziehen sich auf Maschinen, die schon längst verschrottet wurden, oder auf Werkzeuge, die inzwischen verbessert wurden.

Hinzu kommt, dass die Planungsdaten meist auf eine bestimmte Referenzmaschine – meist die modernste Maschine – zugreifen, die aber in der Praxis nicht flächendeckend zum Einsatz kommt.

Die in den Planungsvorgaben eingetragenen Maschinenauslastungen liegen erfahrungsgemäß immer viel zu hoch. Man kalkuliert also mit 85 oder 90 Prozent Auslastung, die in der Metallverarbeitung praktisch nie erreicht wird – eine durchschnittliche Auslastung von 60 Prozent ist hier bereits sehr gut.

Jede Planung ist mit erheblichen Unsicherheiten behaftet. Das führt dazu, dass ein erheblicher Anteil der Durchlaufzeiten aus ungeplanten Zeitanteilen besteht, was in der Praxis wiederum dazu führt, dass Terminplaner sicherheitshalber Kapazitätspuffer einbauen und damit die Kapazitätsbedarfe künstlich angeben. Eine Methode, die schnell zu einer Negativspirale wird.

2.3.2 Zu späte Rückmeldungen

Die Qualität jeder Planung ist abhängig von ihrer Aktualisierung. Die permanente Aktualisierung der Durchlaufsteuerung und Terminplanung erfolgt in der traditionellen Fabrik durch Aufschreibungen, also manuell, und Terminjäger, also personell. Manuelle Rückmeldungen sind in jedem Fall problematisch:

- zu teuer – sie erfordern einen hohen Personaleinsatz
- zu unsicher – die Datenerfassung wie das Ablesen von Zählern ist fehlerbehaftet und ihre Weitergabe unvollständig.
- Für zurückgemeldete Aufträge ist die Teilmenge meist nicht bekannt – die Maschinenzähler sind dazu zu ungenau – sie erfassen auch die Leerhübe.
- Unvollständig – Auftragsfortschrittsmeldungen erfassen die bearbeiteten Teilmengen, aber meist nicht die zugehörigen Bearbeitungszeiten und schon gar nicht die zugehörigen Ausfall- und Fehlzeiten.
- Verspätet – Teilrückmeldungen erfolgen nie im Arbeitstakt, sondern am Schicht – oder Tagesende. Es gibt immer noch ERP-Systeme, die nur eine Auftragsabmeldung nach der Beendigung des gesamten Auftragsloses erlauben. Hinzu kommt, dass die rückgemeldeten Teilmengen im PPS-System in der Regel erst im folgenden Nachtlauf im Zuge der Nettobedarfsrechnung im System aktualisiert werden.

2.3.3 Keine vorausschauende Kapazitätsplanung

Erst wenn man heute schon erkennen kann, wann und wo in der Zukunft ein Terminkonflikt auftaucht, ist eine vorlaufende Ressourcenharmonisierung möglich. In der Praxis bestehen keine Aussagen über den jeweiligen Belegungshorizont der Ressourcen. Die Frage: Bis wann ist die Maschine belegt? lässt sich häufig nur grob abschätzen. Die manuelle Planung mit Hilfe von Plantafeln oder die üblichen rechnergestützten Scheduler sind nicht in der Lage, eine vorausschauende Kapazitätsbelegung zu ermitteln: Sie arbeiten meist ohne Rückstände – die Aktualisierung der jeweiligen Fertigungszustände durch Buchungen ist viel zu aufwändig und sie arbeiten immer mit unbegrenzten Kapazitäten. Das führt zur wichtigsten Schwachstelle der Fertigungssteuerung und Terminplanungen: Sie kann Kapazitäts- und Terminkonflikte nicht im voraus erkennen. Wenn der LKW des Kunden bereits auf dem Hof steht, ist es zu spät.

2.3.4 Falsche Steuerungsprioritäten

Was ist der Grund für die erheblichen Liege- und Wartezeiten im Auftragsdurchlauf? Hier ein Beispiel aus der Praxis: Für einen Fertigungsauftag mit der Losgröße 100.000 eines Feinstanzteiles wurden an Rüstzeiten, Bearbeitungszeiten, an technisch bedingten Nebenzeiten (Abkühlung), an organisatorischen Zeiten (Transportzeiten) insgesamt 11 Stunden benötigt, welchen eine tatsächliche gesamte Auftragsdurchlaufzeit von 5 Wochen gegenüberstand. Daraus ergibt sich die Frage: Was sind die Gründe für die viel zu lange Durchlaufzeit? Warum lässt sich dieser Auftrag nicht in 11 Stunden abwickeln? – eine Frage, die praktisch nie anhand von expliziten Steuerungsprioritäten beantwortet wird.

Tabelle 2.2 Vorgaben und Maßnahmen zur Durchlaufsteuerung

Vorgaben	Maßnahmen
Maschinenauslastung	Hohe Maschineauslastungen führen in der Kostenrechnung zu niedrigen Maschinestundensätzen.
Wirtschaftliche Losgrößen	Aus Gründen einer möglichst wirtschaftlichen Fertigung werden die Fertigungslose im Gegensatz zu den Lieferlosen erheblich erhöht.
Optimale Rüstreihenfolgen	Gleichartige Produkte (gleiche Farben, gleiche Drahtdurchmesser etc.) werden zusammengefasst.

In der Praxis werden in der Regel Einwände aufgeführt, die ihren Grund in der angestrebten hohen Maschinenauslastung und damit in günstigen Maschinenstundensätzen und damit in niedrigen Stückkosten haben. Die Tabelle 2.2 zeigt dazu eine Darstellung kostenorientierter Steuerungsprinzipien. Die stückkostenorientierten Maßnahmen und Vorgaben zur Durchlaufsteuerung führen gleichzeitig zu erheblichen Prozessnachteilen: Der Kunde, der dringend ein schwarzes Teil in geringer Menge benötigt, während gerade Weiß auf der Maschine ist, wird vertröstet, bis Schwarz mal wieder dran ist. Hohe Maschinenauslastungen führen zu schlechter Flexibilität, schlechterer Lieferfähigkeit, schlechterer Termintreue und dadurch bedingt zu einer schlechteren Lieferantenbeurteilung. Hinzu kommt, dass die dadurch bedingten höheren Bestände ein erhebliches wirtschaftliches Risiko bedeuten.

2.3.5 Deterministische Fertigungssteuerung

Die Fertigungssteuerung regelt das Zusammenspiel zwischen Kunden, Lieferanten, Fertigungsplanung und der operativen Ebene. Die Abbildung 2.2 zeigt die Planungsparameter im Überblick:

- Der Kunde gibt Artikel, Spezifikationen, Mengen und Termine vor.
- Die Produktionsplanung (AV) erfasst und pflegt die Stammdaten.
- Die Fertigungssteuerung legt die dynamischen Steuerungsparameter fest (Schichten, Maschinen, Auftragsstart etc.).
- Die Abteilung (operative Ebene) setzt die Planung um.

Starrheit der deterministischen Planung

Es ist das Kennzeichen einer deterministischen Planung, dass sie versucht, die im Vorfeld festgelegten, oben genannten Planungsparameter durchzusetzen. Weiter oben in der Hierarchie ist das Wissen vorhanden und muss weiter unten nur noch umgesetzt werden. Dieser Schönwetteransatz würde funktionieren, wenn die Planungsparameter die Realität abbilden würden und keine Störungen auftreten würden.

Zeitschlupf der Rückmeldungen

Jedes Unternehmen ist ein permanent gestörtes System. Daher muss das Planungsscenario permanent aktualisiert werden: Jede Umdrehung der Maschine und jeder Anruf des Kunden verändert den Status. Im traditionellen Steuerungsmodell ist der Regelkreis von der AV zur Maschine (Terminjäger, fussläufig) und zurück (Teilmengenfortschritt am Schichtende, Aufschreibung, Rückmeldung über Ausfüllen und Einsammeln der Arbeitspapiere) viel zu schwerfällig, um kurzfristig auf Veränderungen zu reagieren. Der Krankenschein des Mitarbeiters kommt erst gegen Mittag und landet im Personalbüro, die Mitteilung über eine verspätete Anlieferung des Materials landet im Einkauf oder eine Änderung des Teils erfährt der Werkzeugbau als letzter.

Aufwändige zentralistische Planung

Für die Durchführung der Fertigungssteuerung werden erhebliche Informationen benötigt. Wenn z.B. eine Maschine ausfällt oder ein Kunde eine eilige Lieferung sofort benötigt, müssen viele Informationen bereit liegen wie: Ist eine zusätzliche oder Ersatzmaschine vorhanden, hat diese eine ausrechenden Maschinenfähigkeit, ist noch ein Werkzeug dafür einsatzbereit, ist ein Einrichter vorhanden, kann der Vormateriallieferant liefern, würde der Kunde eine Teillieferung akzeptieren, lassen sich andere Aufträge zurückstellen, sind Überstunden oder Sonderschichten möglich, ist dafür Personal vorhanden, könnte man Mitarbeiter aus dem Urlaub holen oder über einen Personalservice beschaffen, lassen sich Arbeitsgänge outsourcen, etc.? Die traditionelle Planung ist zentralistisch, die Planungshoheit liegt

2.3 Termintreue

in der AV/Fertigungssteuerung, welche sich das Wissen erst erarbeiten und die Informationen erst zusammentragen muss.

Die traditionelle Fertigungssteuerung

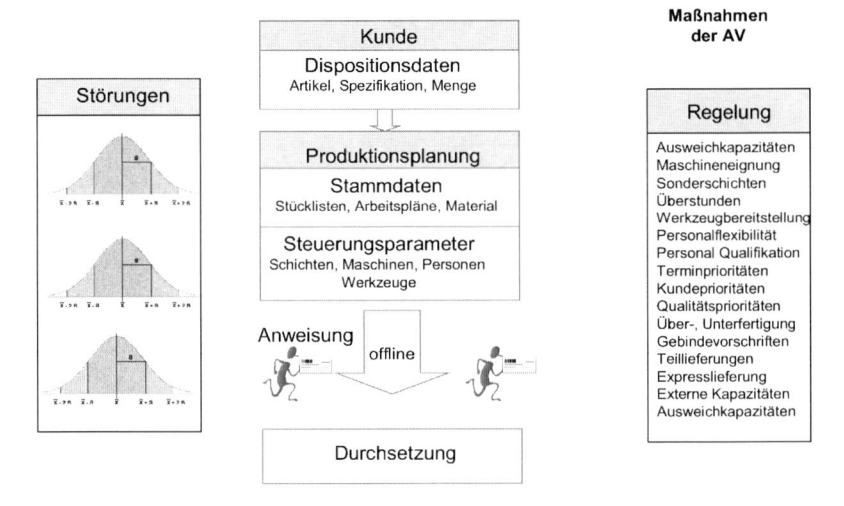

Abb. 2.4 Funktionen der traditionellen Fertigungssteuerung

Die ungeplanten Zeitanteile

Besonders vertrackt für die Terminplanung sind die ungeplanten Zeitanteile, die sich wieder finden sowohl als ungeplante Betriebsunterbrechungen, als auch in ungeplanten Ressourcenausfällen.

2.3.6 Feinsteuerung

Die konkrete Veranlassung des Arbeitsbeginns geschieht durch die Feinsteuerung – in der Regel Terminplaner zusammen mit der AV und dem Meister – oft in täglichen Terminbesprechungen. Eine stundengenaue Feinplanung durch die PPS-Systeme ist nicht nur aus den genannten Gründen (s. vorausschauende Kapazitätsplanung) unmöglich. Hinzu kommt noch, dass die PPS-Systeme nur sehr grob gerastert – also auf Kalenderwochen, Tage oder Schichten planen können, nie aber auf Stunden oder Minuten, so wie es veranlasst werden muss.

2.4 Anlagenproduktivität

Eine weitere, meist nicht erkannte Schwachstelle der traditionellen Fabrik besteht in der einseitigen Konzentration auf die Anlagenproduktivität. (Total Effective Equipment Productivity = TEEP). Sie ist eine Messzahl für die Maschinenauslastung.

Die Maschinenauslastung ist aus der Systematik der Kostenrechnung ein zentraler Ansatzpunkt für die Wirtschaftlichkeit des Unternehmens. (s. Stückkostenfalle). Maschinenauslastungen sind in der Vergangenheit nur unzureichend erfasst worden, daher bestehen darüber in der Praxis häufig völlig falsche Vorstellungen. Für die Maschinenauslastung. In der Metallverarbeitung ist z.B. ein Wert von 60 Prozent der Schichtzeiten schon sehr gut – in der Kunststoffverarbeitung liegt er deutlich höher. Der dahinter stehende Denkansatz ist: Die Maschinen sind teuer, hier ist ein erheblicher Teil des Kapitals gebunden, daher müssen Maschinen laufen.

Aus der Sicht des Unternehmens müssen zwei Werte streng voneinander unterschieden werden: Die Maschinenauslastung und die Prozesssicherheit.

2.4.1 Die Maschinenauslastung

Die Maschinenauslastung wird definiert als der Anteil der Hauptnutzungszeit an der aktiven Schichtzeit. Die Maschinenauslastung bildet heute keine Zielgröße mehr – im Gegenteil: Nichts ist so teuer wie voll ausgelastete Maschinen! (Ein Satz, der sich im Übrigen in keinem Lehrbuch finden lässt.) Hohe Maschinenauslastung führt zu:

- Mangelnder Lieferfähigkeit
- Schlechter Termintreue
- Geringer Flexibilität
- Hektik und Sonderschichten
- Schlechter Lieferantenbeurteilung.
- Umsatzausfall

Den Vorteilen einer hohen Maschinenauslastung muss man die dadurch bedingten Nachteile entgegenhalten.

2.4.2 Prozesssicherheit

Wenn man eine Maschine für einen konkreten Auftrag benötigt – unabhängig davon, ob sie während eines halben Jahres gestanden hat – sollte sie für den gerade zu bearbeitenden Auftrag voll zur Verfügung stehen und nicht ausfallen. Das ist die Prozesssicherheit. Sie wird definiert als der Anteil der Hauptnutzungszeit an der gesamten Belegzeit. Die nicht zur Hauptnutzungszeit gehörenden Anteile entfallen – außer Rüstzeiten, Anfahrzeiten und technisch bedingten Übergangszeiten auf die ungeplanten Betriebsunterbrechungen. Diese bilden ein erhebliches Rationalisierungspotenzial, welches aber in den Maschinenstundensätzen zunächst nicht zum Ausdruck kommt: Die Kostenrechnung plant nur auf der Basis von Planbeschäftigungen, die in der Regel mit dem jährlichen Kostenbudget neu vorgegeben werden, wobei diese Vorgaben in der Praxis aber meist aus Fortschreibungen der Vergangenheit bestehen.

2.4.3 Falsche Berechnung der Maschinenstundensätze

Maschinenstundensätze werden immer berechnet nach Preisen: Tagespreis, Anschaffungspreis, Wiederbeschaffungspreis. Diese werden dann in der Regel nach Maßgabe von Abschreibungen und Planauslastungen auf Stundensätze heruntergebrochen und mit zusätzlichen Kosten aus der Kostenstellenrechnung belastet. Dieses Verfahren ist unsinnig: Der Wert einer Maschine für das Unternehmen ergibt sich nicht aus Preisen, sondern aus ihrer Stellung im Prozess mit der Leitfrage: Welcher Umsatz geht dem Unternehmen verloren, wenn die Maschine steht? Dieser Denkansatz aus der Systematik der opportunity cost wird aber in der Praxis nicht umgesetzt. Nachstehend einige Beispiele für die traditionell falsche Festlegung von Maschinenstundensätzen:

a. Abschreibungszeitraum

Die Festlegung von Abschreibungszeiträumen ist immer willkürlich. Ob man vier, sechs, acht oder zehn Jahre wählt: In jedem Fall muss die Maschine noch mitgetragen werden von Produkten, die das Unternehmen heute noch nicht kennt. Durchschnittlich wird in 6 Jahren die Hälfte des Umsatzes durch Produkte getragen, die es heute noch nicht gibt.

b. Referenzmaschine

Es ist übliche Praxis, die jeweils modernste Maschine – die in der Regel auch den günstigsten Stundensatz aufweist – für die Berechnung heranzuziehen; unabhängig davon, auf welcher Maschine dann konkret produziert wird.

c. Maschinenauslastungsgrad

Die unterstellte Maschinenauslastung ist für die Höhe des Maschinenstundensatzes entscheidend. In der Praxis wird dagegen praktisch immer mit Planvorgaben gerechnet, die selten der aktuellen Auslastung entspricht – das gängige Argument dazu ist die Aussage: „Man will sich ja nicht aus dem Markt kalkulieren".

d. Folgekosten

Hohe Maschinenauslastungen sind teuer. Sie haben erhebliche Folgekosten im Schlepptau, die aber von der traditionellen Kostenrechnung nicht in die Maschinenstundensätze eingerechnet werden wie: ungeplante Warte- und Liegezeiten, Lager- und Umlaufbestände, Risiken in der Lieferbereitschaft und Termintreue als auch erhebliche Planungsrisiken. Diese Folgekosten einer hohen Maschinenauslastung müssen realistischerweise in den Maschinenstundensatz eingerechnet werden.

e. Engpässe

Alle Wertströme haben Engpässe. Eine Investition in einen Nichtengpass ist unsinnig und verschwendet: Sie führt zur nicht nutzbaren Überschusskapazität. Ebenfalls nach dem Ansatz der opportunity costs können alle Überschussaktivitäten (Leerkosten) mit einem Wertansatz von Null gefahren werden.

f. Bewertungsansatz: Stellung der Maschine im Prozess

Für die Stellung einer Maschine im Prozess und damit für die Bewertung ihres Prozesswertes, aus dem sich ein Stundensatz ableiten lässt, gibt es in der Praxis unterschiedliche Konstellationen, welche den Wertansatz des Maschinenstundensatzes entscheidend beeinflussen, die aber in der Praxis keine Rolle spielen. Davon sind in der nachstehenden Tabelle 2.3 die wichtigsten Möglichkeiten zusammengestellt.

Tabelle 2.3 Wertstrom und Maschinenkosten

Stellung im Prozess	Maschinenstundensatz
Schnellläufer Vorgelagerte und nachgelagerte Kostenstellen produzieren langsamer, dadurch produzieren sie stromauf und stromab work in process	Schnellläufer sind eine Überschusskapazität, die mit einem Wertansatz von Null gerechnet werden kann. Schnellläufer sind daher Verschwendung.
Hohe Maschinenauslastung	Gerade fällige Aufträge können nicht sofort erledigt werden, da die Maschine gerade belegt ist auf Grund von optimalen Losgrößen, optimalen Rüstreihenfolgen und Sortenzusammenfassung, also Produkten, die nicht sofort geliefert werden, sondern zunächst auf das Lager gehen
Engpass	Im Falle eines Maschinenausfalls einer Engpassmaschine fällt Umsatz unwiederbringlich aus. Daher muss der Wertansatz einer Engpassmaschine diesen Umsatzausfall berücksichtigen.

2.4.4 Maßnahmen zur Maschinenauslastung

Das Bestreben einer hohen Maschinenauslastung führt in der Praxis dazu, dass erhebliche Anstrengungen unternommen werden, um die Maschinen möglichst voll auszulasten. Die Tabelle 2.4 zeigt die üblichen Maßnahmen zur hohen Maschinenauslastung im Überblick. Grundlage der Entscheidungen zur Maschinenauslastung ist in der Regel der Maschinenstundensatz, der im Rahmen der Kostenrechnung aus Preisansätzen wie Anschaffungspreis, Tagespreis, Wiederbeschaffungspreis ermittelt wird. Das Maschinenauslastungsmanagement konzentriert sich dabei zunächst nur auf das Verhältnis der eigentlichen Bearbeitungszeiten zu den gefertigten Stückzahlen.

Tabelle 2.4 Ziele und Maßnahmen der Kostenbetrachtung

Maßnahmen	Durchführung
Grosse Fertigungslose	Die Fertigungslose werden nicht nach Maßgabe eines Kundenauftrags, sondern nach Maßgabe möglichst hoher Maschinenauslastung festgelegt.
Optimale Losgrößen	Der Versuch, zwischen den Maschinen- und Rüstkosten und den Lagerkosten einen rechnerischen Ausgleich zu finden.
Rüstreihenfolgen	Durch Zusammenfassung von Gleichteilen (gleiche Farben, gleiche Durchmesser) das Rüsten zu minimieren.
Lagerfertigung	Im Falle mangelnder Aufträge die Maschinen durch Lageraufträge auszulasten.

Die aus einer hohen Maschinenauslastung folgenden Ressourcenverbräuche wie längere Lieferzeiten, geringere Flexibilität, schlechtere Termintreue gehen in das Optimierungsmodell Stückkosten nicht ein. Je nach Fertigungsart können diese Kostenanteile die Durchlaufzeit erheblich belasten (s. Kosten der Durchlaufzeit). Das heißt, bei einer einseitigen Konzentration auf die hohe Maschinenauslastung bleiben andere Zielgrößen auf der Strecke. Das führt in der Betriebspraxis dann zu widersprüchlichen Maßnahmen wie das gleichzeitige Bestreben nach Termintreue, hoher Maschinenauslastung oder niedriger Beständen.

2.4.5 Konflikte zwischen Kosten- und Prozesszielen

Die Abbildung 2.5 stellt die unterschiedlichen Reaktionsweisen – je nach der Priorität Auslastung (kostenorientiert) oder Prozessfähigkeit (kundenorientiert) gegeneinander. Die dort beispielhaft aufgeführten Produktionsziele wie Lieferfähigkeit, Verkürzung der Durchlaufzeit, Senkung der Stückkosten, Senkung der

2 Häufige Schwachstellen in der Fertigung

Bestände oder hohe Maschinenauslastung führen je nach Beurteilungskriterium zu widersprüchlichen Konsequenzen.

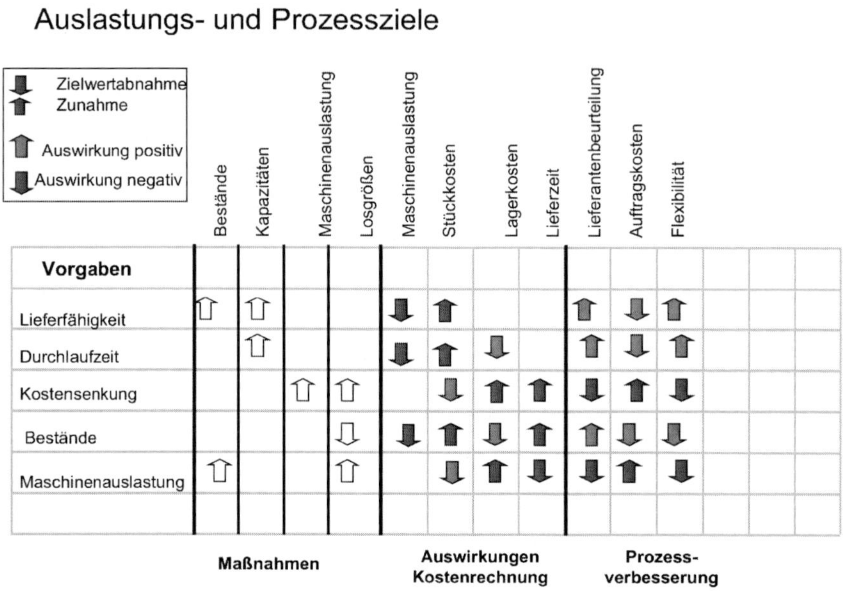

Auslastungs- und Prozessziele

Abb. 2.5 Konflikte zwischen Auslastungs- und Prozesszielen

Lieferfähigkeit

Eine hohe Lieferfähigkeit ist das Besterben fast aller Unternehmen. Lieferfähigkeit lässt sich erreichen durch vorgehaltene Wertschöpfung (Lagerbestände) oder durch vorgehaltene Kapazitäten (Reservemaschinen, Reserveschichten).

Tabelle 2.5 Lieferfähigkeit

Kostensicht	Prozesssicht
Läger und Umlaufbestände sind in der Praxis weitgehend kostenneutral. Maschinen und Anlagen sind teuer, und sollten voll ausgelastet werden. Leerkapazitäten führen zu hohen Maschinenkosten. Daher ist eine Verbesserung der Lieferfähigkeit durch Lagerhaltung die erste Option	Läger und Bestände sind erhebliche ungesehene Ertragsfresser, was durch das Rechnungswesen nur mangelhaft ausgewiesen wird. Hinzu kommt, dass der Bewertungsansatz der Maschinenkosten immer zu hoch und damit falsch ist. Aus der Prozesssicht liegt daher die Priorität auf vorgehaltenen Kapazitäten.

Verkürzung der Durchlaufzeit

Die Durchlaufzeit ist der einzig messbare Parameter für den Wirkungsgrad der Fertigung. Daher kommt einer Verkürzung der Durchlaufzeit eine erhebliche Bedeutung zu. Sie lässt sich in der Praxis durch unterschiedliche Maßnahmen wie erhöhte Reservekapazität oder kürzere Fertigungslose erreichen.

Tabelle 2.6 Verkürzung der Durchlaufzeit

Kostensicht	Prozesssicht
Der Nachteil einer erhöhten Reservekapazität aus der Kostensicht wurde oben bereits besprochen. Kürzere Fertigungslose führen zu einem erhöhten Rüstaufwand und damit zu höheren Stückkosten. Der Vorteil einer kürzeren Durchlaufzeit lässt sich über die Stückkosten nicht darstellen.	Kürzere Durchlaufzeiten führen zu einer Verbesserung der Wirtschaftlichkeit. Häufigeres Rüsten kann im Falle von Nicht-Engpassmaschinen kostenneutral sein.

Stückkostensenkung

Tabelle 2.7 Kostenführerschaft

Kostensicht	Prozesssicht
Wird erreicht über modernste Maschinen, hohe Automatisation und Verfahren.	Investition in modernste Fertigungstechnologie sind in der Regel sehr teuer und bewirken oft nut marginale Verbesserungen im Betriebsergebnis. Eine Alternative zur Kostenführerschaft durch moderne Ausrüstung besteht in einer Verbesserung der Prozessfähigkeit.

Verringerung der Bestände

Wie oben bereits gezeigt wurde, sind Bestände erhebliche Ertragsfresser. Zusätzlich verlängern sie die Durchlaufzeiten und damit die Flexibilität des Unternehmens. Eine Verringerung der Bestände kann erreicht werden durch ausschließliche Fertigung dessen was der Kunde verlangt – bis hin zum One-Piece-Flow.

Tabelle 2.8 Verringerung der Bestände

Kostensicht	Prozesssicht
Kundenbezogenes Rüsten von nur kleinsten Fertigungsmengen erhöht die Rüstzeiten und damit die Stückkosten.	Die klassischen Losgrößenrechnungen beruhen fast alle auf Rechenfehlern. Das kann dazu führen, dass mehrfaches Rüsten nicht teurer ist, als Einmalrüsten.

2.5 Läger und Bestände

2.5.1 Umlaufbestände (Work in progress)

Umlaufbestände gibt es aus der Sicht der Kostenrechnung nicht. Umlaufbestände werden in der Regel einmal im Jahr im Zuge der Inventur erfasst und nach irgendwelchen Bewertungskriterien (fifo oder lifo u.a.) in die Bilanz eingestellt. Sie stehen dort auf der Aktivseite – was man gerne der Bank zeigen kann. Was dagegen nie gesehen wird, ist die Tatsache, dass Umlaufbestände – work in process – erhebliche Ertragsfresser sind, was sich aber im Zahlenwerk des betrieblichen Rechnungswesens nicht zeigt. Das heute noch gültige Kostenmodell wurde vor über hundert Jahren entwickelt, um die Ressourcenverbräuche eines Unternehmens zu erfassen. Sie ist ausschließlich auf die Bearbeitung focussiert – die Ressourcenverbräuche zwischen den Bearbeitungen- also die Ressourcenverbräuche durch Umlaufbestände – werden als unspezifische Gemeinkosten den Bearbeitungskosten aufgesattelt. Die Auswirkungen der Bestände auf die Wirtschaftlichkeit werden durch das Rechnungswesen nicht adäquat erfasst. Beispiele für nicht erfasste Kosten der Bestände sind:

- Personalkosten wie: Handling, Verwaltung, Transport, Suchen
- Materialkosten wie: Wertverlust, Umarbeiten, Verschrotten
- Kapitalkosten wie: Zinsen, Abschreibungen, Liquiditätsbindung
- Investitionen in: Regale, Gitterboxen, Gabelstapler, Kleinteilebehälter
- Fabrikbereitstellungskosten wie: Gebäude, Platz, Wege

Kosten der Durchlaufzeit

Eine weitere Schwachstelle, die in der Praxis nur selten wahrgenommen wird, sind die mit einer langen Durchlaufzeit verbundenen Kosten. Es gibt Fertigungsarten, bei denen die Durchlaufzeit teurer ist, als die eigentliche Bearbeitung. Daher stellt sich die Frage, was kostet Durchlaufzeit? In der Tabelle 2.9 sind einmal die wichtigsten Positionen zusammengestellt. Diese Aufstellung ist sehr betriebsindividuell und kann stark schwanken je nach Materialpreisen, Fertigungsvarianten, Produktpalette oder Fertigungstiefe. Eine hilfreiche Leitfrage zur Ermittlung der Kosten der Liegezeiten kann dabei sein: „Welche Kosten würden für das Unternehmen nicht anfallen, wenn man in zwei Tagen liefern könnte?"

Tabelle 2.9 Kosten der Durchlaufzeit

Verursachungen	Ressourcenverbräuche
Umlaufbestände	Platzkosten, Wertschöpfung, Fehlmengen
Läger	Verschrottung, Umarbeitung, Wertschöpfung
Ausrüstungsinvestitionen	Gebäude, Lagerregale, Lagerbediengeräte, Gitterboxen, Kleinteilebehälter
Liquidität	Kapitalrisiko durch Liquiditätsbindung
Personalkosten	Be- und Entnahme, Transport, Suchkosten, Verwaltungskosten,
Termintreue	AV / Fertigungssteuerung, Terminjäger, Umplanung, Hektik, Sonderaktionen, Fehlplanungen
Lieferbereitschaft	Verlängerung der Durchlaufzeit, Verschlechterung der Flexibilität
Transportkosten	Innerbetriebliche, Externe Logistikkosten, Frachtkosten

2.5.2 Lagerbestände

Unbekannte Lagerrisiken

Umlaufbeständen vergleichbare Ertragsfresser sind die Lagerbestände. Eine realistische Ermittlung von Lagerbeständen wird in der Praxis nur selten oder nie vorgenommen, da die über das Rechnungswesen ermittelten Werte die meist erheblicheren Folgekosten nicht enthalten. Die nachfolgende Tabelle 2.10 stellt die Lagerkosten und die zusätzlichen Folgekosten gegenüber. Das eindeutig größte Kostenrisiko bilden die Verschrottungskosten. Stichproben in vielen Unternehmen haben ergeben, dass z.B. der Anteil der Teile, die sich seit zwei Jahren nicht mehr gedreht haben, erheblich ist. Die Wahrscheinlichkeit, dieses Teil noch zu verkaufen, ist sehr gering.

Tabelle 2.10 Lagerkosten

Lagerkosten des Rechnungswesens	Nicht ausgewiesene Folgekosten
Kapital-, Platz- und Zinskosten Verwaltungskosten, Personalkosten, Innerbetrieblicher Transport, Abschreibungen	Falschmengenrisiko, Verschrottung und Umarbeitung, Durchlaufzeitverlängerung, Lieferzeitverlängerung, Risiko der Liefertreue, Schlechte Lieferantenbewertung dadurch Preisnachlässe, Time to Market, Flexibilität

Goldratt schätzt die realistischen Lagerkosten auf 25 Prozent des Lagerwertes als jährliche Kosten. (Goldratt u. Fox 1986) – ein Wert, der im konkreten Fall erheblich über den Lagerkostenwerten des Rechnungswesens liegen kann.

2.5.3 Sicherheitsbestände

Es besteht kein Algorithmus zur optimalen Lagerbefüllung. Dazu müssen dem Unternehmen gleichzeitig für oft Zehntausende von Lagerartikeln folgende Fakten gleichzeitig und vollständig bekannt sein:

- Zukünftiger Lagerabfluss
- Zukünftige Lieferlose
- Zukünftige Wiederbeschaffungszeit.

Da diese Daten aber nie bekannt sind, wird in der Regel noch ein pauschaler Sicherheitszuschlag aufgerechnet. Man kann unbesorgt davon ausgehen, dass Sicherheitsbestände programmierte Verschrottungsbestände sind.

2.5.4 Losgrößen

Läger entstehen immer dann, wenn die Fertigungslose von den Lieferlosen abweichen. Aus Kostengründen neigt die Fertigung dazu, über große Lieferlose die Rüstkosten auf viele Teile umzulegen. Das führt in der Praxis dazu, Sorten, Gleichteile, Farben etc. zusammenzufassen oder im Falle einer kleinen Kundenbestellung von dem verlangten Teil mehr anzufertigen und in der Hoffnung auf einen späteren weiteren Kundenauftrag einzulagern. Für die Ermittlung der „richtigen" = wirtschaftlichen Losgröße gibt es eine Unmenge von Losgrößenformeln. Jeder Betriebswirtschaftstudent kennt z.B. die Andler'sche Losgrößenformel. Hier wird die These vorgetragen, dass die meisten Losgrößenalgorithmen falsch sind.

2.5.5 Bestände und Lieferfähigkeit

Lieferbereitschaft gehört zu der wichtigsten Kennzahl jedes Unternehmens. Es bedeutet die Fähigkeit, den Markt kurzfristig und vollständig beliefern zu können. Für die Aufrechterhaltung der Lieferbereitschaft stehen unterschiedliche Strategien zur Verfügung. Die wichtigsten sind Vorhalten von Wertschöpfung (Läger) oder Vorhalten von Kapazität (Reservekapazitäten, redundante Schichten). Je nach der Unternehmensstrategie kommt den unterschiedlichen Strategien eine unterschiedliche Bedeutung zu.

Läger dienen nach normalem Verständnis der Lieferfähigkeit. Dafür ist Deutschland inzwischen mit Hochregallägern bzw. Servicezentren überzogen. Die Alternative zu einer vorlaufenden Bereitstellung von Wertschöpfung wäre eine Bereitstellung von Kapazitäten – eine Alternative, die in der Praxis kaum Beachtung findet, so dass dem „rechenbaren" Vorteil der Stückkostendegression keine entsprechend „rechenbaren" Lagerkosten gegenüberstehen. Die Vor- und Nachteile sind in der Tabelle 2.11 noch einmal gegeneinander gestellt.

Tabelle 2.11 Vorteile und Nachteile der Lagerhaltung

Begründung von Lägern	Interne Lagerkosten	Lagerfolgekosten
Ermöglichen hohe Maschinenauslastung. Sofortige Bedienung des Kunden durch Lieferung vom Lager.	Personal, Transport, Verwaltung, Raumbereitstellung, Inventar wie Regale, Geräte, Behälter, etc.	Falschmengenrisiko, Verschrottung, Verschlechterung von Lieferterminen und Lieferbereitschaft, Verschlechterung von Planungen, externe Risiken wie Lieferantenbewertung, Preisnachlässe.

Bestände stellen ein extrem hohes Risiko für die Lieferbereitschaft des Unternehmens dar. Das Anlegen von Lägern lediglich aus Gründen einer falschen Beurteilung der Lagerkosten durch die Kostenrechnung ist in der Praxis immer noch die erste Option zur Aufrechterhaltung der Lieferbereitschaft, obwohl Läger und Bestände die Durchlaufzeit verlängern, die Termintreue verschlechtern und die Flexibilität verringern.

2.6 Flexibilität

Die Fliege muss schneller sein als die Hand. Flexibilität bedeutet die Fähigkeit, sich an veränderte Bedingungen anpassen zu können. Die entscheidenden Umweltbedingungen für Unternehmen sind der Markt und der Wettbewerb. Wettbewerbsfähigkeit bedeutet Reaktionsfähigkeit. Hier liegt in vielen Unternehmen eine entscheidende Schwachstelle: Die internen Prozesse auf wettbewerbsentscheidende Merkmale auszurichten. Für mangelnde Flexibilität gibt es im Unternehmen viele Gründe:

2.6.1 Schnittstellen ohne Wertschöpfung

Die Reaktionsfähigkeit der Fertigung ist abhängig von ihren IT-Strukturen und Informationsabläufen. Kein Teil im Unternehmen bewegt sich ohne eine auslösende Information. Informationen sind konstitutiv für die internen Abläufe – ohne Information gibt es noch nicht einmal einen Prozess. Daraus ergeben sich für die Flexibilität eine Forderung nach kurzen Informationsabläufen. So wie die Durchquerung einer Großstadt mit dem Auto nicht vom Motor, sondern von den Ampeln abhängt, so hängt die Reaktionsgeschwindigkeit der Fertigung nicht von der Bearbeitungsgeschwindigkeit der Maschinen, sondern von der Informationsgeschwindigkeit ab. Hinzu kommt noch, dass jedes Teil in der Fertigung – jedes Halbfertigteil, jede Gitterbox, jede Maschine, jedes Werkzeug etc. – ohne einen begleitenden Datensatz verschrottet werden muss.

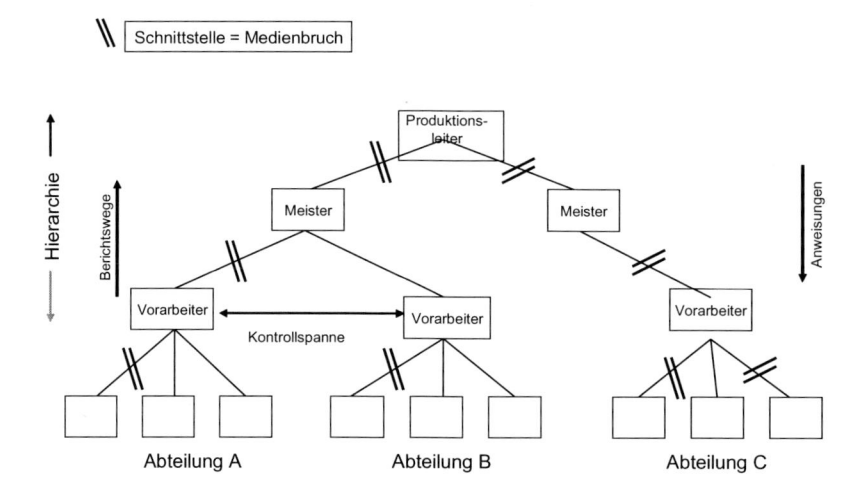

Abb. 2.6 Schnittstellen ohne Wertschöpfung

Demgegenüber ist das häufigste Kommunikationsmodell der Fabrik heute immer noch das traditionelle Organigramm. Darin wird festgelegt, wer mit wem kommuniziert, wer wem unter- bzw. überstellt ist, es werden die Anweisungs- und Kontrollwege festgeschrieben. Die einzelnen Funktionen sind in der Abbildung 2.6 als Kästchen dargestellt. Zwischen zwei Kästchen besteht immer eine Schnittstelle: Der Übergang von einem System zu einem anderen. Schnittstellen bedeuten immer auch einen Medienbruch wie: aufschreiben, sprechen, telefonieren, anweisen, rückfragen etc. Diese klassische P2P (Person to Person) Kommunikation besteht aus Schnittstellen ohne Wertschöpfung. Es ist ein Relikt aus der Zeit des Taylorismus, welches vor dem Hintergrund moderner Produktionsbedingungen zu extremen Behinderungen führt:

- Die Kommunikation ist zeitaufwändig, da sie seriell ist. Von der Anfrage bis zum Auftragsbeginn vergehen oft Wochen oder Monate ohne eine für den Kunden erkennbare wertschöpfende Aktivität. Ein überwiegender Teil der aufgeführten Arbeitsschritte erfolgt nacheinander – also nicht parallel oder überlappend.

- Durch die sequentielle Abarbeitung an verschiedenen Stellen ist sie personalintensiv.
- Die Kommunikation im Unternehmen ist in einem hohen Maße willkürlich: Der Mitarbeiter informiert den Vorgesetzten. Was der damit macht, bleibt offen. Ein häufiger Satz ist immer noch: „Auf uns hier unten hört ja doch keiner."
- Hierarchien haben erhebliche Informationsverluste. Die Schnittmengen zwischen zwei Ebenen betragen selten mehr als 50 Prozent. Was oben gesagt wird, kommt unten nicht oder verstümmelt an.
- Der Kommunikationsaufwand ist erheblich: Besprechungen, Telefonieren, E-Mails, Aktennotizen, Aushang etc. mit allen Risiken von Zeitverzögerungen und Nichterreichbarkeiten.
- Das im Unternehmen vorhandene Wissen ist nicht verfügbar. Es steckt in Schublagen, Aktenordnern, Köpfen oder Zeichnungen.

Während in der Fertigung versucht wird, mit modernsten und teuren Maschinen eine Verbesserung der Taktzeiten im Sekundenbereich durchzusetzen, werden in den Informationsabläufen oft unkontrolliert Wochen und Monate vergeudet. Daher ist es hilfreich, einmal zusammen mit den Mitarbeitern den Informationsfluss durch das Unternehmen zu analysieren.

Es ist im konkreten Fall hilfreich, diese Tabelle im eigenen Unternehmen zusammen mit den Mitarbeitern zu erarbeiten. Für die nachstehenden Arbeitsschritte wurden nur beispielhaft einige Tätigkeiten herausgegriffen:

Tabelle 2.12 Zeitverbräuche für verschiedene Arbeitsschritte

Tätigkeiten	Bearbeitungszeit	Wartezeiten
Auftragseingang	15 Minuten	½ Tag
Dokumentenprüfung		
Bonitätsprüfung		
Kalkulation	10 Minuten	10 Tage
Terminabklärung		
Anlegen der Stücklisten und Arbeitspläne	10 Minuten	2 Tage
ERP		
Prüfplananlage		
Arbeitsauftrag anlegen		
Prüfauftrag generieren		
Materialbestellung		
Wareneingang		
Sperrlager		
Freigabebescheid		
Auftragsfreigabe PPS/ERP		
Ausdruck der Arbeitspiere		
Anweisung Feinplanung		

Das Missverhältnis von Wartezeiten zu den eigentlichen Bearbeitungszeiten liegt häufig in einer zusätzlichen Informationsbeschaffung, z.B. im Falle der Anlage eines Artikels im ERP-System, oder an den Rückständen der ausführenden Stelle durch „Arbeitsüberlastung": „Bei uns braucht es Wochen, bis ein Neuartikel angelegt worden ist". Ein anderes Beispiel aus der Praxis: Die Maschine war schon betriebsfertig, aber der Lieferant hat zu spät angeliefert. Nun steht das Material an der Rampe – im Sperrlager. Der zuständige QS-Mitarbeiter befindet sich gerade in der anderen Halle. Nach dem Freigabebescheid wird die entsprechende Buchung im ERP/PPS-System vorgenommen. Das System macht immer in der Nacht den Nettobedarfslauf und erkennt erst am nächsten Morgen die Materialverfügbarkeit. Darauf hin kann erst dann der Auftrag freigegeben werden. Ein anderes Beispiel: Der Auftrag kommt endlich vom Verkauf in die AV. Dort steht ein Eingangskorb für Neuzugänge. Der Mitarbeiter kommt aber noch nicht dazu oder er hat gerade zwei Tage Urlaub. Das Kontrollieren, ob die Kalkulation noch stimmt oder sich Preise und Stundensätze geändert haben ist ebenfalls in vielen Unternehmen ein Engpass, der dazu führt, dass sich Rückstände von 14 Tagen und mehr gebildet haben.

2.6.2 Liegezeiten

Läger und Liegezeiten bestimmen die Flexibilität: Die Lieferfähigkeit als auch Time to Market. Trotzdem bestehen über den Zusammenhang von Umlaufbeständen und der Durchlaufzeit in der Praxis kaum quantitative Vorstellungen. Die Abbildung 2.7 zeigt in schematischer Form ein Wertstromdiagramm mit drei Bearbeitungsschritten. Der Jahresbedarf des Kunden wurde auf 1000 Stück pro Woche heruntergebrochen. Aus Gründen einer „optimalen" Losgröße wurde in dem untersuchten Fall jeweils eine Gebindefüllung mit 8000 Stanzteilen vorgegeben. Auf diese Losgröße beziehen sich die Bearbeitungszeiten an den Maschinen. Die erforderliche Maschinenzeit (incl. Rüstzeit) berechnete sich auf 20 Stunden. Zwischen den Maschinen stand jeweils ein komplettes Gebinde von 8000 Stück als Umlaufbestand. Bei einem Kundenabfluss von 1.000 Stück pro Woche werden für jeden Bestand 8 Wochen zur Abarbeitung benötigt. Das bewirkt, dass der Bearbeitungszeit von 20 Stunden eine Liegezeit von 24 Wochen gegenübersteht. Eine Reduzierung der Bestände würde das Unternehmen erheblich vom Liefer- und Terminstress entlasten. So würde bereits eine Halbierung der Gebindefüllmengen den Materialfluss erheblich beschleunigen.

Es wurde bereits darauf hingewiesen, dass sich Bestandsreduzierungen aus der Sicht der Kostenrechnung nicht rechnen. Umlaufbestände (Work in Process) kommen in der traditionellen Kostensystematik nicht vor. Sie werden periodisch erfasst (Inventur) und dann als Aktivposten in die Bilanz eingestellt. Dabei wird der erhebliche Kostenanfall der Umlaufbestände völlig übersehen. Die typischen Kosten sind:

- Personalkosten (Handling, Verwalten, Transport, Suchen)
- Materialkosten (Umarbeiten, Verschrotten, Werverlust)
- Investitionen in Gebäude, Regale, Transportmittel, Gitterboxen, Ware,
- Fabrikkosten wie Gebäudebereitstellung, Platz- und Wegekosten
- Kapitalkosten wie Zinsen, Abschreibungen, Liquidität.

Bestände und Durchlaufzeit

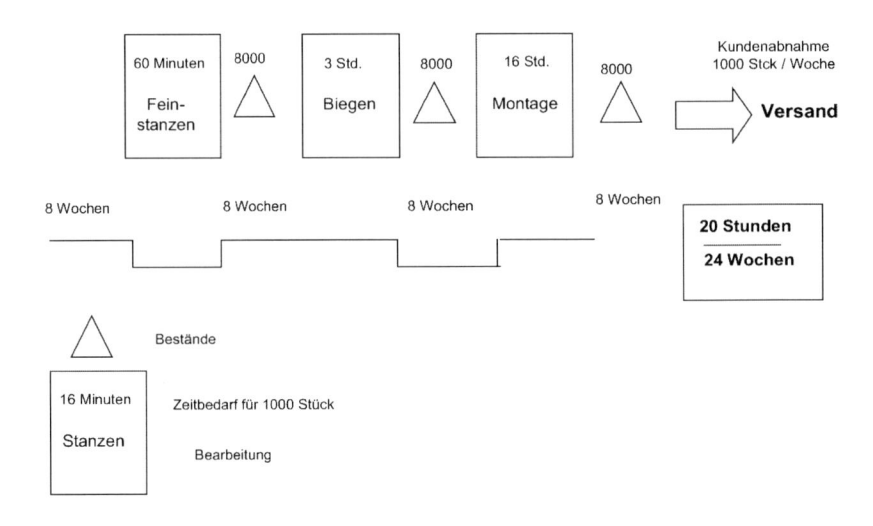

```
60 Minuten   8000    3 Std.   8000   16 Std.   8000      Kundenabnahme
                                                         1000 Stck / Woche
Fein-               Biegen           Montage             ─────▶ Versand
stanzen

 8 Wochen     8 Wochen      8 Wochen      8 Wochen
                                                          20 Stunden
                                                          ──────────
                                                          24 Wochen

 △  Bestände

16 Minuten   Zeitbedarf für 1000 Stück
Stanzen      Bearbeitung
```

Abb. 2.7 Abhängigkeit der Durchlaufzeit von den Beständen

2.6.3 Rückstände

Der größte Feind der Lieferfähigkeit sind die Rückstände. Sie bilden die Differenz von der Summe aller Plan- und Übergangszeiten und der tatsächlichen Lieferzeit. Die Abbildung 2.8 zeigt den Zusammenhang: Ein Auftrag wird heute z.B. mit einer Plandurchlaufzeit von sieben Stunden in das ERP/PPS-System eingelastet. Der Fertigungsbeginn dagegen liegt aber ist fünf Wochen später, weil in dieser Zeitspanne die Kapazitäten noch mit Auftragsrückständen belegt sind.

Es gibt viele Unternehmen, die diesen „Bauch" an Rückständen seit Jahren mehr oder weniger unverändert vor sich herschieben. Wenn man stattdessen vor langer Zeit schon versucht hätte, diesen Rückstandsberg durch einmalige Aktionen wie Überstunden, Sonderschichten, Outsourcen u.a. abzubauen, hätte man schon jahrelang rückstandsfrei und damit flexibel reagieren können.

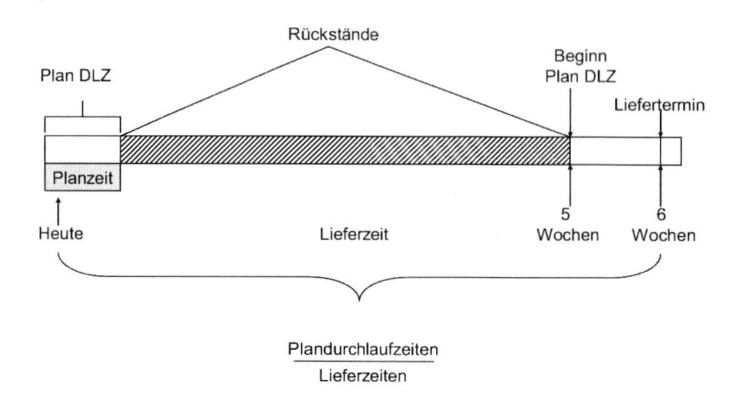

Abb. 2.8 Plandurchlaufzeiten und Istlieferzeiten

2.6.4 Chefaufträge

Im Kapitel Durchlaufsteuerung wurde bereits darauf hingewiesen, dass die Liege- und Wartezeiten die Flexibilität des Unternehmens erheblich behindern. Liege- und Wartezeiten sind häufig gewollt: Sie sind das Ergebnis von Steuerungsprinzipien mit den Zielgrößen: Hohe Maschinenauslastung, wirtschaftliche Losgrößen, optimale Rüstreihenfolgen und damit einer Reduzierung der Stückkosten. Bezogen auf das Ziel Flexibilität mit den Zielgrößen Durchlaufzeiten, Lagerbestände, Planungsrisiken, Liefer- und Termintreue und daraus folgend einer gute Lieferantenbeurteilung sind die internen Kostenziele suboptimal – an internen Produktionszielen ausgerichtet, deren Auswirkung die Kunden vermutlich nicht erreicht.

Die Frage lautet: Was kostet es, aus jedem Auftrag ein Chefauftrag zu machen? Ist es z.B. aus Kostensicht vertretbar, im Falle einer Auftragsfertigung mit kleinen Losgrößen die Maschine zeitraubend umzurüsten, nur mit dem Ziel, damit flexibel den Kundenauftrag zu erfüllen? Das traditionelle eingeübte Denken wird die Frage verneinen. In jeden Fall aber ist es lohnend, die oben aufgeführten Risiken versuchsweise monetär zu bewerten. In vielen Fällen wird man feststellen, dass dabei weniger Neuinvestitionen im Vordergrund stehen, als vielmehr eine Änderung der Denkgewohnheiten, die in der Regel dazu führen, vorgehaltener Ware (Lägern) eine höhere Priorität einzuräumen als der Alternative vorgehaltener Kapazität.

Jeder Auftrag ein Chefauftrag

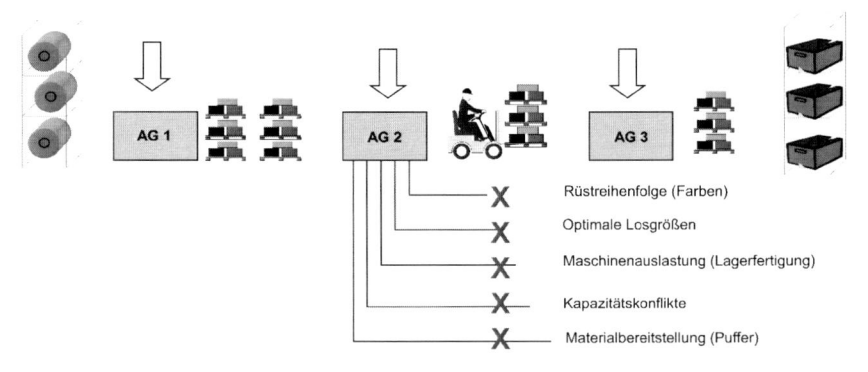

```
                                                    X  Rüstreihenfolge (Farben)
                                                    X  Optimale Losgrößen
      AG 1           AG 2              AG 3         X  Maschinenauslastung (Lagerfertigung)
                                                    X  Kapazitätskonflikte
                                                    X  Materialbereitstellung (Puffer)
```

Abb. 2.9 Steuerungsprinzipien und Lieferfähigkeit

In der nachstehenden Tabelle 2.13 sind die kostenorientierten Zielgrößen der Fertigungssteuerung noch einmal den Prozessrisiken (= Kundenrisiken) gegenüberstellt. Bei jeder einzelnen Position stellt sich die Frage nach Kosten und Nutzen: Eine höhere Maschinenauslastung z.B. interessiert den Kunden nicht – sie kommt nicht an, aber kurze Durchlaufzeiten und damit kurze Lieferzeiten sind für den Kunden höchst attraktiv.

Tabelle 2.13 Risiken der Steuerungsprinzipien

Zielgrößen der Durchlaufsteuerung	Dadurch bedingte Kundenrisiken
Hohe Maschinenauslastung	Längere Durchlaufzeiten
Wirtschaftliche Losgrößen	Längere Lieferzeiten
Rüstzeitoptimierung durch Zusammenfassung von Sorten, Farben etc.	Geringere Flexibilität
	Geringere Termintreue
Kapazitätsengpässe	Hohe Lagerbestände

2.7 Transparenz

Transparenz gibt es in der traditionellen kostengeführten Fabrik nicht. Die Erfassung der internen Abläufe erfolgt manuell durch Aufschreibungen und papiergestützt, also über unzählige Schnittstellen und dadurch mit unkontrollierbarem Zeitverzug und einer extremen Ungenauigkeit. Jede Aufschreibung veraltet: Man frage einmal einen Jäger, wo das Reh steht. Nachstehend werden beispielhaft typische Fragen zur Transparenz der Abläufe aufgeführt.

Wie weit ist der Auftrag?

Aufschreibungen vom Maschinenbediener werden erst zum Schichtende als Teilmengenrückbuchung erfasst und im ERP/PPS-System im Zuge des Nettobedarfslaufs verbucht. Der Zeitverzug ist mindestens ein Tag. Wenn der Kunde also anruft und fragt, ob er den Spediteur vorbeischicken kann, muss der Verkauf sich mit der Disposition in Verbindung setzen, der Disponent wiederum spricht mit dem Meister, der fragt den Maschinenbediener und der sagt (zu Recht!) „Es kommt darauf an, ob die Maschine durchläuft" und so geht die Meldung die ganze Kette wieder zurück.

Wann kann der Auftrag ausgeliefert werden?

Der Auftragsfortschritt eines Arbeitsganges an einer Maschine sagt noch nichts über den möglichen Liefertermin. Viele Teile bestehen aus einer Vielzahl von Bearbeitungsschritten, der Anteil der heute noch nicht zu planenden Zeiten ist sehr hoch, die Montage benötigt noch Fremdteile und dann müssen die Teile noch in die Härterei und in die Galvanik. Die traditionelle Fabrik hat keine Chance, diese Fragen zeitnah und einigermaßen planungssicher zu beantworten. Das macht die Termineinhaltung zu einer permanenten Baustelle.

Läuft die Maschine?

Die Maschinen sollen eine möglichst hohe Nutzzeit (Prozesssicherheit) haben. Die Frage, ob eine Maschine läuft oder sich gerade aus irgendeinem Grunde abgeschaltet hat, konnte man früher hören. Heute sind die Maschinen gekapselt und dadurch nicht mehr akustisch zu kontrollieren. Speziell im Falle der Mehrmaschinenbedienung ist es wichtig, dass der Einrichter seine Maschinen im Blick hat, wozu er sie regelmäßig kontrollieren muss. Dadurch werden längere unbemerkte Stillstände zum Problem.

Wann kann die Maschine wieder laufen?

Die Vorhersage ist von vielen Faktoren abhängig: Dem Werkzeugbau, dem Zulieferer, der Instandhaltung, dem Ersatzteillieferanten, dem Mitarbeiter etc. Diese Informationen können in der traditionellen Fabrik nur über Telefonieren, über Lauferei oder Hingehen beantwortet werden: Also zu spät, zu teuer und zu ungenau.

Wann muss wieder geprüft werden?

Im Falle der Werkerselbstprüfung muss der Maschinenbediener regelmäßig Teile entnehmen und an einem die vorgegebenen Merkmale mit entsprechenden Messmitteln (Messschieber, Bügelmessschraube etc.) durchmessen. Die Prüffrequenz muss er dem Prüfauftrag entnehmen. Da er keine Information zum Ablauf des Prüfintervalls hat, werden die Prüfungen unregelmäßig und damit unzuverlässig.

Wer ist in der ersten Ferienwoche noch in der Fertigung?

Kann man für die erste Ferienwoche noch Aufträge einplanen? Die Urlaubslisten liegen in der Personalabteilung, für einige Mitarbeiter sind plötzlich Lehrgänge angeordnet worden.

Reviewing

Neben der Transparenz der aktuellen Abläufe besteht ebenso wenig eine Transparenz der abgelaufenen Ereignisse (Reviewing) wie: Wie sind die Maschinen gelaufen, welche Störungen sind aufgetreten, konnten die technischen Vorgaben erreicht werden (Stück pro Std. oder Zykluszeiten), konnten die organisatorischen Zeiten eingehalten werden (pauschale Abschläge, Rüst- und Anfahrzeiten etc.) , wie haben sich Verbesserungen an der Zuführung ausgewirkt und weitere wichtige Fragen zur Verbesserung der Abläufe.

2.8 Planungsqualität

2.8.1 Die Planungsfalle

Jede Planung ist prinzipiell falsch. Der Satz: Planung ist der Ersatz des Zufalls durch Irrtum wurde oben bereits zitiert. Jede Planung greift nach einer Zukunft, die ungewiss ist. Trotzdem ersticken Unternehmen in unzähligen Plänen. Beispiele für typische Pläne sind: Beschaffungsplan, Produktionsplan, Absatzplan Investitionsplan, Personalplan, Finanzplan, Bestandsplan, Bilanzplan, Erlösplan oder Kostenplan. (Bramsemann 1978). Sie haben alle die gleichen Probleme:

- Pläne müssen erst einmal vorgegeben werden. Vorgaben sind dabei oft lediglich Fortschreibungen der Vergangenheit.
- Das Wissen der Mitarbeiter, die die Vorgaben entwickeln, ist nicht auf die Materie abgestimmt. Woher soll ein Mitarbeiter des Controlling eine Aussage wie 5 prozentige Kostensenkung oder 10 prozentige Umsatzsteigerung eigentlich nehmen?
- Alle Pläne müssen permanent fortgeschrieben werden. Woher kommen die unzähligen Zahlen, wer erfasst diese und wer gibt sie ein?
- Wie aktuell sind entsprechend die Pläne?
- Welche Handlungsanleitung oder Entscheidungen lösen Planungen aus?
- Planungen richten das Handeln der Mitarbeiter an den Plänen und nicht am Kunden aus.

2.8.2 Die Beschäftigungsplanung

Der letzte Punkt ist dabei von entscheidender Bedeutung. Das Bestreben der Produktion geht dahin, besser zu werden, die Maschinenauslastung zu erhöhen und die Durchlaufzeiten zu verringern. Diese selbstverständlichen Ziele finden in der traditionellen Kostenplanung keine Entsprechung. Dort wird vom Planer – meist das Controlling – im Rahmen der Beschäftigungsplanung eine Planauslastung festgelegt, und anschließend wird nur noch die Qualität der Planung kontrolliert. Dazu ein Zitat aus der Literatur: „Die Kostenkontrolle beschränkt sich in der Praxis dann darauf, „festgestellte Abweichungen mit den Kostenstellenleitern zu erörtern und Fehlleistungen der für die Kostenplanung Verantwortlichen durch die interne Revision aufzudecken" (Wöhe 1986).

Jede Beschäftigungsplanung trifft zudem Entscheidungen zu Kapazitäten, Verfahren, Ausbringung und Einsatzfaktoren. Eine drastische Veränderung der Maschinenauslastung fiele zunächst gar nicht auf. Erst über eine aufwändige Erfassung der Ausbringung und eine anschließende Abweichungsanalyse könnte die Veränderung für die Planung der Zukunft berücksichtigt werden.

2.8.3 Terminplanung

Das Risiko der Planung wächst exponentiell mit dem Planungshorizont. Daher muss versucht werden, diese Zeitspanne zu verkürzen. Maßnahmen dazu sind:
- **Aktualisierung.** Traditionell wird der Istzustand des Auftragsfortschrittes an den Maschinen über Aufschreibungen, frühestens am Schichtende über anschließende Einbuchungen in ein System und dann erst nach frühestens einem Tag, zur Kenntnis genommen. Erst jetzt kann mit einer Umplanung reagiert werden.
- **Vorausschau.** Je früher ein Konflikt bekannt ist, um so eher kann reagiert werden. In der traditionellen Fertigung können Belastungshorizonte nur grob abgeschätzt werden. Plantafeln oder Scheduler der ERP-Systeme verfügen nicht über einen aktualisierten Zeithorizont. Sie arbeiten daher ohne Rückstände und mit offenen Kapazitäten.
- **Ressourcen.** Je eher bekannt wird, welche Ressource fehlen, um so größer ist die Chance, eine Lösung zu finden. Eine Abstimmung aller Ressourcen wie Kunden (Planung), den operativen Bereichen (Personal, Werkzeug, Instandhaltung) oder den Lieferanten wird im traditionellen Unternehmen durch Hierarchien und Zuständigkeiten und durch unnötige Schnittstellen erschwert.

2.8.4 Personalplanung

Immer noch gibt es in den Unternehmen Urlaubslisten, die herumgehen, vom Meister abgezeichnet werden und dann im Personalbüro landen. Damit wird eine erforderliche zentrale Personaleinsatzplanung in Kompetenzen zerlegt und an ver-

schiedenen Orten abgelegt. Auch hier werden durch Zuständigkeiten und Kommunikationswege Informationen vorenthalten:
- Hat der Mitarbeiter heute Urlaub oder wird er sich krank melden?
- Wer ist eigentlich zu Schichtbeginn tatsächlich da?
- Welche Aufträge können in der ersten Ferienwoche noch angenommen werden?

Das sind tägliche Fragen, die in der traditionellen Fertigung nur durch eine zeitraubende P2P (Person to Person) Kommunikation beantwortet werden.

2.8.5 Wird Planung benötigt?

Was man sofort machen kann, muss man nicht planen. Daher ist es die wichtigste Aufgabe für eine Fertigung der Zukunft, Planung zu vermeiden oder zu reduzieren. Maßnahmen für eine Reduzierung von Planungsrisiken können sich ergeben in den Bereichen:
- **Durchlaufzeiten:** Eine drastische Verkürzung der Durchlaufzeiten führt zu einer Verbesserung der Planung um Größenordnungen.
- **Informationsabläufe:** Abbau von Kompetenzen und Zuständigkeiten vermeiden Umwege der Informationsvermittlung.
- **Aufschreibungen:** Jede Aufschreibung ist bereits veraltet, sie sind insbesondere zeitraubend und in vielen Fällen unnötig, weil sie zu keinen Verhaltensänderungen führen.
- **Abstimmungen:** Eine wenig gesehene Quelle für Stockungen in den Abläufen sind Abstimmungen, Rückfragen, Genehmigungen etc. Dazu gehören auch Verwaltungstätigkeiten wie Vorkalkulationen, Kontrollen und Nachweise, Berichte etc.

2.9 Personalproduktivität

2.9.1 Wie gut ist ein Mitarbeiter?

Dass jemand morgens pünktlich kommt oder fleißig ist, reicht als Antwort nicht aus. Wenn im Gegensatz dazu ein Sportler gefragt werden würde: „Wie gut bist Du?" könnte er sofort antworten 17,7. Diese 17,7 gibt es im Unternehmen nicht. Auf die Frage nach der Personalproduktivität hat die traditionelle Fertigung keine Antwort. Das führt in der Praxis zu riesigen Verschwendungen und Fehlleistungen. Tominaga behauptet, dass mindestens 50 Prozent aller Arbeit in deutschen Unternehmen verschwendet ist. (Tominaga 1996). Eine Studie des Gallup Institut kommt zu dem Ergebnis, dass 67 Prozent aller Mitarbeiter demotiviert sind und eine Untersuchung der Proudfood Consulting kommt in einer globalen Produktivitätsstudie zu dem Ergebnis, dass mehr als ein Drittel der Arbeitszeit unproduktiv ist.

2.9.2 Mitarbeiterführung

Wenn es aber keine Messzahl für die Mitarbeiterproduktivität gibt, ist jede Mitarbeiterführung wie ein Gang mit der Stange im Nebel. Entsprechend chaotisch sieht es in der Praxis aus: Besprechungen ersetzen Vorgaben, die Führung der Mitarbeiter geschieht über Anweisungen im traditionellen top-down Verfahren. Die Anweisungsorganisation wird darüber hinaus immer auch noch durch eine Misstrauensorganisation ergänzt. Dafür müssen im Unternehmen unzählige Belege ausgefüllt und Berichte angefertigt werden. Mitarbeiter werden nicht als Ideenträger zur Kenntnis genommen und schon gar nicht gelobt – Loben passiert in deutschen Unternehmen ohnehin praktisch nie.

2.9.3 Taylorismus

Die Anweisungsorganisation ist ein Relikt aus den zwanziger Jahren des letzten Jahrhunderts und nannte sich wissenschaftliche Betriebsführung. Dazu ein Text von Frederik Taylor von 1919: „Die zu leistende Arbeit eines jeden Arbeiters wird von der Leitung spätestens einen Tag vorher aufs genaueste ausgedacht und festgelegt. Der Arbeiter erhält gewöhnlich eine schriftliche Anleitung, die ihm bis ins Detail seine Aufgabe, seine Werkzeuge und ihre Handhabung erklärt" (Warnecke 1996).

2.9.4 Stellenbeschreibungen

Die wissenschaftliche Betriebsführung (Taylorismus) unterstellte, dass das Wissen des Unternehmens weiter oben in der Hierarchie vorhanden ist und weiter unten nur umgesetzt werden muss. Deutlichstes Merkmal dieser Organisationsform sind die immer noch vorhandenen Stellenbeschreibungen, in denen die Aufgabe jedes Mitarbeiters minutiös beschrieben ist. Jede Stellenbeschreibung suggeriert implizit, dass mit der Erfüllung der beschriebenen Aufgabe die Arbeit erledig ist.

2.9.5 Vom Arbeiter zum Mitarbeiter

Die heutigen Fertigungsbedingungen haben sich demgegenüber seit Taylors Zeit stark verändert: Die Arbeit kann weiter oben nicht mehr auf das genaueste ausgedacht und detailliert angewiesen werden, weil das Wissen wie man z.B. ein CNC-Bearbeitungszentrum programmiert oder eine Mehrstufen-Quertransportpresse umrüstet weiter oben in der Hierarchie nicht vorhanden ist. Ergänzend kann man hinzufügen, dass es den Arbeiter, wie er damals verstanden wurde, heute nicht mehr gibt. Der Mitarbeiter von heute ist geistig forderbar, er liest Zeitung und sieht fern, der Sohn macht gerade Abitur und die Frau arbeitet bei der AOK. Trotzdem ist es immer noch Stand der Technik, dass der, der seine Arbeit am besten kennt, Anweisungen ausführen muss von Leuten, die diese Arbeit noch nie gemacht haben. Es gehört zu den wichtigsten Schwachstellen im modernen Unternehmen, dass der Kopf der Mitarbeiter nicht genutzt wird.

2.9.6 Typische Schwachstellen der Mitarbeitsführung

- Die Entscheidungen werden nicht von denen getroffen, die der Arbeit am nächsten sind, sondern in der Regel von Anweisern an anderen Stellen der Organisation.
- Die Arbeit wird nicht dort erledigt, wo sie anfällt, sondern z.B. in spezialisierten Bereichen (Qualitätsprüfungen Härten, Anlassen, Lackieren, etc.)
- Immer noch werden Anweisungen gegeben, anstatt dass man mit Mitarbeitern Ziele vereinbart.
- Mitarbeiter werden überwacht, anstatt dass sie sich selbst überwachen (Werkerselbstprüfungen, Regelkreise)
- Mitarbeiter haben in der Regel keine Informationen – oft wissen sie nicht einmal, für welchen Kunden sie gerade arbeiten.

Mangelnde Vorgaben

Wer entscheiden soll, muss wissen. Mitarbeiter im traditionell geführten Unternehmen werden nicht informiert. Daher können sie auf viele tägliche Fragen keine Antwort geben. Insbesondere lassen sich aus dem Zahlenwerk des betrieblichen Rechnungswesens keine Vorgaben für Mitarbeiter ableiten. Was kann er z.B. unternehmen, um die Stückkosten zu senken?
Beispiele für weitere wichtige tägliche Fragen. Was ist besser:
- Kurze Durchlaufzeiten oder niedrige Stückzahlen?
- Die Maschine abstellen, wenn kein Auftrag vorliegt, oder schon einmal vorarbeiten?
- Nur die Teile fertigen, die gerade verlangt werden, oder Fertigungslose zusammenfassen?

Unkreative Mitarbeit

Die Mitarbeiter wissen in der traditionellen Fabrik nicht, was sie zu tun haben. Die Abbildung 2.10 zeigt dafür ein aktuelles Beispiel. Hier handelt es sich um einen Aushang für die Fabrik, in dem die typischen Verschwendungsarten dargestellt sind. Aber: Was soll der einzelne Mitarbeiter konkret unternehmen, um Überproduktion, Personalineffizienz, Wartezeiten etc. zu eliminieren? Welchen Anteil hat er daran, welche Maßnahmen kann er konkret ergreifen, welche Verantwortung wird ihm dafür gegeben (Verantwortung übergeben heißt Fehler erlauben), welche Entscheidungsspielräume bekommt er, welche Kompetenz (Schulungen, Weiterbildung) wird aufgebaut?
Diese Fragen hat die traditionelle Fabrik nicht beantwortet. Die klassische Aussage dazu war in der Vergangenheit: „Der soll nicht denken, der soll arbeiten". Das Dummhalten war früher und ist heute noch in vielen Unternehmen eine Frage

der Macht, der Vorgesetzte definiert sich nicht dadurch, dass er etwas besser kannte, sondern dass er mehr weiß.

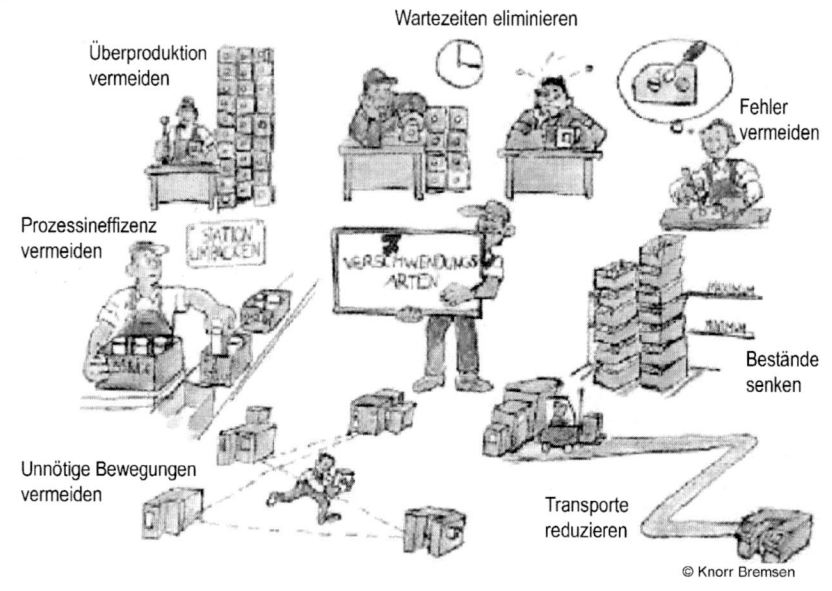

Abb. 2.10 Aushang für Mitarbeiter

Eine Kerneinsicht des weltweit bekannten Managementvordenkers Peter Drucker besagt: Es gibt heute nur einen Weg zum Erfolg: Der motivierte und kreative Mitarbeiter.

2.9.7 Entlohnungsformen

Die völlig unzulängliche Mitarbeiterführung lässt sich sofort an den ebenso völlig unadäquaten Lohnformen ausmachen: Der Zeitlohn und der immer noch vorhandene Einzelakkord. Der Zeitlohn prämiert die Anwesenheit, nicht die Leistung und der Akkordlohn prämiert eine isolierte Verrichtung. Keine dieser Lohnformen fördert eine flexible und kreative Mitarbeit, sondern ist Sand im Getriebe:

- Misstrauen: Die Anwesenheitszeiten müssen abgestempelt werden,
- Keine Veränderung des Status quo: Jede Veränderung ist eine potenzielle Bedrohung,
- Gehorchen: Kreativität wird nicht belohnt.

Es gibt keine andere Ursache für Veränderungen als Denkprozesse. Denkprozesse werden im traditionellen Unternehmen nicht entlohnt.

Prämienentlohnung

Die Prämienentlohnung benötigt Vorgaben, auf deren Erfüllung eine Prämie gezahlt werden kann. Als Vorgaben für Prämien werden aber in der Regel Zahlen benutzt, die man erfassen kann wie Mengen (Gutstückprämien) oder Zeiten (Nutzungszeitprämien). Das Risiko dieser Prämien besteht darin, dass die Vorgaben mit anderen Vorgaben kollidieren und nicht am Prozessziel ausgerichtet sind.

Gruppenarbeit

Die Gruppenarbeit ist eine höchst wirksame Arbeitsorganisation zur Verkürzung der Durchlaufzeiten. Gruppenarbeit ist dennoch unbeliebt: Die Gruppe benötigt zum einen alle Informationen, die auch das Management hat (Wer entscheiden soll muss wissen) und die Gruppe benötigt Entscheidungskompetenz. Beide Voraussetzungen sind die Bausteine einer emanzipierten Mitarbeit, die in vielen Unternehmen nicht gewollt ist.

Arbeitszeitmodelle

So wie Läger entstehen durch das Auseinanderfallen von Lieferlosen und Fertigungslosen, so entstehen Arbeitzeitmodelle und Schichtmodelle durch das Auseinanderfallen von Arbeit und Anwesenheit. „Bei uns gibt es keine Schichten, bei uns gibt es nur Arbeit oder keine Arbeit" so die Aussage eines Unternehmers. Arbeitszeitmodelle sind in der Praxis Ursache für permanente Auseinandersetzungen zwischen dem Betriebrat und der Geschäftsleitung. Auch sie sind ein selbstverständlich hingenommenes Relikt aus der Vergangenheit. Wer zu Hause seine Heizung einbaut, braucht dazu weder ein Arbeitzeit- noch ein Schichtzeitmodell. Arbeitszeitmodelle können dann entfallen, wenn jeder Mitarbeiter seine Zielvereinbarungen hat.

2.10 Produktqualität

2.10.1 Qualitätsorganisation

Es gibt keine Produktqualität: Sie muss zwischen dem Anbieter und dem Kunden definiert werden. Da die Qualität nicht in jedem konkreten Fall definiert werden kann, sind Standards wie z.B. die DIN Normen oder auch kundengruppenspezifische Normenwerke wie die Q 101 entwickelt worden. Diese enthalten auch Aussage zum Toleranzbereich der Einhaltung (ppm-Werte, cpk-Werte, Maschinenfähigkeiten etc.). Diese Vorschriften müssen in den operativen Bereich und insbesondere an die Maschine gebracht werden. Dafür sorgt in der Praxis das Qualitätsmanagement. Mit dem Qualitätsmanagement hat sich im Laufe der Jahre eine Parallelorganisation aufgebaut, deren Grund im wesentlichen in den veralteten Kommunikationsstrukturen liegen:

- Prüfpläne müssen für jeden Artikel parallel zur Konstruktion erstellt werden,
- Prüfaufträge müssen aufwändig parallel zu Arbeitsaufträgen generiert werden,
- Die Prüfaufträge müssen an die Maschine gebracht werden
- In vielen Unternehmen gibt es noch Laufkontrollen, weil eine Werkerselbstprüfung an der erforderlichen Infrastruktur scheitert (CAQ-System).
- Indexverwaltung. Im Falle einer Zeichnungsänderung des Kunden müssen veraltete Prüfaufträge mühsam eingesammelt und neue ausgelegt werden.
- Die Erfassung und Sammlung der Messergebnisse ist aufwändig und unvollständig (Fehlersammelkarte),
- Die Fehlerbewertung (Fehlerart, Fehlerursache, Fehlerort und Maßnahme) sind über Aufschreibungen nicht möglich und damit auch nicht auswertbar.
- Damit entfällt auch die in allen Zertifizierungen geforderte permanente Fehlerkorrektur.

2.10.2 Qualitätsregelkreise

Früher hat man das Qualitätsniveau hochgehalten durch Wegwerfen (oder was so ähnlich ist: Durch Nacharbeiten). Je früher ein Fehler erkannt wird, umso geringer sind die Fehlerkosten. Dazu gibt es die Zehnerregel, die besagt:

Ein Fehler, der bei seiner Entstehung bekannt wird, kostet 1 €,
Ein Fehler, der erst in der Fertigung bekannt wird, kostet 10 €,
Ein Fehler, der in der Endkontrolle bekannt wird, kostet 100 € und
Ein Fehler, der beim Kunden bekannt wird kostet?

Die fertigungsbegleitende Werkerselbstprüfung hat zum Ziel, Qualität zu erzeugen, statt – wie in der Vergangenheit – zu erprüfen: Der Kunde soll zurückkommen und nicht die Ware.

Die traditionelle Fabrik ist auf eine drastische Verkleinerung der Qualitätsregelkreise nicht ausgerichtet: die Schnittstellen sind an der Organisation und nicht am Prozessergebnis ausgerichtet.

- **Schnittstelle Materialeingang:** Immer noch gibt es in vielen Unternehmen eine Eingangskontrolle mit Freigabeentscheiden der QS.
- **Schnittstelle Rampe:** Ziel muss es sein, das Sperrlager aufzulösen und die Kette Lieferant – Fertigung – Kunde durch Maßnahmen wie Auditierung des Lieferanten, Erstmusterprüfberichte, Annahme unter Vorbehalt, etc. zu schließen.
- **Schnittstellendokumentation:** Die traditionelle Q-Dokumentation mit Prüfprotokollen, Chargennachweisen, Lieferanten und Werkszeugnisse, eigene Qualitätsprüfungen etc. werden in der traditionellen Fabrik entweder nicht angefertigt oder nur mit unverhältnismäßigem Aufwand.

2.10.3 Qualitätsprüfungen

- **Erfassung:** Qualitätsdaten müssen erfasst werden: von der Endkontrolle, vom Labor, von der einer Qualitätsstelle, von der Laufkontrolle oder vom Werker. Je weiter die Prüfung – örtlich und zeitlich – weg von der Maschine erfolgt, umso schlechter und teurer ist sie. In vielen Unternehmen findet die Messung an gesonderten Messplätzen irgendwo in der Abteilung statt.
- **Prüfaufträge:** Prüfaufträge werden traditionell parallel zur Auftragsbearbeitung erstellt und in die Abteilung gebracht. Hier besteht eine aufwändige Q-Bürokratie
- **Prüffrequenz:** Insbesondere im Zuge der Werkerselbstprüfung muss der Maschinenbediener regelmäßig Teile entnehmen und an einem die vorgegebenen Merkmale mit entsprechenden Messmitteln (Messschieber, Bügelmessschraube etc.) durchmessen. Die Prüffrequenz muss er dem Prüfauftrag entnehmen und nach Ablauf des dort vorgegebenen Intervalls tätig werden. Eine Anforderung, die jeden Maschinenbediener – insbesondere bei Mehrmaschinenbedienung – überfordert. Hinzu kommt, dass er die Intervalle lediglich nach der Uhrzeit bestimmen kann – also unabhängig davon, ob die Maschine gelaufen ist oder gestanden hat. Die Folge unregelmäßiger Prüfungen zeigen sich in der Bestimmung und Ausnutzung der Werkzeugstandzeiten. (Die Toleranz gehört der Fertigung).
- **Ausschusserfassung**: Die Ausschusserfassung ist immer kompliziert: Wann wird Ausschuss bemerkt, wer erfasst ihn, wer analysiert ihn, wer erfasst die Mengen, soll der Auftrag erhöht werden, wer macht die Fehlerkostenstatistik?
- **Prüfdokumentation:** Wer versorgt den Werker mit Prüfplänen und Prüfskizzen, bestehen dokumentierte Einstellhilfen?
- **Prozessfähigkeit:** Der Werker benötigt so schnell wie möglich Information über die Prozessfähigkeit wie: Eingriffsverletzungen, Toleranzverletzung, Runs, Middle Third etc. Je länger er im Falle einer Prozessverletzung weiterarbeitet, umso mehr Schrott produziert er.

2.10.4 Qualitätsdokumentation

Jedes Stück Papier ist teuer. Jeder Beleg ist eine Schnittstelle, jede Schnittstelle verbraucht Personal und Zeit und ist zudem ein Qualitätsrisiko. Schnittstelle bedeutet, die Informationen von einem System in ein anderes zu transferieren. Erst wenn man die Systeme vernetzt, kann man damit auch den Schnittstellenaufwand eliminieren.

Die Anforderungen an die Qualitätsdokumentation steigen progressiv. Es gibt heute schon Branchen, in denen der mitgelieferte Papierberg größer ist als das gelieferte Teil. Typische Zertifikate sind: Prüfzertifikate, Prüfbescheinigungen, Prüfprotokolle, Fähigkeitsanalysen, Chargen, Regelkarten, Messwerttabellen, Fehlersammelkarten.

Zusätzliche Bedeutung haben die Qualitätssicherungsvereinbarungen (QSV). Sie regeln die Qualitätsvereinbarungen zwischen Lieferant und Abnehmer und dokumentieren die Qualität. Neben den oben aufgeführten Zertifikaten können sie noch Dokumentationen über Einbauteile oder einen Teilelebenslauf enthalten.

Der produzierte Papierberg führt zu einem erheblichen Zusatzaufwand, der mit Bleistift und Papier nicht mehr mit einem vertretbaren Aufwand bewältig werden kann. Hinzu kommt, dass alle Dokumente z. T. langfristig aufwendig archiviert werden müssen, obwohl sie zum größten Teil umsonst angefertigt wurden – sozusagen auf Verdacht.

2.10.5 Prozesslenkung

Die Methoden der Prozesslenkung sind in den Zertifizierungsregelwerken (ISO 9001/TS 16949) vorgegeben. Die Anforderungen einer konsequenten Ausrichtung des Unternehmens auf das Prozessergebnis sind dort detailliert beschrieben und wurden von den meisten Unternehmen längst unterschrieben. Trotzdem ist eine konsequente Ausrichtung des Unternehmens auf das Prozessergebnis heute noch nicht Stand der Technik. Die Zertifizierungen sind in vielen Unternehmen eine Alibiveranstaltung. Hier ein Scenario, welches für viele Unternehmen zutrifft: Die Prozesse wurden beschrieben und anschließend abgeheftet. Sie stehen nun in einem Ordner im 2. Stock in der QS im Schrank und der Schrank ist zu. Er wird erst zwei Wochen vor dem nächsten Audit wieder geöffnet und man überlegt, welche Hausaufgaben hierfür zu machen sind.

Vorgaben der Prozesslenkung sind:

- Identifizieren der werttreibenden Prozesse. Das beinhaltet die systematische Beantwortung der Frage nach der Einzigartigkeit des Unternehmens gegenüber seinen Kunden und im Vergleich zur Konkurrenz. Erst danach lassen sich die Prozesse bestimmen, die diesen Anspruch erfüllen.
- Für diese Prozesse werden Kennzahlen erarbeitet, um damit das Leistungsversprechen intern bis hin zur operativen Ebene zu kommunizieren.
- Permanente Verbesserungen sichern das dauerhafte Nachjustieren der Anstrengungen. Dadurch erschließt sich dem Unternehmen ein unbegrenztes Verbesserungspotenzial.

Aus den Maßnahmen einer konsequenten Umsetzung dieser Anforderungen ergeben sich die nachstehend beschriebenen Schwachstellen.

2.10.6 Weitere Anforderungen der ISO 9001

Die These, dass die Zertifizierung des Unternehmens in vielen Fällen lediglich ein Alibi für Kunden darstellt, wurde oben schon beschrieben. Mit den Mitteln der traditionellen Fabrik wie Aufschreibungen, Listen, Karten, Berichte etc. ist die ISO 9001 nicht zu leben. Nachstehend werden einige Beispiele für Anforderungen genannt, die trotz der Zertifizierung entweder nicht oder unvollständig oder mit unangemessenem Aufwand durchzuführen sind. Hier dazu einige Beispiele:

- **Beschaffung:** Wareneingangsprüfung mit Lieferantenbeurteilungen, Erstmusterprüfung, Freigabebescheid im ERP verbuchen
- **Rückverfolgbarkeit:** Chargeneingabe, Losverfolgung
- **Prozesslenkung:** Vorbeugende Instandhaltung, Wartungskalender,
- **Korrekturmaßnahmen:** Identifizieren und Aufzeigen der aufgetretenen Fehler
- **Qualitätsprüfung:** Prüfungsaufforderung, mitlaufender Prozessfähigkeitsindex, Nachweis der Qualitätskosten

2.11 Externe Anforderungen

Jedes Unternehmen muss heute zunehmend auf externe Anforderungen reagieren, die mit der Produktion im eigentlichen Sinne nichts mehr zu tun haben. Die moderne Fertigung verändert sich in zunehmendem Maße zu einem informationsverarbeitenden System. Diese externen Anforderungen reichen von der Zertifizierung über Umweltaudits, Rückverfolgbarkeit, FDA-konforme Dokumentation, Einführung neuer Lohnsysteme (ERA) bis hin zum Blick des Kunden in die Fertigung. Hier kommt auf alle Unternehmen ein erheblicher Informationsaufwand zu, der sich über eigene Abteilungen und Hierarchien nicht mehr abdecken lässt. Hier nur eine kleine Auswahl von Beispielen.

- **Chargenverfolgung:** Zusammen mit der ersten Auftragsanmeldung müssen die Chargeninformationen und Werkszeugnisse der Lieferanten vermerkt werden. Jeweils zu Beginn eines neuen Coils oder Kronenstocks muss intern ein neuer Unterauftrag – unabhängig von der jeweiligen Gebindefüllung – generiert werden. Diese Chargeninformationen müssen über die Weiterbearbeitungsstufen verfolgt werden (Losverfolgung).
- **Kundenspezifische Formulare oder Etiketten:** Viele Automobilhersteller verlangen eigene Prüfzertifikate. Insbesondere für die Lieferung ans Band werden spezielle Etiketten vorgegeben.
- **Sollfüllmengen:** Ebenfalls für die direkte Lieferung ans Band müssen die Sollfüllmengen des Kunden berücksichtigt werden.
- **Behälterverwaltung:** Der Behälterverkehr von und zum Abnehmer muss irgendwo erfasst und nachgewiesen werden.
- **Werkzeuglebensläufe:** Insbesondere im Falle teurer und vom Kunden mitbezahlter Werkzeuge verlangen diese Nachweise eines Werkzeuglebenslaufes.

2.12 Fehlende Kennzahlen

2.12.1 In was will das Unternehmen gut sein?

Es gibt keine Leistungsanalyse ohne eine Leistungsdefinition. Die Leistungsdefinition des Unternehmens ist seine Strategie: In was wollen wir Weltmeister sein? Ein Unternehmen, welches nicht die Art seiner Leistung bestimmt, ist blind. Strategiefestlegung ist die Voraussetzung für Kennzahlen.

Für Unternehmen gibt es unendlich viele Strategiemöglichkeiten: Preisführerschaft, Kostenführerschaft, Variantenführerschaft, Designführerschaft, Flexibilität, Liefertreue etc. sind Herausstellungsmerkmale, für die es auf dem Markt viele Beispiele gibt. Trotzdem ist Strategie für die meisten Unternehmen keine explizite Führungsgröße. Unter den Bedingungen des globalen Marktes verschiebt sich der Focus vom Produkt zum Anbieter. Ein preisgleiches Angebot ist für einen Abnehmer noch lange nicht vergleichbar. Lieferfähigkeit, Termintreue, Mindestmengen, Lieferzeiten, Qualität, Zahlungsbedingungen oder Reklamationsmanagement können wichtigere Entscheidungskriterien für oder gegen einen Lieferanten sein. Damit werden Serviceeigenschaften, die sich nicht rechenbar am Produkt festmachen lassen, zu entscheidenden Kriterien für die Marktposition des Anbieters – Kriterien, die sich in den Zahlen des betrieblichen Rechnungswesens und der Kalkulationen nicht ausdrücken lassen.

Eine Unternehmensstrategie beinhaltet die Antwort auf die Frage: „Warum sollen Kunden bei uns kaufen?" oder anders formuliert: „Mit welchen Kunden und mit welchen Leistungen wollen wir uns vom Wettbewerb absetzen?" Ein Unternehmen mit dem Ziel der Kostenführerschaft wird daher anders reagieren, als ein Unternehmen mit dem Ziel einer möglichst hohen Flexibilität. Anders reagieren heißt: Konkrete Maßnahmen zur Verbesserung der Marktposition werden in den Unternehmen – je nach Strategie – unterschiedlich gelebt werden – die Strategie legt die Kennzahlen und damit die Maßnahmen fest.

2.12.2 Kennzahlen in der Praxis

Nach welchen Kennzahlen lenken die Unternehmen ihre stets knappen Ressourcen? Oder genauer: Nach welchen Kennzahlen steuern die Unternehmen eigentlich ihre Wertschöpfung? Um die Antwort vorweg zu nehmen: Kennzahlen spielen in der betrieblichen Praxis keine Rolle.

Kostenkennzahlen

Die in allen Unternehmen heute immer noch zum Einsatz kommende Kostenrechnung ist ein Datenmodell, um die Ressourcenverbräuche mit dem Produkt verursachungsgerecht zu verknüpfen Die Kostenrechnung konzentriert sich daher auf die Bearbeitung – Ressourcenverbräuche außerhalb der Verarbeitung gehen lediglich als undifferenzierte Zuschläge in die Rechnung ein. Da im Zuge der Globalisierung der Anteil der reinen Bearbeitung sich hin zu Serviceleistungen verschiebt, kann das traditionelle Datenmodell „Kosten" die Ressourcenverbräuche nicht mehr verursachungsgerecht abbilden – es führt damit zu gravierenden Fehlentscheidungen.

Kostenkennzahlen sind Vorgaben, die sich aus dem Zahlenwerk des betrieblichen Rechnungswesens herleiten lassen. Typische kostenorientierte Zielgrößen sind: Stückkosten, Maschinenstundensätze, optimale Losgrößen etc. Kostenkennzahlen richten ihre innere Perspektive auf eine hohe Maschinenauslastung mit Maßnahmen wie Losgrößenoptimierung, Rüstkostenminimierung, Lagerfertigung etc. Es ist das entscheidende Merkmal von Kostenkennzahlen, dass sie suboptimierend sind. Ihre Zielerreichung ist nicht am gesamten Prozessergebnis, sondern an der Kostenstelle ausgerichtet. Die – fast immer einseitige – Ausrichtung an Kostenkennzahlen ist für die Unternehmen gefährlich: Sie führt zu Fehlentscheidungen (s. Verlagerung in Billiglohnländer) und Verschwendungen (s. Verschwendungen).

Prozesskennzahlen

Prozesskennzahlen richten sich im Gegensatz zu Kostenkennzahlen am Prozessergebnis d.h. am Kunden bzw. am Markt aus. Typische Prozesskennzahlen sind: Lieferfähigkeit, Termintreue, Lieferbereitschaft, Durchlaufzeiten, Durchsatz (s. dort) etc. also alles Vorgaben, die beim Kunden „ankommen" – von ihm wahrgenommen werden. Das entscheidende Problem zum Aufbau von prozessorientierten Kennzahlen besteht für die Unternehmen in der Messbarkeit der Abläufe. So ist z.B. die Durchlaufzeit nur mit Hilfe von manuellen Aufschreibungen nicht messbar und damit auch nicht beeinflussbar.

Die Tabelle 2.14 zeigt eine Gegenüberstellung von kostenorientierten und prozessorientierten Maßnahmen. Während die kostenorientierten Kennzahlen sich am Rechnungswesen und an der Kostenrechnung orientieren, richten sich die prozessorientierten Kennzahlen am Kunden aus.

Tabelle 2.14 Gegenüberstellung von Kosten- und Prozessorientierung

Ziel	Kostensicht	Prozesssicht
Stückkosten	Niedrige Vorkalkulation	Hohe Läger
	Günstiger Angebotspreis	Schlechte Lieferfähigkeit
Lieferbereitschaft	Vorhalten von Wertschöpfung (Lagerbestände)	Vorhalten von Kapazität

2.12.3 Abhängigkeit der Maßnahmen von Kennzahlen

Die Kennzahlen erst ermöglichen es, die Unternehmensziele ohne innere Widersprüche umzusetzen. Die Aussage eines Bereichsleiters dazu: „Wir wollen immer alles: Die Termine einhalten, die Maschinen auslasten und die Bestände reduzieren". In der täglichen Praxis muss man häufig auf eine Maßnahme zugunsten einer anderen zielführenden Maßnahme verzichten. Wenn z.B. Termintreue für das Unternehmen das strategische Ziel ist, kann das dazu führen, dass man es in Kauf nimmt, eine Maschine für nur wenige Teile umzurüsten und die gewohnte Rüstkostenoptimierung ignoriert.

2.13 Ressourcenlenkung

Eine immer noch wenig gesehene Schwachstelle ist die einseitige Ausrichtung der Ressourcenlenkung auf das Zahlenwerk des betrieblichen Rechnungswesens mit der Zielgröße Stückkosten. In der Vergangenheit hat man versucht, die Wirtschaftlichkeit (Lenkung der stets knappen Ressourcen in die gewinnbringendste Verwendung) über die Produktherstellung mit Hilfe der Kennzahl Stückkosten zu beherrschen. Obwohl es Stückkosten im strengen Sinne heute nicht mehr gibt, bilden sie immer noch die Grundlage zur Steuerung der Wirtschaftlichkeit. Die entsprechende Leitfrage lautete: „Mit welchen Produkten machen wir Gewinn oder Verlust?". Das Bestreben der Kalkulation war es, die Produkte mit den durch sie verursachten Verbräuchen gerecht zu belasten und gipfelte in der Aussage: „Das Teil kostet." Wenn die Stückkosten einmal bekannt sind, dann ist es auch der Stückgewinn. Stückkosten und Stückgewinn bilden im traditionellen Unternehmen immer noch die Grundlage für wichtige Entscheidungen zu Investitionen, Rationalisierungen bis hin zu Verkaufsgesprächen.

2.13.1 Die schwarzen Löcher in der Fertigung

Die Kosten der modernen Fertigung entstehen schon mit der Dienstleistungsbereitstellung – also unabhängig von ihrer tatsächlichen Inanspruchnahme. Mit anderen Worten, das moderne Unternehmen kostet mit und ohne Produktion praktisch das gleiche. Das führt in der Praxis zu dem Kostenparadox, welches darin besteht, dass zum einen erhebliche Verschwendungen nicht gesehen werden und zum anderen Kosten behauptet werden, wo keine Ressourcenverbräuche anfallen:
- Als Beispiel für die erste Kategorie gelten ungeplante Betriebsunterbrechungen, ungeplante Umlaufbestände, überhöhte Läger oder falsche Terminvorgaben. Hier stößt man überall auf üppige Verschwendungen, die sich durch die traditionelle Kostenrechnung überhaupt nicht rechen lassen (Die verborgene Fabrik).

- Zur zweiten Kategorie zählen von der Kostenrechnung unterstellte ‚Kosten', die aber keine Ressourcenverbräuche sind wie Maschinenkosten oder Rüstkosten.

Das bedeutet für die Praxis, dass erhebliche Verlustquellen in der Fertigung wie ungeplante Störzeiten, falsche Termine oder ungeplante Lager- und Umlaufbestände mit ihren wahren Kosten nicht erkannt werden und andererseits Kosten unterstellt werden, wo keine echten Ressourcenverbräuche anfallen. Kosten also, die keinen Einfluss auf den Unternehmensgewinn haben.

2.13.2 Die Stückkostenfalle

Die Fehlleitung der Kostenrechnung besteht darin, dass im Falle einer Investition in eine schnellere Maschine der dadurch verbesserte Stundensatz zwar voll auf die Kalkulation durchschlägt: Die Stückkosten werden geringer und der rechnerische Stückgewinn verbessert sich, ohne dass eine schnellere Maschine automatisch zu einem höhern Betriebergebnis führt. Die Tabelle 2.14 zeigt typische Falschaussagen im Überblick.

Das traditionelle Datenmodell „Kosten" ist heute – vor dem Hintergrund moderner Fertigungsbedingungen mit einem extrem hohen Gemeinkostenanteil – nicht mehr anwendbar, da praktisch die gesamten Kosten auch bei Nichtleistung wie Liege- und Wartezeiten anfallen.

Tabelle 2.15 Falschaussagen der traditionellen Kostenrechnung

Aussage der Kostenrechnung	Bewertung
Die Kosten entstehen durch die Bearbeitung	Die Aussage ist falsch: Die meisten Kosten fallen zwischen den Maschinen – also außerhalb der Bearbeitung an.
Die Kosten sind eine Funktion der Ausbringung mit der Kostenformel $K = f(x)$	Die Aussage ist falsch: Das moderne Unternehmen kostet mit und ohne Produktion das Gleiche. Bei über 80% Gemeinkosten (ohne Material) sind die Kosten eine Funktion der Zeit mit der Kostenformel $K = f(t)$
Die Stückkosten sinken mir wachsender Losgröße	Die Aussage ist falsch: Die Stückkosten steigen mit wachsendem Abstand zwischen Fertigungslosgröße und Lieferlos.

Die Stückkostenfalle besteht also darin:

- dass bei Wegfall der Produktion eines Produktes ein überwiegender Anteil der diesem Produkt aufgesattelten Gemeinkosten erhalten bleibt,
- dass erhebliche Anstrengungen zur Senkung der Stückkosten über eine Verbesserung der Produktion (Maschinen, Werkzeuge, Verfahren) zwar investi-

tionsintensiv ist, aber nur marginale oder keine Auswirkungen auf das Betriebergebnis haben,
- dass eine drastische Verbesserung der Produktivität der Fertigung, die durch eine drastische Verkürzung der Durchlaufzeit herbeigeführt wurde, sich in der Kalkulation zunächst gar nicht zeigen würde.

Literatur

Bramsemann R (1978) Controlling. Gabler, Wiesbaden.
Brauckmann O (2002) Integrierten Betriebsdatenmanagement. Gabler, Wiesbaden
Brunner et. al (1999) Value-Based Performance Management. Gabler, Wiesbaden
Controlling mit Kennzahlen Hrsg. Controller Verein 2003 S. 3
Goldratt E, Fox B (1986) The Race North River Press.
Kaplan R, Norton D, (1997) Balanced Scorecard. Schaeffer-Pöschel, Stuttgart
Kletti J, Brauckmann O (2004) Manufacturing Scorecard. Gabler, Wiesbaden
Taylor F (1917) Die Grundsätze wissenschaftlicher Betriebführung. München.
Tominaga M (1996) Erfolgsstrategien für deutsche Unternehmer Düsseldorf.
Warnecke J (1996) Die fraktale Fabrik. Reinbeck Hamburg
Weber J Sandt J (2003) Erfolg durch Kennzahlen. Wiley, Weinheim
Wöhe G (1986) Einführung in die allgemeine Betriebswirtschaftslehre. 16. Auflage München

3 MES: IT-Lösung zur Prozessoptimierung

Für die wettbewerbsfähige Produktion von heute und morgen ist die vertikale Integration innerhalb der Fertigung eine unabdingbare Voraussetzung. Die Ebene des Fertigungsmanagements wird dabei repräsentiert durch ein MES-System, welches eine Schaltstelle zwischen den zeitlichen Extremen darstellt: Der im Sekundenbereich agierenden Automation in Fertigungen einerseits und der im mittel- und langfristigen Bereich agierenden ERP-Welt andererseits. Um diese zwei Extreme zu verbinden, sind im MES-Umfeld Datenverdichtungen und Entscheidungsvorlagen notwendig, die es ermöglichen, einerseits das ERP mit notwendigen Daten zu versorgen und andererseits es den Mitarbeitern im Fertigungsmanagement ermöglichen, richtigere Entscheidungen zu fällen. Die Abbildung im Bild 3.1 verdeutlicht diese Zusammenhänge.

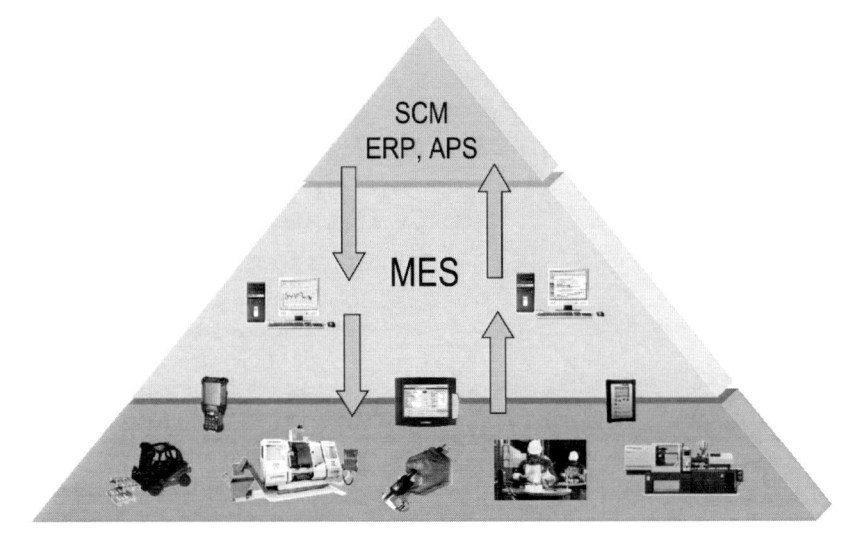

Abb. 3.1 Die vertikale Integration von Unternehmensebenen durch ein MES

Der Informationsaustausch zwischen der operativen Ebene und dem MES ist echtzeitfähig und an der Technologie der Maschinen und Anlagen orientiert. So bildet ein MES zu jedem Zeitpunkt die eingesetzten Materialien, Maschinen, Hilfsmittel und sonstige Kapazitäten online ab und ermöglicht damit dem Disponenten wie Planer, Meister oder Werksleiter im Falle von Problemen sofort eine sinnvolle Alternativentscheidung. Dazu werden zusätzlich die aus dem ERP übernommenen Daten fertigungsgerecht aufbereitet und erst dann an die Fertigung weitergeleitet. Bei den Rückmeldungen kann es notwendig werden, die erfassten Daten aus der Produktion soweit zu verdichten, dass ein ERP-System damit etwas anfangen, das Fertigungsmanagement gleichzeitig jedoch über alle notwendigen Details unterrichtet werden kann.

Beispielsweise können im MES die ERP-Vorgaben durch die endgültige Definition von Maschinen und weiteren Produktionshilfsmitteln angereichert werden. Auf der Rückmeldeschiene fallen gerade in komplexen Fertigungen sehr viele Daten an, wie zum Beispiel Prozessdaten, Arbeitstakte der Maschinen, Maschinenstillstände oder arbeitsgangbezogene Rückmeldungen, die in einem ERP-System keine Entsprechung finden. Hier sorgt ein MES dafür, dass diese Daten ERP-gerecht aufbereitet und weitergeleitet werden. Im 3-Stufen-Modell unserer modernen Fertigung zeigt sich auf der Zeitachse die permanente Messung aller Prozesseinflüsse durch ein MES in der Fertigung sowie ein permanenter oder häufiger Soll-/Istvergleich zwischen geplanter und realer Situation. Die Interaktion zwischen ERP und MES kann dabei deutlich seltener und vor allem weniger detailreich stattfinden. Die Abbildung 3.2 zeigt diese Situation. Mit dieser Betrachtungsweise ist auch die Hauptaufgabe eines MES definiert: Es verbindet den lang- und mittelfristigen Planungsansatz der ERP-Ebene und die Echtzeiterfordernisse der Fertigung sowie die in den verschiedenen Ebenen vorkommenden Detaillierungsgrade.

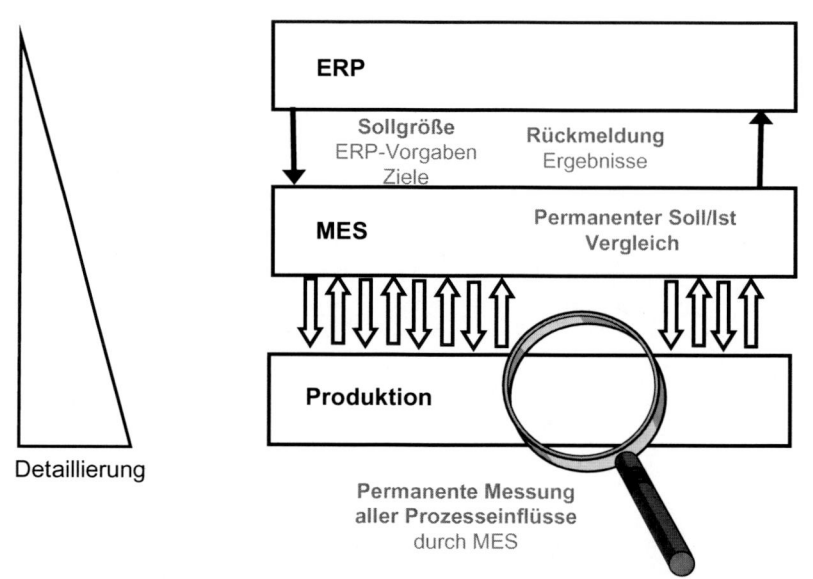

Abb. 3.2 MES als Verbindung von Planung- und Fertigungsebene

3.1 MES-Struktur

Aus der zeitlichen und technologischen Diskrepanz zwischen ERP und Produktionsebene haben sich Anfang der 90er Jahre als Vorstufe zu MES bereits die Disziplinen Betriebs- und Maschinendatenerfassung (BDE), Personalzeiterfassung (PZE), Zeitwirtschaft und Qualitätsdatenerfassung (CAQ) entwickelt. Diese Systeme haben sich häufig als voneinander unabhängige Insellösungen etabliert, die wenige oder keine Verbindungen untereinander hatten. Die notwendigen Querverzweigungen, die Personal und Aufträge oder Qualität und Aufträge miteinander aufweisen, wurden durch die ERP-Systeme oder durch eine spezielle Art der Erfassung realisiert. Die BDE-Komponenten dieser Insellösungen wurden für ERP-nahe Aufgabenstellungen genutzt, die Zeitwirtschaft für Personalsysteme und die CAQ für das Qualitätsmanagement. Nach einer anfänglich strikten Trennung, auch auf der Anbieterseite, wurden die Systeme miteinander kombiniert und die Anbieter traten mit verschiedenen Schwerpunkten am Markt auf. Die Abbildung 3.3 zeigt beispielhaft die entstandenen Strukturen und verdeutlicht auch, wie sich daraus der MES-Gedanke entwickelt hat. Der MES-Begriff selbst entstand Mitte der 90er Jahre. Seit dieser Zeit waren eine Reihe von Definitions- und Normierungsansätzen zu beobachten, von denen hier nur die wichtigsten genannt werden sollen. Vorreiter in der Definition eines MES war die MESA (Manufacturing System Execution Association). Mit der ISA S95 wurde die Idee weiterentwickelt, sehr stark systematisiert und mit Datenmodellen angereichert. Die Namur hat die Ideen der MESA und der S95 aufgegriffen und daraus Vorschläge speziell für die Prozessindustrie erarbeitet. Der VDI legte im Jahre 2006 eine Richtlinie vor, mit der mehr aufgaben- als funktionsorientiert definiert wird, was ein Anwender unter einem MES mindestens zu erwarten hat.

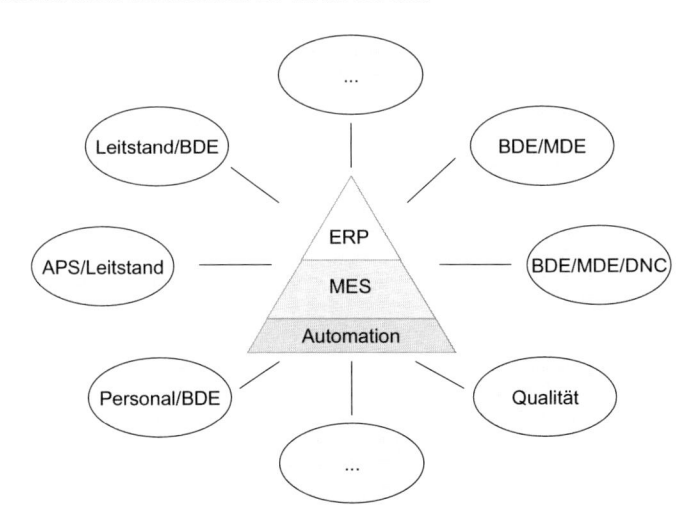

Abb. 3.3 Dezentrale Systeme als Vorstufe zum integrierten MES

3 MES: IT-Lösung zur Prozessoptimierung

Aus den vielfältigen Einzelprodukten der Vergangenheit, also BDE, MDE, DNC und Leitstand, CAQ, PZE, PEP usw., hat sich mit MES ein einheitlicher Begriff formiert. Es würde jedoch dem MES-Gedanken nicht gerecht, wenn man MES als Einzelfunktion oder gar als monolithischen Block sehen würde, der entweder ganz oder gar nicht eingeführt werden kann. MES lässt sich sehr wohl in Funktionsgruppen aufteilen, die man mit Fertigung, Qualität und Personal überschreiben kann. Die Abbildung 3.4 zeigt eine solche Einteilung in Funktionsgruppen, die bei der Beurteilung der notwendigen Funktionalität und auch bei der Einführungsstrategie innerhalb eines Fertigungsbetriebes hilfreich sein kann. Ein zusätzliches „horizontales" Eskalationsmanagement verbindet diese drei Funktionsgruppen.

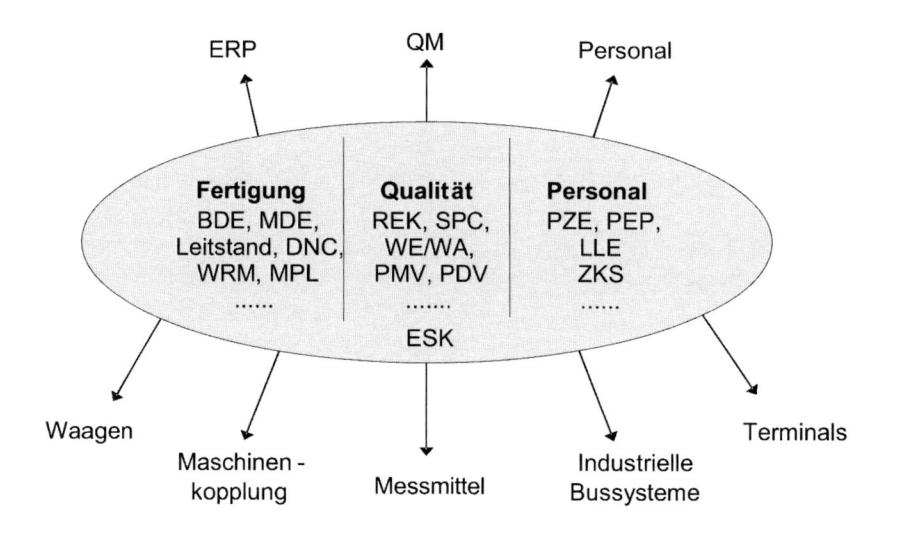

Abb. 3.4 Ein MES umfasst die Funktionsgruppen Fertigung, Personal und Qualität

Funktionsgruppe Fertigung

Die Funktionsgruppe Fertigung kann dabei die folgenden Module enthalten:

- BDE - Betriebsdatenerfassung
- MDE - Maschinendatenerfassung
- Leitstand - Plantafel
- WRM, DNC, Werkzeug- und Ressourcen-Management und Einstelldatenübertragung
- MPL – Material- und Produktionslogistik.

3.1 MES-Struktur

Funktionsgruppe Qualität

Die Funktionsgruppe Qualität im Sinne einer operativen Qualitätssicherung sollte nicht verwechselt werden mit einem Qualitätsmanagement, wie es beispielsweise ein ERP-System bietet. Die Funktionsgruppe Qualität enthält:

- SPC – Statistische Prozessregelung
- REK – Reklamationsmanagement
- BEK – Wareneingang
- PMC – Prüfmittelverwaltung
- PDV – Prozessdatenverarbeitung

Funktionsgruppe Personal

Unter Funktionsgruppe Personal ist zu verstehen:

- PZE – Personalzeiterfassung
- LLE – Leistungslohnermittlung
- PEP – Personaleinsatzplanung
- ZKS – Zutrittskontrolle

ESK – Eskalationsmanagement

Das ESK ist eine verbindende Plattform für alle Funktionsgruppen. Im ESK können Eingriffsgrenzen und Alarmierungen definiert werden, mit deren Hilfe man zeitnah bei Verletzung von Grenzwerten agieren kann. Dadurch soll das lange Andauern von fehlerhaften Zuständen vermieden und so die Wirtschaftlichkeit deutlich gesteigert werden.

Die Einteilung der Gesamtfunktionalität in diese Module und die Zuordnung zu den einzelnen Funktionsgruppen ist hier mehr beispielhaft zu verstehen. Die Art der Einteilung bietet sich allerdings sowohl aus funktionalen wie auch aus historischen Gesichtspunkten an und ist heute für die Beschreibung einzelner Funktionalitäten sehr gut brauchbar. In Meinungsumfragen, wie zum Beispiel MES Market zeigt sich, dass viele potenzielle Anwender den Begriff MES entweder nicht kennen oder ihm eine falsche Bedeutung zuordnen. Für solche Anwender ist die Orientierung an den klassischen Nomenklaturen immer noch sehr hilfreich. Für das hier vorliegende Thema, Konzeption und Einführung von MES-Systemen, ist diese Nomenklatur ebenfalls vorteilhaft, da sie in ihrer Begrifflichkeit teilweise auch schon einen Überbegriff von Funktionalität beinhaltet. Die Maschinendatenerfassung ist eben für die Erfassung von Maschinendaten zuständig, die CAQ für die Qualitätssicherung usw.

3.2 Softwarearchitektur

Neben der prinzipiell funktionalen Betrachtung ist es notwendig, für ein umfangreiches IT-System, wie es ein MES darstellt, die richtige Architektur zu verwenden. MES-Systeme sind einerseits normale IT-Systeme, wie sie aus dem Office- und ERP-Umfeld bekannt sind, andererseits müssen diese Systeme Echtzeiteigenschaften haben, um mit Maschinen und Anlagen kommunizieren zu können und um ihren Benutzern ausreichend schnell technologieorientierte Hilfestellung leisten zu können. Aus dieser Dualität heraus haben sich die Datenerfassungslösungen und auch die MES-Systeme als monolithische Lösungen entwickelt. Die gesamte Anwendung ist hier ein homogener Programmkomplex, der durch viele Querverzweigungen innerhalb der Software eine ansprechende Präsentation und ausreichende Performance für technische Fragenstellungen bietet. MES-Systeme sind jedoch inzwischen als etablierte IT-Anwendungen anerkannt und sollten damit weiteren Anforderungen als nur den funktionalen entsprechen. Eine wichtige Forderung ist dabei, dass das MES als Standardsoftware mit folgenden Eigenschaften verfügbar sein sollte:

- modulare Softwarestruktur
- Ausbaufähigkeit entsprechend den Anforderungen des Anwenders, jedoch auf gängigen Standards basierend
- einfache Anpassbarkeit der Standardmodule
- Verfügbarkeit von standardisierten Schnittstellen auf allen Ebenen.

MES-Systeme sollten sich an der so genannten Enterprise-Service-Architektur, kurz ESA genannt, orientieren. Ein MES-System muss sich mit der Fertigung mitentwickeln können. Neue Anforderungen müssen sich in einem modernen System integrieren lassen, ohne komplexe Neuprogrammierungen mit minimalem Änderungsaufwand. Die Abbildung 3.5 zeigt die Softwarearchitektur eines MES-Systems. Die Basisfunktionen stellen dabei eine Sammlung von Funktionen zur Verfügung, welche modulübergreifend verwendet werden können, zum Beispiel:

- Bereitstellung einheitlicher Zugriffsmechanismen auf zugrunde liegende Datenbanken, womit eine völlige Unabhängigkeit des MES von der jeweiligen Datenbank erreicht wird.
- Bereitstellung von einheitlichen Schnittstellen zum Betriebssystem: dadurch lässt sich analog eine Unabhängigkeit vom Betriebssystem erreichen.
- Bereitstellung von Kommunikationstechniken, wie zum Beispiel gesicherte Netzwerkkommunikation auf TCP/IP-Basis oder für geeignete Bussysteme in der Fertigung.
- Bereitstellung von Schnittstellentechnologien, zum Beispiel Web-Services, OPC, Excel-Export, XML-Export.
- Bereitstellung von Funktionen, die einen echtzeitfähigen Datenaustausch zwischen den einzelnen MES-Disziplinen ermöglichen.

3.2 Softwarearchitektur

```
┌─────────────────┐   ┌──────────────────────┐
│  Schnittstelle 3│   │  Benutzeroberfläche 1│
├─────────────────┤   ├──────────────────────┤
│  Schnittstelle 2│   │  Benutzeroberfläche 2│
├─────────────────┤   ├──────────────────────┤
│  Schnittstelle 1│   │  Benutzeroberfläche 3│
└─────────────────┴───┴──────────────────────┘
┌────────────────────────────────────────────┐
│             Prozessabbildung               │
├────────────────────────────────────────────┤
│       Business-Objekte und Methoden        │
├────────────────────────────────────────────┤
│               Datenschicht                 │
├────────────────────────────────────────────┤
│              Basisfunktionen               │
└────────────────────────────────────────────┘
```

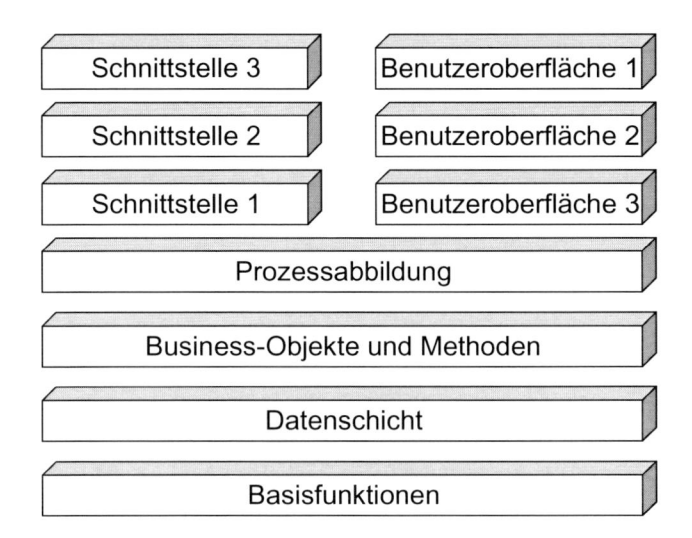

Abb. 3.5 Software-Architektur eins MES-Systems

Mit der Aufzählung dieser Funktionalitäten ist auch die Spannweite eines MES-Systems vom Realtime-System bis hin zum Office-System dokumentiert. In der Datenschicht des MES werden die Datenstrukturen und die Datenverbindungen eines MES festgelegt. Diese kann oder sollte in Verbindung mit den vorherigen Betrachtungen auch Funktionsgruppierungen für Fertigungs-, Personal- und Qualitätsmanagement berücksichtigen. Die Business-Objekte und -Methoden sind die so genannte Anwendungsschicht und setzen auf der Datenschicht auf. Sie stellen für die Prozessabbildung verschiedene Methoden und Objekte zur Verfügung. Die ESA-Architektur hat für MES-Systeme eine Reihe von Vorteilen, wie zum Beispiel dass eine stufenweise Einführung einer Lösung wesentlich einfacher ist. Prozesse können in Form von grafischen Workflows abgebildet werden, die Abläufe der Prozesse lassen sich gegenüber monolithischen Funktionen wesentlich leichter modifizieren und auch nach einer Einführungsphase ausrollen. Das Risiko, dass sich Fehler in bestehenden Abläufen einschleichen, reduziert sich deutlich. Testaufwendungen reduzieren sich. Die Aufwendungen bei Produktwechseln reduzieren sich.

Schnittstellen

Ein MES ist zwischen einem ERP-System und der Automatisierungs- oder Fertigungsebene angesiedelt. Es muss daher über entsprechende Schnittstellen verfügen, die standardmäßig die gängigsten ERP-, Personal- und QM-Systeme am Markt unterstützen. Für alle Fälle, bei denen es um untypische Produkte geht, sollte ein MES eine leicht parametrierbare Schnittstelle zur Verfügung haben, die einfach zu modifizieren ist. Das heutige Fertigungsumfeld bzw. die Automatisierungsebene bietet eine breite Palette von Produktionseinrichtungen, von denen ein MES Daten abgreifen und umgekehrt auch Daten zur Parametrierung des Umfeldes bereitstellen muss. Die Kopplung zu Maschinen und Waagen werden benutzt, um Mengen, Qualitäten und auch Schwachstellen zu erfassen. Hier muss ein MES entsprechende Bibliotheken vorhalten, die den einfachen Anschluss auch an nicht standardisierte Produkte erlauben. Immer mehr Maschinen und Bearbeitungszentren werden über eigene industrielle Bussysteme gekoppelt. Ein MES muss über die entsprechenden Kommunikationsbausteine verfügen, um die gewünschten Daten aus diesen Bussystemen auszulesen. Am Markt haben sich heute bereits OPC oder Euromap 63 etabliert. An der Stelle soll allerdings auch dargestellt werden, dass es mit der Standardisierung der Verbindungstechnik allein nicht getan ist, sondern dass die Standardisierung der Dateninhalte ein bedeutender Schritt ist, der heute noch vor der industriellen IT liegt. Bis diese Dinge standardisiert sind, sollte ein MES die Parametrierung von Dateninhalten ebenso ermöglichen wie die Parametrierung von Schnittstellen. An dieser Stelle kann ein MES auch als Datendrehscheibe verstanden werden, die alle am Fertigungsprozess beteiligten Informationssysteme integriert, das heisst, deren Daten empfängt, verdichtet und auswertet und umgekehrt diese Systeme mit den notwendigen Daten versorgt.

3.3 Fertigungsmanagement mit MES

Ein MES kann als Informationsdrehscheibe und als Entscheidungshilfe verstanden werden. Die Abbildung 3.6 zeigt ein Schema dieser Denkweise. Aus den Planvorgaben des ERP erstellt das MES mit einem Feinplanungsmodul einen Maschinenbelegungsplan mit exakten Terminen für den Start einzelner Arbeitsgänge. Aus den Rückmeldungen aus der Fertigung, manuell oder automatisch, über Mengenzustände, Auftragsfortschritte, Materialverbräuche, kann das MES in Form von Übersichten und Auswertungen den aktuellen Status eines jeden am Fertigungsvorgang beteiligten Objektes darstellen. Diese Übersichten haben damit die Funktion eines Fertigungsmonitorings. In dieser Hinsicht muss ein MES echtzeitfähig sein und eine große Palette von Erfassungsmöglichkeiten und -techniken vorweisen können. Die Erfassung produziert üblicherweise ein sehr viel größeres Datenaufkommen als man den im ERP ankommenden so genannten Rückmeldungen ansieht. Die Detaildaten werden natürlich im MES gespeichert und können zu Auswertungen und zur Prozessanalyse herangezogen werden.

Die eigentliche Stärke des MES besteht in der Darstellung von mehrdimensionalen Detaildaten, die aus allen in der Fertigung angesiedelten Einrichtungen angefallen sind. Oft werden die Auswertungen eine gewisse Ähnlichkeit mit ERP-Auswertungen suggerieren. Die zeitnahe Darstellung und der Detailreichtum sind jedoch hier die entscheidenden Unterschiede. Hinzu kommt die Technologieorientierung der aktuellen Produktionssituation, welche im ERP üblicherweise nicht verfügbar ist. Damit kann ein MES den Mitarbeitern im Fertigungsmanagement Empfehlungen oder Entscheidungshilfen an die Hand geben, wie man aktuelle

Aufträge oder die aktuelle Schicht optimal bewältigen kann. Die traditionellen PPS- oder ERP-Auswertungen beantworten dagegen morgen die Frage, was man heute hätte besser machen können. In diesen zeitnahen Optimierungen steckt das eigentliche Wirtschaftlichkeitspotenzial eines MES-Systems.

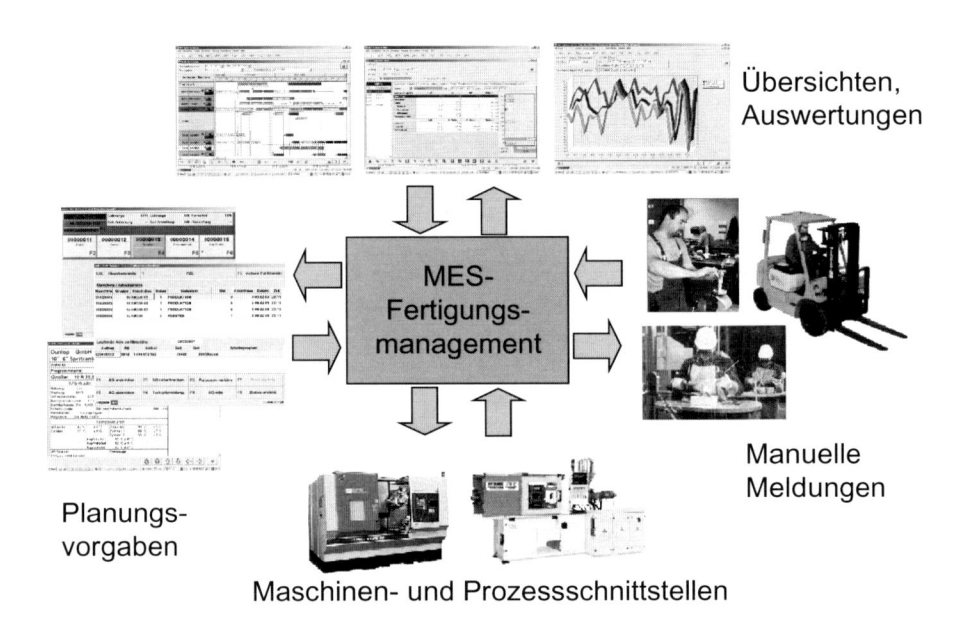

Abb. 3.6 MES als Datendrehscheibe für das Fertigungsmanagement

Auswertungen und Analysen

Gute und objektive Entscheidungen können im Fertigungsmanagement nur dann getroffen werden, wenn zuverlässige Informationen zur Verfügung stehen. Das richtig implementierte MES-System garantiert jederzeit aktuelle Informationen zum Fertigungsumfeld an den Arbeitsplätzen der MES-Anwender. Dazu gehören Darstellungen zum Online-Status der Maschine, dem Prozess, dem Werkzeug, dem aktuell eingesetzten und produzierten Material sowie der Qualität und dem Personal. Für jede Zielgruppe sollte das MES objektive Informationen mit unterschiedlichen zeitlichen Bezügen darstellen. In Bezug auf einen Auftrag oder Artikel können im MES Planungslisten für den Rest der Schicht, für die nächste Schicht, die aktuell laufenden Arbeitsgänge, die erledigten Aufträge vom Vortag oder die Darstellung benötigter Ist-Zeiten im Vergleich zu den Vorgabezeiten sinnvoll sein. Online-Hochrechnungen über den voraussichtlichen Restzeitbedarf von Aufträgen oder Arbeitsgängen sind ein sehr wirkungsvolles Hilfsmittel für den Planer. Dies vermeidet in einem frühen Stadium schon das Erstellen untauglicher Pläne für das weitere Fertigungsgeschehen.

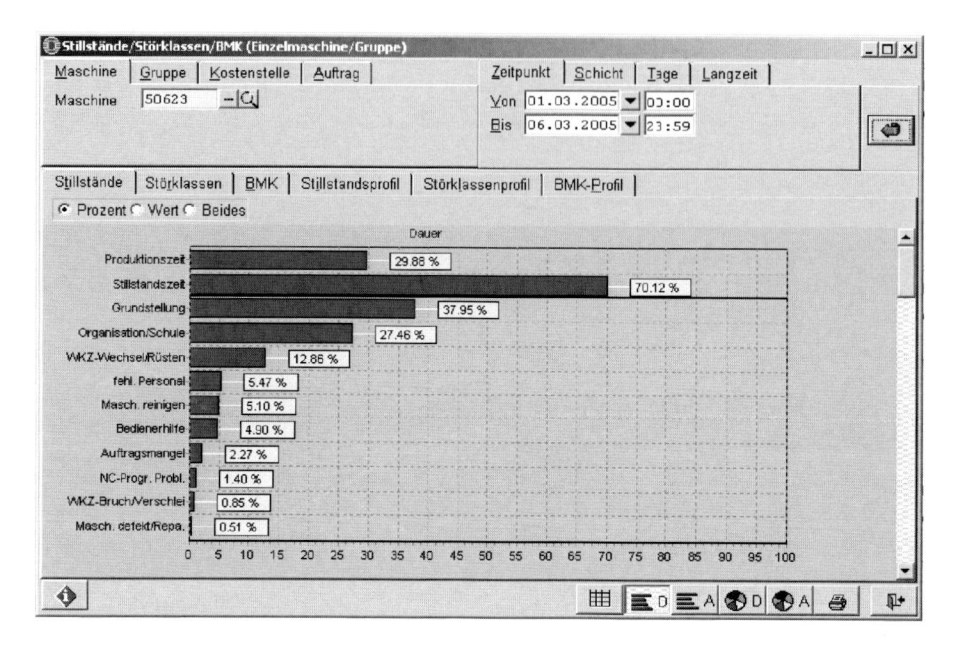

Abb. 3.7 Störungsprofil einer Maschine

Die Abbildung 3.7 zeigt beispielhaft eine Auswertung über die Qualität eines Betriebsmittels. Hier wird nach verschiedenen Stillständen unterschieden. Die Auswertung erlaubt eine Darstellung der Einzelstillstände und der Störklassen, welche für die Instandhaltung interessant sind, sowie der so genannten Betriebsmittelkonten, welche die Verdichtung von Einzelstillständen zu verschiedenen Stillstandsgruppen erlauben. Sinnvoll ist hier die Darstellung des zeitlichen Verlaufs der Effektivität eines Betriebsmittels, um beurteilen zu können, ob es sich hier um einen aktuellen Ausreißer handelt, oder ob sich ein strukturelles Problem eingestellt hat.

Ein modernes MES muss z.B. folgende Übersichten bereitstellen:

- Auftragsübersicht mit aktuellen Soll-/Ist-Vergleichen
- Maschinenstatusübersichten mit Darstellung des aktuellen Status und der aktuellen Effektivität
- Materialbestandsentwicklungen
- Personalstatusübersichten und aktuelle Personaleinsatzplanungen
- Aktualisierte Rüstlisten
- Werkzeugbedarfslisten
- Aktualisierte Listen anstehender Wartungen pro Ressource

Ein MES muss mindestens folgende Detailauswertungen, auch für längere Zeiträume, bieten:

- Artikel, Auftrags- und Arbeitsgangprofile
- Analyse zu Transport, Liege- und Lagerzeiten innerhalb der Produktion
- Darstellung von Gemeinkosten aus der Erfassung von Nebenzeiten
- Stillstandsanalysen zu Maschinen und Anlagen
- Gegenüberstellung von Produktivitätskennzahlen, wie z. B. Manufacturing Scorecard
- Leistungslohnentwicklung für Einzelpersonen oder Prämiengruppen
- Istverläufe zu Prozesswerten
- Traceability-Auswertungen zu Material- und Chargenverfolgung in der Produktion
- SPC-Analysen über definierte Qualitätsmerkmale und Ausschussanalysen
- Werkzeughistorie mit Darstellung der Standzeiten

Diese Liste ist nur beispielhaft und ein kleiner Ausschnitt aus einer Vielzahl von Möglichkeiten. Es handelt sich bei diesem Vorschlag vor allem um technische Detailauswertungen mit Informationen, die in einem ERP-System üblicherweise nicht vorhanden sind.

3.3.1 Reaktive Feinplanung

Das Thema Grobplanung und Feinplanung wird aktuell sehr häufig diskutiert und wird oft als Glaubensfrage zwischen ERP- und MES-Befürwortern gehandelt. Die Planungskomponente in einem MES sollte als reaktive Feinplanung oder als Auftragsregelung betrachtet werden. Unter Planung wird immer eine Einbahnstrasse verstanden, die einen gewissen Plan vorgibt, der dann durchgesetzt werden muss. Für diesen Plan sind gewisse Annahmen notwendig, über Kapazitäten, über Effektivitäten, über Materialverfügbarkeit. Lassen sich diese Annahmen nicht realisieren, so ist der Plan natürlich auch nicht durchsetzbar. Aus diesem Grund ist es sinnvoller, die Fertigungsplanung in einer reaktiven Feinplanung zu gestalten, die aus den Grobvorgaben des ERP-Systems realisierbare Pläne erstellt, dabei die gerade aktuelle Echtsituation wie Verfügbarkeiten oder Stati und Effektivitäten von Betriebsmitteln berücksichtigt. Treten nun in diesem Szenario Störungen auf, so kann die reaktive Feinplanung sofort darauf reagieren und einen neuen, optimalen Plan erstellen.

68   3 MES: IT-Lösung zur Prozessoptimierung

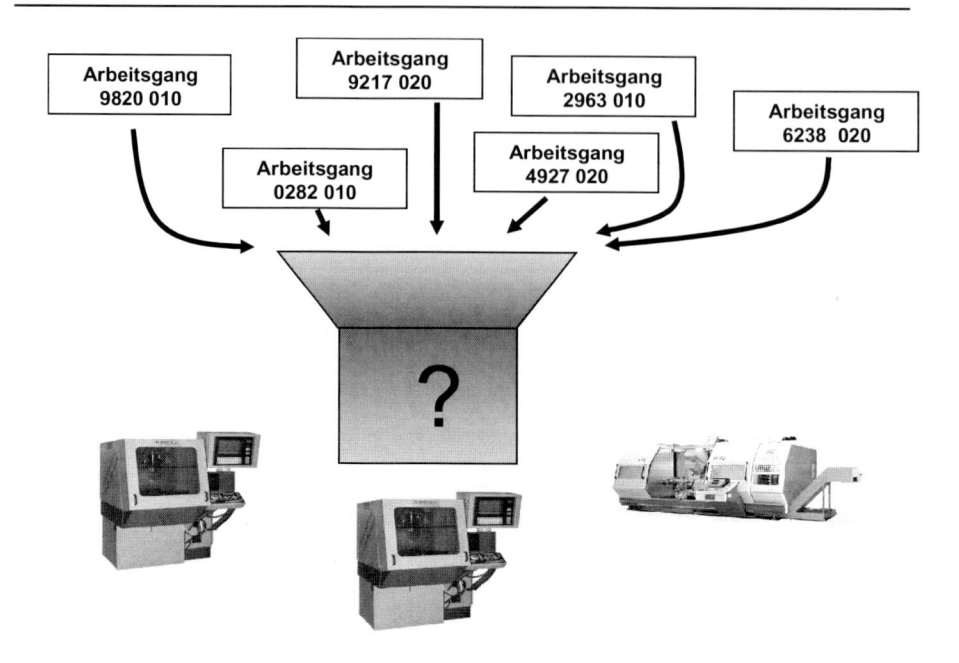

Abb. 3.8 Die Feinplanung schleust einen Auftragsbestand durch eine Palette verschiedenster Ressourcen.

Modellierung technologischer Beziehungen:

- Passt das Werkzeug rein technisch auf die Maschine?
- Ist das Werkzeug aktuell verfügbar (oder zum Beispiel in Wartung)?
- Ist die Kombination von der QS / dem Kunden freigegeben?

Feinplanung gültiger Kombinationen

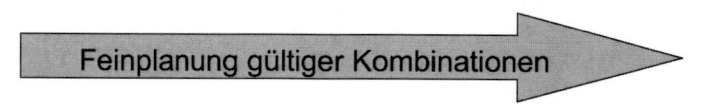

Abb. 3.9 Beispiel für Kombinationen von Ressourcen für einen Arbeitsgang

Die Abbildung 3.8 zeigt plakativ die Aufgabenstellung für eine solche Feinplanung. Die Betriebsmittel stehen nur in begrenzter Kapazität zur Verfügung, so dass verschiedene Arbeitsgänge in einen Kapazitätskonflikt geraten. In vielen Fällen handelt es sich bei der Belegungsfrage nicht nur um eine einzige Ressource, sondern um eine Kombination von Betriebsmitteln. Abbildung 3.9 veranschaulicht diese Beziehung.

Mit einem Werkzeug wird ein Artikel hergestellt. Es ist die Frage: „Passt dieses Werkzeug rein technisch auf die verschiedenen, im Moment verfügbaren Maschinen?" „Ist das Werkzeug aktuell verfügbar?" „Ist die Kombination von Werkzeug und Maschine von der Qualitätssicherung bzw. dem Kunden freigegeben?" Um kurzfristig eine neue, optimale Plansituation ermitteln zu können, muss das Feinplanungstool eines MES natürlich auch alle diese Beziehungen berücksichtigen.

Bei der Betrachtung von Betriebsmitteln sind die Nebenzeiten eine ganz wichtige Größe. Die Prominenteste davon ist die Rüstzeit. Taktisch klug eingesetzte Rüstvorgänge können erheblich Zeit sparen. Das Planungstool sollte eine Möglichkeit haben, zwischen dynamischer und statischer Rüstzeit zu unterscheiden und Aufträge so einzuplanen, dass die günstigsten Rüstwechsel jeweils zusammentreffen. Diese Umrüstunterschiede können auf technischen Eigenschaften der Werkzeuge basieren, können natürlich auch von hintereinander verwendeten Materialien abhängen, wie zum Beispiel Farben von Granulaten oder Konzentrationen von Flüssigkeiten.

Das Feinplanungstool eines MES, ermöglicht eine reaktive Feinplanung mit grafischer Plantafel, ist also eine reaktive Feinplanung und muss daher auf folgende Ereignisse reagieren können:

- Technische Störung der Produktionsmittel (Maschinenstillstand, Werkzeugbruch ...)
- Verarbeitungsprobleme mit dem eingesetzten Material
- Neue Prioritäten im Produktprogramm oder durch Kundeneinflüsse
- Ausfälle von Mitarbeitern durch Krankheit ...
- Indirekte Faktoren wie zum Beispiel Umwelteinflüsse

Die Kernaufgaben der reaktiven Feinplanung in einem integrierten Produktionsumfeld ließen sich wie folgt benennen:

- Ressourcenplanung
- Überwachen des Auftragsdurchlaufs
- Auflösung von Konflikten
- Abgleich mit der Grobplanung

Für die Ressourcenbelegung stehen eine Reihe von Strategien zur Verfügung. MES-Systeme sollten die Erstellung einer automatischen Ressourcenbelegung bieten. Dabei sollte zwischen Planungsvorlauf, zwischen Planungshorizont, einem Fixierungsbereich und auch Simulationsmöglichkeiten unterschieden werden. Diese Feinplanungshorizonte eines MES zeigt Bild 3.10.

3 MES: IT-Lösung zur Prozessoptimierung

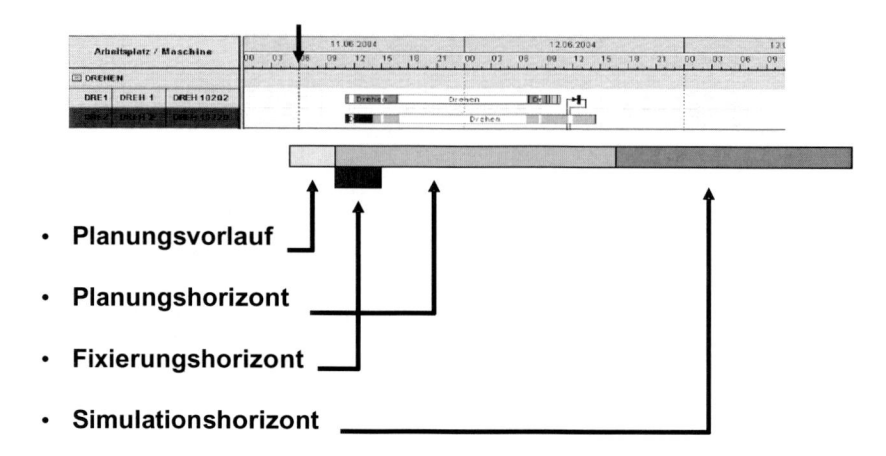

Abb. 3.10 Zeithorizont der Feinplanung

Zur Unterstützung der unterschiedlichen meist sogar noch branchentypischen Ziele stehen im Rahmen der MES-Feinplanung verschiedene Planungsstrategien zur Verfügung. Bei den erwähnten Zielen handelt es sich beispielsweise um Optimierung der Rüstzeit, Verkürzung der Durchlaufzeit, Minimierung von Umlaufbeständen oder Termintreue. Abbildung 3.11 zeigt eine Tabelle dieser Heuristiken.

Regel/Strategie→ ↓Kriterium	KOZ	LOZ	KRB	GRB	SZ
max. Kapazitätsauslastung	sehr gut	schlecht	gut	gut	gut
minimale Durchlaufzeit	sehr gut	sehr gut	gut	schlecht	mäßig
minimale Zwischenlagerkosten	gut	mäßig	mäßig	mäßig	mäßig
minimale Terminabweichung	schlecht	schlecht	mäßig	sehr gut	sehr gut

KOZ   Kürzeste Operationszeit
LOZ   Längste Operationszeit
KRB   Kleinste Restbearbeitungszeit
GRB   Größte Restbearbeitungszeit
SZ   geringste Schlupfzeitregel

Abb. 3.11 Bekannte Planungsstrategien

In der Praxis werden sich für eine Fertigungssituation verschiedenen Realisierungsvarianten ergeben, besonders in Konfliktsituationen kann man zum Beispiel mit alternativen Kapazitäten oder dem Einsatz weiterer Schichten experimentieren. Besonders hilfreich sind hier MES-Feinplanungstools, die

3.3 Fertigungsmanagement mit MES 71

Simulationen unterstützen, mit deren Hilfe verschiedene Szenarien durchgespielt werden können. Sind diese Szenarien verfügbar, so stellt sich die Frage: „Welcher Plan ist der beste?"

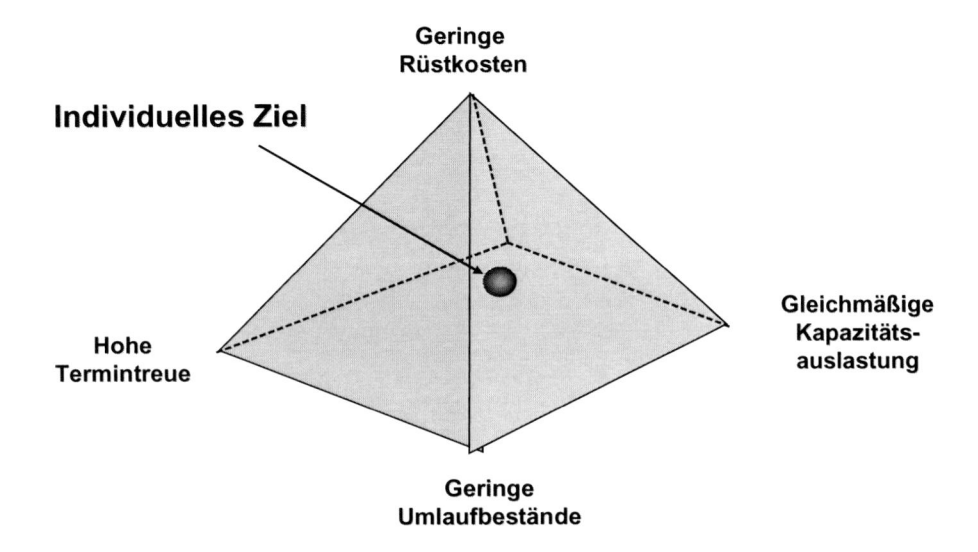

Abb. 3.12 Zielpyramide: Darstellung konkurrierender Anforderungen

In der Abbildung 3.12 ist eine so genannte Zielpyramide dargestellt, die das Problem veranschaulicht: „Welches ist aktuell mein bester Plan?" oder „welche Ziele verfolgen wir in der Fertigung?"

Die Zielgrößen, wie geringe Rüstkosten, gleichmäßige Kapazitätsauslastung, geringe Umlaufbestände und hohe Termintreue sind für einen Fertigungsbetrieb einerseits nicht statisch definiert und andererseits widersprüchlich. Die jeweiligen Zielgrößen hängen auch von der aktuellen Auftragssituation, von der Kapazitätssituation und auch von der wirtschaftlichen Situation des Unternehmens ab. Das so genannte individuelle Ziel sollte dabei variierbar sein. Die Simulationskomponente einer MES-Feinplanung muss daher die Möglichkeit bieten, solche Zielparameter einzustellen und mit veränderten Zielparametern neue Simulationen zu erzeugen. Zur Bewertung eines solchen Planes können beispielsweise von der Feilplanung kumulierte Zeitanteile ausgewiesen werden wie:

- Verspätungssumme
- Leerzeiten
- Termintreue
- Rüstaufwände
- usw.

In der Abbildung 3.13 ist eine beispielhafte Realisierung eines solchen MES-Feinplanungstools dargestellt. Das hier gezeigte Produkt HYDRA-HLS verbindet idealerweise das aktuelle Zustandsmonitoring mit der Darstellung der Auftragsszenarien für die nahe Zukunft und die Verbindung von einzelnen Arbeitsgängen innerhalb eines Auftrags. Für die Verwendung eines Feinplanungstools in MES gilt die folgende Regel:

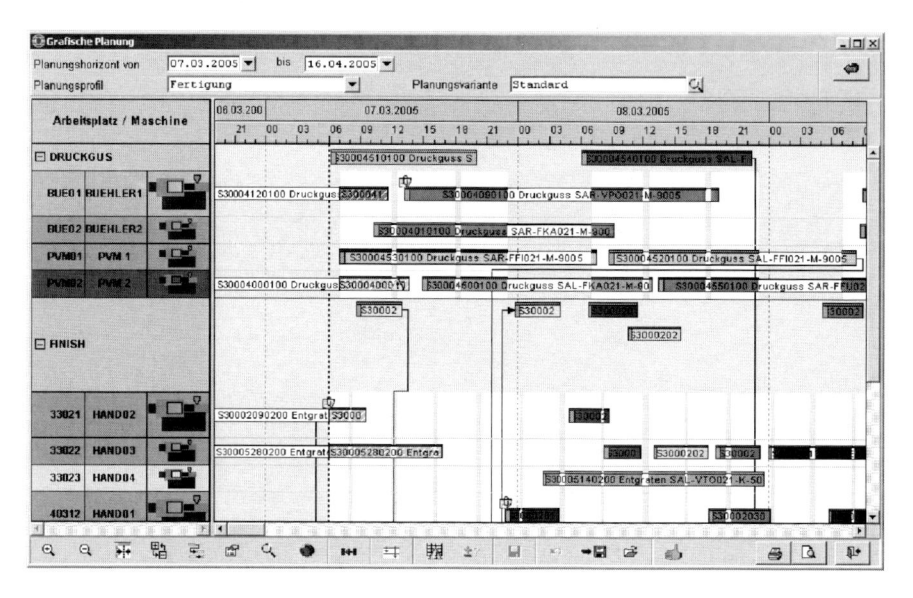

Abb. 3.13 Beispiel einer Feinplanungssituation

Die Präzision/Detaillierung eines Plans und damit der Aufwand zur Planerstellung muss in einem wirtschaftlichen Verhältnis zur Eintrittswahrscheinlichkeit des Plans stehen. Daraus wird deutlich, dass für die moderne, wirtschaftliche, transparente und reaktionsfähige Fertigung eine reaktive Feinplanung innerhalb eines MES-Systems ein Muss ist.

3.3.2 Datenerfassung

Die echtzeitfähige Aufzeichnung der realen Situation und der permanente Abgleich gegenüber Planvorgaben ergibt sich aus dem bisher ausgeführten als wichtigste Aufgabe eines MES. Daher kommt der Erfassungsfunktionaltität für die Ist-Situation eine ganz besondere Rolle zu. Erfassungsterminals spielen in MES-Sytemen eine besonders wichtige Rolle. Sie waren in der Vergangenheit reine Erfassungsgeräte und werden heute immer mehr auch zu Informationsmedien. Ein leistungsfähiges MES sollte daher einfache Eingabegeräte unterstützen, wie auch PC-basierte Systeme, die man dann nicht mehr nur als Eingabe- sondern auch als

Informationsstation nutzen kann. Bei komplexeren Terminals und PC-basierten Systemen kann der Anwender heute eine leicht zu bedienende Informations- und Erfassungsoberfläche erwarten und auch eine Plausibilitätsprüfung, die direkt bei der Eingabe fehlerhafte Zustände oder Eingaben signalisiert. Die PC-Funktionalität kann auch dazu benutzt werden, um das, was heute noch in größerem Maße in Papierform durch die Fertigung transportiert wird, direkt auf elektronischem Wege zu übermitteln (elektronische Laufkarte). Eine Forderung, die praktisch jedes Unternehmen an die Erfassung stellt ist, dass diese Erfassung in der Produktion grundsätzlich ohne Zusatzaufwand für den Werker durchgeführt werden soll. So utopisch diese Forderung grundsätzlich ist, so nachhaltig muss sie bei der Ausstattung der Erfassungsplätze und bei der Gestaltung der Erfassungsfunktionen betrachtet werden. Geprägt wird die Erfassung durch systematische Anforderungen, die eine gute Datenqualität sicherstellen.

Ergonomie

Die effiziente Bedienbarkeit ist die Voraussetzung für den Erfolg bei der Implementierung. Klar strukturierte Bildschirme und einfach identifizierbare Tasten zum Auslösen von Erfassungsfunktionen sind eine Grundvoraussetzung. Überladene, wie aus dem Office-Bereich bekannte Bildschirmdarstellungen sind in der Fertigung wenig praktikabel.

Plausibilität und Vollständigkeit der Daten

Die ständige Überprüfung der Konsistenz führt zu einer hohen Prozesssicherheit. Plausibilität und Vollständigkeit garantieren eine hohe Datenqualität und sind somit ausschlaggebend für den Nutzen der Erfassung. Ist dieser Punkt zu wenig ausgeprägt oder wird auf die Online-Plausibilisierung bei der Implementierung zu wenig Wert gelegt, so sind üblicherweise übermässig viele Korrekturen der erfassten Daten notwendig. Dies schlägt sich einerseits in der Effektivität des Gesamtsystems nieder, ist aber andererseits ein prinzipielles Problem, wenn ein System falsche Ist-Zustände anzeigt.

Betriebssicherheit

Die Online-Fähigkeit des Erfassungsprogramms und die Pufferungsmöglichkeit erfasster Daten muss gegeben sein. Die Erfassungsterminals müssen leistungsfähig und einfach bedienbare Erfassungsdialoge bereitstellen, der Datentransport und die für die Plausibilisierung notwendige Verfügbarkeit von Stammdaten muss zeitnah gegeben sein. Automatisch erfasste Daten sollten jederzeit durch manuelle ergänzt werden können.

Ausstattung der Erfassungsplätze

MES-Systeme stellen heute in nahezu allen Branchen und in vielfältigen Einsatzvarianten ein nutzbringendes Werkzeug zur Effizienzsteigerung dar. Dementsprechend flexibel muss auch die Gestaltung der Erfassungsplätze sein. Manuelle, automatische und halbautomatische Dateneingaben, einfache und umfangreiche Plausibilitätsprüfungen sollte ein modernes MES möglichst einfach konfigurierbar unterstützen. Terminals mit Touch-Bedienung, mobile Datenerfassungsgeräte mit Wireless-LAN-Kopplung, elektronische Leser und Scanner, Waagen-, Maschinen- oder Anlagensteuerungen sollten für eine ergonomische Erfassung durch das MES-System bedient werden können.

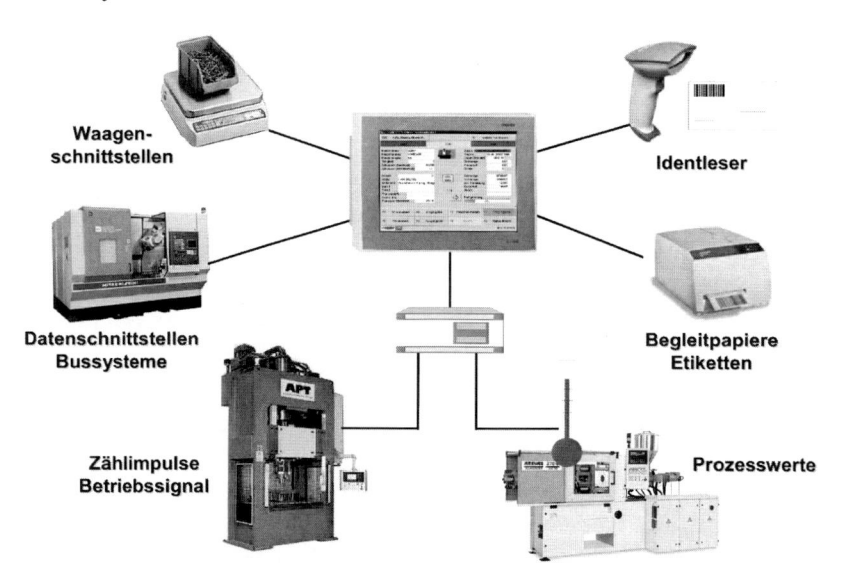

Abb. 3.14 Einsatzmöglichkeiten eines Erfassungsplatzes im MES-System.

Mit den Ausrüstungsmöglichkeiten, die in der Abbildung 3.14 dargestellt sind, ist ein Erfassungsplatz nicht mehr nur ein Datenaufnehmer, wie die zweizeiligen Erfassungsgeräte in der Frühzeit der BDE, sondern ein hochkomplexes Erfassungs- und Informationssystem für den Werker. Die richtige Information an der richtigen Stelle, umfassend, schnell und in ergonomischer Darstellung, dies sind Anforderungen an die Informationsbereitstellung durch das MES in der Fertigung. Das Erfassungssystem zeigt den aktuellen Status aller von diesem Erfassungsplatz verwalteten Ressourcen und erlaubt das Abrufen von Einstelldaten und von Vorschriften und das Weitergeben an die entsprechenden Automaten oder Maschinen. Die Dialoge müssen selbsterklärend gestaltet sein, die einzelnen Elemente auf dem Display müssen gut sichtbar sein. Diese Forderungen widersprechen teilweise den in der Office-Automation üblichen Gestaltungsrichtlinien nach farbigen und filigranen Strukturen. Der Werker soll sich jedoch schnell orientieren können und für die Erfassung nicht zu viel Zeit aufwenden.

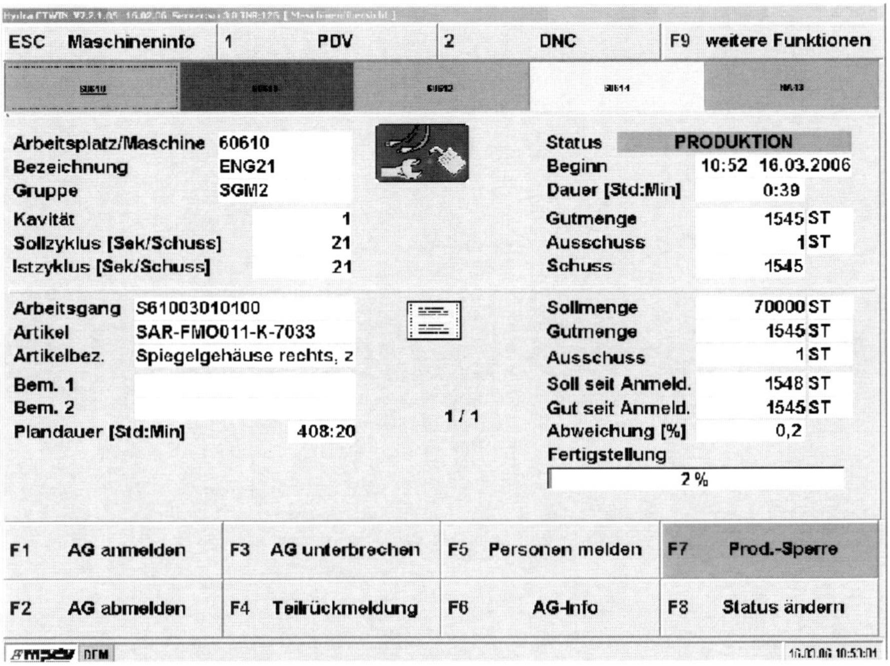

Abb. 3.15 Touch-Screen-fähige Terminal-Windowsoberfläche

Die Abbildung 3.15 zeigt eine Touch-Screen-fähige Erfassungsoberfläche in einer Windows-Realisierung. Hier ist in idealerweise eine vielfältige Informations- und Erfassungsfunktionalität mit übersichtlicher Bedienung vereint.

Bei Erfassungsplätzen, die für mehrere Arbeitsplätze zuständig sind, bietet sich an, den Erfassungsdialog in verschiedenen Ebenen zu gestalten. Die Abbildung 3.16 zeigt eine solche Realisierung. Auf der Auswahlebene für die Maschinen- oder Produktionslinien werden bereits die wichtigsten Kennwerte dargestellt. Ein Tastendruck auf das entsprechende Symbol erzeugt eine Darstellung wie sie in der Abbildung 3.15 dargestellt ist.

Die Ergonomie an der Schnittstelle zum operativen Mitarbeiter entscheidet über die Akzeptanz eines MES. Bei einem normalen Aufgabenumfang eines operativen Mitarbeiters wie:

- Maschinenbedienung,
- Rüsten,
- Störungen beseitigen,
- Material nachlegen,

- Chargen eingeben,
- Aufträge abschließen,
- neue Aufträge anmelden,
- Maschinen warten,
- Material herbei- oder wegschaffen,
- in viele Fällen noch Erfassen von Leerzeiten
- etc.

können diesem keine aufwändigen Verwaltungs- und Erfassungsaufgaben zugemutet werden.

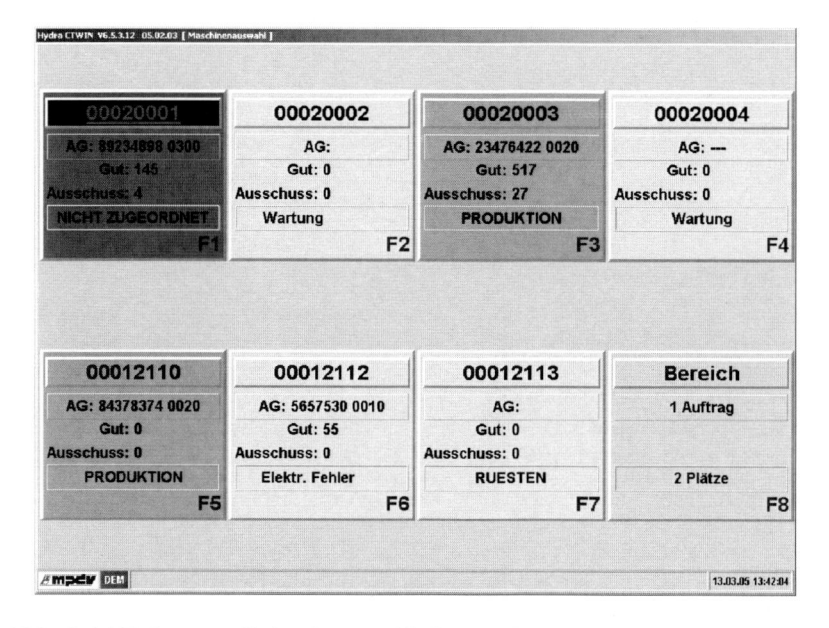

Abb. 3.16 Erfassungsdialog in verschiedenen Ebenen

3.4 Qualitätsmanagement im Unternehmen

Die Qualitätssicherung war und ist heute meist immer noch ein selbständiger Zweig in vielen Fertigungsunternehmen. Die historisch bedingte Trennung zwischen der Qualitätssicherung und dem Fertigungsmanagement hat oft zu einer inhomogenen und inselartigen Systemlandschaft geführt. Getrennte Meldedialoge in der Betriebsdatenerfassung und der prozessbegleitenden Qualitätssicherung sind die Folge. Fertigungs- und Prüfaufträge werden separat angemeldet und die Erfassung von Mengen, Ausschüssen und Ausschussgründen erfolgt in beiden Systemen. Der Anwender wird dadurch mit zwei verschiedenen Systemen konfrontiert und erfährt damit häufig auch nicht, wie oft Betriebsdaten auch Qualitätsdaten sind. Ein MES sieht die Qualitätssicherung in das Fertigungsmanagement integriert. Mit dieser Strategie werden Meldedialoge reduziert, Schnittstellen vermieden und die Akzeptanz bei den Anwendern erheblich gesteigert. Ein weiterer Vorteil der Integration innerhalb eines MES zeigt sich bei Auditierungen und Zertifizierungen. Speziell im Lebensmittel- und Pharmabereich kommt die Forderung nach FDA-Konformität und anderen Normen hinzu. Bei der Erfüllung der FDA-Auflagen können die Synergien aus der Integration von Fertigungs-, Qualitäts- und Personalmanagement innerhalb eines MES optimal genutzt werden. Idealerweise sind diese drei Elemente in einem modernen MES-System realisiert.

3.4.1 Geplante Qualität

Ein Qualitätsplan ist eine Form von Projektplanung, um Abläufe, welche sich an Unternehmenszielen und Kundenwünschen orientieren, zu definieren und deren Einhaltung zu überwachen. Die Qualitätsplanung muss sich auf folgende Bereiche erstrecken:

- Prozesse, welche das QM-System fordert
- benötigte Produktionsprozesse und Betriebsmittel
- Festlegung der Qualitätsmerkmale auf unterschiedlichen Stufen zur Erzielung der gewünschten Ergebnisse
- Tätigkeiten zur Verifizierung der Qualität
- Annahmekriterien und benötigte Qualitätsaufzeichnung

Für die Planung und Durchführung qualitätssichernder Maßnahmen stellt ein MES eine Reihe von Funktionen zur Verwaltung von Basisdaten zur Verfügung. Zur Fehleranalyse werden meist folgende Stammdaten herangezogen:

- Fehlerarten
- Fehlerorte
- Fehlerursachen
- Verursacher
- Maßnahme
- Kostenarten.

Bei der Betrachtung dieser Stammdaten muss berücksichtigt werden, dass in vielen Unternehmen die Durchführung der Qualitätssicherung eine mehrstufige Aufgabe ist. So können beispielsweise unter SAP-QM oder vergleichbaren Systemen eine Reihe von Stammdaten im übergeordneten System gehalten und gepflegt werden und diese an das unterlagerte Qualitätsdurchführungssystem nach Bedarf übergeben werden. Ein MES kann damit zwei verschiedene Aufgaben erfüllen. Beim Führen aller Stammdaten und Definition der QM-Maßnahmen in einem MES wird dieses damit in einem gewissen Rahmen zu einem vollständigen QS-System.

Wird das Qualitätsmanagement dagegen im Unternehmensmanagement betrieben und dort alle notwendigen Festlegungen getroffen, so ist die Qualitätskompo-

78   3 MES: IT-Lösung zur Prozessoptimierung

nente des MES-Systems das Durchführungssystem des Qualitätsmanagements, welches anfallenden Daten in Echtzeit erfasst und damit auch erheblich zur Prozesssicherheit beiträgt.

Für Prüfungen in der Fertigung oder Maschinenfähigkeitsuntersuchen müssen Merkmale definiert werden, mit deren Hilfe Qualitätsanforderungen kontrolliert werden können. Für jedes Merkmal müssen Mittel, Tätigkeiten und Überprüfungen anhand von Spezifikationen festgelegt werden. Diese Merkmale werden in der Prüfplanung definiert und zusammengefasst. Durch die Möglichkeit, Prozesse und Produktmerkmale gleichzeitig zu verwenden, stehen dem MES für Auswertungen und Zertifikate alle qualitätsrelevanten Daten zur Verfügung. Mit dem Qualitätsmodul eines MES werden Prüfpläne erstellt, welche je nach Bedarf, für Artikel, Artikelgruppen, Arbeitsgänge, Kunden oder Prozesse gelten.

Die Abbildung 3.17 zeigt einen solchen Prüfplan, in dem verschiedene Merkmale definiert werden, die produktionsbegleitend bei der Herstellung dieses Teils abgeprüft werden müssen.

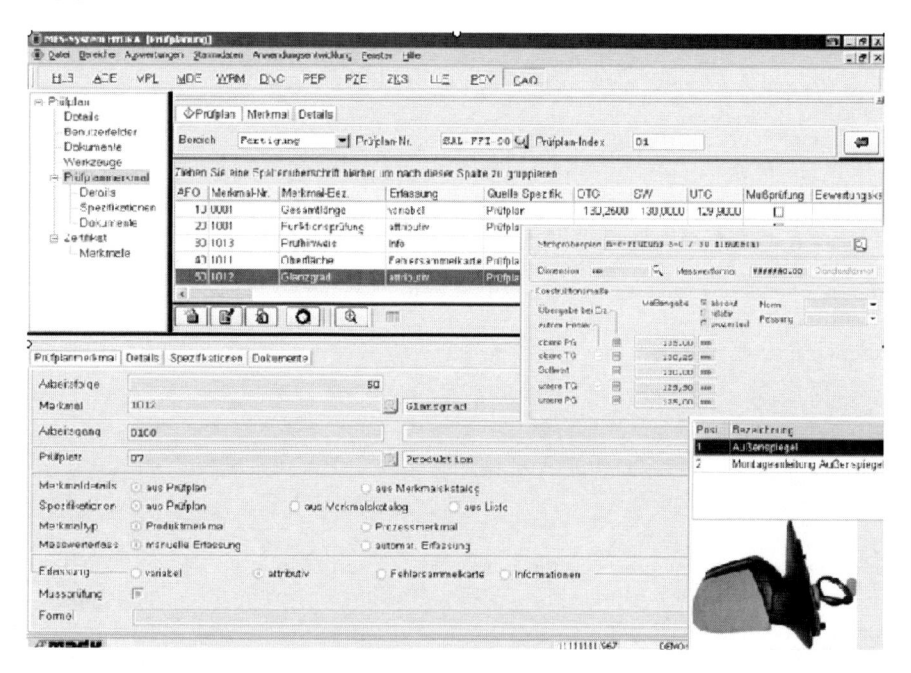

Abb. 3.17 Beispiel eines Prüfplans mit Merkmalen, Sollwerten und Toleranzen.

Die hierfür eingesetzten Prüfmittel unterliegen dem Verschleiß. Der Einsatz dieser Prüfmittel ist nur dann zuverlässig, wenn diese fähig sind, das heißt den Hersteller und den Prozessvorgaben entsprechen. Um diese Fähigkeit sicherzustellen müssen in regelmäßigen Abständen Untersuchungen nach bestimmten Normen

3.4 Qualitätsmanagement im Unternehmen 79

(QS 9000, VDI 2618...) durchgeführt werden. Daraus ergibt sich, dass vor dem produktiven Einsatz Tätigkeiten, Mittel und Termine zur Sicherstellung der Prüfmittelfähigkeit definiert werden müssen.

Durch den Einsatz eines MES kann das Prüfmittelmanagement sehr effektiv gestaltet werden. Die Planung von Fähigkeitsuntersuchungen wird dadurch zum Beispiel vereinfacht. Dabei können neben Zeit- auch Stückintervalle verwendet werden. Bei der Ermittlung der Fälligkeit nach Stückintervallen werden die der Messwerterfassung vorliegenden Informationen über verwendete Prüfmittel benutzt. Die Abbildung 3.18 zeigt beispielhaft eine MES-Oberfläche für die Prüfmittelverwaltung.

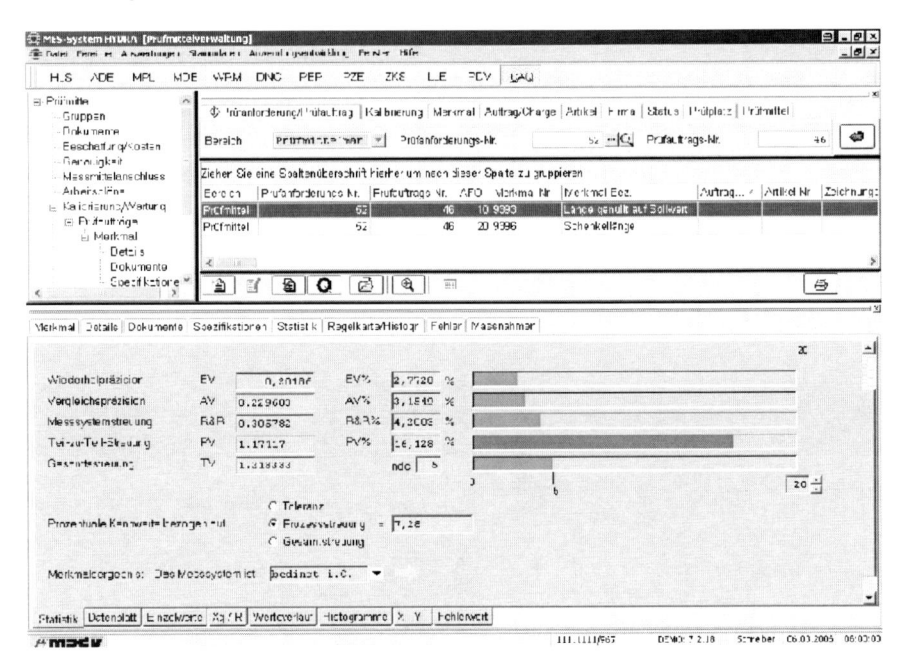

Abb. 3.18 Prüfmittelverwaltung mit der Anzeige der Fähigkeitsstatistik.

Bei der Durchführung der fertigungsbeleitenden Prüfung kann sich herausstellen, dass die produzierten Teile nicht den Vorgaben entsprechen. Um solche Situationen strukturiert behandeln zu können, ist es in einem leistungsfähigen MES möglich, so genannte Eskalationsszenarien zu definieren und diese mit Hilfe von Workflows abzuarbeiten (siehe Aufsatz „Information im Unternehmen").

Leistungsfähige System erlauben solche Definitionen auch in grafischer Form durchzuführen und damit den Benutzer in der Handhabung sehr effektiv anzuleiten. Die Abbildung 3.19 zeigt eine solche MES-Funktion, mit deren Hilfe man auf ungeplante Qualitätsabweichungen reagieren kann.

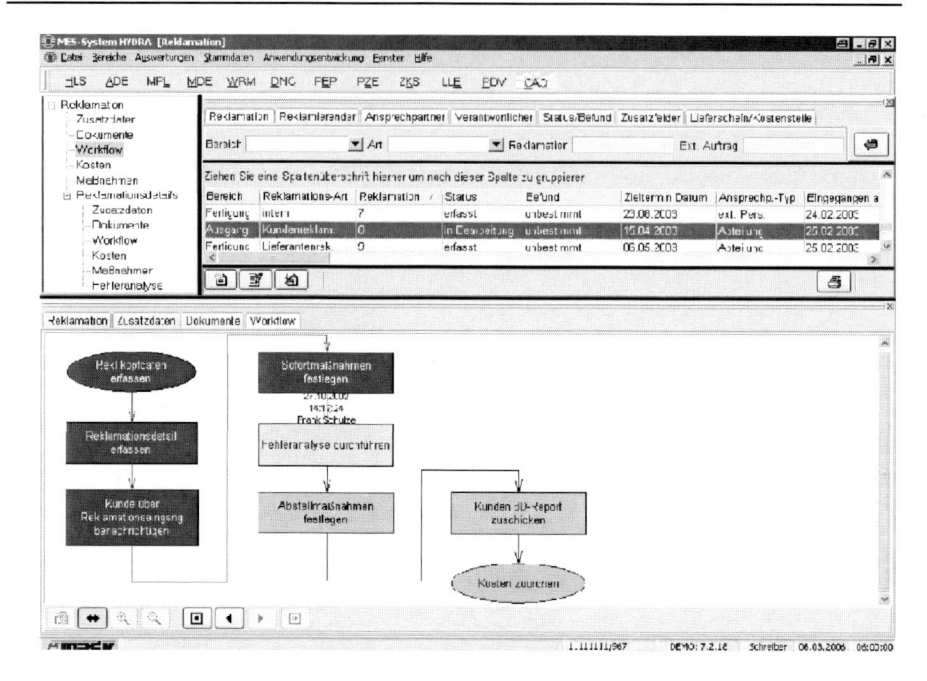

Abb. 3.19 Ein Workflow für vordefinierte Abläufe bei Qualitätsproblemen.

Durch die Tatsache, dass die Prüfplanung innerhalb eines MES integriert durchgeführt wird, ergeben sich eine Reihe von Vorteilen, wie zum Beispiel:

- Vor der Freigabe von Fertigungsaufträgen auf bestimmten Maschinen testet das MES, ob für den Prozess durch die Qualitätssicherung eine entsprechende Maschinenfähigkeit nachgewiesen wurde. Ist dies nicht der Fall, kann der Fertigungsauftrag an dieser Maschine nicht freigegeben werden oder eine entsprechende Maschinenfähigkeitsprüfung wird veranlasst.
- Vor der Freigabe eines Fertigungsauftrages kann das MES prüfen, ob bei dem zu fertigenden Artikel eine Erstmusterfreigabe vorliegt.
- Bei der Fertigungsplanung kann das MES auf die CMK-Werte aus der Qualitätssicherung zugreifen. Diese Daten stehen für eine optimale Maschinenzuordnung zur Verfügung.
- Durch die Verbindung von Fertigung und Qualitätsmanagement können Prüfer und Messmittel gemeinsam verplant werden. Engpässe werden rechtzeitig aufgezeigt und können durch Korrekturen vermieden werden.
- Bei der Freigabe von Fertigungsaufträgen wird sichergestellt, dass die zugehörigen Betriebsmittel zur Qualitätssicherung vollständig vorhanden sind.

3.4.2 Integrierte Qualität

Prozessqualität ist die Voraussetzung für Produktqualität, oder anders gesagt: Qualität ist keine Eigenschaft der Produkte, sondern der Prozesse. Nur durch fähige und beherrschte Prozesse können qualitativ hochwertige Produkte gefertigt werden. Wird ein Fehler rechtzeitig, zum Beispiel nach der ersten Bearbeitungsstufe, erkannt, entstehen wesentlich geringere Kosten als bei der Entdeckung nach Beendigung der Produktion, oder noch unangenehmer, erst beim Kunden. Dies wird durch die Zehnerregel der Fehlerkosten eindrucksvoll veranschaulicht. Danach steigern sich die Qualitätskosten in jeder Phase des Herstellungsprozesses, in der der Fehler aufgedeckt und beseitigt wird um den Faktor 10.

Um Fehler zu vermeiden müssen qualitätssichernde Methoden im gesamten Prozessablauf zum Einsatz kommen. Um sicherzustellen, dass der Fertigungsprozess qualitätsfähig und beherrscht ist, wird eine statistische Prozessregelung eingesetzt. Alternativ kann auch die zufällige Stichprobenprüfung Anwendung finden. Beiden Methoden ist gemein, dass sie durch statistische Berechnungen Aussagen über die aktuelle Qualitätslage des Fertigungsprozesses liefern. Diese können verwendet werden, um im Bedarfsfall mit Hilfe von Fehleranalysen und den daraus abgeleiteten Korrektur- und Abstellmaßnahmen den Produktionsprozess direkt zu beeinflussen. Die Prüfungen dienen damit als Grundlage von Regelkreisen, welche einen abgeschlossenen Wirkungsablauf darstellen, um innerhalb eines Prozesses ein Qualitätsprodukt zu erzeugen.

Durch dieses Zusammenführen von Fertigungs- und Qualitätsmanagement im MES wird eine einheitliche Sichtweise auf den Herstellungsprozess ermöglicht. Statt der Teilung von Produktivarbeitsgängen und Prüfschritten entsteht ein planbares und transparentes Gesamtgebilde. Dabei kann ein Fertigungsauftrag mehrere Arbeitsgänge und Prüfschritte unterschiedlichster Ausprägung enthalten. Ein Beispiel ist in Abbildung 3.20 dargestellt, welches zeigt, wie eine MES-orientierte Strukturierung von Fertigungsaufträgen es erlaubt, Fertigungsarbeitsgänge und Prüfschritte konsistent in einem Arbeitsplan zu führen.

Die Integration ermöglicht es, Gutmengen, Ausschussmengen und Ausschussgründe nur einmal zu erfassen. Die anschließenden Auswertungen stehen entsprechend auch in modulübergreifenden Funktionalitäten zur Verfügung. Auftrags- und Qualitätsbezug kann also innerhalb einer einzigen Ergonomie hergestellt werden. Damit entfallen für die dem Auftrag zugehörigen Qualitätssicherungsvereinbarung (QSV) und spätere Qualitätsdokumentation aufwendige Zusammenführung von Daten aus verschiedenen Systemen – ein unnötiger Aufwand, der heute im betrieblichen Alltag immer noch Stand der Technik ist.

Die Integration von Auftrags- und Qualitätsbetrachtung bietet zudem für die laufende Qualitätssicherung vor Ort einen erheblichen Nutzen für die Mitarbeiter im operativen Bereich:

- Eingaben zur Auftragsbearbeitung und Qualitätssicherung werden nur an einem Platz (Maschinenterminal) und nur in einem System vorgenommen.
- Prüfanforderungen können im Falle einer Integration automatisch generiert werden.

82   3 MES: IT-Lösung zur Prozessoptimierung

- Die zuverlässige Einhaltung der Prüffrequenzen durch eine automatische Prüfanforderung erlaubt eine bessere Ausnutzung der Fertigungstoleranzen.
- Laufende auftragsbezogene Qualitätseingaben (Chargen, Gut- und Schlechtteile, Messwerte etc.) können direkt an der Maschine (Maschinenterminal) statt an einem CAQ-Messplatz eingegeben werden.
- Synchron zum angemeldeten Artikel /Arbeitsgang / Merkmal können am Maschinenterminal zu zugehörigen Prüfpläne und Prüfskizzen dem Werker fingerlos angezeigt werden.

Fertigungsauftrag 34581

Arbeitsgang 0100 Drehen	Sollmenge: 2200 Gutmenge: 2212 Ausschuss: 78
ADE: Startdatum: 21.03.2005 Durchlaufzeit: 18,5Std Priorität: 3	**CAQ:** Durchmesser: 20mm ± 3mm Breite: 12,3cm ± 0,3cm Grat: i.O. / n.i.O.

Arbeitsgang 0200 Oberflächenveredelung	Sollmenge: 2200 Gutmenge: 2203 Ausschuss: 9
ADE: Startdatum: 23.03.2005 Durchlaufzeit: 103 Std. Priorität: 3	

Arbeitsgang 0250 Laborprüfung	Sollmenge: 2200 Gutmenge: 2198 Ausschuss: 5
	CAQ: Schichtdicke 5µm ± 1µm Kohlenstoffgehalt 0,5% ± 0,04% Oberfläche i.O. / n.i.O.

Abb. 3.20 Beispiel für die Integration von Auftrags- und Qualitätsmanagement

Bei einer intervallgesteuerten Prüfung können die Daten aus dem Auftragsfortschritt direkt eine Prüfung anstoßen oder als Prüfergebnis verwendet werden. Die Abbildungen 3.21 und 3.22 zeigen beispielhaft eine Anwendung, mit der sowohl Auftragsdaten und Qualitätsdaten in einer Oberfläche erfasst werden können. Die qualitätsrelevanten Konsequenzen werden dabei online in einer Grafik dargestellt.

Aus Gründen der Ergonomie bedeutet diese Integration einen entscheidenden Vorteil für die Qualitätslenkung vor Ort, für die es in der heute noch verbreiteten unverbundenen Systemlandschaft keine vergleichbaren Möglichkeiten gibt: Die Darstellung der Qualitätsdaten im Bedienfeld des Werkers.

3.4 Qualitätsmanagement im Unternehmen 83

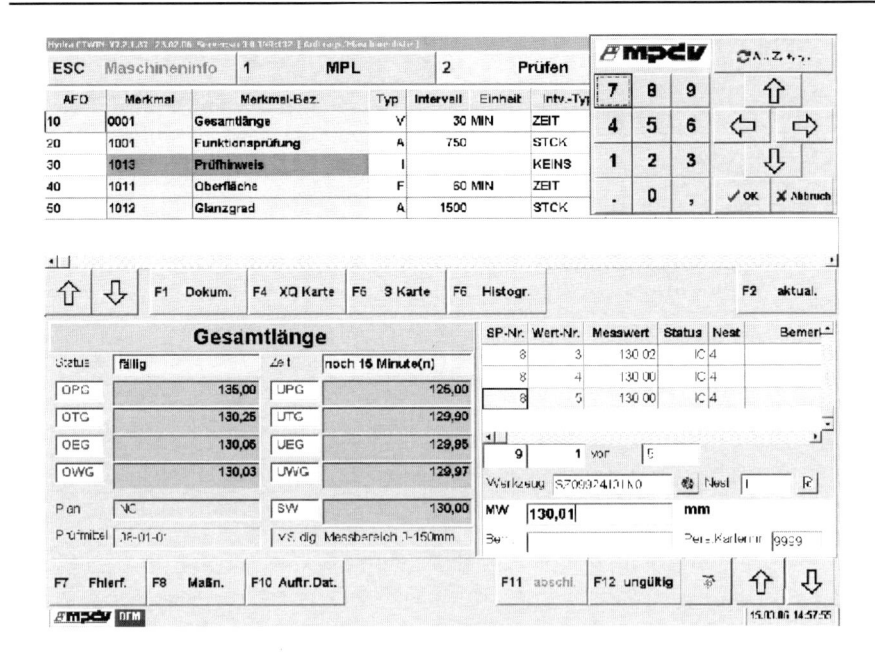

Abb. 3.21 Stichprobenentnahme im Fertigungsprozess

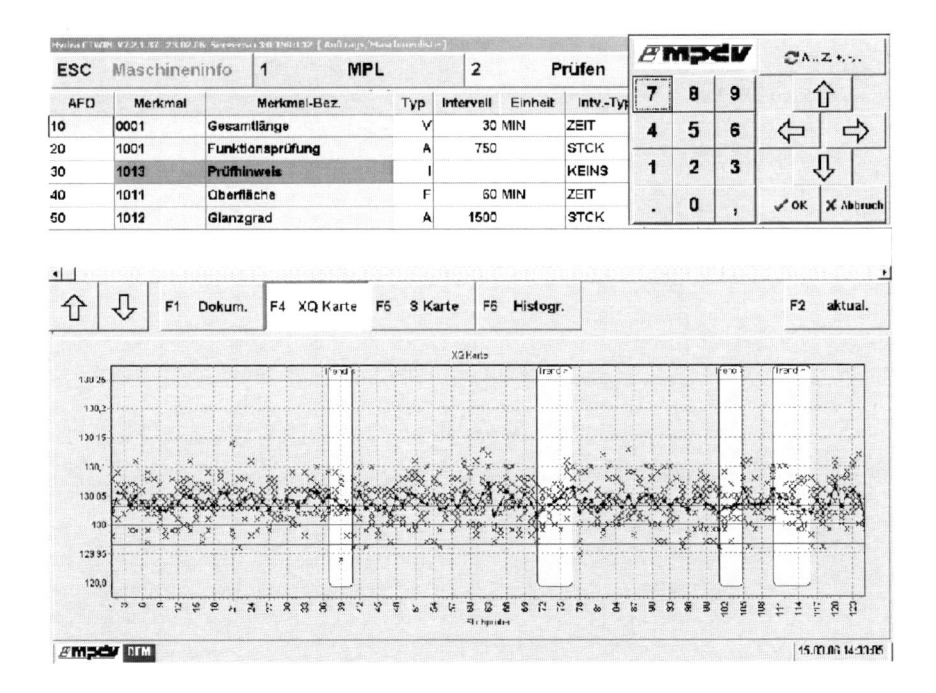

Abb. 3.22 Prozessbegleitende statistische Auswertungen

3.4.3 Dokumentation

Unternehmen sehen heute in der Dokumentation des Herstellungsprozesses ein wesentliches Qualitätskriterium für die eigenen Produkte. Die Anforderung, entscheidende Informationen ohne großen Zeitverlust und Kostenaufwand sofort abrufen zu können, gewinnt immer mehr an Bedeutung. Dies ist insbesondere bei Reklamationen, Produkthaftungen, Lieferanten- und Kundengesprächen von Interesse. Die breite Datenbasis eines integrierten MES, geschaffen durch die Interaktion verschiedener Module, ermöglicht den Unternehmen eine effektive Bearbeitung der jeweiligen Aufgaben. Unter Dokumentation versteht man in diesem Zusammenhang die effiziente, lückenlose Erfassung, Verwaltung, Archivierung und Aufbereitung von qualitätsrelevanten Daten.

In der Qualitätsdatenerfassung kann ein MES sowohl auf Auftragsdokumente, Werkzeug und Maschineninformationen wie auch auf Daten der Fertigungsplanung zurückgreifen. Damit kann man Informationen aus verschiedensten Unternehmensbereichen besser in übersichtlicher Form bereitstellen und funktional verknüpfen.

Die heutige Dokumentation umfasst alle qualitätsrelevanten Ereignisse, welche die Produktqualität beeinflussen können. Einen Einfluss auf die entstehende Produktqualität haben Störungen, welche während des Entstehungsprozesses auftreten. Gleiches gilt für die Kennwerte der Prozess-, Maschinen- und Werkzeugparameter. Insgesamt können dabei fünf Ursachengruppen für abweichende Qualität verantwortlich sein:

- Der Mensch als Bedien- und Prüfpersonal
- Das eingesetzte Material als Ergebnis eines vorgelagerten Fertigungsprozesses
- Die Maschine zusammen mit dem Werkzeug
- Die Methode der Herstellung und
- die Umwelt mit verschiedenen Umgebungseinflüssen wie zum Beispiel Temperatur und Staub.

Für die Dokumentation können alle die Daten herangezogen werden, welche in der MES-Funktion Fertigungsmanagement anfallen, wie zum Beispiel Schwachstellenanalysen von Betriebsmitteln oder Reparaturmaßnahmen an Werkzeugen. Auch die Kennwerte der Produktionsmaschine oder des Materials, wie zum Beispiel Druck, Verarbeitungstemperatur etc. können wichtige Qualitätshinweise bieten und sind in einer qualitätsrelevanten Herstellungsdokumentation sinnvoll. Da hier normalerweise eine ungeheure Menge von Daten anfällt, kann es sinnvoll sein, über geeignete Verdichtungsmaßnahmen aus den so genannten Prozesswerten Kennwerte zu ermitteln. Abbildung 3.21 zeigt einen solchen Verlauf für verschiedene Prozesswerte. Hier werden beispielsweise Minimum und Maximum sowie der Mittelwert während der Herstellung eines Teils als Kennwert herangezogen.

Werden solche Dokumentationen entsprechend gespeichert, so kann damit auch eine Traceability-Lösung aufgebaut werden. Ein besonderer Grund hierfür ist die Verordnung der EU Nr. 178/2002 des Europäischen Parlamentes. Diese besagt, dass ab 1. Januar 2005 alle Betriebe der Lebensmittelbranche ein System zur Rückverfolgbarkeit implementieren müssen. Zur Rückverfolgbarkeit müssen alle Lose bzw. Chargen oder sogar einzelne Produkte eindeutig gekennzeichnet werden. Dies ist über alle Herstellungsphasen aufrecht zu erhalten. Nur dadurch ist die Ermittlung der Herkunft von Produkten entlang der Wertschöpfungskette möglich.

Ausgehend vom Endprodukt kann der Bearbeiter hier sehr einfach rückverfolgen, wie ein Produkt und besonders aus welchen Einsatzstoffen es entstanden ist.

3.4.4 Analyse und Bewertung

Heute ist es wichtiger denn je, entscheidungsrelevante Informationen in einer übersichtlich aufbereiteten Form zu erhalten. Auswertungen und Analyse in Echtzeit liefern wichtige Informationen, um fundierte Entscheidungen oder Maßnahmen im täglichen betrieblichen Ablauf zeitnah treffen zu können. Die Betonung liegt hier auf „zeitnah". Nur mit einer zeitnahen oder echtzeitfähigen Reaktion kann sichergestellt werden, dass unnötiger Ausschuss durch unzureichende Qualität frühzeitig verhindert wird. Die Qualität von Produkten wird von vielen Faktoren beeinflusst. Die Produktqualität wird üblicherweise beurteilt durch

- Regelkarten
- Statistische Kennwerte
- Verteilungstests
- Fehlerschwerpunkte
- Reklamationen
- Prüfmittelkalibrierungen
- usw.

Diese Betrachtungen tragen einen Teil zur Verbesserung des Fertigungsprozesses und der Produktqualität bei. Das Optimierungspotenzial ist jedoch damit nicht ausgeschöpft. Mit der Einbeziehung von externen Einflussgrößen, die man auch als qualitätsferne Parameter bezeichnet, kann hier noch weiteres erreicht werden. Zu diesen Parametern gehören die Erfassung und Verarbeitung von Prozessdaten, das Betriebsmittelmanagement, das Material- und das Personalmanagement. Die Verknüpfung aller dieser Daten gelingt besonders in einem integrierten MES mit einem überschaubaren Aufwand.

Die Abbildung 3.23 zeigt beispielhafte eine Realisierung über die Verknüpfung von Fertigungs- und Qualitätsdaten, die zeitnah Auskunft über die aktuelle Fertigungs- und Qualitätslage gibt. Dabei besteht die Möglichkeit, die Prozessfähigkeit gleichzeitig über mehrere Merkmale anzuzeigen. Die in der graphischen Darstellung angezeigten Werte können für Zwecke der Dokumentation in Listenform ausgedruckt werden.

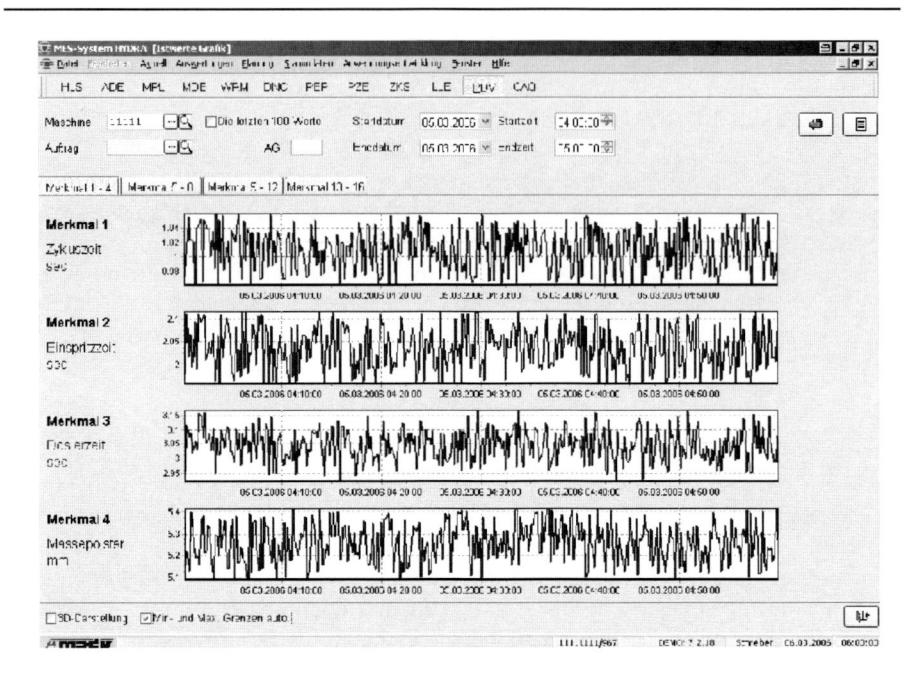

Abb. 3.23 Prozessmonitoring über mehrere Merkmale

Die Abbildung 3.24 zeigt ein weiteres Beispiel einer solchen Anwendung zum Thema Traceability. Aus der Dokumentation von Qualitäten, Materialchargen und Fertigungsvorgängen werden Produkte rückverfolgbar.

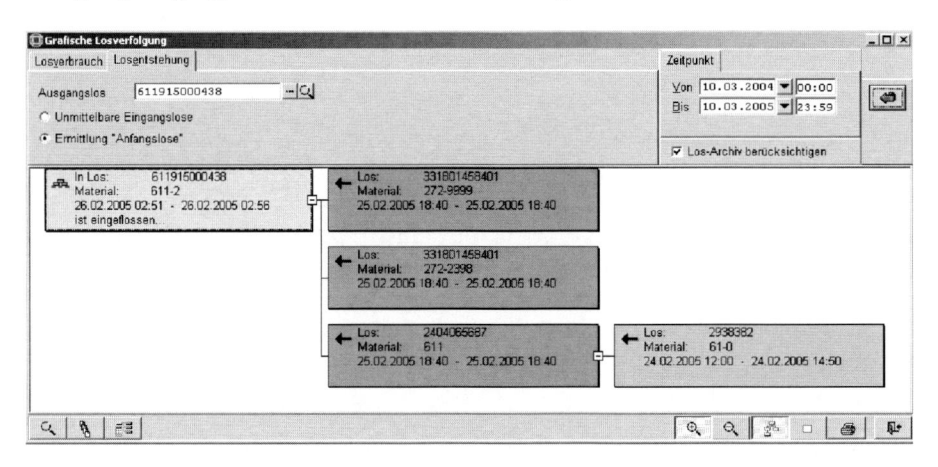

Abb. 3.24 Tracibility als Losen- und Chargenverfolgung

Mit Hilfe der Traceability kann im Falle einer Reklamation zurückverfolgt werden, unter welchen Umständen, mit welchen Vormaterialien und Fertigungsparametern ein Produkt oder ein Teilprodukt entstanden ist.

In der Verknüpfung von Informationen aus dem klassischen Qualitätsmanagement und dem klassischen Fertigungsmanagement spielen integrierte MES-Systeme ganz besonders ihre Stärke aus. Der Aufbau solcher Funktionen wird in den Fertigungsunternehmen bereits in naher Zukunft ein Wettbewerbsfaktor sein, der über die Marktpräsenz eines Anbieters entscheiden wird.

3.5 Personalmanagement im Unternehmen

Das so genannte „Personal" ist besonders wichtig, vielleicht sogar die wichtigste Ressource in einem Unternehmen und sie verdient aus diesem Grund besondere Aufmerksamkeit. Über den Einsatz von Personal hat man sich vor wenigen Jahrzehnten noch keine großen Gedanken gemacht. An Arbeitsplätzen musste effektiv produziert werden. Dazu hat man Mitarbeiter zu festen Arbeitszeiten diesen Arbeitsplätzen zugeteilt. Inzwischen ist der Fertigungsprozess wesentlich komplexer geworden. Mitarbeiter nehmen gleichzeitig verschiedene und vielfältige Aufgaben wahr. Die Arbeitsplätze und Maschinen, denen sie zugeteilt sind, müssen nur so oft und so lange laufen, wie es im gesamten Prozessablauf sinnvoll ist. Da man Mitarbeiter aber nicht permanent nach Hause schicken und wieder an den Arbeitsplatz holen kann, ist es notwendig, sich über den Personaleinsatz besondere Gedanken zu machen. Das genannte Problem wird noch dadurch verschärft, dass die Industrieländer im globalen Wettbewerb sehr hohe Lohnkosten haben und dass vor diesem Hintergrund der effektive Einsatz der Ressource „Mensch" in vielen Branchen von ausschlaggebender Bedeutung für die Zukunftsfähigkeit ist. Um die Herausforderungen, die sich daraus ergeben, erfolgreich meistern zu können, bedarf es effektiver Lösungen, welche die Anforderungen abbilden.

Die Personalkomponente eines MES bietet besonders in einer integrierten Lösung zusammen mit Fertigungs- und Qualitätsmanagement einen entscheidenden Ansatz zur Bewältigung dieser Aufgaben.

3.5.1 Personalzeitwirtschaft

Eine wichtige Funktion des Personalmanagements in einem MES-System ist die Personalzeitwirtschaft, die man in Personalzeiterfassung und Kontenführung unterteilen kann. Unter Personalzeiterfassung versteht man üblicherweise das Stempeln von Kommt- und Geht-Zeiten zur Berechnung von Arbeitszeiten. In einer elektronischen Realisierung bietet sich dieses Medium natürlich für weitere Zwecke an. So können über Erfassungsterminals Begründungen für die ungeplante Abwesenheiten oder auch für Pausen eingegeben werden. Mit der Zeiterfassung lässt sich der Status eines Mitarbeiters darstellen. Im Bereich der Meister oder der Disponenten ist dies eine wichtige Funktionalität, denn sie gibt mit einem einzigen Tastendruck über die Verfügbarkeit von Mitarbeitern oder Mitarbeitergruppen Auskunft. Kein kompliziertes Suchen oder Rückfragen.

88   3 MES: IT-Lösung zur Prozessoptimierung

Die Abbildung 3.25 zeigt dazu ein Beispiel einer An- und Abwesenheitsübersicht in der Personalkomponente eines MES-Systems. Sie zeigt dem Planer oder dem Meister, welche Personen an- oder abwesend sind und ermöglichen ihm damit, mit geringem Aufwand effektivere Entscheidungen.

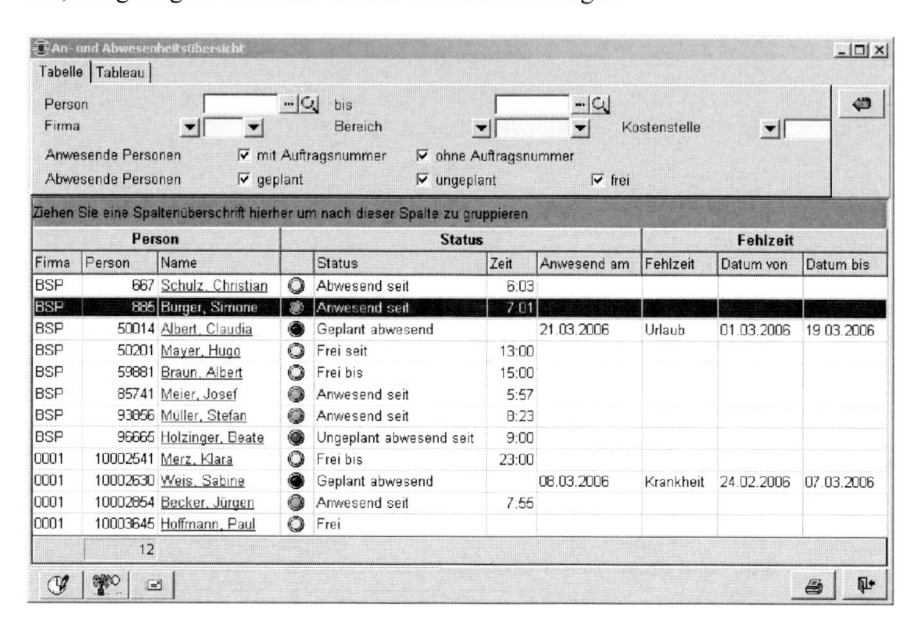

Firma	Person	Name	Status	Zeit	Anwesend am	Fehlzeit	Datum von	Datum bis
BSP	667	Schulz, Christian	Abwesend seit	6:03				
BSP	885	Burger, Simone	Anwesend seit	7:01				
BSP	50014	Albert, Claudia	Geplant abwesend		21.03.2006	Urlaub	01.03.2006	19.03.2006
BSP	50201	Mayer, Hugo	Frei seit	13:00				
BSP	59881	Braun, Albert	Frei bis	15:00				
BSP	85741	Meier, Josef	Anwesend seit	5:57				
BSP	93856	Muller, Stefan	Anwesend seit	8:23				
BSP	96665	Holzinger, Beate	Ungeplant abwesend seit	9:00				
0001	10002541	Merz, Klara	Frei bis	23:00				
0001	10002630	Weis, Sabine	Geplant abwesend		08.03.2006	Krankheit	24.02.2006	07.03.2006
0001	10002854	Becker, Jürgen	Anwesend seit	7:55				
0001	10003645	Hoffmann, Paul	Frei					

Abb. 3.25   An- und Abwesenheitsübersicht

Die Aufgabe der Kontenführung innerhalb der Zeitwirtschaft ist es, die Arbeitszeit aufgrund von Stempelungen und Verrechnung von Pausen und Abwesenheitszeiten zu ermitteln. Dabei können die Anwesenheitszeiten durch betriebliche Rundungsvorschriften variiert werden. Über den Abgleich mit der im Arbeitszeitmodell hinterlegten Sollzeit errechnen sich eventuell vorhandene Mehr- oder Minderarbeit. Die Arbeitszeitmodelle können hier in einem sehr weiten Sinne verstanden werden. Von der bekannten Tagesschichtzeit über Gleitzeit bis hin zur Monats-, Jahres- oder gar Lebensarbeitszeit. Diese Zeitmodelle unterliegen starken Einflüssen aus tariflichen Betrachtungen und aus betrieblichen Notwendigkeiten heraus. Eine Implementierung in einem MES-System sollte daher an dieser Stelle besonders flexibel ausfallen.

Üblicherweise führt man im Rahmen einer solchen Zeitwirtschaft wochen- oder monatsbasierte Konten, wobei Überträge aus Vormonaten oder Vorperioden zu berücksichtigen sind. Die Kontenstände der Zeitwirtschaft und der aktuelle Status sind für die Planung eines Mitarbeitereinsatzes von großer Bedeutung. In einer Zeiteinheit kann die Ressource „Mensch" nur mit einer ganz bestimmten Kapazität und auch entsprechenden Ruhezeiten verplant werden.

Über die Ausprägung der Kontenführung wird häufig kontrovers diskutiert. Tatsächlich kann die Kontenführung sowohl im MES- wie auch im ERP-System stattfinden. Zwei unterschiedliche Betriebsfälle sollen hier für mehr Transparenz sorgen.

Ein Fertigungsunternehmen, das feste Schichtzeiten hat und Arbeitsplätze und Maschinen im Rahmen dieser festen Schichten besetzt, kann sicherlich einfach die Anwesenheitszeiterfassung im MES vornehmen. Der An- und Abwesenheitsstatus ist für die Fertigungskomponente im MES verfügbar. Die getätigten Stempelungen werden in der Lohnkomponente eines ERP zu Arbeitszeiten verdichtet und daraus resultierend Löhne berechnet.

Hat ein Fertigungsunternehmen dagegen flexible Arbeitszeiten und eine große Variabilität in der Zuordnung von Personen und Arbeitsplätzen und darüber hinaus eine Leistungsentlohnung in irgend einer Art und Weise, so bietet sich an, die Zeitwirtschaft mit der Kontenführung im MES-System zu realisieren. Dabei lassen sich sehr einfach Anwesenheitszeiten und Leistungszeiten direkt verknüpfen und daraus Zeitgrade ermitteln. Damit ist auch die Basis für eine umfangreiche Personaleinsatzplanung geschaffen.

Mit der Einführung von gleitenden Arbeitszeiten kann eine sichtbare Motivation von Mitarbeitern einhergehen. Der Mitarbeiter ist selbst dafür verantwortlich, seine Arbeitszeiten an das Arbeitsaufkommen anzupassen. Natürlich kann auch die Bezahlung als Motivationsfaktor eingesetzt werden. Anhand bestimmter Vorgaben, die mit den erreichten Leistungen ins Verhältnis gesetzt werden, kann beispielsweise ein prozentualer Leistungsgrad ermittelt werden, der die Höhe einer Prämie bestimmt.

Während früher eher der Einzelakkord im Vordergrund stand, bei dem die Leistung des einzelnen Mitarbeiters für seine eigenen Zulagen ausschlaggebend waren, stehen heute Gruppenprämien bei vielen Firmen im Vordergrund. Die Datengrundlage für die Leistungslohnermittlung bilden in erster Linie Auftragsmeldungen. In einem MES-System können aber auch Maschinendaten oder Qualitätsdaten aus dem CAQ-Modul in den Leistungslohn einfließen, ohne dass dafür Schnittstellen benötigt werden. Gegenüber einer Leistungsprämie, bei der nur die Vorgaben- und Ist-Zeiten ins Verhältnis gesetzt werden, verrechnet eine Nutzungsprämie zusätzlich Werte wie Gutmenge und Ausschuss.

Die Abbildung 3.26 zeigt die MES-Funktion Zeitgradentwicklung, in der der so genannte Zeitgrad für eine Gruppe über einen Monat dargestellt wird. Ein weiterer Nebeneffekt dieses Abgleichs von Anwesenheits- und Produktivzeit ist die Sicherstellung, dass beide Zeittypen korrelieren, das heißt, dass die personen- und auftragsbezogene Datenerfassung in einer Periode komplett und konsistent ist.

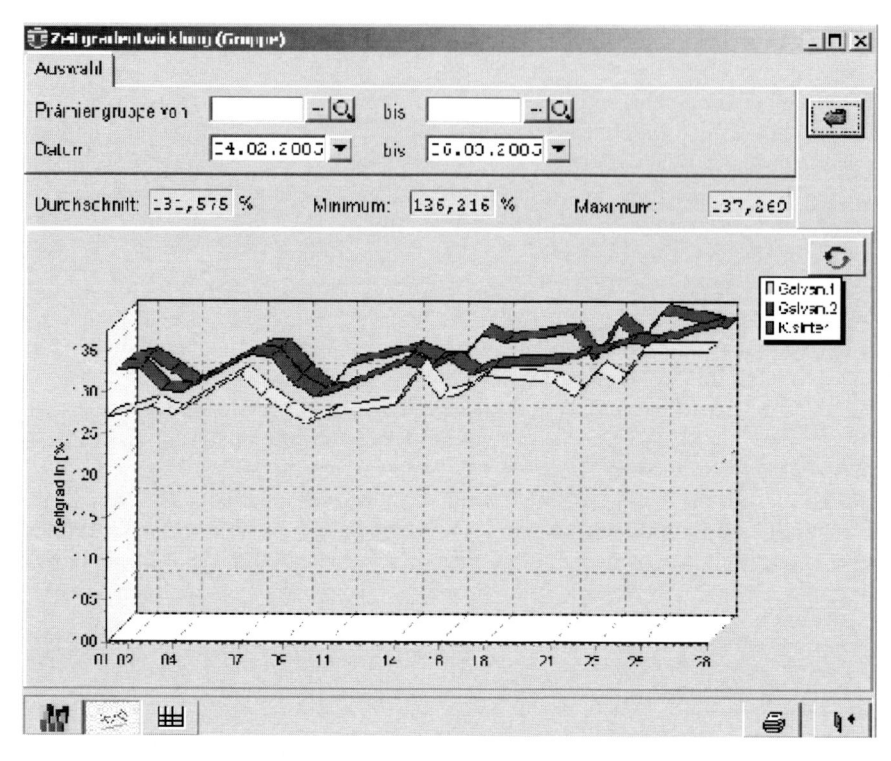

Abb. 3.26 Zeitgradentwicklung einer Arbeitsgruppe über einen Monat

Damit die Mitarbeiter ihre Aufgaben erfolgreich meistern können ist es erforderlich, Wissen und Fähigkeiten durch Weiterbildung zu erwerben und auszubauen. Verschiedene Qualifikationen, die der Mitarbeiter dadurch erwirbt, können in den Personaldaten festgehalten werden und sind bei der Disposition und der Verplanung von Mitarbeitern für bestimmte Einsätze eine hilfreiche Information. Sie sind darüber hinaus ein wichtiges Element der oben angesprochenen Motivation. In einem MES-System sollten diese Qualifikationen geführt werden und bei Bedarf auch fertigungsnah angezeigt werden können.

3.5.2 Personaleinsatzplanung

In vielen Fertigungsunternehmen wird die Personaleinsatzplanung in Form von Wandtafeln oder in einer elektronischen Form mit Hilfe eines Tabellenkalkulationsprogramms durchgeführt. Das Problem dieser Methoden liegt darin, dass Daten wie beispielsweise Urlaubszeiten der Mitarbeiter in der Zeitwirtschaft gepflegt werden und dann in diesen Hilfsmethoden nachgetragen werden müssten. Wenn dies unterbleibt, so kommt es zu Fehlern in der Personalplanung und die Produktion wird aufgrund von Personalmangel oder Personalüberdeckung unwirtschaftlich.

Um die Anforderungen für die Planung des Personaleinsatzes in einem MES erfolgreich abzubilden, sind mehrere Werkzeuge notwendig. Da ist zunächst die Urlaubs- und Schichtplanung, welche die geplanten Kapazitäten einer Person bestimmt.

Die Abbildung 3.27 zeigt eine Personaleinsatzplanung, mit deren Hilfe der Planer oder Vorgesetze aktuelle Informationen über verfügbare und mögliche Kapazitäten, über Schichtkalender und effektive Arbeitszeit bekommt. Sie ermöglicht dem Planer Entscheidungen auf der Basis zuverlässiger und aktueller Daten.

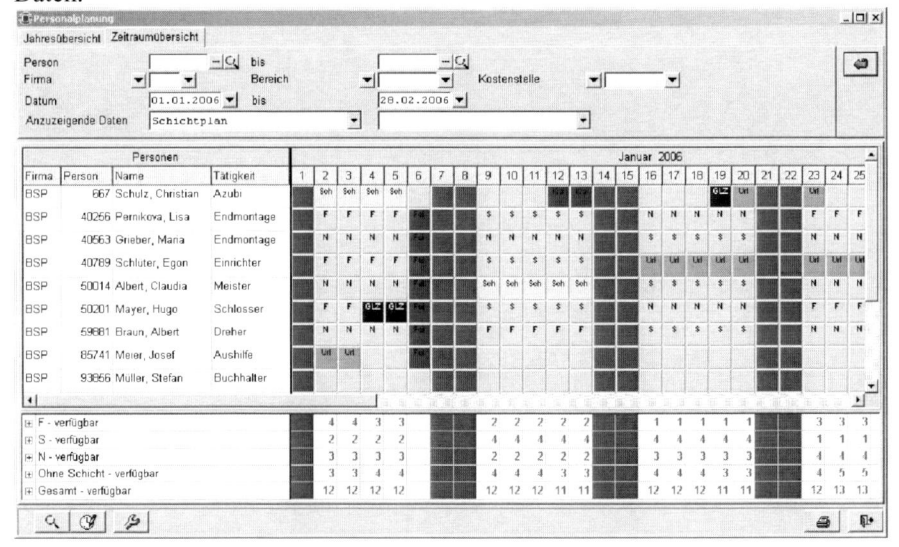

Abb. 3.27 Personaleinsatzplanung

Eine weitergehende Variante der Personaleinsatzplanung wird in der Abbildung 3.28 schematisch dargestellt. Hier werden Auftragsbelastung und Personalbedarf permanent gegeneinander abgeglichen. Dieses Schema zeigt, wie aus einer bestehenden Auftragslast über Feinplanung eine Arbeitsplatz- und Maschinenbelegung erfolgt. Personen stellen über Arbeitszeit und Schichtplanung sowie über Fehlzeitenplanung eine Kapazität dar. Die Personaleinsatzplanung stellt Hilfsmittel zur Verfügung, um manuell oder automatisiert Angebot und Bedarf möglichst dicht zusammenzubringen.

Struktur der Personaleinsatzplanung

```
     Personen                              Aufträge
        │                                     │
        ▼                                     ▼
┌──────────────────┐                  ┌──────────────┐
│ Arbeitszeitplanung│                 │  Feinplanung │
│   Schichtplanung │                  └──────────────┘
└──────────────────┘                          │
        │                                     ▼
        ▼                            ┌──────────────────────┐
┌──────────────────┐                 │ Arbeitsplatzbelegung │
│ Fehlzeitenplanung│                 │  Maschinenbelegung   │
└──────────────────┘                 └──────────────────────┘
            │                             │
            └──────────┐   ┌──────────────┘
                       ▼   ▼
                ┌────────────────┐
                │    Personal-   │
                │  einsatzplanung│
                └────────────────┘
```

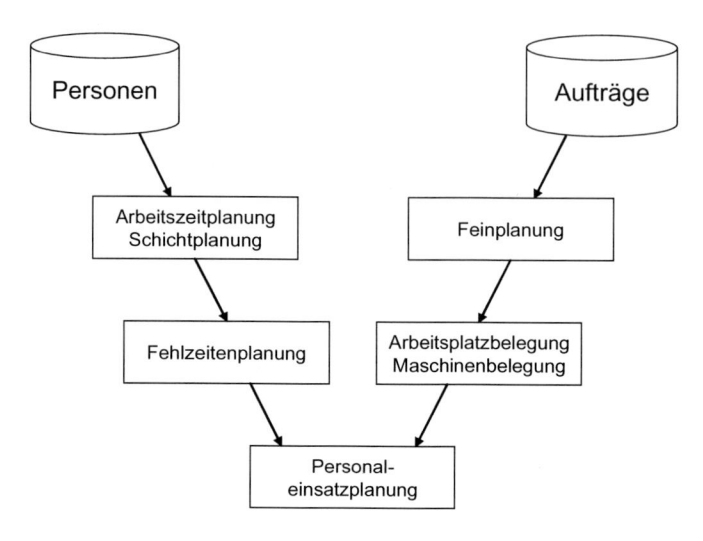

Abb. 3.28 Systematik der Personaleinsatzplanung im MES

Im linken Zweig werden aus Personen, aus der Arbeitszeit- und Schichtplanung und der Fehlzeitenplanung die möglichen und verfügbaren Kapazitäten von Personen oder von Personengruppen gebildet.

Der rechte Zweig zeigt, wie aus Aufträgen über eine Feinplanung, zum Beispiel in einem Leitstand, einer Arbeitsplatz- oder einer Maschinenbelegung, machbare Einsatzscenarien entstehen. Die Personaleinsatzplanung ist nun gefordert, den aus dem rechten Zweig entstehenden Personalbedarf und die aus dem linken Zweig resultierende Kapazität übereinander zu legen. In einer einfachen Variante kann eine Personalbedarfsermittlung nach Qualifikationen gestaffelt durchgeführt werden.

Die Abbildung 3.29 zeigt eine solche Funktionalität und wie aus der Auftragslast und einem Maschinenbedienerverhältnis ein nach Qualifikation gestaffelter Personalbedarf ermittelt werden kann.

Dazu ist es natürlich notwendig, dass in den Auftragsdaten und in den Maschinen- und Arbeitsplatzstammdaten hinterlegt ist, wie viel Mitarbeiterkapazität und welche Qualifikation zu der Abarbeitung eines Auftrags an dieser Maschine oder diesem bestimmten Arbeitsplatz benötigt werden.

3.5 Personalmanagement im Unternehmen 93

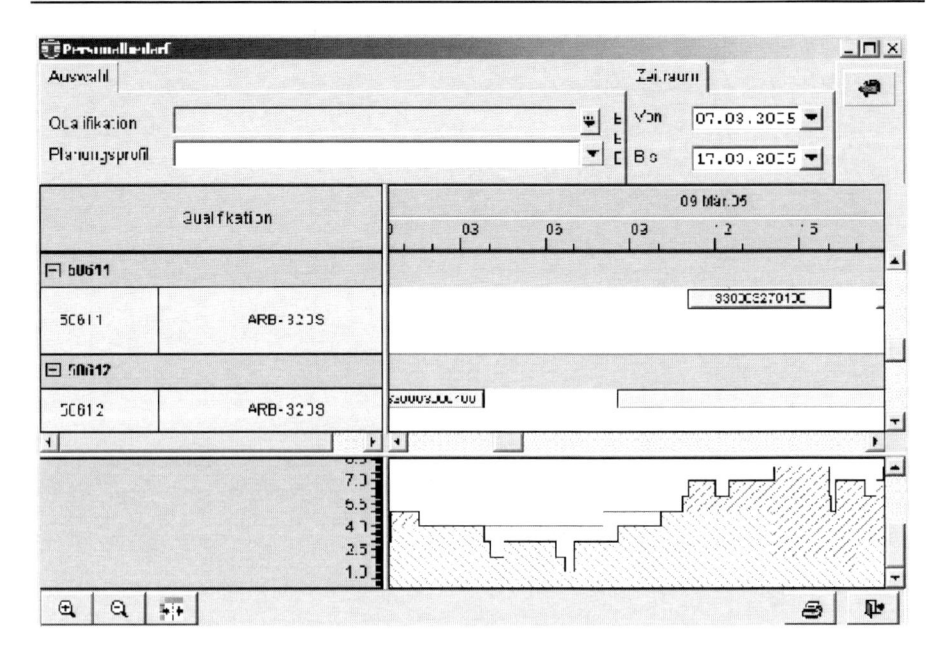

Abb. 3.29 Qualifizierte Personalbedarfsermittlung

Diese Funktion zeigt weiterhin über einen einstellbaren Zeithorizont den notwendigen Kapazitätsverlauf für verschiedene Qualifikationen. Hier ist es nun die Aufgabe des Planers oder des Disponenten, Aufträge so zu verschieben, dass der resultierende Kapazitätsbedarf möglichst gut mit den anwesenden oder geplant anwesenden Personen harmoniert. Eine moderne Implementierung einer Personaleinsatzplanung in einem MES-System bietet natürlich automatisierte Unterstützung für diese Aufgabenstellung an.

Die Abbildung 3.30 zeigt ein Beispiel einer solchen Implementierung als High-End-Personaleinsatzplanung, in der die Personalbedarfe und das Kapazitätsangebot automatisch zu einem effektiven Einsatzplan errechnet werden.

Die konkrete Auftragsbelastung ist in der oberen Bildhälfte dargestellt, ebenso wie die zur Abarbeitung bereits eingeplanten Personen.

In der unteren Bildhälfte stehen die für die Bewältigung der Aufgaben noch zur Verfügung stehenden Personen, wobei auch nach verschiedenen Qualifikationen unterschieden wird. Die Zuordnung der Mitarbeiter zu Aufträgen, Maschinen oder Arbeitsplätzen kann manuell oder auch automatisch erfolgen. Eine ausgereifte Personaleinsatzplanung versucht dann, über Optimierungen einen Plan zu finden, bei denen die Arbeitsplätze vollständig mit den qualifiziertesten Mitarbeitern belegt sind. Das Ergebnis dieser Personalbelegung ist ein Personaleinsatzplan, der den Mitarbeitern ausgedruckt oder über ein elektronisches Info-System in der Fabrik bekannt gemacht werden kann.

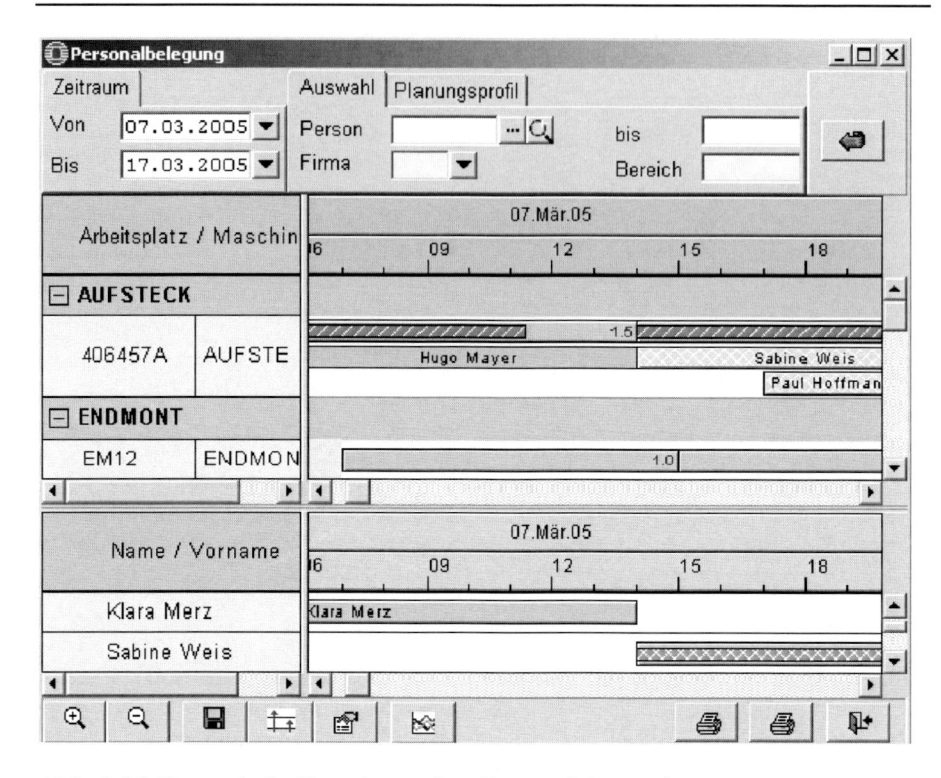

Abb. 3.30 Dynamische Berechung eines Personaleinsatzplanes

Das Personalmanagement ist eine Disziplin, die in der Vor-MES-Zeit eher den administrativen Elementen eines Fertigungsbetriebes zugeordnet wurde. In der modernen Fabrik ist jedoch die Verbindung von Personal-, Fertigungs- und Qualitätsmanagement ein Dreiklang, der nur in integrierter Form zu optimalen Ergebnissen führt. Allein die neue Sicht der Produkthaftung, die überall entstehenden Dokumentations- und Nachweispflichten provozieren die Frage: „Von wem wurde unter welchen Umständen auf welchem Arbeitsplatz und mit welchem Material dieses Produkt oder diese Komponente erstellt?"

Eine solche Frage kann nur dann sicher reproduzierbar und kostengünstig beantwortet werden, wenn die betreffenden Daten in der Fertigung zeitnah bzw. in Echtzeit von einem MES aufgezeichnet werden. Es ist die Kunst bei einer Implementierung die richtige Trennlinie zwischen den eher administrativen ERP-Komponenten und den MES-Komponenten zu ziehen, die mehr für die Fertigungsrealität, für Technologieorientierung und für Zeitnähe stehen.

3.6 MES als Produktionscockpit

Jedes Unternehmen benötigt aussagekräftige Kennzahlen, um die Erreichung festgelegter Ziele permanent zu überprüfen, um Entscheidungen treffen zu können und um Informationen über die Auswirkung von Veränderungen zu bekommen. Ohne diese Kennzahlen gleicht der Fabrikalltag einem Blindflug, ähnlich dem eines Flugzeugs ohne Instrumente.

Die Aufgaben eines Fertigungssteurers, Instandhalters, Qualitätsbeauftragten, Meisters oder Werksleiters sind vergleichbar mit denen eines Piloten. Problemsituationen müssen schnell erkannt und geeignete Maßnahmen möglichst kurzfristig eingeleitet werden, um Eskalationen zu verhindern. Durch die permanente Erfassung aller Prozesseinflüsse in der Produktion bilden MES die geeignete Basis für solche Cockpits.

Die Abbildung 3.31 zeigt das Zusammenführen der Prozessparameter in eine zentrale Fertigungsdatenbank. Der entscheidende Vorteil liegt zum einen in der zeitgleichen Erfassung aller Vorgangsbewegungen und zum anderen in der Tatsache, dass die meisten Datentransfers fingerlos ausgelöst werden – als Abfallprodukte der operativen Vorgänge. Gerade diese Ergonomie ist ein entscheidender Grund für die Akzeptanz des Systems in der Praxis.

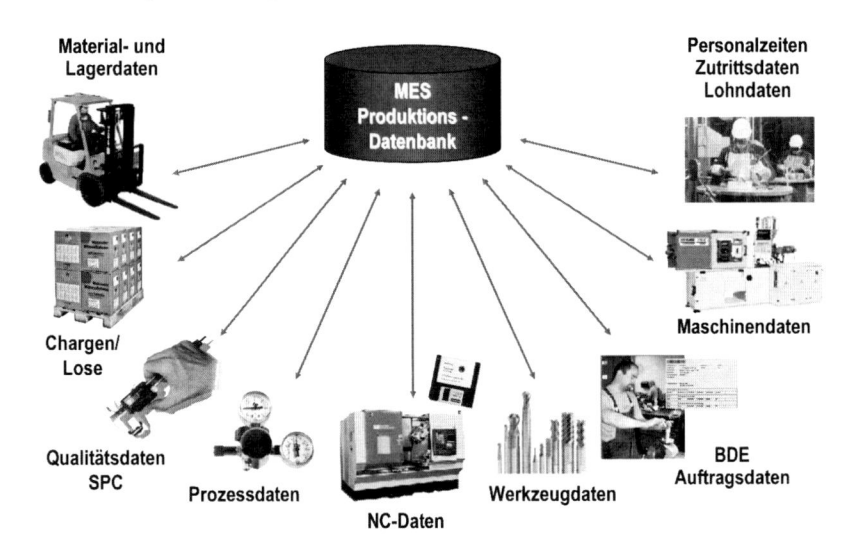

Abb. 3.31 Von MES permanent erfasste Prozesseinflüsse

96   3 MES: IT-Lösung zur Prozessoptimierung

Jede funktionale Ebene im Unternehmen hat unterschiedliche Anforderungen an Auswertungen. Auch innerhalb einer Ebene gibt es je nach Prozessverantwortung verschiedene Interessen. MES sind in der Lage, die Produktionsdaten individuell in Echtzeit zu analysieren, untereinander zu verknüpfen und sie zu aussagefähigen Kennzahlen oder Grafiken zu verdichten. Damit können individuelle Produktionscockpits erstellt werden. Abbildung 3.32 zeigt ein beispielhaftes Cockpit für einen Maschinenbediener, bei dem vier Kennzahlen (z.B. Rüstgrad, Ausschussgrad, Zeitgrad, OEE-Index) mit Startwert, Istwert und Sollwert visualisiert werden. Das ermöglicht dem Maschinenbediener, sowohl seinen Spielstand als auch den Verlauf seines Erreichungsgrades permanent darzustellen.

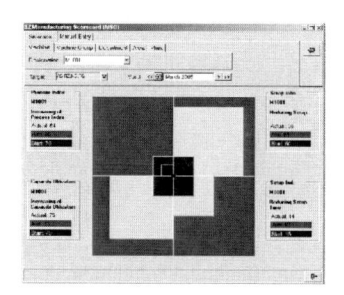

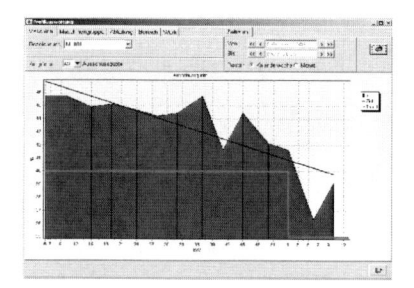

Abb. 3.32 Cockpit für die operativen Mitarbeiter als Manufacturing Scorecard

Neben der Visualisierung der Produktionsdaten in der Fertigung (Manufacturing Scorecard) verdichten MES die Daten auch zu wichtigen KPIs (Key Performance Indicators), wie z.B. Fertigstellungsgrade, Anlagenauslastung, Ausschussraten oder auch zu dem OEE-Index (Overall Equipment Effectiveness) und leiten diese Kennzahlen zusammen mit eventuellen Alarmmeldungen an Cockpits (Dashboards) übergeordneter ERP-Systeme weiter.

Cockpits auf MES-Basis zeichnen sich neben bekannten Lösungen im ERP-Umfeld durch die Echtzeitfähigkeit und die Technologieorientierung aus. Diese beiden Größen sind im Fertigungsmanagement von besonderer Bedeutung, weil es hier nicht nur um die rückwirkende Bearbeitung von Fertigungssituationen geht, sondern ganz besonders um die Funktion eines Frühwarnsystems. Hiermit können sich abzeichnende Fehlerzustände rechtzeitig erkannt werden. Daraufhin eingeleitete Gegenmaßnahmen helfen, Ausschüsse zu vermeiden oder die Produktion im ineffizienten Bereich weiterzufahren.

Literatur

Kletti J, Brauckmann O, (2004) Manufacturing Scorecard – Prozesse effizienter gestalten und mehr Kundennähe erreichen – mit vielen Praxisbeispielen. Gabler, Wiesbaden
Kletti J, (2005) Manufacturing Execution System – Moderne Informationstechnologie zur Prozessfähigkeit der Wertschöpfung. Springer, Berlin

4 myMES: Zielorientierte Modulauswahl eines MES

Der Funktionsumfang eines MES ist so mächtig, dass kaum ein Unternehmen auf Anhieb ein komplettes MES einführen wird. Es geht vielmehr darum, aus dem gesamten Funktionsumfang eines MES diejenigen Module und Funktionalitäten auszuwählen, die das Unternehmen bei seinen Zielen am besten unterstützen. Damit ergibt sich dann automatisch auch der höchste Return on Investment (ROI).

Die vorherige Zieldefinition ist dabei ganz entscheidend. Ohne diese Zieldefinition sind sichere Entscheidungen bei der Auswahl von MES-Funktionalitäten, aber auch sichere Entscheidungen im späteren Tagesgeschäft kaum möglich. So steht beispielsweise das weit verbreitete Betriebsziel „Hohe Auslastung" im Widerspruch zu Marktzielen, wie „Kurze Lieferzeit", „Hohe Termintreue" und „Flexibilität".

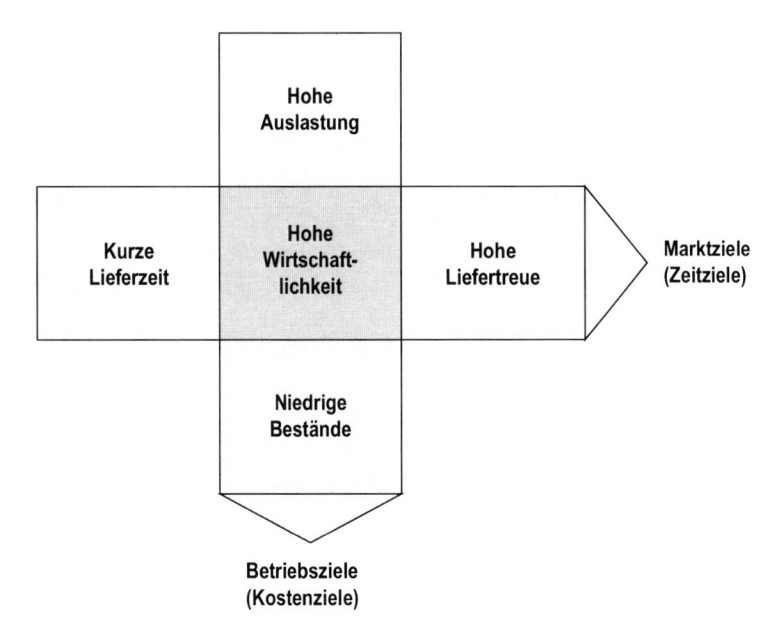

Abb. 4.1 Widersprüchliche Betriebsziele und Marktziele

Die Abbildung 4.1 zeigt die Widersprüchlichkeit der internen und externen Unternehmensziele. Eine hohe Auslastung wird beispielsweise durch optimierte Rüstreihenfolgen erreicht, aber auch durch große Losgrößen. Beides verhindert kurze Lieferzeiten und hohe Termintreue. Umgekehrt können kurze Lieferzeiten und hohe Termintreue durch Kapazitätsreserven geschaffen werden. Die Folge wäre eine schlechte Auslastung.

Wenn die Ziele bekannt sind, lassen sich im nächsten Schritt Maßnahmen definieren, die die Zielerreichung unterstützen. Sobald solche Maßnahmen bekannt sind, kann mit dem Auswahlprozess von MES-Funktionalitäten begonnen werden, die diese Maßnahmen unterstützen.

> Ziele > Maßnahmen > MES-Funktionen >

Abb. 4.2 Zielorientierte Auswahl von MES-Funktionen

Diese zielorientierte Vorgehensweise bewirkt nicht nur, dass die MES-Funktionalitäten sorgfältiger ausgewählt werden, sondern auch, dass das MES später zielorientiert eingesetzt wird. Damit werden dann auch aktuelle Zertifizierungen, wie ISO 9001:2000 oder TS 16949 sowie der kontinuierliche Verbesserungsprozess (KVP) wirkungsvoll unterstützt.

4.1 Definition der Ziele

Der Wettbewerb entwickelt sich immer mehr zu einem Wettbewerb der Geschäftsprozesse. Während früher das Produkt im Vordergrund stand, entscheidet sich heute der Kunde mehr und mehr für den Anbieter, der seine individuellen Bedürfnisse, wie Flexibilität, Termintreue, kurze Lieferzeiten, Preisvorstellungen, etc. erfüllen kann. Dies ist immer dann der Fall, wenn mehrere Anbieter das Produkt liefern könnten.

Das Unternehmen muss sich daher Gedanken darüber machen, wo es im Hinblick auf diesen veränderten Wettbewerb noch Schwachstellen hat und daraus seine eigenen Zielgrößen ableiten. So hat beispielsweise ein Unternehmen heute eine Auftragsdurchlaufzeit von 4 Wochen, was in seiner Branche nicht mehr marktgerecht ist und daher vom Kunden bemängelt wird. Also wird sich das Unternehmen zum Ziel setzen, die Durchlaufzeit z.B. zu halbieren.

Die wohl häufigsten Schwachstellen der Unternehmen wurden bereits in Kapitel 2 aufgeführt. Die sich daraus ableitbaren Zielgrößen könnten lauten:

1. Verkürzung der Auftragsdurchlaufzeit
2. Verbesserung der Maschinen- und Anlagenproduktivität
3. Verbesserung der Personalproduktivität
4. Verbesserung der Termintreue
5. Reduzierung der Umlaufbestände
6. Verbesserung der Produktqualität
7. Erhöhung der Flexibilität
8. Die Erfüllung sonstiger interner und externer Anforderungen

Anhand dieser Zielgrößen soll nun im Folgenden gezeigt werden, mit welchen betrieblichen Maßnahmen sich diese Zielgrößen verbessern lassen und welche MES-Funktionalitäten diese Maßnahmen unterstützen. Das Unternehmen kann damit – ausgehend von seinen eigenen Zielgrößen – die für ihn relevanten MES-Funktionalitäten identifizieren.

4.2 Definition von Maßnahmen zur Zielerreichung

Nach der Zieldefinition müssen Maßnahmen entwickelt werden, die dazu beitragen, die vorgegebenen Ziele auch zu erreichen. Die Grundlage jeder Verbesserung ist dabei die Kenntnis der Ist-Situation, also die Antwort auf die Frage „Wo stehen wir überhaupt?". Ohne die Kenntnis des Ausgangspunktes (aktueller Status) kann auch keine Richtung bestimmt werden, die zum Ziel führt. Auch lassen sich ohne Kenntnis des Ausgangspunkts keine Verbesserungen nachweisen. Insofern beginnen alle Maßnahmen mit der Frage der Messbarkeit und der Transparenz der Zielgrößen.

Im zweiten Schritt werden dann mit der Leitfrage „Was können wir tun, um das Ziel zu erreichen?" betriebliche, organisatorische und technische Maßnahmen definiert, die zu einer Verbesserung der Zielgröße führen sollen.

Im dritten Schritt wird schließlich geprüft, was die Maßnahmen gebracht haben. Durch die oben geforderte Messbarkeit und Transparenz der Zielgrößen wird ein permanentes Reviewing ermöglicht. Erst durch dieses Reviewing kann die Wirksamkeit von Maßnahmen beurteilt werden und gegebenenfalls Maßnahmen oder Ziele nachjustiert werden. Abbildung 4.3 zeigt den ewigen Kreislauf (Demingzirkel), der in den Zertifizierungs-Regelwerken als PDCA (Plan-Do-Check-Act) Methode vorgegeben wird.

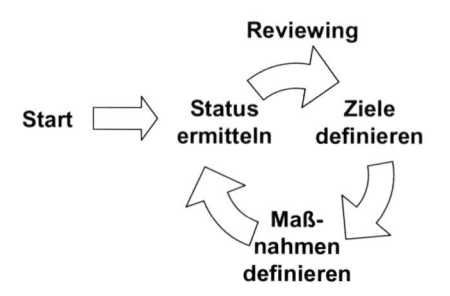

Abb. 4.3 Permanentes Reviewing der Wirksamkeit von Maßnahmen.

Im Folgenden werden nun anhand der im Kapitel 4.1 genannten Zielgrößen betriebliche, organisatorische und technische Maßnahmen vorgeschlagen, die zu einer Verbesserung dieser Zielgrößen führen können. Die beschriebenen Maßnahmen müssen im Einzelfall geprüft werden, da sie nicht für alle Branchen und Fertigungsstrukturen gelten können. Auf die jeweiligen Besonderheiten von Einzel-, Serien- und Massenfertiger wird in Kapitel 4.5 gesondert eingegangen.

4.2.1 Reduzierung der Auftragsdurchlaufzeit

Messung der Auftragsdurchlaufzeit

Viele Unternehmen haben inzwischen das Potenzial kurzer Durchlaufzeiten erkannt. Sie kennen jedoch ihre aktuelle Durchlaufzeit nicht und haben die Durchlaufzeitverkürzung damit auch noch nicht zur Zielgröße gemacht. Grund ist die schwierige Messbarkeit der Durchlaufzeit. Es genügt nicht, die gesamte Durchlaufzeit vom Auftragseingang/Auftragsstart bis zur Fertigstellung/Versand zu kennen. Es sollten vielmehr auch alle Zeitanteile, aus denen sie sich zusammensetzt, wie z.B. Bearbeitungszeiten, Rüstzeiten, Warte- und Liegezeiten, ungeplante Unterbrechungen, etc. bekannt sein. Zur Beurteilung der Durchlaufzeit ist es daher erforderlich, kontinuierlich alle Zeitanteile entlang der Durchlaufzeit zu erfassen. Mit Handaufschreibungen kann das punktuell erfolgen. Eine dauerhafte Beobachtung von statistischer Relevanz ist damit jedoch nicht zu erreichen. Hier bedarf es unterstützender IT.

Maßnahmen zur Reduzierung der Auftragsdurchlaufzeit

Reduzierung der Warte- und Liegezeiten durch bessere Feinplanung
Der Großteil der Durchlaufzeit entfällt auf die Warte- und Liegezeiten zwischen den einzelnen Arbeitsgängen, so dass der Hauptansatzpunkt zur Reduzierung der Durchlaufzeit in einer verbesserten und zeitnahen Feinplanung liegt, die die einzelnen Arbeitsgänge besser synchronisiert. Damit reduzieren sich auch die Um-

laufbestände (siehe 4.2.5 Reduzierung der Umlaufbestände), die ebenfalls für eine Verlängerung der Durchlaufzeit sorgen. Um kurze Durchlaufzeiten zu erreichen, sollte zudem nur im Kundentakt gefertigt werden, d.h. in Losgrößen, die der Kunde auch abnimmt. Die oft anzutreffenden „optimalen Losgrößen" und „optimalen Rüstreihenfolgen" sind durchlaufzeitschädlich.

Reduzierung von ungeplanten Stillständen
Daneben kommt es immer wieder aufgrund von Störungen zu ungeplanten Betriebsunterbrechungen, die ebenso eine Durchlaufzeitverlängerung bewirken. Diese Unterbrechungen haben oft eine organisatorische Ursache. So kommt es z.B. zu Unterbrechungen, weil die Maschine nicht rechtzeitig eingerichtet ist, weil das Material fehlt, weil Leergut fehlt, etc. Um diese Unterbrechungen zu reduzieren und um damit die Prozesssicherheit zu erhöhen, sollten die Stillstands- bzw. Störgründe systematisch erfasst und zeitnah ausgewertet werden (Pareto-Diagramm). Viele der ungeplanten Unterbrechungen lassen sich auch schon bei der Feinplanung eliminieren, indem bei der Feinplanung von Fertigungsaufträgen die Verfügbarkeit von Ressourcen sichergestellt wird (siehe auch 4.2.2 Verbesserung der Maschinenproduktivität).

Zielvorgaben für die Mitarbeiter
Eine weitere wirkungsvolle Maßnahme ist die Einführung von durchlaufzeitbezogenen Kennzahlen als Zielvorgabe für die Mitarbeiter in der Fertigung. Beispiele solcher Kennzahlen sind:

1. Der Prozessgrad als Verhältnis der Hauptnutzungszeit (Produktivzeit) zur Durchlaufzeit. Der Prozessgrad ist damit ein wichtiger Index für die Wirtschaftlichkeit der Fertigung (Prozessfähigkeit).

$$Prozessgrad = \frac{Hauptnutzungszeit}{Durchlaufzeit}$$

2. Der Beleggrad als Verhältnis von der Belegzeit an der Maschine zur Durchlaufzeit. Der Beleggrad ist damit ein wichtiger Index für die Prozessdichte und damit für die Warte- und Liegezeiten.

$$Beleggrad = \frac{Belegzeit}{Durchlaufzeit}$$

Eine gemeinsame (!) Kennzahl für das Controlling und die Produktionsleitung könnte die Deckungsgeschwindigkeit sein. Sie vereint in einer Kennzahl sowohl Kostengrößen, als auch die für die Wirtschaftlichkeit der Fertigung wichtige Durchlaufzeit. Es genügt nicht, einen hohen Deckungsbeitrag zu erwirtschaften. Die Frage sollte lauten, in welcher Zeit sich dieser erwirtschaften lässt.

$$Deckungsgeschwindigkeit = \frac{Deckungsbeitrag}{Durchlaufzeit}$$

4.2.2 Verbesserung der Maschinenproduktivität

Messung der Maschinenproduktivität

Oft wird die Produktivität vorhandener Maschinen und Anlagen überschätzt. Die in den Stammdaten der ERP-Systeme hinterlegten Nutzungsgrade liegen nicht selten 10-20% über den tatsächlichen Werten. Daraus ergeben sich zwei Risiken. Zum einen werden Kalkulationen „schön gerechnet", zum anderen werden Planungen unsicher, wenn bereits die Planparameter von der Wirklichkeit abweichen. Die Abweichung entsteht dadurch, dass die tatsächlichen Werte nicht kontinuierlich gemessen und mit den Stammdaten abgeglichen werden. Insofern ist die kontinuierliche Messung der Produktivität die Basis für Verbesserungen. Gemessen werden sollten zum einen alle Zeitanteile der Maschinenbelegzeit, d.h. Rüsten, Anfahren, Hauptnutzungszeit und alle ungeplanten Unterbrechungen durch Störungen oder sonstige Ursachen. Dabei sollten auch die jeweiligen Stillstands- bzw. Störgründe kontinuierlich erfasst werden. Zum anderen sollte auch die Leistung der Maschine laufend beobachtet werden, z.B. mit der Kennzahl Ist-Zyklus/Soll-Zyklus. Auch die aktuelle und durchschnittliche Auslastung sollte permanent gemessen werden, um besser planen zu können und um Engpassmaschinen schnell erkennen zu können.

Maßnahmen zur Verbesserung der Maschinenproduktivität

Reduzierung ungeplanter Stillstände
Eine der wichtigsten Maßnahmen zur Erhöhung der Maschinen- und Anlagenproduktivität ist Reduzierung der ungeplanten Unterbrechungen durch kontinuierliche Auswertung der Stillstandsgründe und Beseitigung der Ursachen. In der Regel lassen sich alle systematischen Fehler (z.B. immer bei dem Material und dem Werkzeug, immer in der Nachtschicht, immer an der Maschine, etc.) dauerhaft beseitigen, so dass sie künftig nicht mehr auftreten und damit zu einer drastischen Erhöhung des Nutzungsgrads führen.

Effizientes und schnelles Störungsmanagement
Wichtig ist auch ein effizientes und schnelles Störungsmanagement, das ein schnelles Eingreifen bei wichtigen Ereignissen, wie z.B. dem Stillstand einer Maschine erlaubt. Eine solche Maßnahme wäre ein Alarmsystem, das bei solchen Ereignissen eine automatische Meldung an zuständige Personen auslöst (Eskalationsmanagement). Eine andere Maßnahme wäre die grafische Visualisierung des gesamten Maschinenparks zusammen mit den aktuellen Status der Betriebsmittel im Meisterbüro oder sogar als Projektion mit einem Beamer an die Wand der Fab-

rikhalle, so dass – insbesondere bei Mehrmaschinenbedienung – schnell Störungen erkannt werden.

Reduzierung planbarer Stillstände (Wartung)
Eine sehr wirkungsvolle Maßnahme für mehr Maschinen- und Anlagenproduktivität ist auch die vorbeugende dynamische Wartung von Maschinen und Werkzeugen. Mit einem geeigneten Werkzeug- und Ressourcenmanagement werden Maschinen und Werkzeuge nur nach tatsächlicher Nutzung gewartet, indem die jeweiligen Einsatzzeiten bzw. Zyklusanzahlen erfasst werden. Mit Hilfe einer IT gestützten Werkzeugverwaltung lassen sich die jeweiligen Status sowie mögliche Maschinen-Werkzeug-Kombinationen transparent machen. Damit können sie bei der Feinplanung von Fertigungsaufträgen berücksichtigt werden, um zu vermeiden, dass belegte oder falsche Maschinen oder Werkzeuge eingeplant werden und damit zu einem Maschinenstillstand führen. Anhand der in der Feinplanung eingeplanten Werkzeuge lässt sich ein Werkzeugbelegungsplan erzeugen, der der Instandhaltung und auch dem Maschineneinrichter frühzeitig signalisiert, wann wieder ein Werkzeugwechsel ansteht. Die Zeiten für den Werkzeugwechsel können damit drastisch reduziert werden.

Reduzierung geplanter Stillstände
Geplante Stillstände, wie z.B. die Rüstzeiten können reduziert werden, indem schon bei der Feinplanung rüstoptimiert geplant wird. Die Rüstwechseloptimierung kann nach so genannten Rüstwechselmatrizen erfolgen, die beschreiben, wie lange die Rüstzeit bei einem Wechsel von Artikel A nach Artikel B dauert.

Zielvorgaben für die Mitarbeiter
Sehr wirkungsvoll ist auch die Einführung von Zielvorgaben für die Mitarbeiter. Eine mögliche Vorgabe für Maschinenbediener wäre eine Erhöhung des Nutzgrads. Der Nutzgrad ist das Verhältnis von Hauptnutzungszeit zu Belegzeit.

$$Nutzgrad = \frac{Hauptnutzungszeit}{Belegzeit}$$

Eine weitere, weit verbreitete Zielgröße zur Erhöhung der Maschinen- und Anlageneffizienz ist der OEE-Index, der neben der Produktivität auch noch die Effektivität und die Qualität berücksichtigt. Der OEE-Index ist auch die zentrale Kennzahl der TPM (Total Productive Maintenance) Methode.

$$OEE\text{-}Index = Produktivität \times Effektivität \times Qualität$$

4.2.3 Verbesserung der Personalproduktivität

Messung der Personalproduktivität

Laut Aussage des japanischen Unternehmensberaters Tominaga wird in deutschen Betrieben rund 50% der Arbeit verschwendet (Tominaga 1996). Anstatt diesen Anteil zu reduzieren und damit die Personalproduktivität der Mitarbeiter zu erhöhen, verlagern immer mehr Betriebe einzelne Arbeitsgänge oder ganze Werke in Billiglohnländer. Ursache ist die mangelnde Transparenz der Personalproduktivität aufgrund fehlender Messgrößen und Kennzahlen. Am weitesten verbreitet ist immer noch die Kommt-Geht-Stempelung, die die Anwesenheitszeit misst und nicht die tatsächliche produktive Arbeit. Um die Personalproduktivität verbessern zu können, sollte permanent der Anteil der wertschöpfenden Arbeit an der Anwesenheitszeit gemessen werden, sowie die genaue Personalauslastung.

$$Personalproduktivität = \frac{produktive\ Arbeitszeit}{Anwesenheitszeit}$$

$$Personalauslastung = \frac{eingeplante\ Zeit}{Anwesenheitszeit}$$

Maßnahmen zur Verbesserung der Personalproduktivität

Einführung von Zielvorgaben und Prämienentlohnung
Die wohl wichtigste Maßnahme zur Erhöhung der Personalproduktivität ist die Einführung von Zielvorgaben und Prämienentlohnung. Ohne diese Vorgaben werden Mitarbeiter nur für ihre Anwesenheit bezahlt. Zielvorgaben hingegen würden die Mitarbeiter motivieren, aktiv mitzudenken, um ihre persönlichen Vorgaben zu erreichen. Damit würden sie für eine zielorientierte Leistung bezahlt werden. Solche Zielvorgaben können vielfältig sein und hängen von den Unternehmenszielen ab. Mit der Methode Manufacturing Scorecard lassen sich die Unternehmensziele bis zum einzelnen Mitarbeiter herunterbrechen. Sehr wirkungsvoll sind zeitbasierte Kennzahlen, z.B.

$$Personalproduktivität = \frac{produktive\ Arbeitszeit}{Anwesenheitszeit}$$

Oder auch der OEE-Index, mit

$$OEE\text{-}Index = Produktivität \times Effektivität \times Qualität$$

Verbesserte Personaleinsatzplanung

Eine weitere Steigerung der Personalproduktivität lässt sich durch eine verbesserte Personaleinsatzplanung erreichen. Das Ziel ist hierbei die Anpassung des Personaleinsatzes an den aktuellen Auftragsbestand, die Belegungsstärke, etc. (Flexible Arbeitszeiten). Für eine effiziente Personaleinsatzplanung ist es erforderlich, dass Schichtmodelle, Gleitzeitmodelle, Fehlzeiten, an- und abwesende Mitarbeiter, etc. transparent sind und automatisch berücksichtigt werden. Die Arbeitszeiten sollten automatisch auf Lohnarten verrechnet werden können, um nicht zusätzlichen personellen Verwaltungsaufwand zu schaffen.

Wegfall handschriftlicher Listen

Durch den Wegfall handschriftlicher Listen, Rückmeldungen, etc. sowie durch die Anzeige von Fertigungspapieren, wie Arbeitspläne, Zeichnungen, Prüfanweisungen, etc. direkt auf Terminals am Arbeitsplatz wird nicht nur der Informationsfluss schneller, sondern es entfällt auch ein erheblicher Aufwand beim Drucken, Verteilen, Ausfüllen, Einsammeln, Abzeichnen und Erfassen von Papieren. Hinzu kommt, dass bei einer papierarmen Fertigung keine veralteten Papiere (z.B. Zeichnungen, Prüfanweisungen) im Umlauf sind. Damit wird eine große Fehlerquelle vermieden.

Erfassung der Personalzeit am Arbeitsplatz

Zusätzlich sollte die Personalzeit am Arbeitsplatz erfasst werden (z.B. Meldung am Terminal am Arbeitsplatz). Zum einen werden dadurch Wegzeiten zwischen Werkstor und Arbeitsplatz vermieden. Zum anderen kann damit ein direkter Abgleich zwischen der Anwesenheitszeit und der Produktivzeit erfolgen (siehe oben).

4.2.4 Verbesserung der Termintreue

Messung der Termintreue

Die Termintreue ist den meisten Unternehmen bekannt, da sie im Rahmen der Kundenorientierung und -zufriedenheit eine ganz zentrale Zielgröße darstellt. Gleichzeitig ist die Termintreue aber auch eines der größten Probleme der Unternehmen. Gemessen wird sie in der Regel als das Verhältnis der Anzahl pünktlicher Lieferungen (z.B. Liefertermin +/- 3 Tage) in Bezug auf die Gesamtzahl der Lieferungen in der betrachteten Periode.

$$Termintreue = \frac{Anzahl\ pünktlicher\ Lieferungen}{Anzahl\ Lieferungen\ Gesamt}$$

Um die Termintreue verbessern zu können, werden jedoch noch mehr Informationen über mögliche Ursachen benötigt. Daher sollten neben der Termintreue auch die Durchlaufzeit, die Lieferzeit sowie die Auftragsrückstände kontinuierlich gemessen werden.

Maßnahmen zur Verbesserung der Termintreue

Verbesserung der Plan-/Stammdaten
Eine mangelnde Termintreue liegt in erster Linie an einer schlechten Planung des Fertigungsauftrags. Eine wichtige Maßnahme zur Verbesserung der Planung ist die laufende Pflege der Plandaten im ERP- bzw. PPS-System. In den meisten Unternehmen sind diese Daten mehrere Jahre alt. Durch diese veralteten Plandaten sind auch die damit erzeugten Pläne schlecht, wodurch es in der Fertigung zu Konflikten kommen kann. Hier sollten kontinuierlich die Planzeiten den Istzeiten gegenüber gestellt werden und bei Bedarf die Daten im ERP- bzw. PPS-System nachjustiert werden.

Feinplanung auf Basis der aktuellen Situation
Eine weitere Möglichkeit zur Verbesserung der Termintreue ist die Feinplanung der Fertigungsaufträge unter Berücksichtigung der aktuellen Situation in der Fertigung. Die herkömmliche Planung erfolgt meist in ERP- bzw. PPS-Systemen mehrere Wochen oder Tage vor der eigentlichen Produktion. Hinzu kommt, dass die Planung ohne Berücksichtigung der tatsächlichen Kapazitäten erfolgt. Zudem bilden die ERP-Systeme üblicherweise keinen Belastungshorizont ab, so dass zum Planungszeitpunkt überhaupt nicht bekannt ist, ob die benötigten Ressourcen, wie Maschinen, Werkzeuge, Personal, etc. zum Produktionsbeginn frei sein werden. Zur Verbesserung der Termintreue ist daher ein Planungstool erforderlich, das die tatsächlichen Kapazitäten berücksichtigt und künftige Konflikte jederzeit erkennt. Damit wird es dann auch möglich, nur noch machbare Fertigungsaufträge zu erzeugen, wodurch das Chaos in der Fertigung drastisch reduziert wird. Wenn auch der Vertrieb Einblick in ein solches Planungstool bekommt, können Terminaussagen gegenüber dem Kunden wesentlich treffsicherer gemacht werden.

Fertigungsregelkreis: permanente Überprüfung des Planzustands
Auch wenn die Planung sehr sorgfältig durchgeführt wurde, kann es aufgrund von unerwarteten Prozesseinflüssen in der Fertigung zu Verzögerungen kommen. Um hier schnell reagieren zu können, ist es hilfreich, den Informationsfluss synchron zum Materialfluss zu halten, um Terminabweichungen oder Mengenabweichungen schneller erkennen zu können. Auf diese Weise können Regelkreise geschaffen werden, die ein schnelles Eingreifen bei Abweichungen ermöglichen. Die Abbildung 4.4 zeigt beispielhaft einen solchen Regelkreis. Durch eine Online-Erfassung des Auftragsfortschritts z.B. durch automatische Stück- und Mengenerfassung kann jederzeit der Planzustand mit dem Istzustand abgeglichen werden.

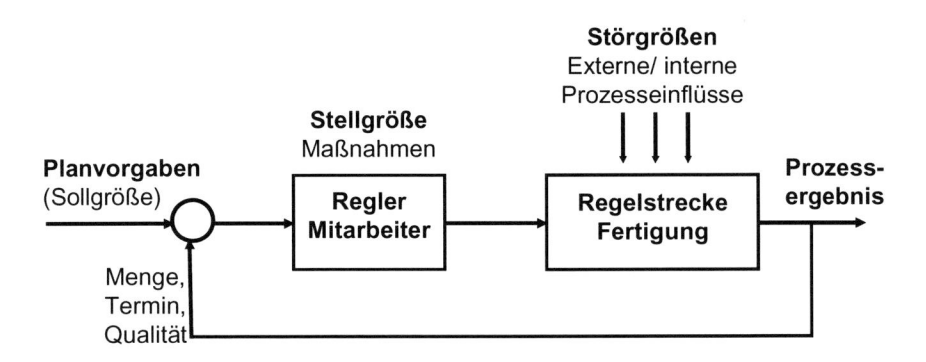

4.2 Definition von Maßnahmen zur Zielerreichung

Abb. 4.4 Fertigungsregelung: Permanente Überprüfung des Soll-Zustands

Verkürzung der Lieferzeit
Grundsätzlich lässt sich sagen, dass die Termintreue mit zunehmender Lieferzeit abnimmt. Das liegt an den mit der Zeit zunehmenden Risiken, die bis zum Liefertermin eintreten können. Daher ist es im Rahmen einer Verbesserung der Termintreue wichtig, die Lieferzeit (oft mehrere Wochen) der Durchlaufzeit (oft nur ein Bruchteil der Lieferzeit) gegenüber zu stellen. Wenn die Lieferzeit wesentlich länger ist als die Durchlaufzeit, liegt das oft an Rückständen in der Fertigung, die den Auftragsbeginn hinauszögern und damit die Lieferzeit verlängern. Diese Rückstände gilt es abzubauen und Maßnahmen zu definieren, dass sie nicht mehr in dem Maße anwachsen. Abbauen lassen sich Rückstände z.B. durch einmalige Sonderschichten. Künftig vermeiden lassen sie sich z.B. mit der oben beschriebenen Maßnahme, nur machbare Aufträge freizugeben.

Zielvorgaben für die Mitarbeiter
Sehr wirkungsvoll ist es auch, den Terminverantwortlichen (z.B. Vertrieb, AV, Meister) eine gemeinsame Zielgröße „Termintreue" zu geben, damit jeder sich Maßnahmen überlegt, was er in seinem Bereich dafür tun kann. Oft findet man in den Betrieben noch abteilungsweise Suboptima. Moderne Planungstools bieten heute sogar die Möglichkeit der automatischen Maschinenbelegung und Reihefolgenplanung mit Zielgröße Termintreue und können damit unterstützend wirken.

4.2.5 Reduzierung der Umlaufbestände

Messung der Umlaufbestände

Obwohl Unternehmen oft das Ziel nennen, ihre Bestände reduzieren zu wollen, werden die Umlaufbestände meist nur jährlich bei den Inventuren durch manuelle Zählungen ermittelt. Um die Umlaufbestände kontinuierlich (nicht nur von Jahr zu Jahr) verbessern zu können, sollten sie auch kontinuierlich gemessen werden. Moderne IT bietet diese Möglichkeit, indem jeweils der Pufferbestand zwischen einem produzierenden Arbeitsgang und einem entnehmenden Arbeitsgang berechnet wird. Zusammen mit der kontinuierlichen Messung der Umlaufbestände (Material, Zwischenprodukte und Halbzeuge) sollte auch deren Reichweite kontinuierlich auf Basis der aktuellen Auftragslage berechnet werden.

Maßnahmen zur Reduzierung der Umlaufbestände

Verbesserung der Planung

Ähnlich wie bei der Verkürzung der Auftragsdurchlaufzeit (vgl. 4.2.1) liegt die Hauptursache hoher Umlaufbestände an Mängeln der Feinplanung. So entstehen hohe Umlaufbestände immer dann, wenn Losgrößen zu hoch sind, die Takte der einzelnen Arbeitsgänge nicht synchronisiert sind (Rother, 2004), unnötige Warte- und Liegezeiten eingeplant werden, etc. Die wohl wichtigste Maßnahme ist es daher, die Planung des Auftragsdurchlaufs zu verbessern (vgl. auch 4.2.1 Verkürzung der Auftragsdurchlaufzeit). Mit der Reduzierung der Umlaufbestände lassen sich nicht nur die Kapitalkosten der Bestände reduzieren, sondern – und das ist wohl in der modernen Fabrik der Hauptnutzen – die Durchlaufzeit drastisch verkürzen.

Optimierung der Bestandsreichweite

Durch Reichweitenbetrachtungen lassen sich Umlaufbestände auf ein Optimum „einpegeln". Damit wird vermieden, dass es in der Fertigung Umlaufbestände mit Reichweiten von mehreren Tagen oder Wochen gibt.

Verbesserung des innerbetrieblichen Materialtransports

Zu einer Verbesserung der Materialsituation in der Fertigung führt auch eine Verbesserung des innerbetrieblichen Materialtransports. So sollte z.B. das Material oder Zwischenprodukte nicht zu früh am nächsten Arbeitsplatz stehen, sondern erst dann, wenn es dort auch benötigt wird. Dies kann z.B. durch mobile Terminals bei den Materialbereitstellern erfolgen. Sie könnten auf den Terminals sehen, welches Material wann an welchem Arbeitsplatz benötigt wird und dem entsprechend die Materialbereitstellung „just-in-time" einplanen. Zusatzfeatures, wie Barcode oder RFID erleichtern und beschleunigen die Materialerkennung und -buchung. So könnte in einem RFID-Chip bei Stahlcoils beispielsweise die jeweilige Restmenge gespeichert werden. Der Materialbereitsteller wüsste durch Blick auf sein mobiles Terminal sofort, ob die Restmenge für den nächsten Auftrag genügt. Ohne diese Möglichkeit kann es im Produktionsprozess zu Unterbrechungen aufgrund von Materialmangel kommen. Oder es kommt zu erhöhten Umlaufbeständen, wenn zuviel an den Arbeitsplatz gebracht wird. Eine IT-gestütze Erfassung der Umlaufbestände hat auch den Vorteil der damit möglichen Material- und Produktverfolgung (Traceability, siehe auch 4.2.8 Erfüllung sonstiger interner und externer Anforderungen).

Zielvorgaben für die Mitarbeiter
Die Reduzierung der Umlaufbestände kann beschleunigt werden, indem den Mitarbeitern in der Fertigung die Zielgröße „Reduzierung der Umlaufbestände" vorgegeben wird. Damit werden Denkprozesse angeregt und weitere Stellhebel identifiziert.

4.2.6 Verbesserung der Produktqualität

Messung der Produktqualität

Die Produktqualität ist heute die Voraussetzung, um erfolgreich am Markt agieren zu können. In den meisten Betrieben wird daher die Produktqualität mit Qualitätssicherungsmaßnahmen sichergestellt. Meist ist die Qualitätssicherung dabei nicht in den Fertigungsprozess eingebunden, sondern eine zum Fertigungsprozess parallele oder nachgelagerte Überwachungsorganisation mit eigenem Personal und eigener IT. Dies führt zu einem erhöhten Erfassungsaufwand, da in separaten Systemen Betriebs- und Qualitätsdaten erfasst werden müssen, wobei auch redundante Daten entstehen. Hinzu kommt, dass durch die parallele Qualitätssicherung ein Mehraufwand bei der Dokumentation, Bewertung und Analyse sowie bei der Rückverfolgung von Losen, Chargen und Produkten (Traceability) entsteht, da die relevanten Daten in mehreren Systemen vorliegen (Auftragsdaten, Produktionsdaten, Prozessdaten, Qualitätsdaten). Dabei bietet insbesondere die übergreifende Analyse von Produkt- und Prozessmerkmalen die größten Verbesserungspotenziale. Sobald Korrelationen zwischen Prozess- und Produktmerkmalen erkannt werden, kann die Fehlerquote nachhaltig gesenkt werden.

Ziel sollte daher eine kontinuierliche, in den Fertigungsprozess integrierte Qualitätskontrolle sein, die alle Qualitätsdaten (Produktmerkmale) zusammen mit den sonstigen Fertigungsdaten, wie Auftragsdaten, Werkzeug- und Maschineninformationen, Materialdaten (Qualitäts- und Chargeninformationen, etc.), Personaldaten und Prozessdaten (z.B. Temperatur, Druck, Umgebungswerte, etc.) in einem System abbildet. Darüber hinaus sollten auch die Ausschussmenge und die jeweiligen Ausschussgründe kontinuierlich erfasst und in Form von Pareto Diagrammen dargestellt werden. Nur so lassen sich eventuelle Fehlerschwerpunkte vollständig und ohne hohen manuellen Aufwand zeitnah analysieren. Je früher ein Fehler entdeckt wird, desto billiger ist seine Behebung und desto weniger werden nachgelagerte Arbeitsgänge unnötig mit fehlerhaftem Material bzw. Halbfabrikaten belastet. Abbildung 4.5 zeigt den Aufbau einer integrierten Qualitätssicherung im Vergleich zur parallelen und zur nachgelagerten Qualitätssicherung (Endkontrolle).

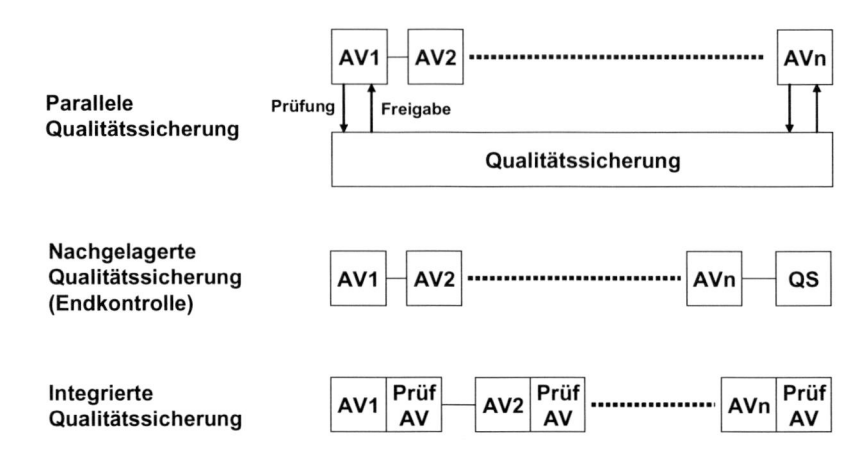

Abb. 4.5 Qualitätssicherungssysteme in der Praxis (AV = Arbeitsvorgang)

Maßnahmen zur Verbesserung der Produktqualität

Obwohl die Produktqualität eine Zielgröße vieler Unternehmen ist, betragen die Fehlleistungskosten bei einem durchschnittlichen Unternehmen immer noch rund 25% des Umsatzes (Rehbehn, R., Yurdakul, Z., 2003). Die wohl wichtigste Maßnahme zur Verbesserung der Produktqualität ist die Verbesserung der Qualität der Fertigungsprozesse. Nur durch fähige und beherrschte Prozesse können qualitativ hochwertige Produkte hergestellt werden. Dies kann erreicht werden, indem im gesamten Prozessablauf, also vom Wareneingang über die Fertigung bis hin zum Warenausgang, qualitätssichernde Maßnahmen zum Einsatz kommen. Im Folgenden werden einige dieser Maßnahmen beschrieben.

Permanente Verbesserung mit der Six Sigma Methode
Um eine permanente Qualitätssteigerung sicherzustellen, ist es erforderlich, methodisch vorzugehen. Eine solche Methode ist Six Sigma. Die Methode Six Sigma zur permanenten Verbesserung von Prozessen sieht die fünf Schritte DMAIC vor: Define (Definieren, was verbessert werden soll), Measure (Messen von Prozessinformationen), Analyze (Analysieren der Informationen), Improve (Verbessern des Prozesses) und Control (Maßnahmeüberprüfung, Reviewing) vor. Die Abbildung 4.6 zeigt eine typische Roadmap mit den einzelnen Durchführungsschritten. Die Prozesse werden dabei einheitlich mit der Größe Sigma bewertet, die die Streuung oder Variation um den Mittelwert eines Prozesses beschreibt. Sigma ist damit ein Maß für die Prozessfähigkeit, d.h. ein Maß dafür, wie gut ein Prozess ein gewünschtes Ergebnis erzeugt. Ziel ist die Verringerung der Prozessvariation sowie die Zentrierung des Prozesses um den Sollwert innerhalb der Spezifikationsgrenzen. Sechs Sigma entsprechen einer Sicherheit von 99,99966%. Im Durchschnitt erreichen Unternehmen jedoch nur etwa drei Sigma, was einer Sicherheit von 99,38% entspricht Damit liegen in den meisten Betrieben noch erhebliche Potenziale brach.

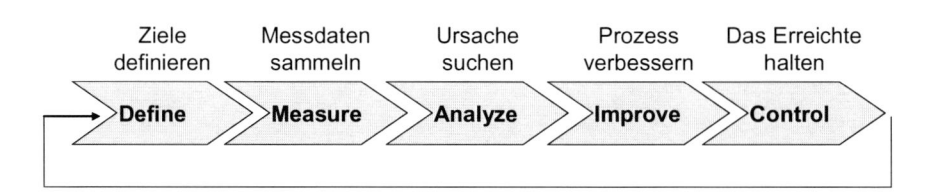

Ziele	Messdaten	Ursache	Prozess	Das Erreichte
definieren	sammeln	suchen	verbessern	halten
Define	Measure	Analyze	Improve	Control

Abb. 4.6 Die fünf Projektphasen DMAIC der Methode Six Sigma

Je mehr Prozessinformationen verfügbar (kontinuierlich messbar) sind, desto schneller können Potenziale erkannt werden und desto mehr Potenziale können erkannt und erschlossen werden (Schumacher, J., 2005). Hilfreich ist es auch, wenn die Ausschussgründe in einem System erfasst werden, um sie nach deren Häufigkeit auswerten zu können (Pareto-Diagramm). Damit ist es möglich, sich direkt auf die am meisten störenden Ursachen zu konzentrieren, wodurch sich schnell Verbesserungen erzielen lassen.

Am einfachsten können Fehlerursachen dauerhaft abgestellt werden, wenn deren systematischen Zusammenhänge gefunden werden, z.B. „immer bei dem Material und bei dem Werkzeug", „immer bei dem Druck mit dem Werkzeug", „immer an der Maschine in der Nachtschicht" oder „immer nach einem Maschinenstillstand". Dazu ist es erforderlich, neben den reinen Qualitätsdaten auch Informationen über Maschinen, Werkzeuge, Material, Personal und Prozessdaten auszuwerten.

Integrierte Qualitätssicherung mit statistischer Prozessregelung (SPC)
Eine sehr wirksame Maßnahme zur Sicherstellung beherrschter Fertigungsprozesse ist die Integration der Qualitätssicherung in den Fertigungsprozess in Form einer Werkerselbstprüfung mit statistischer Prozessregelung (SPC). Nur so lassen sich Qualitätsmängel schnell erkennen, um kurzfristig reagieren zu können. So können z.B. nachfolgende Arbeitsgänge entlastet werden, da sie nicht fehlerhafte Teile weiterverarbeiten müssen. Dies ist insbesondere vor Engpassmaschinen sehr wichtig. Bei der Werkerselbstprüfung könnte der Werker nach einer vorgegebenen Stückzahl vom System aufgefordert werden, bestimmte Merkmale zu messen (Prüfauftrag) und am Terminal an seinem Arbeitsplatz einzugeben. Mit geeigneter IT können solche Messwerte von elektronischen Messgeräten auch automatisch übernommen werden. Die gemessenen Werte sollten auf Regelkarten dargestellt werden, um Prozessstreuungen schnell erkennen zu können. Eine solche in den Fertigungsprozess integrierte Qualitätssicherung verlängert die Durchlaufzeit weniger, als eine parallele oder nachgelagerte Qualitätssicherung, da diese in der Regel den Materialfluss unterbrechen.

Sicherstellung der Lieferantenqualität
Eine weitere Maßnahme zur Verbesserung der Qualität ist eine in den Fertigungsprozess integrierte Wareneingangskontrolle. Wenn mit dem Lieferanten keine Qualitätsvereinbarungen getroffen wurden, reduziert sich durch die Wareneingangskontrolle das Risiko, dass fehlerhaftes Material in die Produktion gelangt. Die Wareneingangskontrolle sollte dabei dynamisch erfolgen, d.h. bei wenigen fehlerhaften Lieferungen die Anzahl und den Umfang der Prüfungen reduzieren. Wichtig ist, dass der Wareneingang mit dem Fertigungsmanagement vernetzt ist, um den Produktionsstart nicht durch Prozessschnittstellen zu verzögern. In vielen Betrieben kann das Material im Wareneingang aufgrund der bisherigen Informationsabläufe erst einen Tag später in der Fertigung eingesetzt werden.

Dynamische Prüfmittelüberwachung
Prüfmittel unterliegen in der Regel einem gewissen Verschleiß und müssen daher regelmäßig kalibriert werden, um den Vorgaben des Herstellers zu entsprechen. Daher sollten die Prüfmittel und deren Kalibrierintervalle in einem System gepflegt werden. Wenn zudem die Einsatzhäufigkeit der Prüfmittel gepflegt wird, können die Kalibrierintervalle dynamisch, also von der Einsatzhäufigkeit abhängig, erfolgen. Die Fälligkeit von Kalibrierungen sollte dem Werker bzw. dem Prüfer automatisch mitgeteilt werden, um Verzögerungen durch lange Papierwege zu vermeiden.

Automatische Überwachung von Eingriffsgrenzen
Hilfreich ist auch die Installation eines Überwachungssystems, das Eingriffs- und Toleranzgrenzen überwacht und gegebenenfalls Alarmmeldungen auslöst (Eskalationsmanagement). Mit Hilfe eines solchen Systems kann noch schneller auf Störungen reagiert werden. So könnte z.B. die Qualitätssicherung alarmiert werden, wenn die Ausschussquote an einer Maschine über 0,15 % gestiegen ist.

Standardisiertes Reklamationsmanagement
Zur systematischen Bearbeitung von Fehlern sollte darüber hinaus ein standardisierter Workflow im Unternehmen definiert werden. Dabei spielt es keine Rolle, ob es sich um eine interne, Kunden- oder Lieferantenreklamation handelt. Einen solchen Workflow beschreibt z.B. der 8D-Report, der 8 Maßnahmen im Fehlerfall beschreibt. Der Ansatz dieser Methodik ist faktenorientiert und stellt sicher, dass Probleme und Fehler im Kern gelöst und dauerhaft abgestellt werden, anstatt nur Symptome zu überdecken. Die 8 Schritte (D=Disciplines) sind:

D1 Zusammenstellen eines Teams für die Problemlösung
D2 Problembeschreibung
D3 Sofortmaßnahmen festlegen
D4 Fehlerursache(n) feststellen
D5 Planen von Abstellmaßnahmen
D6 Einführen der Abstellmaßnahmen
D7 Fehlerwiederholung verhindern
D8 Würdigen der Teamleistung

Es bietet sich an, einen solchen Workflow und die in diesem Zusammenhang erfolgten Maßnahmen mit geeigneter IT abzubilden. Nur so kann sichergestellt werden, dass alle Fehlerursachen systematisch bearbeitet und abgestellt werden.

Zielvorgaben für die Mitarbeiter
Auch bei der Verbesserung der Qualität ist es äußerst wirkungsvoll, den Mitarbeitern in der Fertigung eine qualitätsbezogene Kennzahl vorzugeben. Eine solche Kennzahl könnte der Ausschussgrad sein.

$$Ausschussgrad = \frac{Ausschuss}{Gesamtmenge}$$

4.2.7 Erhöhung der Flexibilität

Messung der Flexibilität

Flexibilität bedeutet zunächst einmal, schnell auf Veränderungen reagieren zu können. Solche Veränderungen können beispielsweise Änderungen am Kundenauftrag sein oder die Möglichkeit, Eilaufträge kurzfristig anzunehmen. Eine mögliche Kennzahl für diese Reaktionsfähigkeit wäre das Verhältnis der Bearbeitungszeit zur Lieferzeit. Erst wenn die Lieferzeit der reinen Bearbeitungszeit entspricht, ist das Unternehmen maximal flexibel. Heute sind oft Bearbeitungszeiten von 2-3 Tagen bei Lieferzeiten von 4 Wochen anzutreffen.

$$Flexibilitätsgrad = \frac{Bearbeitungszeit}{Lieferzeit}$$

Ein weiteres Maß für die Flexibilität ist die Verfügbarkeit von freien Kapazitäten. Bei voll ausgelasteten Maschinen kann nicht flexibel reagiert werden.

$$Flexibilitätsgrad = \frac{freie\ Kapazität}{Gesamtkapazität}$$

Maßnahmen zur Erhöhung der Flexibilität

Zur Erhöhung der Flexibilität sollte in erster Linie die Reaktionsfähigkeit auf Veränderungen verbessert werden. Hier gibt es verschiedene Maßnahmen, von denen im Folgenden einige genannt werden.

Verkürzung der Auftragsdurchlaufzeit
Die wohl wichtigste Maßnahme zur Erhöhung der Flexibilität ist die Verkürzung der Auftragsdurchlaufzeit (vgl. auch 4.2.1 Reduzierung der Auftragsdurchlaufzeit). Umlaufbestände und unnötige Warte- und Liegzeiten verlängern unnötigerweise die Lieferzeit und damit auch die Flexibilität. Durch verbesserte, IT-gestützte Feinplanung kann die Lieferzeit erheblich reduziert werden.

Verkürzung der Informationswege (Papierarme Fertigung)
Eine weitere Maßnahme zur Erhöhung der Flexibilität ist die Verkürzung der Informationswege. Heute dauert es in vielen Betrieben noch einige Tage, bis der Kundenauftrag über den Auftragseingang in die Fertigung gelangt. Mit moderner IT kann der Kundenauftrag ohne Verzögerung und papierlos direkt in die Fertigung geschleust werden und dort durch dezentrale, reaktive Feinplanung, z.B. durch den Meister, den Arbeitsplätzen zugewiesen werden. An den Arbeitsplätzen können die Aufträge auf Terminals eingesehen werden und alle für den Auftrag relevanten Informationen (Auftragsdaten, Einstelldaten, Prüfanweisungen, etc.) abgerufen werden. Damit werden zahlreiche Schnittstellen zwischen den verschiedenen Abteilungen und auch Medienwechsel (Erfassung von Papier, Ausdruck von Papier) vermieden. Das Ergebnis sind kleine, zeitnahe Regelkreise, mit denen schnell auf Veränderungen reagiert werden kann.

Abbau von Rückständen in der Fertigung
Wichtig ist es in Bezug auf die Flexibilität auch, bestehende Rückstände in der Fertigung abzubauen und künftig nur noch machbare Aufträge freizugeben (vgl. 4.2.4 Verbesserung der Termintreue). Ansonsten ist die Fabrik durch diese Rückstände und nicht machbaren Aufträge regelrecht „verstopft".

Reduzierung der Losgrößen
Auch zu hohe Losgrößen führen zu einer unnötig hohen Belastung der Arbeitsplätze. Sie sollten daher zur Erhöhung der Flexibilität reduziert werden.

Bereitstellung von Kapazitätsreserven
Als weitere Maßnahme sollte darauf geachtet werden, freie Kapazitäten (Ressourcen, wie Maschinen und Personal) bereitzustellen, anstatt diese voll auszulasten. Optional könnte diese Kapazitätsreserve auch durch flexible Arbeitszeiten und eventuelle Reserveschichten bereitgestellt werden.

Zielvorgaben für die Mitarbeiter
Auch hier bietet es sich an, den Mitarbeitern, die die Flexibilität beeinflussen können (z.B. AV, Meister), Zielvorgaben für mehr Flexibilität zu geben, z.B. den o.g. Flexibilitätsgrad als das Verhältnis der reinen Bearbeitungszeit zur Lieferzeit.

4.2.8 Erfüllung sonstiger interner und externer Anforderungen

Verbesserung der Planungsqualität

Messung der Planungsqualität
Viele Betriebe haben das Problem, dass die meist wöchentlich erstellten Produktionspläne selten wie geplant realisiert werden können. Das verwundert auch nicht vor dem Hintergrund, wie komplex eine Fertigung ist. Da müssen alle benötigten Ressourcen gleichzeitig verfügbar sein, sie dürfen weder fehlen, noch defekt sein oder durch Aufträge belegt sein. Die Wahrscheinlichkeit, dass etwas schief geht ist sehr hoch. Die Folge sind kurzfristige Planabweichungen und dadurch bedingtes Chaos in der Fertigung, das nur durch den eifrigen Einsatz von Terminjägern in Grenzen gehalten wird. Der Wunsch besteht daher in verbesserten und machbaren Planungen. Gemessen werden könnte die aktuelle Planungsqualität beispielsweise durch das Verhältnis aus planmäßig durchgeführten Fertigungsaufträgen und der Gesamtanzahl der Fertigungsaufträge.

$$Planungsqualität = \frac{planmässig\ realisierte\ Aufträge}{Summe\ aller\ Aufträge}$$

Maßnahmen zur Verbesserung der Planungsqualität
Für die Verbesserung der Planungsqualität gibt es eine ganze Reihe von Maßnahmen, von denen einige wichtige hier betrachtet werden sollen.

Von der Steuerung zur Regelung
Die wohl wichtigste Maßnahme zur Verbesserung der Planungsqualität ist die Planung unter Kenntnis und Berücksichtigung der Ist-Situation. Übliche ERP- bzw. PPS-Systeme steuern die Fertigung, indem sie mit unbegrenzten Kapazitäten und ohne Kenntnis des Belegungshorizonts von Maschinen oder Arbeitsplätzen bereits mehrere Tage oder Wochen vor dem Produktionsbeginn planen. Damit werden Pläne erzeugt, die in der Praxis mit hoher Wahrscheinlichkeit nicht umsetzbar sind. Manuelle Rückmeldungen (Handaufschreibungen) in der Fertigung und dadurch verursachte Zeitschlupfe zwischen Material- und Informationsfluss haben vergleichbare Effekte zur Folge. Dies belastet die Fertigung. Um Termine halten zu können muss oft mit Hilfe von Terminjägern und Sonderschichten improvisiert werden (Chefauftrag).

Moderne Planungstools hingegen verfügen über eine online-Anbindung an die Maschinen bzw. Arbeitsplätze, d.h. sie erfassen aktuelle Ist-Zustände und den Auftragsfortschritt. Sie berücksichtigen darüber hinaus auch die tatsächlich vorhandenen Kapazitäten und Ressourcenverfügbarkeiten (Maschinen, Werkzeuge, Material und Personal), tatsächliche Taktungen, Schichten und dynamische Rüstzeiten. Damit visualisieren sie die Ist-Situation in der Fertigung und bilden die Basis für umsetzbare Fertigungsaufträge. Durch die online-Rückmeldungen aus der Fertigung kann in Echtzeit auf aktuelle Prozesseinflüsse in der Fertigung reagiert werden, weshalb man bei diesem Modell auch von einer Regelung spricht. Soll-/ Ist-Abweichungen können mit dem Regelungsmodell schnell erkannt und Maßnahmen zur Korrektur sofort eingeleitet werden, bevor die Abweichungen zu groß werden. Durch eine konsequente Anwendung des Regelungsmodells lassen sich Rückstände in der Fertigung drastisch reduzieren und damit die Fertigung entlasten.

Dezentrale Feinplanung (Reaktive Planung)
Eine weitere Steigerung der Planungsqualität wird durch die dezentrale Planung (s. Abbildung 4.7) auf der Werkstattebene erreicht. Bisher erfolgen Planungen eher zentral, meist für ganze Kalenderwochen. Doch je früher die Planung erfolgt und je weniger Detailkenntnisse einfließen, desto risikoreicher ist die Planung. Bei der dezentralen Feinplanung in den einzelnen Fertigungsbereichen werden wesentlich stabilere Pläne erzeugt, da kurzfristiger auf aktuelle Ereignisse reagiert werden kann (Reaktive Planung). Hinzu kommt, dass bei kurzfristiger Planung Alternativen lange offen gelassen werden können. Entscheidungen sollten immer zum spätest möglichen Zeitpunkt getroffen werden. Moderne IT unterstützt die dezentrale Feinplanung durch Visualisierung des Ist-Zustands sowie durch Synchronisierung der einzelnen Bereiche untereinander. Mit bisherigen Plantafeln (Steckkärtchen) ist eine solche Synchronisierung nur fußläufig durch Terminjäger möglich. Die Abbildung 4.8 zeigt, dass die dezentrale Feinplanung besonders in Bereichen kleiner bis mittlerer Serien mit Varianten Vorteile hat, während sich bei der Massenproduktion nach wie vor die zentrale Planung anbietet.

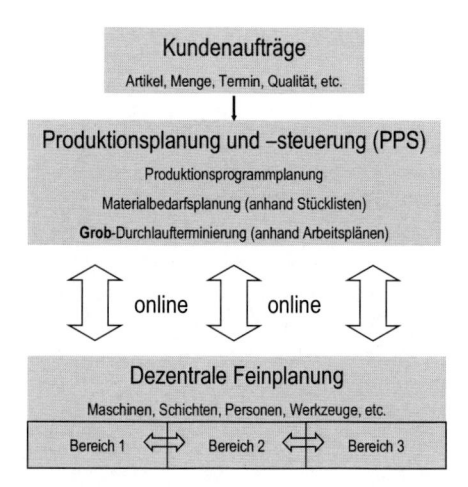

Abb. 4.7 Höhere Planungsqualität und Reaktionsfähigkeit durch dezentrale Feinplanung mit moderner IT

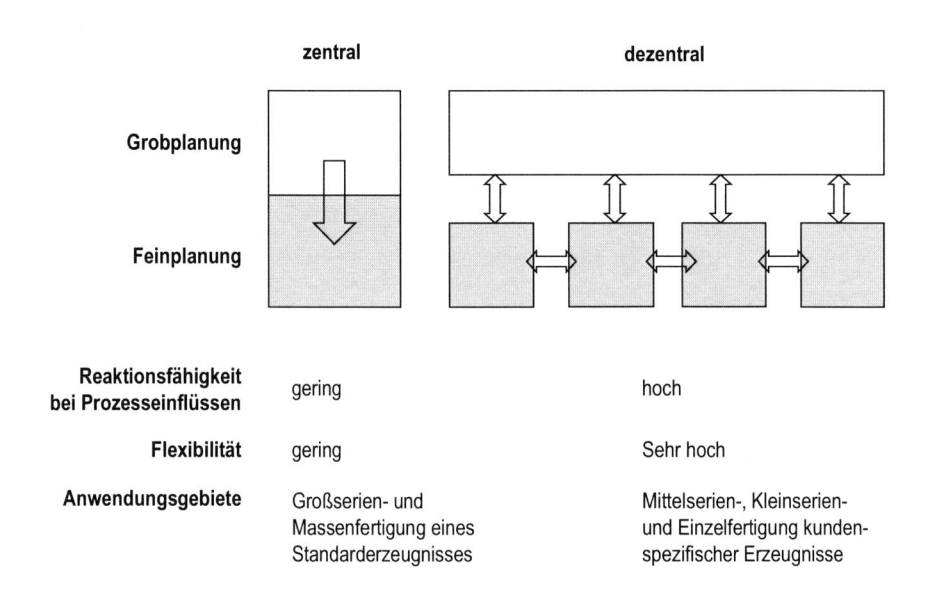

4.2 Definition von Maßnahmen zur Zielerreichung

	zentral	dezentral
Reaktionsfähigkeit bei Prozesseinflüssen	gering	hoch
Flexibilität	gering	Sehr hoch
Anwendungsgebiete	Großserien- und Massenfertigung eines Standarderzeugnisses	Mittelserien-, Kleinserien- und Einzelfertigung kundenspezifischer Erzeugnisse

Abb. 4.8 Einsatz von zentraler und dezentraler Feinplanung

Automatische Maschinenbelegung
Als weitere Maßnahme bietet sich die automatische, IT-gestützte Maschinenbelegung nach vorgegebenen Zielen an. Solche Ziele können z.B. die Rüstoptimierung, die Durchlaufzeit, die Termintreue, etc. sein. Ebenso kann es sinnvoll sein, bereits erstellte Pläne in Bezug auf bestimmte Kennzahlen hin zu überprüfen, d.h. eine Simulation der aktuellen Planung durchzuführen.

Pflege der Plandaten (Stammdaten)
In jedem Fall müssen die Plandaten im Planungstool aktuell sein. Oft wurden die Plandaten vor mehreren Jahren ermittelt, vielleicht für Referenzmaschinen, die heute nicht mehr im Einsatz sind. Das heißt, es sollte hier ein regelmäßiger Abgleich zwischen den Plandaten (Soll) und den Istdaten der Fertigung erfolgen. Nur mit realistischen Werten können realistische Pläne erzeugt werden. Die Korrektheit der Daten ist nicht nur für die Planung immens wichtig, sondern auch für Kalkulationen.

Erhöhung der Transparenz

Transparenz ist die Basis aller Entscheidungen. Je mehr Informationen transparent vorliegen, desto sicherer können Entscheidungen getroffen werden. Von Bedeutung ist dabei auch die Aktualität der Informationen. Erst durch zeitnah vorliegende Informationen kann kurzfristig auf aktuelle Ereignisse reagiert werden und damit die Reaktionsfähigkeit des Unternehmens gesteigert werden. Transparenz, z.B. in Form von Kennzahlen, bietet zudem die Möglichkeit, den eigenen Standpunkt sowie die Wirksamkeit von Maßnahmen beurteilen zu können. Damit ist die Transparenz eine der wichtigsten Voraussetzungen für effiziente Abläufe. Ohne Transparenz gleicht der Fabrikalltag einem Blindflug in der Fliegerei.

Die Transparenz in der Fertigung kann erhöht werden, indem zum einen mehr Informationen aus dem Fertigungsprozess erfasst werden und zum anderen, indem alle Informationen auch auf Knopfdruck online verfügbar sind und nicht in irgendwelchen Aktenordnern in Papierform abgeheftet sind. Die Informationen sollten dabei vernetzt vorliegen, d.h. nicht in mehreren Inselsystemen, aus denen sie mühevoll wieder zusammengesucht werden müssen. So sollten beispielsweise unter einer Fertigungsauftragsnummer alle Informationen aus dem Fertigungsprozess verfügbar sein, d.h. an welcher Maschine gefertigt wurde, in welcher Zeit, mit welchen Unterbrechungen, mit welchem Personal, mit welchem Material, mit welchem Werkzeug, in welcher Qualität, etc. Aber auch aktuelle Informationen sollten jederzeit verfügbar sein, wie z.B. der Auftragsfortschritt, der Status der Maschinen, welche Mitarbeiter anwesend sind, wann die nächste Prüfung ansteht, wann die Maschine oder das Werkzeug gewartet werden muss, etc. Und nicht zuletzt sollten natürlich auch langfristige Auswertungen sowie die Berechnung von Kennzahlen möglich sein, um die Wirksamkeit von Maßnahmen beobachten zu können. Beispiele wären hier der Nutzgrad der Maschinen, der OEE-Index, eine Ausschussstatistik, eine Stillstandsanalyse, eine Durchlaufzeitanalyse, etc.

Hierzu ist es erforderlich, dass alle Informationen aus dem Fertigungsprozess in einer zentralen Datenbank gespeichert werden:

- Auftragsdaten
- Maschinendaten
- Personalzeiten
- Werkzeugdaten
- Prozessdaten
- Qualitätsdaten
- Chargen- und Losinformationen
- Material- und Lagerdaten

Auf Basis der Daten dieser „Produktionsdatenbank" lässt sich dann für jeden Prozessbeteiligten sein individuelles „Cockpit" zusammenstellen, das ihm die Transparenz für seine Aufgabenstellungen bietet.

Los- und Chargenverfolgung

Viele Unternehmen müssen aufgrund von Verordnungen (z.B. die EU 178 in der Lebensmittelindustrie) die Rückverfolgbarkeit ihrer Waren sicherstellen. Wenn nicht – wie unter 4.2.8 Transparenz beschrieben – alle Daten des Produktionsprozesses in einem System vorliegen, ist eine solche Rückverfolgung wenn überhaupt nur mit sehr hohem manuellem Aufwand möglich. Je schlechter die Rückverfolgbarkeit ist, desto höher ist das Rückrufrisiko.

Wenn jedoch alle relevanten Produktionsdaten während des Fertigungsprozesses mit Hilfe moderner IT erfasst werden, kann die Rückverfolgung auf Knopfdruck erfolgen. Solche Informationen sind üblicherweise Auftragsdaten, Materialdaten und Qualitätsdaten. Sie sollten jederzeit noch um weitere Infos erweiterbar sein, wie z.B. Maschinendaten, Prozessdaten, Werkzeugdaten, Personaldaten und Qualitätsdaten, um im Rückverfolgungsfall mehr Prozessinformationen verfügbar zu haben. Viele Unternehmen nutzen bereits dieses Potenzial freiwillig, um ihr Rückrufrisiko zu minimieren, auch wenn sie nicht durch Verordnungen dazu gezwungen werden.

Papierarme Fertigung

Die Vielzahl der Belege in der Fertigung führt nicht nur zu hohen Kosten, da jedes Papier erstellt, ausgedruckt, verteilt, ausgefüllt, eingesammelt, erfasst und ausgewertet muss, sondern sie verlangsamt aufgrund der vielen Schnittstellen und der Transportwege auch den Informationsfluss. Da nur Informationen den Materialfluss bewegen, wird die Geschwindigkeit der Produktion durch die Papierwege erheblich verlangsamt. Eine papierarme Fertigung kann erreicht werden, indem möglichst viele fertigungsrelevante Informationen auf Terminals am Arbeitsplatz abgerufen werden können (Pull statt Push). Solche Informationen können Auftragsdaten sein, Laufkarten, Lohnscheine, Stempelkarten, Arbeitsanweisungen, Zeichnungen, Einstelldaten, Prüfskizzen, Prüfpläne, etc. Sie enthalten jedoch nicht immer den letzten Stand, da deren Ausdruck meist schon vor dem Produktionsbeginn im ERP-/PPS-System erfolgt und kurzfristig geänderte Stückzahlen, eine neue Maschinenzuordnung und Änderungen an den Arbeits- oder Prüfplänen nicht automatisch nachgereicht werden. Durch die Anzeige der Informationen auf Terminals wird gewährleistet, dass keine veralteten Unterlagen verwendet werden. Es sollten jedoch nicht nur Informationen papierarm angezeigt werden, sondern ebenso papierarm erfasst werden (elektronische Laufkarte). So können beispielsweise Rückmeldungen zum Auftragsfortschritt sowie die Eingabe von Qualitätsdaten am Terminal direkt am Arbeitsplatz erfolgen.

Barcode-Etiketten und RFID in der Fertigung

Oft werden Unternehmen von Ihren Kunden aufgefordert, die Ware mit kundenspezifischen Barcode-Etiketten auszuzeichnen. Aber auch innerhalb des Betriebs gehen mehr und mehr Unternehmen dazu über, alles Material in der Fertigung mit Barcode zu identifizieren. Dadurch kann das Material am nächsten Arbeitsgang durch Scannen identifiziert werden, wodurch sich eine lückenlose Dokumentation des Materialflusses ergibt (vgl. auch 4.2.8 Los- und Chargenverfolgung). Bisher wurden solche Barcode-Etiketten meist zentral zusammen mit den Fertigungspapieren gedruckt, was jedoch das Risiko birgt, dass bei Änderungen von Mengen, Materialeinsatz, o.ä. zu viele, zu wenige oder falsche Etiketten im Umlauf waren. Hier geht der Trend zum dezentralen Etikettendruck direkt am Arbeitsplatz, wo die Information anfällt. Dies geht jedoch nur dann, wenn das dazu benötigte System auch über alle relevanten Prozessinformationen verfügt. Das gleiche gilt im Prinzip auch für RFID-Tags. Sie sollten auch dort geschrieben werden, wo die Information anfällt und ausgelesen werden, wo sie benötigt wird. Durch die mehrfache Beschreibbarkeit der RFIDs eignen sie sich insbesondere an Behältern zur Identifikation der Behälterinhalte (Artikel, Kundenauftrag, Anzahl, etc.).

Erstellung eines Werkzeuglebenslaufs

In vielen Fällen stellt der Abnehmer (Kunde) dem Lieferanten das Werkzeug zur Fertigung der Zulieferartikel zur Verfügung. Oft erwartet der Kunde dabei vom Lieferanten, dass dieser einen Werkzeuglebenslauf führt, in dem genau dokumentiert wird, was wann mit dem Werkzeug gefertigt wurde. Die Erstellung und fortlaufende Pflege eines solchen Werkzeuglebenslaufs ist ohne IT sehr aufwändig. Mit IT-Unterstützung können jedoch die Einsatzzeiten und Takte automatisch werkzeugbezogen erfasst werden, so dass ein Werkzeuglebenslauf auf Knopfdruck verfügbar sein kann. Diese werkzeugbezogene Erfassung der Einsatzzeiten bzw. Takte kann auch einer vorbeugenden Instandhaltung dienen, bei der immer nach x Takten oder y Stunden Einsatzzeit das Werkzeug gewartet wird, um einem Ausfall im Produktionsprozess zuvor zu kommen.

Prüfzertifikate nach Kundenvorgaben oder Normen

Oft verlangt der Kunde von seinem Lieferanten individuelle Prüfzertifikate nach seinen eigenen Vorgaben. Wenn solche Zertifikate manuell erstellt werden müssen, bedeutet das einen sehr hohen manuellen Aufwand. Einfacher lassen sich solche Zertifikate erstellen, wenn die benötigten Informationen nicht manuell in der Fertigung zusammengetragen werden müssen, sondern bereits während des Fertigungsprozesses direkt am Arbeitsplatz in ein System erfasst werden, um nach der Fertigstellung auf Knopfdruck verfügbar zu sein. Die Inhalte sollten dann automatisch in ein einmalig für den Kunden erstelltes Prüfzertifikatlayout übernommen werden.

FDA-konforme Dokumentation der Fertigungsprozesse

Bei der Produktion von Pharma- und Kosmetikartikeln sowie im Nahrungsmittelbereich sind Aufzeichnung und Nachvollziehbarkeit von Produktionsdaten wichtig, denn es geht um die Sicherheit der Menschen, die diese Produkte konsumieren. Die US-Regierungsbehörde „Food and Drug Administration" (FDA) hat bereits 1997 eine Richtlinie (Gesetz) erlassen, die eine lückenlose und gegen

Manipulation gesicherte Dokumentation aller Prozesse in elektronischer Form beschreibt. Diese Richtlinie ist in der 21CFR Part11 enthalten. Obwohl rechtlich nur für den US-amerikanischen Markt verbindlich, sind auch global agierende europäische Pharma- und Lebensmittelunternehmen von der Richtlinie betroffen. Strebt ein Hersteller also eine FDA-Zulassung für ein Produkt an, muss er einen vorschriftenkonformen Herstellungsprozess nachweisen.

Die vollständige Dokumentation der Fertigungsprozesse nach FDA 21CFR Part11 kann kaum mit Insellösungen realisiert werden, da der Aufwand für eine umfassende Erfüllung der Richtlinie zu hoch bzw. nicht realisierbar wäre. Ziel sollte daher sein, alle Produktionsdaten in einem FDA-konformen System zu halten. Dieses System sollte folgende Anforderungen erfüllen:

- **Zugriffssicherheit**
  Absicherung des Zugriffs unberechtigter Personen auf Datenbestände.
- **Prozessprotokoll (Audit Trail)**
  Logging aller Systemtransaktionen mit vollständiger Review-Möglichkeit.
- **Datenkonsistenz**
  Plausibilisierung aller Eingaben.
- **Personenidentifikation**
  Personenidentifikation bei allen Transaktionen.

Unterstützung der Supply Chain

Zur besseren Synchronisation der eigenen Fertigung mit Zuliefern und/oder Kunden werden immer öfter die jeweiligen Produktionstermine dem Geschäftspartner offen gelegt. So kann beispielsweise der Lieferant sehen, wann genau sein Material benötigt wird. Damit kann er just-in-time oder, wenn gefordert, auch just-in-sequence liefern. Damit der Lieferant auch Veränderungen mitbekommt, die kurz vor dem Produktionsbeginn entstehen können, bietet es sich an, ihm jederzeit über das Internet einen Einblick in die aktuelle Situation und Planung zu geben.

Unterstützung von KVP, Six Sigma, & Co.

Der kontinuierliche Verbesserungsprozess (KVP) sowie Six Sigma Aktivitäten können erheblich beschleunigt werden, wenn prozessnahe Messgrößen zur Verfügung stehen. Durch die Kenntnis des Ist-Zustands können die Verbesserungspotenziale schneller erkannt und Maßnahmen zur Erschließung getroffen werden. Auch das anschließende Reviewing der Wirksamkeit von Maßnahmen kann beschleunigt werden, wenn prozessnahe Messgrößen auf Knopfdruck zur Verfügung stehen. Auf Basis solcher Messgrößen lassen sich auch prozessorientierte Kennzahlen als Zielvorgaben für die Mitarbeiter entwickeln. Solche Zielvorgaben bewirken eine höhere Mitarbeitermotivation, regen damit Denkprozesse an und fördern damit den Verbesserungsprozess.

4.2.9 Die Maßnahmen im Überblick

Tabelle 4.1 Zusammenfassung der Zielgrößen und Maßnahmen

Zielgröße/Anforderung	Maßnahme
Reduzierung der Durchlaufzeit	- Messung der Durchlaufzeit - Messung von Bearbeitungszeiten, Rüstzeiten, Warte- und Liegezeiten, ungeplanten Unterbrechungen - Zeitnahe Feinplanung zur Reduzierung der Warte- und Liegezeiten und der Umlaufbestände - Reduzierung der Losgrößen - Stillstandsanalyse zur Reduzierung von Unterbrechungen - Durchlaufzeitbezogene Kennzahlen als Zielvorgabe für Mitarbeiter in der Fertigung (z.B. Prozessgrad, Beleggrad) - Durchlaufzeitbezogene Kennzahl für das Controlling, z.B. Deckungsbeitrag/Durchlaufzeit)
Verbesserung der Maschinen- und Anlagenproduktivität	- Messung des Nutzgrads - Messung von Hauptnutzungszeit und allen Nebenzeiten - Messung von ungeplanten Unterbrechungen - Messung der Leistung - Messung der Auslastung - Erfassung der Stillstandsgründe - Reduzierung der ungeplanten Stillstände - Alarmfunktionen bei Störungen (Eskalationsmanagement) - Maschinenübersicht mit Statusanzeige (Maschinenpark) - Dynamische, vorbeugende Instandhaltung von Maschinen und Werkzeugen - Werkzeugbelegungsplan anhand von Feinplanung - Rüstwechseloptimierung - Feinplanung mit Zielvorgabe Auslastung oder Nutzgrad - Produktivitätsbezogene Kennzahl für die Mitarbeiter in der Fertigung (z.B. OEE-Index, Nutzgrad)

Tabelle 4.1 Fortsetzung

Zielgröße/Anforderung	Maßnahme
Verbesserung der Personalproduktivität	- Messung der Personalproduktivität (produktive Zeit/Anwesenheit) - Messung der Personalauslastung (eingeplante Zeit/Anwesenheitszeit) - Zielvorgaben für die Mitarbeiter in der Fertigung, z.B. Zeitgrad, Rüstgrad, Nutzgrad, OEE-Index) - Leistungslohn - Personaleinsatzplanung - Automatische Berücksichtigung von Schichtmodellen, Gleitzeitmodellen, Fehlzeiten, An- und Abwesenheiten, etc. - Automatische Verrechnung von Arbeitszeiten auf Lohnarten - Entlastung der Mitarbeiter von Handaufschreibungen, Listen, Rückmeldungen, Laufkarten, etc. durch Terminals (papierarm) - Erfassung der Arbeitszeit am Arbeitsplatz
Verbesserung der Termintreue	- Messung der Termintreue (pünktliche Lieferungen/Gesamtlieferungen) - Messung der Durchlaufzeit - Messung der Lieferzeit - Messung der Auftragsrückstände - Laufende Pflege der Plandaten im ERP-System - Feinplanung auf Basis der aktuellen Situation - Erkennung und Beseitigung von Terminkonflikten durch zeitnahe Regelkreise - Verkürzung der Lieferzeit - Abbau von Rückständen in der Fertigung - Nur machbare Fertigungsaufträge erzeugen - Online-Erfassung des Auftragsfortschritts - Infoleitstand für den Vertrieb für genauere Terminaussagen - Termintreuebezogene Zielvorgaben für die Mitarbeiter

Tabelle 4.1 Fortsetzung

Zielgröße/Anforderung	Maßnahme
Reduzierung der Umlaufbestände	- Messung der Umlaufbestände (nicht nur Inventur!) - Berechnung der Reichweite von Umlaufbeständen - Feinplanung mit Ziel Bestandsreduzierung - Reduzierung der Losgrößen - Taktsynchronisierung der Arbeitsplätze/Maschinen - Reichweitenbetrachtung und -optimierung - Verbesserung des internen Materialtransports durch mobile Terminals - Bestandsbezogene Zielvorgaben für die Mitarbeiter
Verbesserung der Produktqualität	- Messung von Qualitätsmerkmalen - Messung von Prozessdaten - Erfassung von Auftragsdaten - Erfassung von Maschinendaten - Erfassung von Werkzeugdaten - Erfassung von Chargeninformationen - Messung von Personaldaten - Erfassung von Ausschussmengen und -gründen - Workflow für permanente Verbesserung, z.B. Six Sigma - Werkerselbstprüfung - Statistische Prozessregelung (SPC) - Flexible Prüfplanung - Sicherstellung der Lieferantenqualität - Dynamische Prüfmittelüberwachung - Überwachung von Eingriffsgrenzen (Eskalationsmanagement) - Definition eines standardisierten Workflows zur Fehlerbehandlung (Reklamationsmanagement, z.B. 8D-Report) - Qualitätsbezogene Zielvorgaben für die Mitarbeiter (z.B. Ausschussgrad)

Tabelle 4.1 Fortsetzuung

Zielgröße/Anforderung	Maßnahme
Erhöhung der Flexibilität	- Messung des Flexibilitätsgrads - Messung der Durchlaufzeit - Messung der Kapazitätsauslastung - Messung von Bearbeitungszeiten, Rüstzeiten, Warte- und Liegezeiten, ungeplanten Unterbrechungen - Zeitnahe Feinplanung zur Reduzierung der Warte- und Liegezeiten und der Umlaufbestände - Verkürzung der Informationswege (papierarme Fertigung) - Abbau von Rückständen in der Fertigung - Reduzierung der Losgrößen - Bereitstellung von Reservekapazitäten - Flexibilitätsbezogene Zielvorgaben für die Mitarbeiter (z.B. Flexibilitätsgrad)
Verbesserung der Planungsqualität	- Messung der Planungsqualität - Von der Steuerung zur Regelung - Feinplanung unter Berücksichtigung der aktuellen Situation - Dezentrale Feinplanung (Reaktive Planung) - Automatische Maschinenbelegung nach Zielvorgaben - Laufende Pflege der Plandaten im ERP-System
Erhöhung der Transparenz	- Erfassung von Auftragsdaten (Bearbeitungszeiten, Nichtbearbeitungszeiten, Mengen, etc.) - Erfassung von Maschinendaten (Produktiv, Stillstand, Störgründe, etc.) - Erfassung von Personaldaten (Anwesenheit, produktive Arbeit, etc.) - Erfassung von Qualitätsdaten - Erfassung von Werkzeugdaten - Erfassung von Material- und Lagerdaten - Erfassung von Prozessdaten - Erfassung von Chargeninformationen - Berechnung von Kennzahlen aus den Messgrößen - Vernetzung der Informationen (keine Insellösungen)

Tabelle 4.1 Fortsetzung

Los- und Chargenverfolgung	- Erfassung von Chargeninformationen an den Arbeitsplätzen - Vernetzung der Chargeninformationen mit sonstigen Daten aus dem Fertigungsprozess (siehe Transparenz)
Papierarme Fertigung	- Anzeige von fertigungsrelevanten Informationen (Auftragsdaten, Laufkarten, Lohnscheine, Stempelkarten, Arbeitsanweisungen, Zeichnungen, Einstelldaten, Prüfskizzen, Prüfpläne) auf Terminals in der Fertigung - Zeitnahe Erfassung (Online-Erfassung) von Auftragsfortschritt, Qualitätsdaten, Personaldaten, etc.
Barcode Etiketten und RFID	- Dezentraler Druck am Arbeitsplatz nach internen/externen Vorgaben - Dezentrale RFID Schreib-/Leseeinheiten am Arbeitsplatz
Erstellung eines Werkzeuglebenslaufs	- Verwaltung des Werkzeugbestands - Erfassung der Einsatzzeiten bzw. Takte je Werkzeug
Prüfzertifikate nach Kundenvorgabe	- Automatische Generierung anhand der Produktions- und Qualitätsdaten - Erfassung von Produktions- und Qualitätsdaten
FDA-konforme Dokumentation	- Erfassung aller Daten aus dem Fertigungsprozess manipulationssicher in einem System
Unterstützung der Supply Chain	- Visualisierung der Planungstermine im Internet für Lieferanten und/oder Kunden
Unterstützung von KVP, Six Sigma & Co.	- Erfassung prozessnaher Messgrößen - Identifizierung von Verbesserungspotenzialen - Zielvorgaben für die Mitarbeiter - Leistungslohn - Maßnahmen ergreifen - Reviewing: Überprüfung der Maßnahmen

4.3 Unterstützung der Maßnahmen mit MES

Die meisten der im vorherigen Kapitel beschriebenen Maßnahmen zur Erreichung der Ziele sind ohne IT-Unterstützung kaum umsetzbar. Der Aufwand zur manuellen Erfassung und Auswertung der Messgrößen wäre viel zu hoch. Hinzu kommt, dass die manuelle Erfassung und Auswertung viel zu langsam wäre für die bei den meisten Zielgrößen geforderte hohe Reaktionsgeschwindigkeit. Erst durch schnelles, kontinuierliches Messen, Analysieren und Agieren lassen sich die zur Verbesserung der Zielgrößen erforderlichen zeitnahen Regelkreise aufbauen.

Viele Unternehmen haben den Nutzen von IT für die Fertigung erkannt und setzen daher bereits auf IT-Unterstützung. So findet man z.B. in fast allen Betrieben ERP-Systeme (Enterprise Ressources Planning) für kaufmännische und planerische Aufgaben, sowie – je nach Fertigungsart – auch Automatisierungssysteme zur direkten Steuerung der Maschinen und Anlagen. Dennoch verfügen die Unternehmen häufig noch über viele der genannten Schwachstellen in der Fertigung. Im Folgenden soll zunächst dargestellt werden, warum ERP-Systeme und Automatisierungstechnik im alleinigen Einsatz kaum ausreichen, um die beschriebenen Maßnahmen zur Erreichung der Ziele ausreichend zu unterstützen. Im Anschluss daran werden Vorschläge gemacht, mit welchen MES-Funktionalitäten die im vorherigen Kapitel genannten Maßnahmen wirkungsvoll unterstützt werden können.

ERP-Systeme zur Produktionssteuerung

Fast alle Unternehmen setzen bereits ERP-Systeme ein, mit denen sie ihre kaufmännischen Prozesse unterstützen, z.B. Finanzwesen, Personalwesen, Materialwirtschaft und Vertrieb, mit denen sie aber auch oft ihre Produktion planen. Das sogenannte Manufacturing Resources Planning (MRP, MRPII), mit dem die meisten ERP-Systeme die Produktion planen, wurde jedoch in einer Zeit entwickelt, als noch hohe Stückzahlen, hohe funktionale Arbeitsteilung und wenig Turbulenzen am Markt das Produktionsumfeld prägten. Heute muss die Produktion jedoch wesentlich reaktionsschneller, flexibler und wandlungsfähiger sein. So planen ERP-Systeme z.B. Fertigungsaufträge in der Regel mehrere Tage bis Wochen im voraus, ohne die genaue Ist-Situation in der Fertigung zu kennen. Sie berücksichtigen weder die tatsächlichen Kapazitäten noch den Belastungshorizont einzelner Maschinen. Dadurch kommt es – insbesondere bei den heute üblichen Turbulenzen – zu Fertigungsaufträgen, die von der Produktion so nicht umsetzbar sind. Das Ergebnis sind Hektik, Terminverletzungen, Rückstände, teure Sonderschichten, etc. Hinzu kommt, dass ERP-Systeme nur von Plandaten ausgehen. So kennen sie nur die theoretische Durchlaufzeit, die sich aus der Summe von Rüstzeiten, Bearbeitungszeiten und Übergangszeiten zusammensetzt, nicht jedoch die Durchlaufzeit verlängernden Stillstandszeiten, zu lange Warte- und Liegezeiten, Transportzeiten, übergroße Umlaufbestände, etc. Durch den für die Fertigung recht groben Regelzyklus (Betrachtungsraster Schichten, Tagen oder Wochen statt Minuten und Stunden) verfügen ERP-Systeme auch über keine Funktionalitäten zur realtime

Regelung der Produktion. Überhaupt ist die für die Fertigung so wichtige Größe „Zeit" keine zentrale Größe in den ERP-Systemen, weshalb sie auch keine durchlaufzeitbezogenen Kennzahlen, wie z.b. Nutzgrad, Prozessgrad oder Beleggrad darstellen können. Auch bei der Kalkulation werden Zeiten nicht berücksichtigt. So wird beispielsweise ein Deckungsbeitrag berechnet, nicht aber berücksichtigt, in welcher Zeit sich das Teil mit diesem Deckungsbeitrag fertigen lässt. Aussagefähiger wäre die Größe Deckungsbeitrag/Durchlaufzeit.

Die oben aufgeführten Merkmale der ERP-Systeme zeigen, dass sie sich mehr zur Produktionsprogramm- und Mengenplanung sowie zur groben Termin- und Kapazitätsplanung eignen, als zur Feinplanung, Fertigungssteuerung, Auftragsüberwachung, Messung und Analyse von Fertigungsprozessen, kurzfristigen Reaktion auf Störungen, Berechnung prozessorientierter Kennzahlen, etc.

Automatisierungsysteme

Mit Automatisierungssystemen werden Maschinen und Anlagen in Realtime gesteuert. Der Regelzyklus liegt hier im Sekunden- bzw. Millisekundenbereich. Damit sind Automatisierungssysteme zwar sehr gut geeignet, die Technik einzelner Maschinen in sehr kurzen Regelzyklen zu regeln, sie verfügen jedoch nicht über den erforderlichen organisatorischen Gesamtüberblick über den Auftragsdurchlauf sowie Disziplinen, wie Planungsfunktionalitäten, Personalmanagement und Qualitätsmanagement.

Manufacturing Execution Systeme (MES)

MES schließen die Lücke zwischen den Automatisierungssystemen auf der Fertigungsebene und den ERP-Systemen der Planungsebene (vertikale Integration). Darüber hinaus sind sie in der Lage, den gesamten Fertigungsprozess in Realtime abzubilden. Durch diese so genannte horizontale Integration können Aufträge, Betriebsmittel, Personal, Material, Prozessdaten, Qualitätsdaten, etc. in einem System abgebildet werden. Die Abbildung 4.9 zeigt die Vernetzung und online-Verfügbarkeit aller Daten, durch die jederzeit Prozessinformationen gemessen und analysiert werden können. In Realtime arbeitende Tools, wie z.B. die grafische Feinplanung erlauben eine zeitnahe Regelung der Abläufe zur Erreichung der jeweiligen Sollzustände bzw. Ziele.

Im Folgenden soll nun gezeigt werden, mit welchen MES-Funktionalitäten bestimmte Zielgrößen des Unternehmens unterstützt werden könnten. Die Übersicht wurde dabei auf die Auswertungsfunktionalitäten der MES beschränkt. Die Erfassung der jeweiligen Produktionsdaten sollte an Terminals in der Fertigung bzw. durch direkte Maschinenanbindung erfolgen.

```
              /\
             /  \
            / ERP \              Wochen,
           /(Produktions-\        Tage
          /programmplanung,\       |
         /   Grobplanung)   \      |
        /─────────────────────\    ↓
       /        MES            \
      / (Feinplanung, Feinsteuerung,\  Schichten
     /Datenerfassung, Analyse, Überwachung,\ Std., Min.
    /         Kennzahlen)           \       |
   /─────────────────────────────────\      |
  /         Automatisierung           \     ↓
 /            (Ausführung)             \  Sekunden
/_____\
```

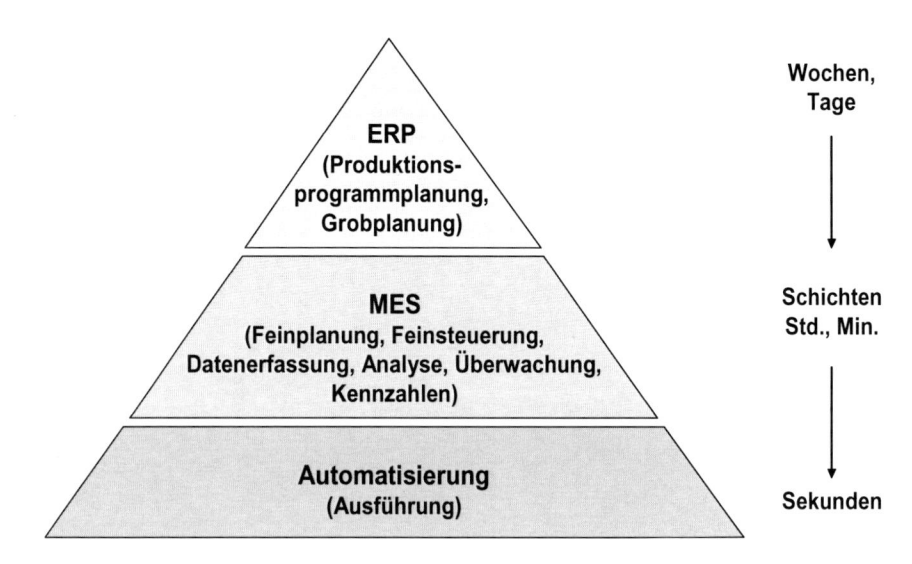

Abb. 4.9 IT-Unterstützung in der Fertigung

Dadurch stehen die Daten nicht nur zeitnah online zur Verfügung, sondern es wird auch erheblicher Aufwand für eine manuelle Erfassung und Plausibilitätsprüfung eingespart. Die verwendeten Begrifflichkeiten für die einzelnen MES-Module und MES-Funktionen können von System zu System etwas variieren.

4.3.1 Durchlaufzeitreduzierung mit MES

Messung der Auftragsdurchlaufzeit mit MES

Die Durchlaufzeit kann mit Hilfe der Betriebsdatenerfassung (BDE) kontinuierlich gemessen und dargestellt werden. Damit können nicht produktive Warte- und Liegezeiten sowie Stillstandszeiten bei den einzelnen Arbeitsgängen identifiziert werden und Maßnahmen zur Reduzierung ergriffen werden. Die Stillstände an den einzelnen Arbeitsplätzen bzw. Maschinen lassen sich mit Hilfe der Maschinendatenerfassung (MDE) messen und näher analysieren.

Die Abbildung 4.10 zeigt beispielhaft einen Auftragsdurchlauf mit den Arbeitsgängen von 100 bis 500. Die horizontalen Balken zeigen die Belegungszeit auf den Betriebsmitteln. So ist der Auftrag auf dem Betriebsmittel 200 z.B. einmal unterbrochen worden. Die Zeitanteile ohne eine Auftagsbelegung bilden die Warte- und Liegezeiten., die in erheblichem Maße Ressourcen verbrauchen, aber vom Kunden/Markt nicht vergütet werden.

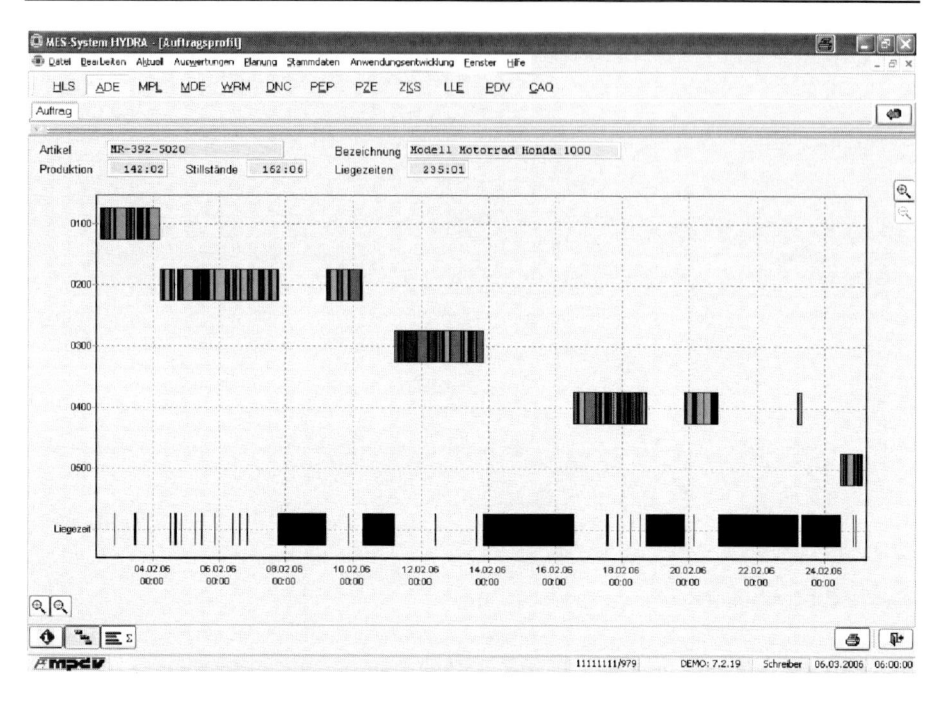

Abb. 4.10 Transparente Durchlaufzeit durch Betriebsdatenerfassung (BDE)

Unterstützung der Maßnahmen zur Durchlaufzeitreduzierung mit MES

Feinplanung zur Reduzierung der Warte- und Liegezeiten und der Umlaufbestände
Die Warte- und Liegezeiten lassen sich in erster Linie mit Hilfe einer verbesserten Feinplanung mit dem Leitstand eines MES reduzieren, indem die einzelnen Arbeitsgänge besser (d.h. auf Basis aktueller Zustände) synchronisiert werden. Durch die Berücksichtigung des Auftragsfortschritts (Daten kommen aus der Betriebsdatenerfassung) und der Maschinenstatus (Daten kommen aus der Maschinendatenerfassung) ist ein MES-Leitstand in der Lage, die Ist-Situation zu visualisieren. Damit können unnötige Verzögerungen zwischen zwei Arbeitsgängen erkannt und vermieden werden. Innerhalb des Leitstands ist es auch möglich, Fertigungsaufträge zu splitten, um in kleineren Losen zu fertigen, was wiederum die Durchlaufzeit reduziert.

Erfassung und Analyse der Stillstandsgründe (Pareto-Diagramm)
Die Reduzierung der ungeplanten Stillstände kann durch eine Analyse der Stillstandsgründe innerhalb der Maschinendatenerfassung unterstützt werden. Dabei werden die Stillstandsgründe wahlweise nach Häufigkeit oder Dauer angezeigt. Diese so genannte Pareto-Darstellung erlaubt es, sich zunächst auf die wichtigsten Stillsandsgründe zu konzentrieren.

Durchlaufzeitbezogene Kennzahlen als Zielvorgabe für die Mitarbeiter

Durchlaufzeitbezogene Zielvorgaben, wie z.B. der Nutzgrad = Hauptnutzungszeit/Durchlaufzeit, können den Mitarbeitern mit Hilfe der Manufacturing Scorecard visualisiert werden. Die Manufacturing Scorecard ermöglicht sowohl die Darstellung des aktuellen Standes der Zielgrößen, als auch die Darstellung des Verlaufs. Idealerweise sollte die Manufacturing Scorecard in der Fertigung z.B. an einem i-Punkt abrufbar sein.

MES-Funktionalitäten zur Durchlaufzeitreduzierung

Tabelle 4.2 MES-Funktionalitäten zur Durchlaufzeitreduzierung

Maßnahme	MES-Modul	MES-Funktion
Messung der Durchlaufzeit	Betriebsdatenerfassung	Auftragsprofil
Messung der Bearbeitungszeiten und Warte- und Liegezeiten	Betriebsdatenerfassung	Auftragsstatistik
Messung der Rüstzeiten und ungeplanten Unterbrechungen	Maschinendatenerfassung	Maschinenzeitprofil
Feinplanung zur Reduzierung der Warte- und Liegezeiten und der Umlaufbestände	Leitstand Maschinendatenerfassung Betriebsdatenerfassung	Grafische Planung Maschinenstatus Auftragsfortschritt
Reduzierung der Losgrößen	Betriebsdatenerfassung Leitstand	Aufträge bearbeiten Arbeitsgang splitten
Erfassung und Analyse der Stillstandsgründe (Pareto-Diagramm)	Maschinendatenerfassung	Stillstandsprofil
Durchlaufzeitbezogene Kennzahlen als Zielvorgabe für die Mitarbeiter (z.B. Nutzgrad)	Manufacturing Scorecard	Aktuelle Darstellung u. Verlauf
Durchlaufzeitbezogene Kennzahlen für das Controlling (z.B. DB/Durchlaufzeit)	Betriebsdatenerfassung	Artikelbezogene Statistik

4.3.2 Verbesserung der Maschinenproduktivität mit MES

Messung der Maschinen- und Anlagenproduktivität mit MES

Zur Beurteilung der Produktivität der Maschinen- und Anlagenproduktivität stellen MES verschiedene Messgrößen zur Verfügung. So können beispielsweise der Nutzgrad und die Leistung kontinuierlich mit der Maschinendatenerfassung (MDE) gemessen werden. Auch der OEE-Index wird kontinuierlich von der Maschinendatenerfassung bereitgestellt. Die aktuelle Auslastung der Maschinen und Anlagen wird im Leitstand berechnet. In einem Maschinenzeitprofil der Maschinendatenerfassung lassen sich zudem die zu verbessernden, nicht produktiven Zeitanteile darstellen.

Die Abbildung 4.11 zeigt die Maschinennutzungsanteile in Form eines Tortendiagramms als Auswerung der Maschinendatenerfassung. Die aufgeführten Zeitanteile ergeben sich aus den Eingaben der Mitarbeiter zu Maschinenstörungen oder alternativ durch Online-Abgriffe aus der maschinenseitigen Elektronik.

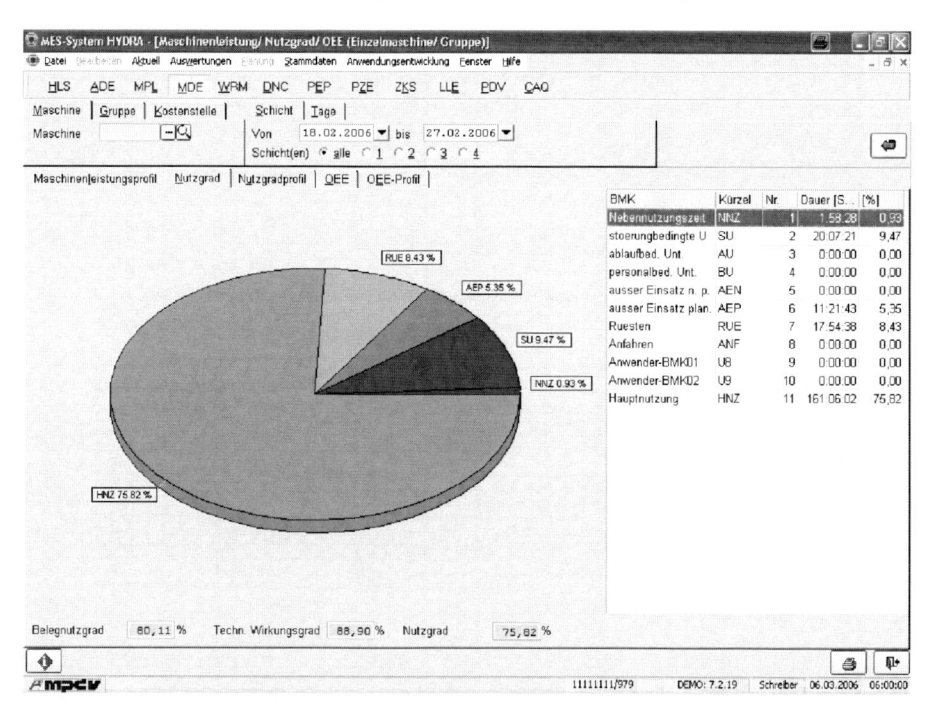

Abb. 4.11 Darstellung des Nutzgrads in der Maschinendatenerfassung (MDE)

4.3 Unterstützung der Maßnahmen mit MES

Verbesserung der Maschinen- und Anlagenproduktivität mit MES

Erfassung und Analyse der Stillstandsgründe (Pareto-Diagramm)
Die Reduzierung der ungeplanten Stillstände kann durch eine Analyse der Stillstandsgründe innerhalb der Maschinendatenerfassung unterstützt werden. Dabei werden die Stillstandsgründe wahlweise nach Anzahl oder Dauer angezeigt. Diese in der Abbildung 4.12 gezeigte Pareto-Darstellung erlaubt es, sich zunächst auf die wichtigsten Stillsandsgründe zu konzentrieren.

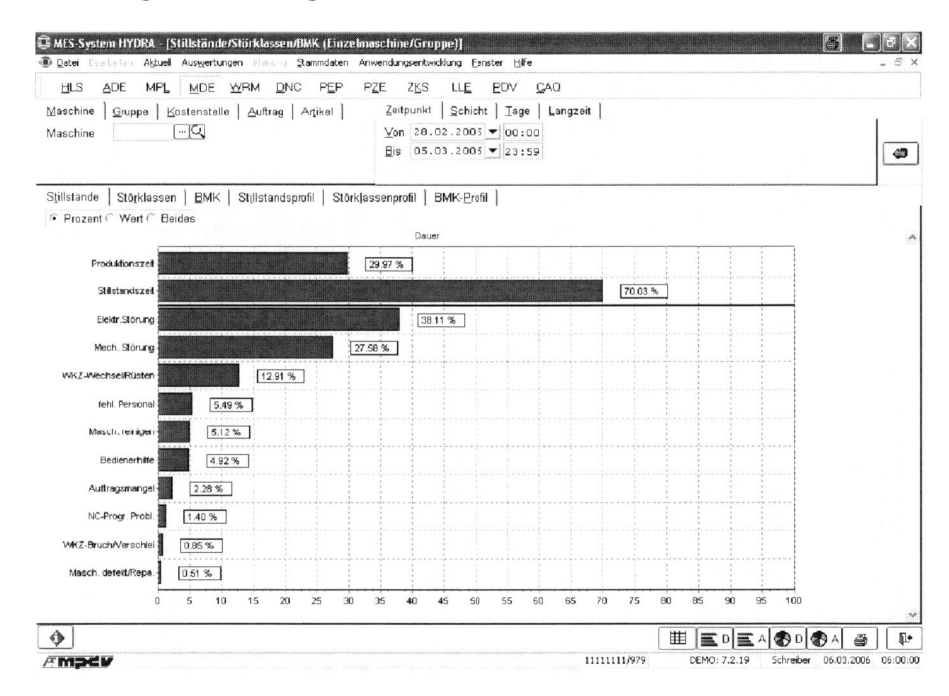

Abb. 4.12 Stillstandsanalyse der Maschinendatenerfassung (MDE)

Alarmfunktion bei Störungen (Eskalationsmanagement)
Um schnell auf Störungen reagieren zu können, stellt ein MES verschiedene Funktionalitäten zur Verfügung. Zum einen ist dies der in der Abbildung 4.13 gezeigte grafische Maschinenpark innerhalb der Maschinendatenerfassung, der einen Überblick über alle Maschinen und deren aktuellen Status bietet. So kann ein Meister oder Maschinenbediener auf einen Blick sehen, wenn eine Maschine steht und damit sehr kurzfristig reagieren. Einige MES bieten sogar die Möglichkeit, sich über das Internet über den Status der Maschinen zu informieren.

Eine weitere Möglichkeit ist die Nutzung der automatischen Alarmfunktionen des Eskalationsmanagements (ESK) eines MES. Hier können Eingriffsgrenzen definiert werden, bei denen ein Alarm ausgelöst werden soll. Solche Eingriffsgrenzen können bestimmte Status sein, aber auch Prozesswerte, wie Druck oder Temperatur. Beispiele für einen möglichen Einsatz des Eskalationsmanagements sind:

- „Eine Meldung per SMS an den Meister, wenn eine Engpassmaschine länger als x Minuten steht".
- „Eine rote Lampe, wenn die Temperatur über 60°C geht".

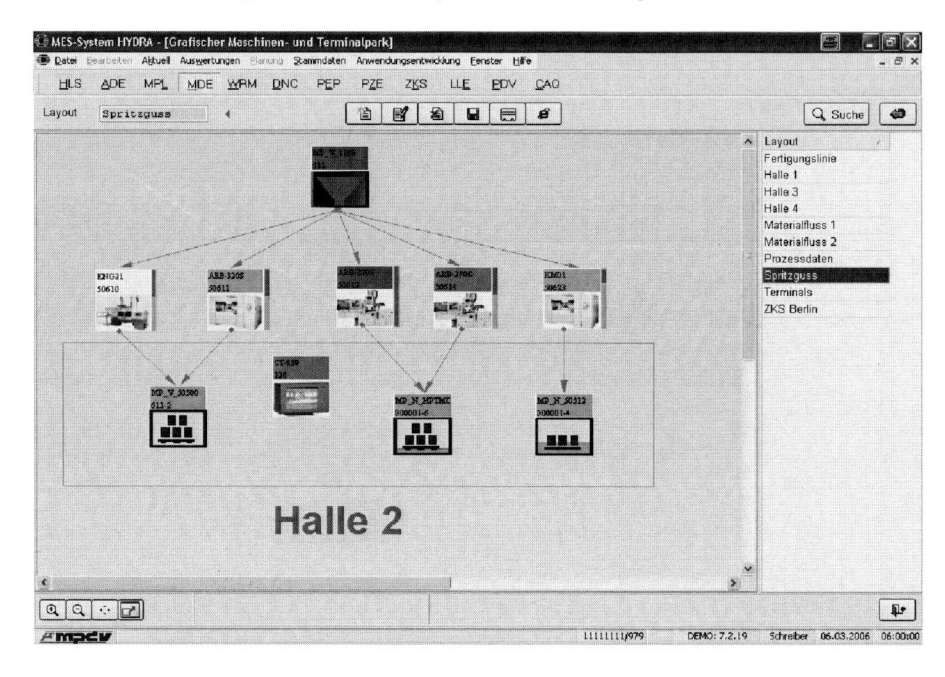

Abb. 4.13 Schnelle Erkennung von Störungen im grafischen Maschinenpark

Dynamische, vorbeugende Instandhaltung von Maschinen und Werkzeugen
Mit Hilfe des Werkzeug- und Ressourcenmanagements (WRM) eines MES kann die Wartung von Maschinen und Werkzeugen dynamisch erfolgen, d.h. nach fest vorgegebenen Einsatzzeiten oder Zyklusanzahlen. Hierzu werden die Maschinen und Werkzeuge im Werkzeug- und Ressourcenmanagement verwaltet. Die Zyklusanzahlen werden von der Maschinendatenerfassung geliefert und automatisch den Ressourcen zugebucht. Bei Erreichen einer vorgegebenen Einsatzzeit/Zyklusanzahl wird die erforderliche Wartung automatisch signalisiert. Damit werden Überschreitungen und dadurch verursachte ungeplante Stillstände vermieden.

Werkzeugbelegungsplan anhand von Feinplanung
Bei der Feinplanung mit dem Leitstand eines MES können Werkzeuge zusammen mit dem jeweiligen Fertigungsauftrag auf eine Maschine eingeplant werden. Das in der Abbildung 4.14 dargestellte Werkzeug- und Ressourcenmanagement erzeugt daraus einen Werkzeugbelegungsplan, der dem Einrichter oder Werkzeug-

bau den nächsten Rüsttermin signalisiert. Dadurch wird gewährleistet, dass die Werkzeuge zum Produktionsbeginn bereitstehen und nicht erst noch gewartet werden müssen.

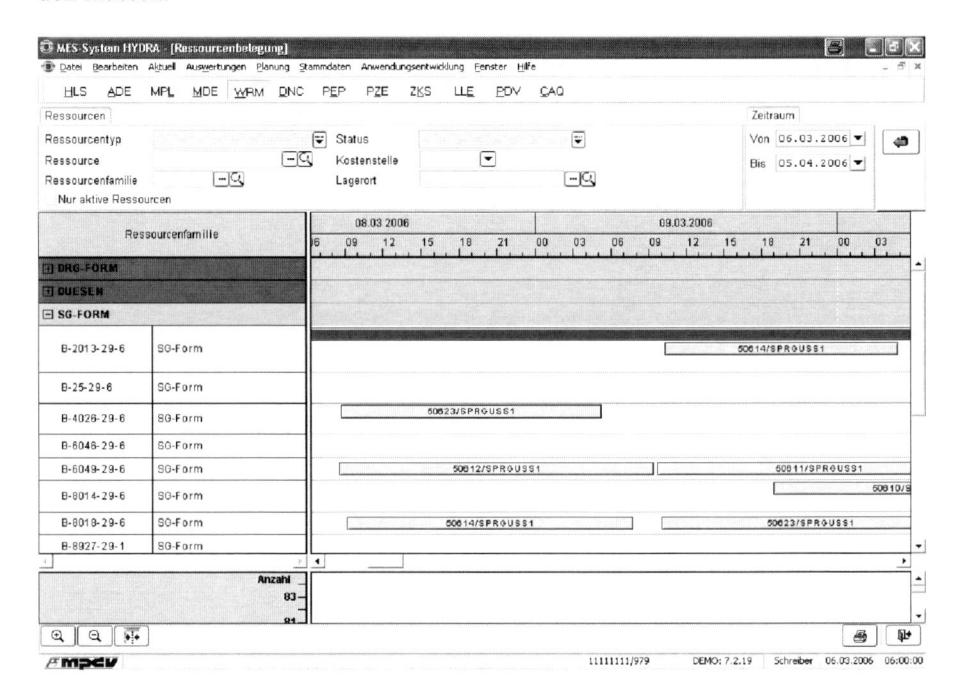

Abb. 4.14 Werkzeugbelegungsplan im Werkzeug- und Ressourcenmanagement

Rüstwechseloptimierung
Durch optimale Rüstwechsel können Rüstzeiten minimiert und damit unproduktive Stillstandszeiten der Maschinen und Anlagen vermieden werden. Im Leitstand eines MES können so genannte Rüstwechselmatrizen hinterlegt werden, die beschreiben, wie die Rüstzeit von Artikel A nach B ist (z.B. weiß nach blau, blau nach schwarz, weiß nach schwarz). Auf Basis dieser Informationen ergeben sich dynamische Rüstzeiten, je nach Artikelwechsel. Ein MES-Leitstand ist in der Lage, die Maschinen automatisch rüstwechseloptimiert zu belegen, um die Gesamtrüstzeit zu verkürzen und um damit die Maschinen- und Anlagenproduktivität zu steigern. Alternativ könnte die automatische Belegung auch nach der Zielvorgabe Auslastung oder Nutzgrad erfolgen.

Kennzahlen für die Maschinenproduktivität als Zielvorgabe für die Mitarbeiter
Zielvorgaben für die Maschinen- und Anlagenproduktivität, z.B. der in der Abbildung 4.15 dargestellte OEE-Index oder der Nutzgrad, können den Mitarbeitern mit Hilfe der Manufacturing Scorecard visualisiert werden. Die Manufacturing Score-

4 myMES: Zielorientierte Modulauswahl eines MES

card ermöglicht sowohl die Darstellung des aktuellen Standes der Zielgrößen, als auch die Darstellung des Verlaufs. Idealerweise sollte die Manufacturing Scorecard in der Fertigung z.B. an einem i-Punkt abrufbar sein. Sowohl der OEE-Index, als auch der Nutzgrad sind als zentrale Zielgrößen auch innerhalb des Moduls Maschinendatenerfassung abrufbar.

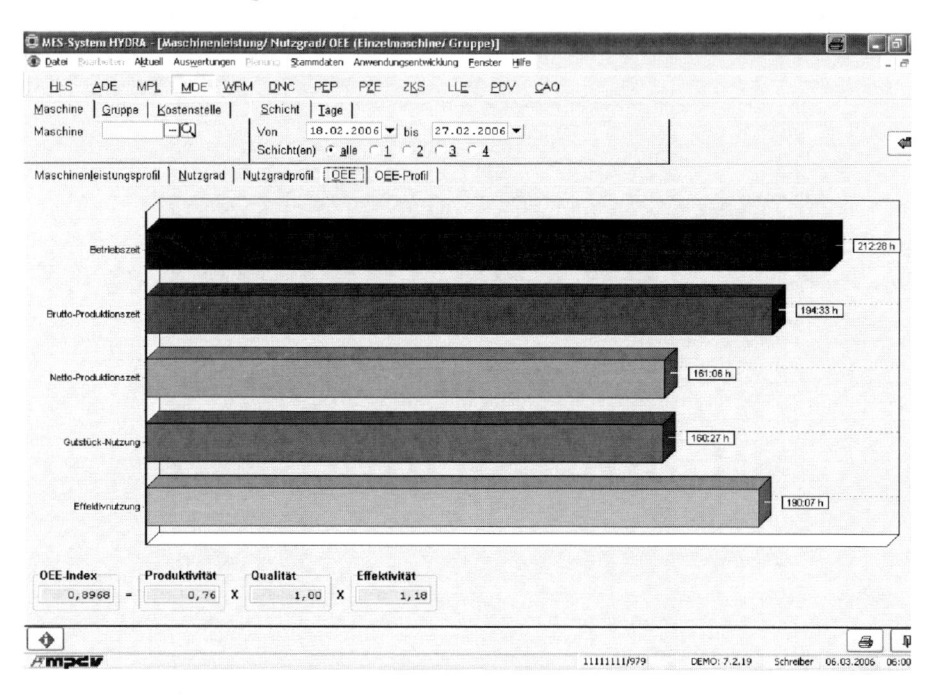

Abb. 4.15 Darstellung des OEE-Index in der Maschinendatenerfassung (MDE)

Der Vorteil des OEE-Index zur Berechnung der Maschineneffizienz liegt in der Tatsache, dass hier mehrere Merkmale zu einer integrierten Kennzahl verknüpft werden. Die Berechnung der Bewertungszahl Gesamtanlageneffektivität (OEE) errechnet sich aus der Formel Produktivität x Effektivität x Qualität.

Die in die Formel eingehenden Leistungen können folgendermaßen definiert werden:

Produktivität = HNZ / Belegzeit

Effektivität = Istzyklus / Sollzyklus

Qualität = Gutmenge / Gesamtmenge

Die einzelnen Parameter müssen in jedem Fall so definiert und formuliert werden, dass sie von den Mitarbeitern beherrscht werden können.

MES-Funktionalitäten zur Verbesserung der Maschinen- und Anlagenproduktivität

Tabelle 4.3 MES-Funktionalitäten zur Verbesserung der Maschinenproduktivität

Maßnahme	MES-Modul	MES-Funktion
Messung des Nutzgrads	Maschinendatenerfassung	Nutzgrad
Messung der Hauptnutzungszeit und aller Nebenzeiten	Maschinendatenerfassung	Maschinenzeitprofil
	Optional Maschinenanbindung	Automat. Statuserfassung
Messung der ungeplanten Unterbrechungen	Maschinendatenerfassung	Maschinenzeitprofil
	Optional Maschinenanbindung	Automat. Statuserfassung
Messung der Leistung (z.B. Zykluszeiten)	Maschinendatenerfassung	Maschinenleistung
	Maschinenanbindung	Takt-/Zykluszähler
Messung der Auslastung	Leitstand	Gruppenauslastung
Erfassung und Analyse der Stillstandsgründe (Pareto-Diagramm)	Maschinendatenerfassung	Stillstandsprofil
Alarmfunktion bei Störungen (Eskalationsmanagement)	Eskalationsmanagement	Alarmfunktion
Maschinenübersicht mit Statusanzeige (Maschinenpark)	Maschinendatenerfassung	Grafischer Maschinenpark
Dynamische, vorbeugende Instandhaltung von Maschinen und Werkzeugen	Werkzeug- und Ressourcenmanagement	Wartungskalender (dynamisch in Verbindung mit Maschinendatenerfassung)
Werkzeugbelegungsplan anhand von Feinplanung	Werkzeug- und Ressourcenmanagement	Ressourcenbelegung
Rüstwechseloptimierung	Leitstand	Dynamische Rüstzeiten
	Leitstand	Automatische Belegung mit Ziel Rüstzeitverkürzung
Feinplanung mit Zielvorgabe Auslastung oder Bearbeitungsgrad	Leitstand	Manuelle oder automatische Belegung
Produktivitätsbezogene Kennzahlen für die Mitarbeiter in der Fertigung (z.B. OEE-Index, Nutzgrad)	Maschinendatenerfassung	OEE-Index, Nutzgrad
	Manufacturing Scorecard	Aktuelle Darstellung u. Verlauf

4.3.3 Verbesserung der Personalproduktivität mit MES

Messung der Personalproduktivität mit MES

Die Messung der Personalproduktivität (produktive Zeit/Anwesenheitszeit) kann mit den Modulen Personalzeiterfassung (PZE) und Betriebsdatenerfassung (BDE) erfolgen. Hierzu wird die produktive Arbeitszeit in der Betriebsdatenerfassung (BDE) erfasst und den in der Personalzeiterfassung (PZE) gestempelten Anwesenheitszeiten gegenüber gestellt. Zusätzlich könnte zur Beurteilung der Auslastung des Personals die für Fertigungsaufträge eingeplante Zeit aus dem Modul Personaleinsatzplanung (PEP) der Anwesenheitszeit aus der Personalzeiterfassung (PZE) gegenüber gestellt werden.

Maßnahmen zur Verbesserung der Personalproduktivität mit MES

Zielvorgaben für die Mitarbeiter

Produktivitätsbezogene Zielvorgaben, wie z.B. die Personalproduktivität = produktive Zeit / Anwesenheitszeit, können den Mitarbeitern mit Hilfe der Manufacturing Scorecard visualisiert werden. Die Manufacturing Scorecard ermöglicht sowohl die Darstellung des aktuellen Standes der Zielgrößen, als auch die Darstellung des Verlaufs.

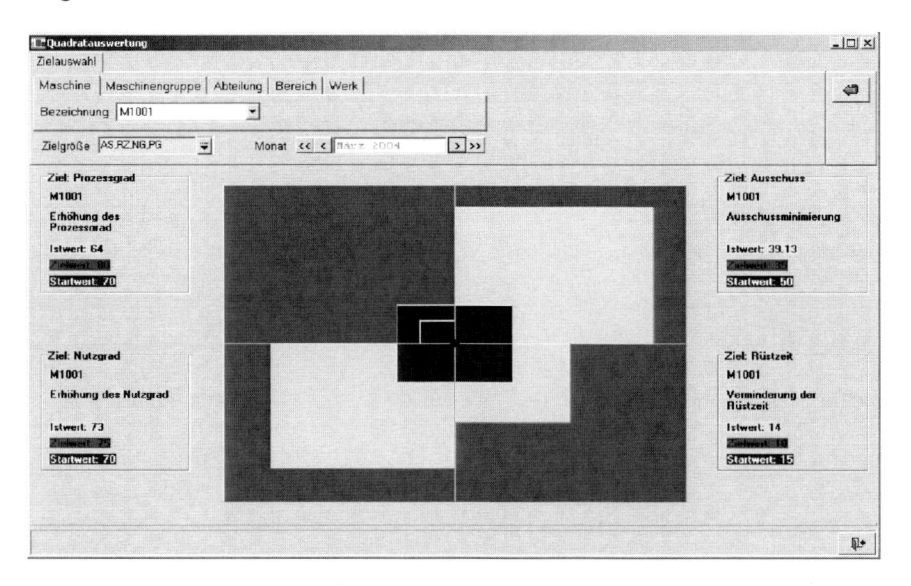

Abb. 4.16 Visualisierung von Zielvorgaben mit der Manufacturing Scorecard

Die Abbildung 4.16 zeigt eine beispielhafte Darstellung der Manufacturing Scorecard, in der die Erreichung einer vorgegebenen Kennzahl graphisch dargestellt wird. Im Bild sind für den oder die Arbeitsplätze, die nach diesen Vorgaben arbeiten, als Kennzahlen Prozessgrad, Nutzgrad, Ausschuss und Rüstzeit vorgegeben. Die Maske ist für die Mitarbeiter z.B. am Terminal oder an einem Gruppen i-Punkt jederzeit mit den aktuellen Daten abrufbar. Für jede dieser Vorgaben wird der Startpunkt (inneres Viereck) der Zielpunkt (äußeres Viereck) und der aktuelle Stand (mittleres Viereck) angezeigt. So ist z.B. die Zielgröße Ausschussminimierung im Betrachtungszeitraum schon gut erreicht, während die Zielgröße Prozessgrad noch unerfüllt ist.

Leistungslohn
MES unterstützen die Leistungslohnberechnung mit dem Modul Leistungslohnermittlung (LLE). Zur Berechnung von Leistungsgraden können automatisch Auftragszeiten aus der Betriebsdatenerfassung (BDE) sowie Anwesenheitszeiten aus der Personalzeiterfassung (PZE) berücksichtigt werden.

Personaleinsatzplanung
Der Personaleinsatz kann mit Hilfe des MES Moduls Personaleinsatzplanung (PEP) verbessert werden, indem die Personalstärke je nach Auftragsbelastung angepasst wird. Dabei können Schichtmodelle, Gleitzeitmodelle, Fehlzeiten, An- und Abwesenheitszeiten, etc. aus der Personalzeiterfassung (PZE) ebenso berücksichtigt werden, wie bestimmte Fähigkeiten bzw. Eignung der Mitarbeiter. Aus der Planung ergibt sich ein Personaleinsatzplan.

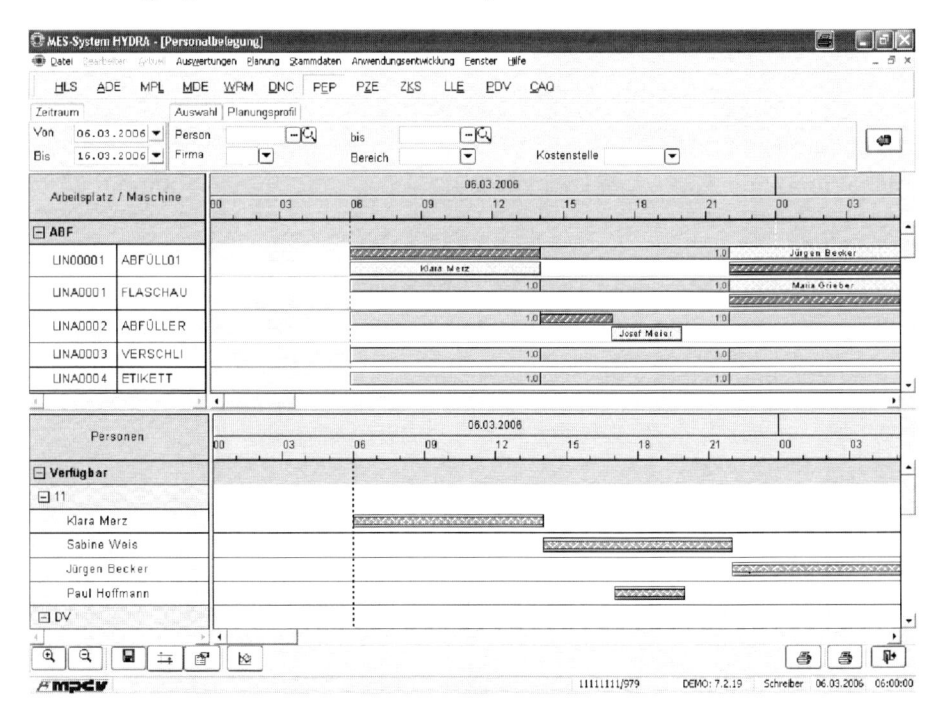

Abb. 4.17 Personaleinsatzplan in der Personaleinsatzplanung (PEP)

Automatische Verrechnung von Arbeitszeiten auf Lohnarten
Die Mitarbeiter der Personalverwaltung können durch die automatische Verrechnung von Arbeitszeiten auf Lohnarten innerhalb der Personalzeiterfassung (PZE) entlastet werden.

Entlastung der Mitarbeiter von Handaufschreibungen, Listen, Rückmeldungen, etc.
Die Mitarbeiter in der Fertigung lassen sich entlasten, indem manuelle Handaufschreibungen, auszufüllende Listen, Auftragskarten, Rückmeldungen, etc. durch Terminalmeldungen (Touchscreen) ersetzt werden. Solche Meldungen sind z.B. die Auswahl und Anmeldung eines Auftrags, die Meldung einer Störung, die Meldung des Auftragsfortschritts, etc.

Erfassung der Arbeitszeit am Arbeitsplatz
Mitarbeiter können ihre Anwesenheitszeit mit Hilfe der Personalzeiterfassung (PZE) eines MES direkt an ihrem Arbeitsplatz erfassen, wenn dort – oder in der Nähe – ein Terminal installiert ist. Die Erkennung bei der Kommt-/Geht-Stempelung kann per Barcode oder Legic-Chip erfolgen. Dadurch ergibt sich automatisch eine stets aktuelle Anwesenheitsübersicht aller Mitarbeiter innerhalb der Personalzeiterfassung (PZE).

MES-Funktionalitäten zur Verbesserung der Personalproduktivität

Tabelle 4.4 MES-Funktionalitäten zur Verbesserung der Personalproduktivität

Maßnahme	MES-Modul	MES-Funktion
Messung der Personalproduktivität (produktive Zeit/Anwesenheit)	Betriebsdatenerfassung Personalzeiterfassung	BDE/PZE-Abgleich Kommt-/Geht-Stempelung
Messung der Personalauslastung (eingeplante Zeit/Anwesenheitszeit)	Personaleinsatzplanung	Personalbedarf
Zielvorgaben für die Mitarbeiter (z.B. Zeitgrad, Rüstgrad, Bearbeitungsgrad, OEE-Index)	Manufacturing Scorecard Maschinendatenerfassung	Aktuelle Darstellung u. Verlauf OEE-Index, etc.
Leistungslohn	Leistungslohnermittlung	Lohnscheinprotokoll
Personaleinsatzplanung	Personaleinsatzplanung	Personalbelegung
Automatische Berücksichtigung von Schichtmodellen, Gleitzeitmodellen, Fehlzeiten, An- und Abwesenheiten, etc.)	Personalzeiterfassung	Arbeitszeitmodell, Entlohnungsmodell, Kommt-/Geht-Stempelung, Zeitnachweislisten, etc.

Tabelle 4.4 Fortsetzung

Maßnahme	MES-Modul	MES-Funktion
Automatische Verrechnung von Arbeitszeiten auf Lohnarten	Personalzeiterfassung Personalzeiterfassung	Lohnarten Tages- und Monatsauswertungen
Entlastung der Mitarbeiter von Handaufschreibungen, Listen, Rückmeldungen, etc.	Terminal am Arbeitsplatz	Statuseingabe, Rückmeldungen, etc.
Erfassung der Arbeitszeit am Arbeitsplatz	Personalzeiterfassung, Terminal am Arbeitsplatz	Kommt-/Geht-Stempelung (Barcode, Legic, o.ä.)

4.3.4 Verbesserung der Termintreue mit MES

Messung der Termintreue mit MES

Die Termintreue von Fertigungsaufträgen lässt sich in der Betriebsdatenerfassung (BDE) (s. Abbildung 4.18) sehen. Dort sind auch Auftragsrückstände erkennbar. Die zur Verbesserung der Termintreue wichtige Durchlaufzeit lässt sich auch mit Hilfe der Betriebsdatenerfassung (BDE) messen und z.B. in einem Auftragsprofil darstellen.

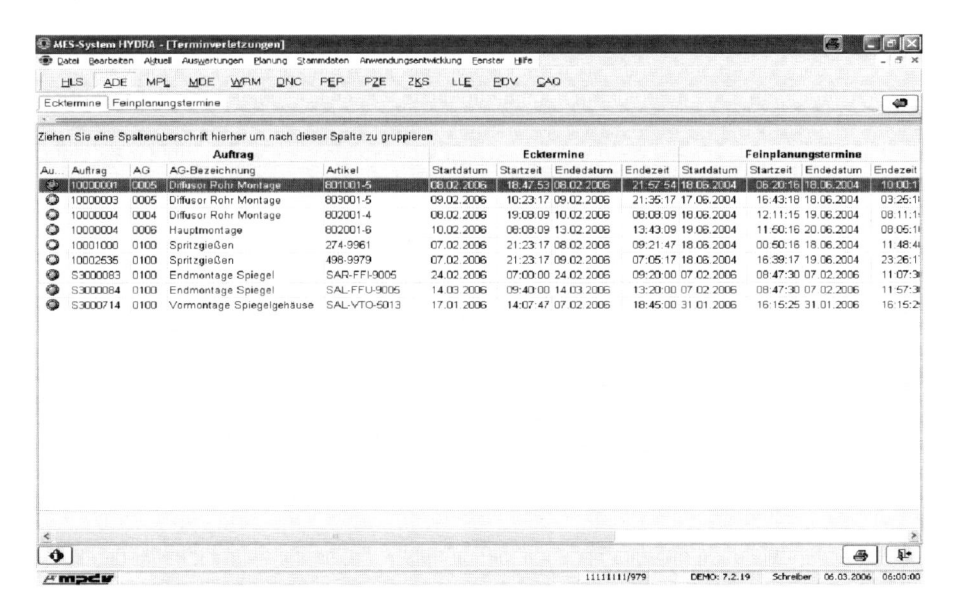

Abb. 4.18 Übersicht über Terminverletzungen in der Betriebsdatenerfassung

Maßnahmen zur Verbesserung der Termintreue mit MES

Laufende Pflege der Plandaten im ERP-System
Die oft veralteten Plandaten im ERP-System können mit Hilfe der Betriebsdatenerfassung gepflegt werden. Hierzu kann regelmäßig ein Soll-/Ist-Vergleich zwischen den Plandaten des ERP-Systems und den tatsächlichen Zahlen aus der Betriebsdatenerfassung durchgeführt werden.

Feinplanung auf Basis der aktuellen Situation
Die Termintreue lässt sich durch eine Feinplanung mit dem Leitstand eines MES drastisch erhöhen. Durch die Berücksichtigung der aktuellen Situation (Daten kommen aus der Betriebsdatenerfassung und der Maschinendatenerfassung) können Termine sicherer eingehalten werden.

Erkennung und Beseitigung von Terminkonflikten
Terminkonflikte können im MES schnell erkannt werden. Hier unterstützt zum einen der Leitstand, indem er Terminkonflikte in Echtzeit erkennt und in der grafischen Plantafel automatisch kennzeichnet. Damit werden Terminabweichungen schnellstmöglich erkannt, so dass Alternativen gesucht werden können. Parallel dazu gibt es Checklisten, die Terminverletzungen anzeigen.

Abbau von Auftragsrückständen in der Fertigung
Ein MES Leitstand kann beim Abbau von Rückständen behilflich sein. So lässt sich z.B. durch die grafische Visualisierung der Ist-Situation in der Fertigung besser erkennen, ob noch ein Auftrag dazwischen genommen werden kann. Zum anderen ermöglicht ein Leitstand die Simulation, z.B. einer zusätzlichen Sonderschicht.

Nur machbare Fertigungsaufträge erzeugen
Damit keine Rückstände mehr entstehen, sollten künftig nur noch machbare Aufträge erzeugt werden. Hier unterstützt der MES Leitstand, indem er den Belegungshorizont sowie die tatsächlich vorhandenen Kapazitäten berücksichtigt. Auf Terminkonflikte wird sofort bei der Planung hingewiesen, so dass nach Alternativen gesucht werden kann. Hierbei unterstützt ein MES Leitstand durch Simulationsmöglichkeiten alternativer Planungsszenarien.

Online-Erfassung des Auftragsfortschritts
Die Erfassung des Auftragsfortschritts kann mit Hilfe der Betriebsdatenerfassung online erfolgen, d.h. die Anzahl der aktuell vorhandenen Teile ist jederzeit abrufbar. Dadurch werden Terminaussagen sicherer.

Infoleitstand für den Vertrieb für genauere Terminaussagen
Damit der Vertrieb einen genauen Überblick über die Terminsituation der Fertigungsaufträge hat, bietet ein MES-Leitstand die Möglichkeit einer Info-Darstellung, bei der die genauen Produktionstermine eingesehen, jedoch nicht geän-

dert werden können. Der Vertrieb ist damit in der Lage, wesentlich genauere Terminaussagen gegenüber dem Kunden zu äußern.

Kennzahlen für die Termintreue als Zielvorgabe für die Mitarbeiter
Zielvorgaben für die Termintreue, z.B. Anzahl pünktlicher Lieferungen / Anzahl Gesamtlieferungen, können den Mitarbeitern mit Hilfe der Manufacturing Scorecard visualisiert werden. Die Manufacturing Scorecard ermöglicht sowohl die Darstellung des aktuellen Standes der Zielgrößen, als auch die Darstellung des Verlaufs. Idealerweise sollte die Manufacturing Scorecard in der Fertigung z.B. an einem i-Punkt abrufbar sein.

MES-Funktionalitäten zur Verbesserung der Termintreue

Tabelle 4.5 MES-Funktionalitäten zur Verbesserung der Termintreue

Maßnahme	MES-Modul	MES-Funktion
Messung der Termintreue (pktl. Lieferungen/Gesamtlieferungen)	Betriebsdatenerfassung	Auftragsübersicht
Messung der Durchlaufzeit	Betriebsdatenerfassung	Auftragsprofil
Messung der Auftragsrückstände	Betriebsdatenerfassung	Auftragsübersicht
Feinplanung auf Basis der aktuellen Situation	Leitstand Maschinendatenerfassung Betriebsdatenerfassung	Grafische Planung Maschinenstatus Auftragsfortschritt
Erkennung und Beseitigung von Terminkonflikten	Leitstand Maschinendatenerfassung	Grafische Planung Meistercheckliste
Abbau von Rückständen in der Fertigung	Leitstand	Grafische Planung
Nur machbare Fertigungsaufträge erzeugen	Leitstand Maschinendatenerfassung Betriebsdatenerfassung	Grafische Planung Maschinenstatus Auftragsfortschritt
Laufende Pflege der Plandaten im ERP-System	Betriebsdatenerfassung	Soll-/Ist-Vergleich
Online-Erfassung des Auftragsfortschritts	Betriebsdatenerfassung Terminal am Arbeitsplatz	Rückmeldungen
Infoleitstand für den Vertrieb für genaue Terminaussagen	Leitstand	Infoleitstand
Termintreuebezogene Zielvorgaben für die Mitarbeiter	Manufacturing Scorecard	Aktuelle Darstellung u. Verlauf

4.3.5 Reduzierung der Umlaufbestände mit MES

Messung der Umlaufbestände mit MES

Die Umlaufbestände in der Fertigung werden kontinuierlich vom MES-Modul Material- und Produktionslogistik (MPL) erfasst, indem jeweils produzierende (vorgelagerte) und entnehmende (nachgelagerte) Arbeitsgänge berücksichtigt werden. Einen jeweils aktuellen Überblick über alle Umlaufbestände gibt die Bestandsübersicht dieses Moduls (s. Abbildung 4.19).

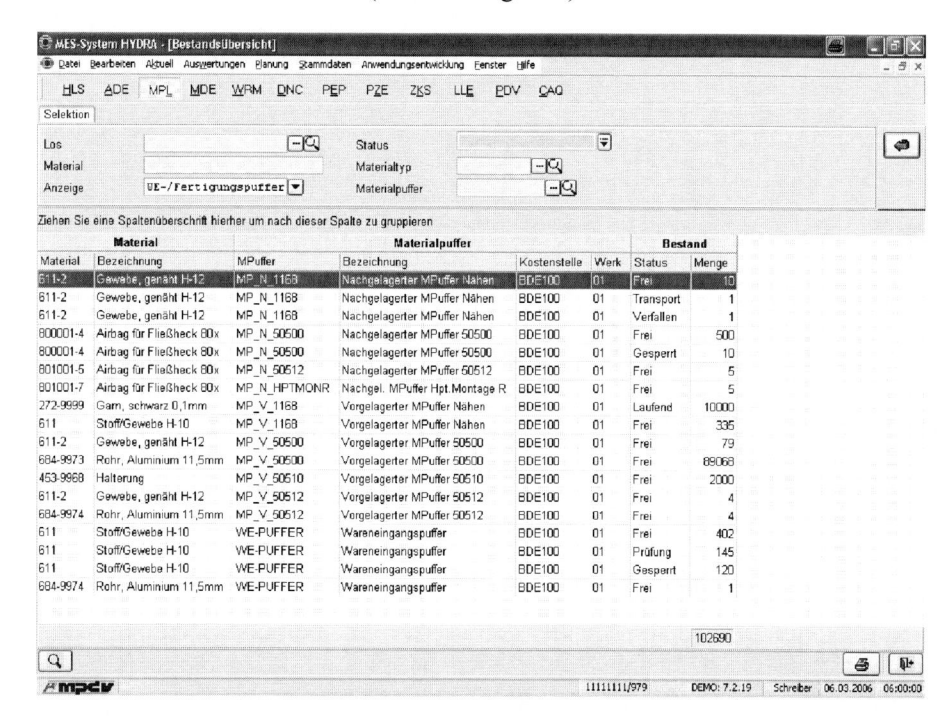

Abb. 4.19 Materialpuffer im Modul Material- und Produktionslogistik (MPL)

Maßnahmen zur Reduzierung der Umlaufbestände mit MES

Feinplanung mit Ziel Bestandsreduzierung

Die Umlaufbestände lassen sich in erster Linie mit Hilfe einer verbesserten Feinplanung mit dem Leitstand eines MES reduzieren, indem die einzelnen Arbeitsgänge besser synchronisiert werden. Durch die Berücksichtigung des Auftragsfortschritts (Daten kommen aus der Betriebsdatenerfassung) und der Maschinenstatus (Daten kommen aus der Maschinendatenerfassung) ist ein MES-Leitstand in der Lage, die Ist-Situation zu visualisieren. Damit können unnötige Verzögerungen zwischen zwei Arbeitsgängen, die Umlaufbestände verursachen, erkannt und vermieden werden. Innerhalb des Leitstands ist es auch möglich, Fertigungsaufträge zu splitten, um in kleineren Losen zu fertigen, was wiederum die Umlaufbestände reduziert.

Taktsynchronisierung der Arbeitsplätze/Maschinen
Mit Hilfe der Takt-/Zykluszähler der Maschinendatenerfassung können die tatsächlichen Zykluszeiten der einzelnen Arbeitsgänge gemessen werden. Daraus lassen sich Taktabweichungen zwischen den einzelnen Arbeitsgängen feststellen. Taktabweichungen führen zu Umlaufbeständen (Rother, 2004).

Berechnung der Reichweite
Mit Hilfe der Reichweitenbetrachtung des MES-Moduls Material- und Produktionslogistik (MPL) – wie in der Abbildung 4.20 gezeigt – lässt sich permanent die Reichweite von Umlaufbeständen bzw. Puffermaterial berechnen. Insbesondere durch die Überwachung der minimalen und maximalen Bestände lassen sich die Umlaufbestände auf ein „Optimum" einpegeln.

Verbesserung des internen Materialtransports
Sowohl die Auftragsübersicht der Betriebsdatenerfassung (BDE), als auch die Bedarfsübersicht des Moduls Material- und Produktionslogistik (MPL) unterstützen den innerbetrieblichen Materialtransport durch die Information, wann wo welches Material benötigt wird bzw. angefallen ist und abtransportiert werden muss. Diese Information kann auch auf mobilen Terminals (Anbindung über WLAN) angezeigt werden, so dass das erforderliche Material just-in-time bereitgestellt werden kann.

Kennzahlen für die Umlaufbestände als Zielvorgabe für die Mitarbeiter
Zielvorgaben für die Umlaufbestände, z.B. die Reichweite, können den Mitarbeitern mit Hilfe der Manufacturing Scorecard visualisiert werden. Die Manufacturing Scorecard ermöglicht sowohl die Darstellung des aktuellen Standes der Zielgrößen, als auch die Darstellung des Verlaufs. Idealerweise sollte die Manufacturing Scorecard in der Fertigung z.B. an einem i-Punkt abrufbar sein.

MES-Funktionalitäten zur Reduzierung der Umlaufbestände

Tabelle 4.6 MES-Funktionalitäten zur Reduzierung der Umlaufbestände

Maßnahme	MES-Modul	MES-Funktion
Messung der Umlaufbestände	Material- und Produktionslogistik	Bestandsübersicht
Berechnung der Reichweite von Umlaufbeständen	Material- und Produktionslogistik	Bestandsüberwachung und Reichweitenbetrachtung
Reduzierung der Losgrößen	Betriebsdatenerfassung	Aufträge bearbeiten
	Leitstand	Arbeitsgang splitten
Taktsynchronisierung der Arbeitsplätze/Maschinen	Maschinendatenerfassung	Takt-/Zykluszähler
Feinplanung mit Ziel Bestandsreduzierung	Leitstand	Manuelle oder automatische Planung mit Ziel Bestandsreduzierung
	Maschinendatenerfassung	Maschinenstatus
	Betriebsdatenerfassung	Auftragsfortschritt
Verbesserung des internen Materialtransports durch mobile Terminals	Betriebsdatenerfassung	Auftragsübersicht
	Material- und Produktionslogistik	Bedarfsübersicht
Bestandsbezogene Zielvorgaben für die Mitarbeiter	Manufacturing Scorecard	Aktuelle Darstellung u. Verlauf

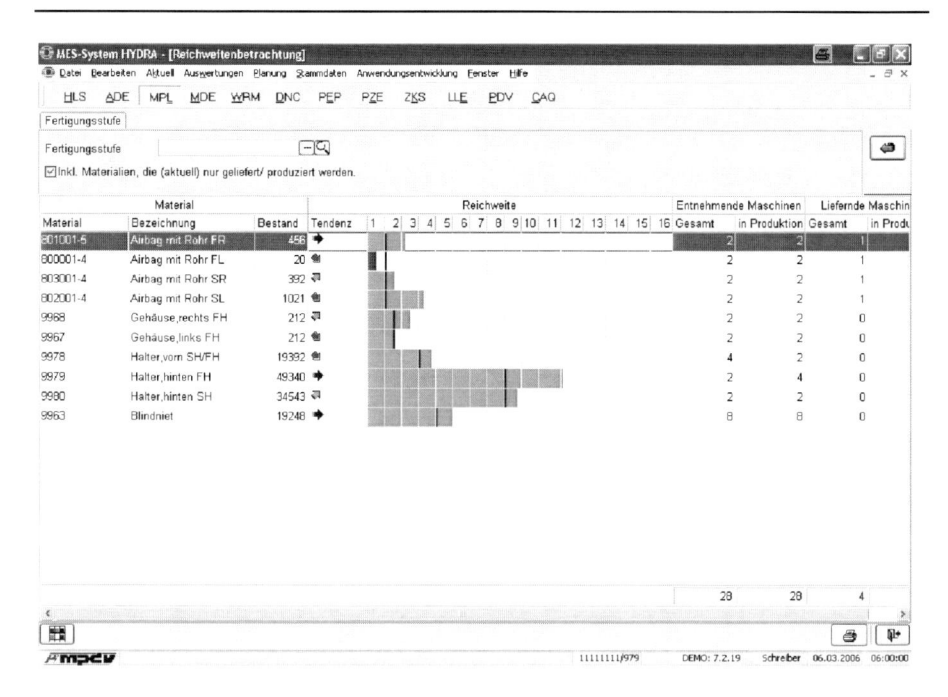

Abb. 4.20 Reichweitenbetrachtung im Modul Material- und Produktionslogistik (MPL)

4.3.6 Verbesserung der Produktqualität mit MES

Messung der Produktqualität mit MES

Ein MES bietet einen vielfältigen Nutzen bei der Messung von qualitätsrelevanten Daten, da nicht nur Qualitätsmerkmale erfasst werden, sondern auch die für die Ursachenanalyse wichtigen sonstigen Daten aus der Fertigung. So können alle Qualitätsmerkmale mit Hilfe des Qualitätsmanagements eines MES erfasst werden. Zusätzlich können noch Auftragsdaten (Betriebsdatenerfassung), Werkzeug- und Maschineninformationen (Werkzeug- und Ressourcenmanagement), Materialdaten (Material- und Produktionslogistik), Personaldaten (Personalzeiterfassung) und Prozessdaten (Prozessdatenverarbeitung) erfasst werden. Durch die Vernetzung aller Information im MES sind vielfältige Auswertungen möglich, um Fehlerursachen identifizieren zu können. Die Erfassung und (!) Auswertung von Qualitätsdaten im laufenden Prozess ermöglicht schnelle Eingriffe, um die Produktion von Ausschuss zu verhindern. Eine nachträgliche Erfassung und Auswertung würde nur den produzierten Schrott qualifizieren.

Maßnahmen zur Verbesserung der Produktqualität mit MES

Flexible Prüfplanung
Ein MES unterstützt mit dem Modul Qualitätsmanagement bei der Erstellung von Prüfplänen, die je nach Bedarf für einzelne Artikel, Artikelgruppen, Arbeitsgänge, Kunden, Lieferanten oder Normen gelten. Dabei kann auch festgelegt werden, welche Prüfmittel und Messmittel zugelassen sind.

Statistische Prozessregelung (SPC)
Die statistische Prozessregelung (SPC) erfolgt an Terminals am Arbeitsplatz oder Prüfplatz, wie in der Abbildung 4.21 angezeigt. Die Messwerte können manuell eingegeben werden oder elektronisch vom Messmittel übergeben werden. Die Messwerte werden auf Regelkarten des Qualitätsmanagement (CAQ) Moduls des MES angezeigt und können dort analysiert werden.

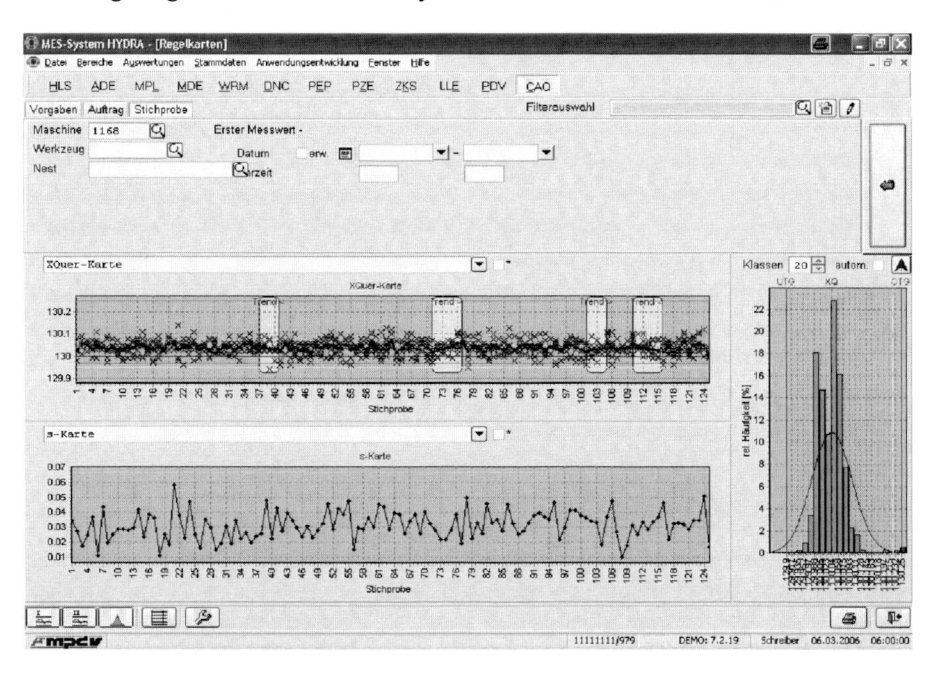

Abb. 4.21 Darstellung einer Regelkarte im Modul Qualitätsmanagement (CAQ)

Wareneingangskontrolle und Lieferantenbewertung
Die Lieferantenqualität kann mit Hilfe der Funktion Wareneingangskontrolle (WEK) des Qualitätsmanagements überwacht werden.

Prüfmittelverwaltung
Die Funktion Prüfmittelverwaltung (PMV) des Qualitätsmanagements verwaltet die Prüfmittel und deren Wartungs- bzw. Kalibriertermine. Wartung bzw. Kalib-

rierung kann dynamisch erfolgen, je nach Einsatzhäufigkeit des Prüfmittels. Die Fälligkeit von Wartungen bzw. Kalibrierungen kann dem Werker bzw. Prüfer am Arbeitsplatz signalisiert werden.

Überwachen von Eingriffsgrenzen (Eskalationsmanagement)
Um bei Überschreitungen von Eingriffsgrenzen reagieren zu können, bietet das Eskalationsmanagement (ESK) automatische Alarmfunktionen bei der Über- oder Unterschreitung von Eingriffsgrenzen an. So kann z.B. ein Alarm (z.B. rote Lampe oder SMS) ausgelöst werden, wenn die Ausschussquote einer Maschine über 0,15% geht oder wenn eine bestimmte Temperatur über 60°C steigt.

Standardisierte Workflows zur Fehlerbehandlung (z.B. 8D-Report)
Mit Hilfe des Reklamationsmanagements (REK) eines MES lassen sich standardisierte Workflows zur Reaktion im Fehlerfall anlegen. Ein solcher Workflow ist der 8D-Report. Der Vorteil eines systemunterstützen Workflows ist die Möglichkeit, die Maßnahmen elektronisch zu verfolgen. Damit wird sichergestellt, dass kein Fehler unbearbeitet bleibt.

Kennzahlen für die Qualität als Zielvorgabe für die Mitarbeiter
Zielvorgaben für die Qualität, z.B. der Ausschussgrad, können den Mitarbeitern mit Hilfe der Manufacturing Scorecard visualisiert werden. Die Manufacturing Scorecard ermöglicht sowohl die Darstellung des aktuellen Standes der Zielgrößen, als auch die Darstellung des Verlaufs. Idealerweise sollte die Manufacturing Scorecard in der Fertigung z.B. an einem i-Punkt abrufbar sein.

MES-Funktionalitäten zur Verbesserung der Produktqualität

Tabelle 4.7 MES-Funktionalitäten zur Verbesserung der Produktqualität

Maßnahme	MES-Modul	MES-Funktion
Messung von Qualitätsmerkmalen	Qualitätsmanagement	Messwerterfassung
Messung und von Prozessdaten	Prozessdatenverarbeitung	Messwerterfassung (optional automatische Messwertübernahme)
Visualisierung von Prozessdaten	Prozessdatenverarbeitung	Istwerte-Grafik
Erfassung von Ausschussmengen	Betriebsdatenerfassung	Ausschuss-Statistik
Erfassung von Ausschussgründen	Betriebsdatenerfassung	Ausschuss-Statistik
Statistische Prozessregelung (SPC)	Terminal am Arbeitsplatz	Messwerterfassung
	Qualitätsmanagement	Regelkarten

Tabelle 4.7 Fortsetzung

Maßnahme	MES-Modul	MES-Funktion
Flexible Prüfplanung	Qualitätsmanagement	Flexible Prüfplanung
Überwachen von Eingriffsgrenzen (Eskalationsmanagement)	Eskalationsmanagement	Alarmfunktion
Standardisierte Workflows zur Fehlerbehandlung (z.B. 8D-Report)	Qualitätsmanagement	Reklamationsmanagement
Wareneingangskontrolle	Qualitätsmanagement	Wareneingangskontrolle
Prüfmittelverwaltung	Qualitätsmanagement	Prüfmittelverwaltung
Qualitätsbezogene Zielvorgaben für Mitarbeiter (z.B. Ausschussgrad)	Manufacturing Scorecard	Aktuelle Darstellung u. Verlauf

4.3.7 Erhöhung der Flexibilität mit MES

Messung der Flexibilität mit MES

Die Flexibilität als das Verhältnis von reiner Bearbeitungszeit zur Lieferzeit kann mit Hilfe der Kennzahlen aus der Auftragsstatistik der Betriebsdatenerfassung berechnet werden. Der andere Ansatz, die Flexibilität über die freien Kapazitäten zu definieren, lässt sich mit Hilfe der Gruppenauslastung im MES-Leitstand realisieren.

Maßnahmen zur Verbesserung der Flexibilität mit MES

Feinplanung zur Reduzierung der Warte- und Liegezeiten und der Umlaufbestände
Eine wichtige Voraussetzung für die Flexibilität ist eine kurze Durchlaufzeit, die sich durch die Reduzierung der Warte- und Liegezeiten sowie der Umlaufbestände ergibt. Diese lassen sich in erster Linie mit Hilfe einer verbesserten Feinplanung mit dem Leitstand eines MES reduzieren, indem die einzelnen Arbeitsgänge besser synchronisiert werden. Durch die Berücksichtigung des Auftragsfortschritts (Daten kommen aus der Betriebsdatenerfassung) und der Maschinenstatus (Daten kommen aus der Maschinendatenerfassung) kann ein MES-Leitstand die Ist-Situation visualisieren. Damit können unnötige Verzögerungen zwischen zwei Arbeitsgängen erkannt und vermieden werden. Innerhalb des Leitstands ist es auch möglich, Fertigungsaufträge zu splitten, um in kleineren Losen zu fertigen, was wiederum die Durchlaufzeit reduziert.

Verkürzung der Informationswege (papierarme Fertigung)
Die Informationswege können mit Hilfe eines MES drastisch verkürzt werden, da viele der bisherigen Fertigungspapiere elektronisch abgebildet werden können.

4.3 Unterstützung der Maßnahmen mit MES

Voraussetzung sind Terminals in der Fertigung, möglichst an jedem Arbeitsplatz oder für jede Maschinengruppe. Dort können die Aufträge in einer für das Fertigungsumfeld geeigneten Form eingesehen und alle für den Auftrag relevanten Informationen (Auftragsdaten, Einstelldaten, Prüfanweisungen, etc.) abgerufen werden. Darüber hinaus kann damit vor Ort der Auftragsfortschritt online erfasst werden.

Abbau von Rückständen in der Fertigung
Ein MES-Leitstand kann beim Abbau von Rückständen behilflich sein. So lässt sich z.B. durch die grafische Visualisierung der Ist-Situation in der Fertigung besser erkennen, ob noch ein Auftrag dazwischen genommen werden kann. Zum anderen ermöglicht ein Leitstand die Simulation, z.B. einer zusätzlichen Sonderschicht.

Schaffung von Reservekapazitäten
Um flexibel zu sein werden freie Kapazitäten benötigt. Ein MES Leitstand unterstützt beispielsweise durch die Simulation der Gruppenauslastung bei der aktuellen und künftigen Auftragssituation. Bei zu hohen Auslastungen können direkt im Leitstand mit Hilfe der grafischen Planung Kapazitätsspitzen abgebaut werden, indem Aufträge zeitlich verschoben werden oder indem z.B. rechtzeitig Sonderschichten eingeplant werden. Die Auswirkungen von Sonderschichten können im Leitstand simuliert werden. Die Abbildung 4.22 zeigt den zeitlichen Auslastungsverlauf.

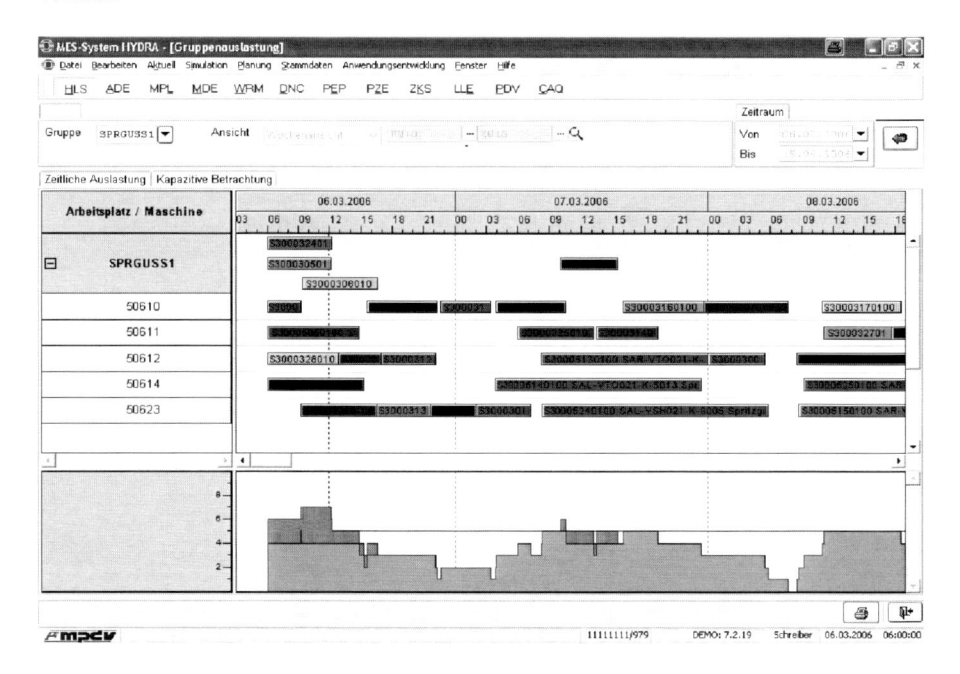

Abb. 4.22 Darstellung des zeitlichen Verlaufs der Auslastung im MES Leitstand

Kennzahlen für die Flexibilität als Zielvorgabe für die Mitarbeiter
Zielvorgaben für die Flexibilität, z.B. der Flexibilitätsgrad oder der Anteil freier Kapazitäten, können den Mitarbeitern mit Hilfe der Manufacturing Scorecard visualisiert werden. Die Manufacturing Scorecard ermöglicht sowohl die Darstellung des aktuellen Standes der Zielgrößen, als auch des Verlaufs.

Überblick über die MES-Funktionalitäten zur Verbesserung der Flexibilität

Tabelle 4.8 MES-Funktionalitäten zur Erhöhung der Flexibilität

Maßnahme	MES-Modul	MES-Funktion
Messung des Flexibilitätsgrads	Betriebsdatenerfassung Leitstand	Auftragsstatistik Gruppenauslastung
Messung der Durchlaufzeit	Betriebsdatenerfassung	Auftragsprofil
Messung der Bearbeitungszeiten und Warte- und Liegezeiten	Betriebsdatenerfassung	Auftragsstatistik
Messung der Rüstzeiten und ungeplanten Unterbrechungen	Maschinendatenerfassung	Maschinenzeitprofil
Feinplanung zur Reduzierung der Warte- und Liegezeiten und der Umlaufbestände	Leitstand Maschinendatenerfassung Betriebsdatenerfassung	Grafische Planung Maschinenstatus Auftragsfortschritt
Reduzierung der Losgrößen	Betriebsdatenerfassung Leitstand	Aufträge bearbeiten Arbeitsgang splitten
Schaffung von Reservekapazitäten	Leitstand Leitstand	Gruppenauslastung Grafische Plantafel
Verkürzung der Informationswege (papierarme Fertigung)	Terminal am Arbeitsplatz	Rückmeldungen, Statusmeldungen, Einstelldaten, Prüfpläne, etc.
Abbau von Rückständen in der Fertigung	Leitstand Maschinendatenerfassung Betriebsdatenerfassung	Grafische Planung Maschinenstatus Auftragsfortschritt
Flexibilitätsbezogene Zielvorgaben für die Mitarbeiter (z.B. Flexibilitätsgrad)	Manufacturing Scorecard	Aktuelle Darstellung u. Verlauf

4.3.8 Erfüllung sonstiger interner und externer Anforderungen mit MES

Verbesserung der Planungsqualität mit MES

Messung der Planungsqualität mit MES
Ein MES bietet mit der Auftragsübersicht der Betriebsdatenerfassung jederzeit einen aktuellen Überblick über die Auftragssituation. In dieser Übersicht können verspätete Aufträge identifiziert werden, so dass das Verhältnis aus planmäßig realisierten Aufträgen zur Gesamtanzahl der Aufträge gebildet werden kann, was ein Maß für die Planungsqualität ist.

Maßnahmen zur Verbesserung der Planungsqualität mit MES

Feinplanung unter Berücksichtigung der aktuellen Situation und tatsächlicher Kapazitäten
Die Planungsqualität lässt sich mit dem Leitstand eines MES drastisch erhöhen, da dieser durch eine online-Kopplung mit der Fertigung bei der Planung die aktuelle Situation in Bezug auf Maschinenbelegung, Maschinenstatus, Auftragsfortschritte, Schichten, Kapazitäten, bis hin zu Werkzeugausprägungen (2-fach fallend, 4-fach fallend, etc.) berücksichtigt. Damit wird aus der sonst üblichen Fertigungsplanung eine Fertigungssteuerung oder sogar eine Fertigungsregelung. Die aktuellen Daten werden dem Leitstand von der Betriebsdatenerfassung und der Maschinendatenerfassung bereitgestellt. Abbildung 4.23 zeigt eine Visualisierung der aktuellen Belegungs- und Bearbeitungssituation.

Dezentrale Feinplanung (kleinere Regelkreise)
Eine weitere Steigerung der Planungsqualität kann durch dezentrale Feinplanung in den einzelnen Fertigungsbereichen erreicht werden. Je kurzfristiger die Planung erfolgt, desto mehr Informationen über die Ist-Situation stehen zur Verfügung und desto länger können Handlungsalternativen offen gelassen werden. Damit lassen sich machbare Fertigungsaufträge erzeugen, wodurch die Planungsqualität gesteigert wird. Die grafische Plantafel des MES Leitstands unterstützt die dezentrale Planung, indem sie jeden Fertigungsbereich visualisieren kann, aber auch – anders als herkömmliche Plantafeln mit Steckkärtchen – Auftragsänderungen, Verzögerungen beim Vorgänger bzw. Nachfolger, etc. berücksichtigt und visualisiert (Vernetzung).

Automatische Maschinenbelegung nach Zielvorgaben
Mit einem MES-Leitstand lässt sich die Maschinenbelegung auch automatisch nach vorgegebenen Planungsstrategien durchführen. Ziele solcher Planungsstrategien können z.B. sein kurze Durchlaufzeit, geringe Umlaufbestände, hohe Termintreue, hohe Auslastung.

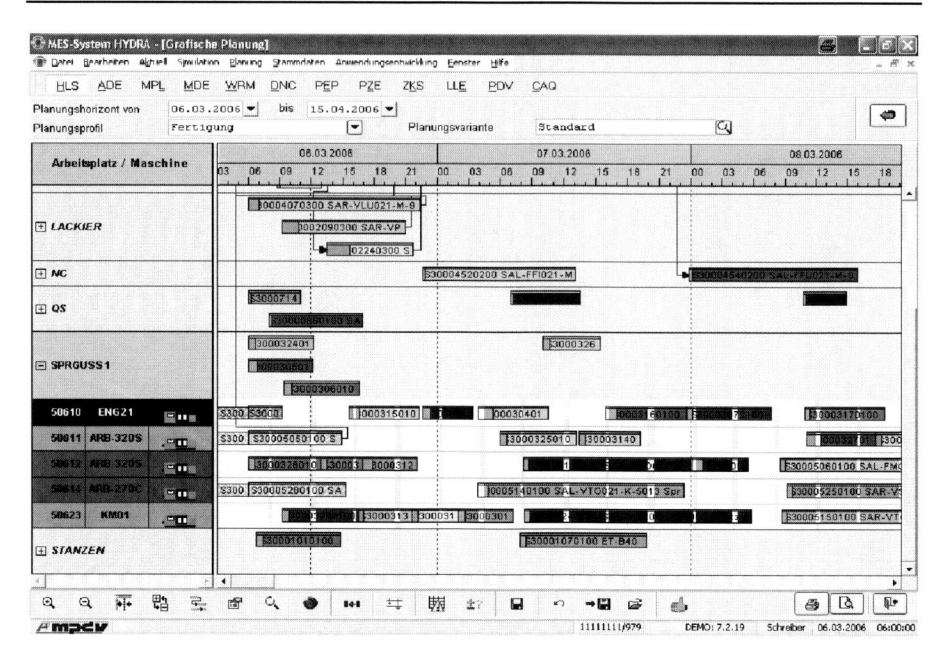

Abb. 4.23 Grafische Visualisierung der aktuellen Situation im MES Leitstand

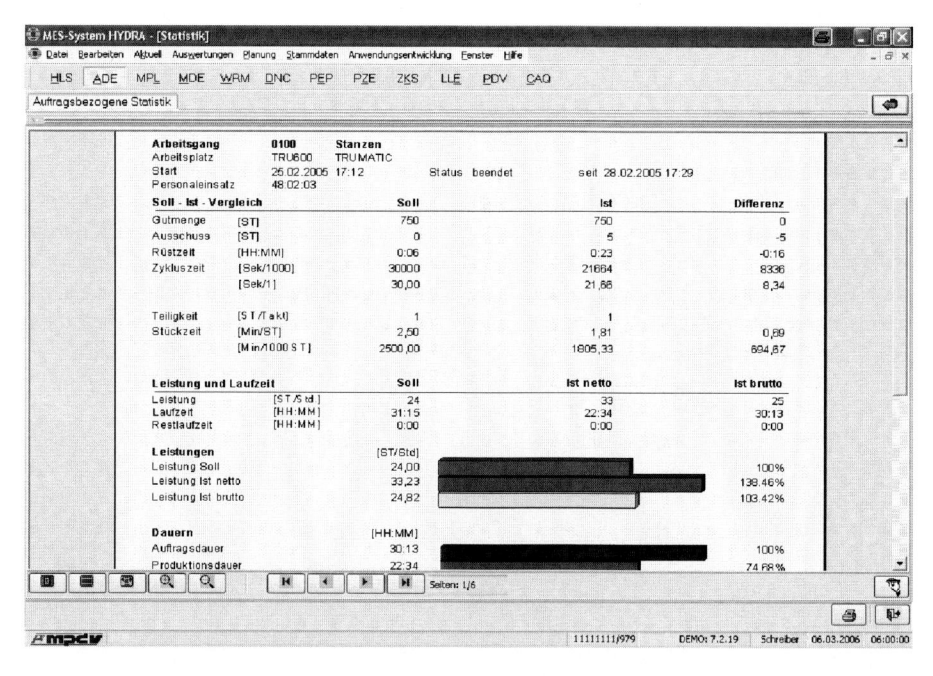

Abb. 4.24 Gegenüberstellung der Ist-Leistung und der im ERP-System hinterlegten Soll-Leistung in der Betriebsdatenerfassung (BDE)

Laufende Pflege der Plandaten im ERP-System
Die oft veralteten Plandaten im ERP-System können mit Hilfe der Betriebsdatenerfassung gepflegt werden. Hierzu kann regelmäßig ein Soll-/Ist-Vergleich zwischen den Plandaten des ERP-Systems und den tatsächlichen Zahlen aus der Betriebsdatenerfassung durchgeführt werden. Abbildung 4.24 zeigt eine Gegenüberstellung der aus dem ERP-System übernommenen Stammdaten und den aktuellen Ist-Werten.

MES-Funktionalitäten zur Verbesserung der Planungsqualität

Tabelle 4.9 MES-Unterstützung zur Verbesserung der Planungsqualität

Maßnahme	MES.Modul	MES-Funktion
Messung der Planungsqualität	Betriebsdatenerfassung	Auftragsübersicht
Feinplanung unter Berücksichtigung tatsächlich vorhandener Kapazitäten	Leitstand	Grafische Planung
	Maschinendatenerfassung	Maschinenstatus
	Betriebsdatenerfassung	Auftragsfortschritt
Online-Erfassung des Auftragsfortschritts	Betriebsdatenerfassung	Auftragsfortschritt
Dezentrale Feinplanung (kleinere Regelkreise)	Leitstand	Grafische Planung
	Maschinendatenerfassung	Maschinenstatus
	Betriebsdatenerfassung	Auftragsfortschritt
Automatische Maschinenbelegung nach Zielvorgaben	Leitstand	Automatische Belegung
	Maschinendatenerfassung	Maschinenstatus
	Betriebsdatenerfassung	Auftragsfortschritt
Laufende Pflege der Plandaten im ERP-System	Betriebsdatenerfassung	Soll-/Ist-Vergleich

Erhöhung der Transparenz mit MES

Ein MES ist das geeignete Tool, um die Transparenz in der Fertigung zu erhöhen. So können mit Hilfe eines MES Informationen aus allen Bereichen der Fertigung in Echtzeit erfasst und jederzeit abgerufen werden:

- Auftragsdaten mit der Betriebsdatenerfassung (BDE)
- Maschinendaten mit der Maschinendatenerfassung (MDE)

- Planungssituation mit dem Leitstand (HLS)
- Material-, Chargen- und Losinformationen mit der Material- und Produktionslogistik (MPL)
- Werkzeugdaten mit dem Werkzeug- und Ressourcenmanagement (WRM)
- Prozessdaten mit der Prozessdatenverarbeitung (PDV)
- Personalzeiten mit der Personalzeiterfassung (PZE)
- Qualitätsdaten mit dem Qualitätsmanagement (CAQ)

Alle Informationen sind dabei „vernetzt". So liefert beispielsweise die Betriebsdatenerfassung den aktuellen Auftragsfortschritt an den Leitstand. Oder die Maschinendatenerfassung liefert die Anzahl der Takte an das Werkzeug- und Ressourcenmanagement zur dynamischen Instandhaltung. Oder die Betriebsdatenerfassung liefert Impulse an das Qualitätsmanagement für die fertigungsbegleitende Prüfung.

Für den Abruf und die Darstellung der Informationen bietet ein MES neben Selektionsmasken auch Hilfsmittel, wie z.B. einen grafischen Maschinenpark. Hier sind alle Maschinen bzw. Arbeitsplätze abgebildet, wobei aktuelle Informationen angezeigt werden, z.B. Status der Maschine, Auftragsfortschritt, etc.

Darüber hinaus können alle Informationen auch in Form von Kennzahlen verdichtet werden. Mit der Manufacturing Scorecard lassen sich beliebige prozessorientierte Kennzahlen auf Basis der im MES erfassten Daten berechnen und visualisieren.

MES-Funktionalitäten zur Verbesserung der Transparenz

Tabelle 4.10 MES-Unterstützung zur Erhöhung der Transparenz

Maßnahme	MES-Modul	MES-Funktion
Erfassung von Auftragsdaten (Bearbeitungszeiten, Nichtbearbeitungszeiten, Mengen, etc.)	Betriebsdatenerfassung	Auftragsstatistik
Erfassung von Maschinendaten (Produktiv, Stillstand, Störungen, etc.)	Maschinendatenerfassung	Maschinenzeitprofil
Erfassung von Personaldaten (Anwesenheit)	Personalzeiterfassung	An- und Abwesenheitszeitübersicht
Erfassung von Personaldaten (produktive Leistung)	Betriebsdatenerfassung	BDE/PZE-Abgleich
	Personalzeiterfassung	Kommt-/Geht-Stempelung
Erfassung von Qualitätsdaten	Qualitätsmanagement	Messwerterfassung

Tabelle 4.10 Fortsetzung

Maßnahme	MES-Modul	MES-Funktion
Erfassung von Werkzeugdaten	Werkzeug- und Ressourcenmanagement	Werkzeugverwaltung
Erfassung von Materialdaten (Umlaufbestände)	Material- und Produktionslogistik	Bestandsübersicht
Erfassung von Prozessdaten	Prozessdatenverarbeitung	Messwerterfassung
Erfassung von Chargeninformationen	Material- und Produktionslogistik	Losverfolgung
Darstellung der aktuellen Planungssituation	Leitstand	Grafische Plantafel
Darstellung der aktuellen Situation	Maschinendatenerfassung	Grafischer Maschinenpark
Berechnung von Kennzahlen aus den Messgrößen	Manufacturing Scorecard	Aktuelle Darstellung u. Verlauf
Vernetzung der Informationen (keine Insellösungen)	Alle	Alle
Darstellung aller Informationen auf PCs oder Terminals	Terminals an den Arbeitsplätzen	Alle Informationen für den Werker (Pull)
	PCs in den Meisterbüros, Produktionsleitung, Personalabteilung, Qualitätssicherung, etc.	Alle Informationen, die benötigt werden (Pull)

Los- und Chargenverfolgung mit MES

Für die Los- und Chargenverfolgung ist ein MES ideal, da es den gesamten Fertigungsprozess abbildet und daher „sowieso" alle Informationen bereithält. Die Los- und Chargeninformationen werden innerhalb des MES in dem Modul Material- und Produktionslogistik abgebildet. Die Chargennummern von Ausgangsmaterialien können an den jeweiligen Arbeitsgängen erfasst werden (z.B. manuelle Eingabe am Terminal, Scannen des Barcodes, Auslesen eines RFID, etc.). Darüber hinaus können aber auch materialbeschreibende Los- und Chargenattribute (z.B. Gewicht, Länge, Herstellungsdatum, Verfallsdatum, etc.) sowie verwendete Betriebsstoffe festgehalten werden. Mit Hilfe der Funktion Losverfolgung lässt sich jederzeit – auch grafisch – verfolgen, wo das Los überall eingeflossen ist (s. Abbildung 4.25). Über die Loshistorie können noch weitere Informationen aus dem Fertigungsprozess abgerufen werden, wie z.B. an welcher Maschine gefertigt wurde, mit welchem Personal, mit welchem Werkzeug, etc. Dies ist der große Vorteil der im MES vernetzt vorliegenden Informationen.

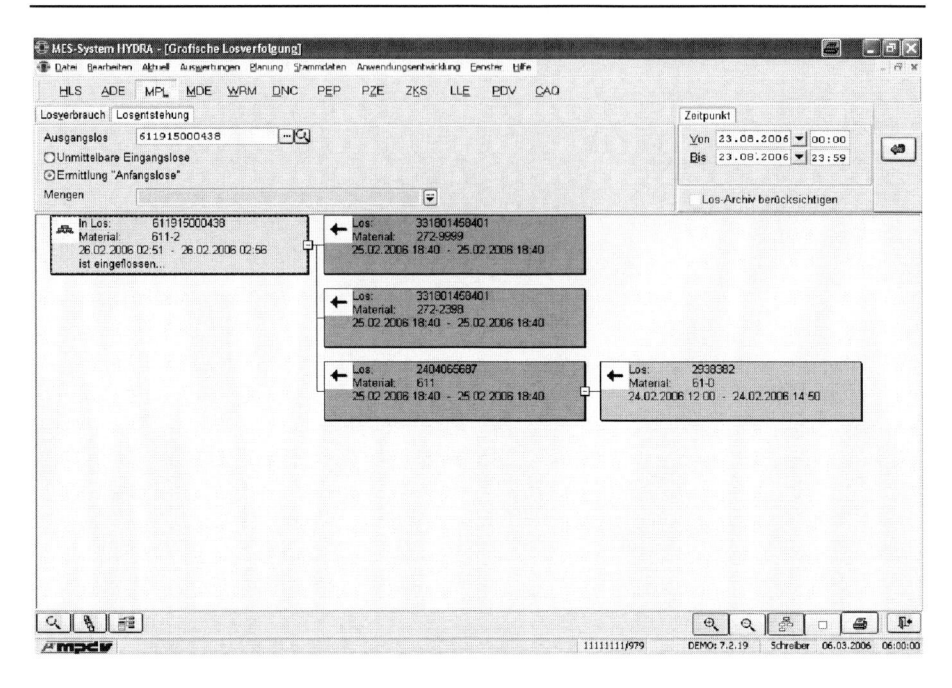

160   4 myMES: Zielorientierte Modulauswahl eines MES

Abb. 4.25 Grafische Losverfolgung im Modul Material- und Produktionslogistik (MPL)

MES-Funktionalitäten zur Los- und Chargenverfolgung

Tabelle 4.11 MES-Unterstützung für Los- und Chargeninformationen

Maßnahme	MES-Modul	MES-Funktion
Erfassung von Chargeninformationen an den Arbeitsplätzen	Terminals an den Arbeitplätzen	Manuelle oder automatische Erfassung (Barcode, RFID) von Chargeninformationen
	Material- und Produktionslogistik	Losverfolgung
Vernetzung der Chargeninformationen mit sonstigen Daten aus dem Fertigungsprozess	Material- und Produktionslogistik	Loshistorie

Papierarme Fertigung mit MES

Die Informationswege lassen sich mit Hilfe eines MES drastisch verkürzen, da viele der bisher in Papierform vorliegenden Fertigungspapiere elektronisch abgebildet werden können. Voraussetzung sind Terminals in der Fertigung, möglichst an jedem Arbeitsplatz oder für jede Maschinengruppe. Dort können die Aufträge auf Terminals eingesehen werden und alle für den Auftrag relevanten Informationen (Auftragsdaten, Einstelldaten, Prüfanweisungen, etc.) abgerufen werden. Abbildung 4.26 zeigt eine beispielhafte Terminaloberfläche. Der große Vorteil einer Lösung mit MES ist, dass ein MES immer genau die richtigen Informationen anzeigt, d.h. die Prüfanweisung für genau den Artikel an der Maschine mit dem Werkzeug. An einer anderen Maschine könnte eine andere Prüfanweisung vorliegen. Genauso ist es mit den Einstelldaten. Wenn der Auftrag an Maschine A angemeldet wird, erscheinen möglicherweise andere Einstelldaten als für Maschine B. Hilfreich ist auch die Anzeige der jeweils neuesten Version, beispielsweise von Zeichnungen. Dadurch werden Fehler vermieden und der sonst hohe Aufwand beim Austausch der jeweiligen Versionsstände eingespart.

Auch die Erfassung von Informationen ist papierlos am Touchscreen-Terminal wesentlich eleganter. So wird nicht nur der Aufwand für das Ausfüllen von Papierformularen gespart, sondern auch der Aufwand der Erfassung und Plausibilitätsprüfung dieser Papiere. Ein MES führt bereits bei der Eingabe von Rückmeldungen bestimmte Plausibilitätsprüfungen durch. So kann beispielsweise keine Materialnummer eingetragen werden, die es nicht gibt.

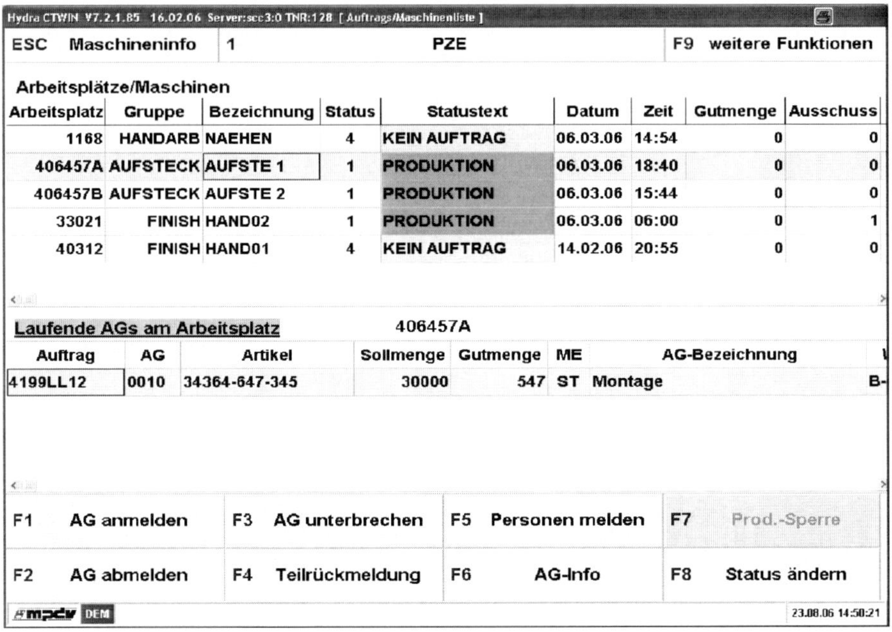

Abb. 4.26 Papierarme Fertigung durch Touchscreen-Terminals am Arbeitsplatz

Durch die Online-Erfassung und -Verteilung von Informationen mit dem MES liegen Informationen in Echtzeit vor und begleiten daher den Materialfluss synchron. Damit ergibt sich neben einer verbesserten Transparenz auch eine Verbesserung der Reaktionsgeschwindigkeit und damit der Flexibilität.

MES-Funktionalitäten für die papierarme Fertigung

Tabelle 4.12 MES-Unterstützung für die papierarme Fertigung

Maßnahme	MES-Modul	MES-Funktion
Anzeige von fertigungsrelevanten Informationen (Fertigungsaufträge, Zeichnungen, Einstelldaten, Prüfpläne, Prüfaufträge, etc.) auf Terminals bzw. PCs in der Fertigung	Alle (siehe auch Transparenz)	Alle (siehe auch Transparenz)
Online-Erfassung von Auftragsfortschritt, Qualitätsdaten, Personaldaten, etc.	Alle (siehe auch Transparenz)	Alle (siehe auch Transparenz)

Barcode-Etiketten und RFID in der Fertigung mit MES

Barcode Etiketten mit MES
Während früher Barcode-Etiketten eher zentral - beispielsweise in der EDV - gedruckt wurden, geht der Trend mehr und mehr zu einem dezentralen Druck in der Fertigung, dort, wo die Informationen vorliegen und wo die Etiketten benötigt werden. Hierzu bietet sich der Druck auf Barcode-Druckern an, die an den MES-Terminals in der Fertigung angeschlossen werden. Durch den Druck direkt vor Ort ist es möglich, die Etiketten mit den aktuellen Informationen zu versehen, z.B. der genauen Chargennummer, der genauen Stückzahl, o.ä. Mit Hilfe des Etikettendesigners (ETD) eines MES lassen sich Etiketten nach Kundenvorgaben designen.

RFID mit MES
Die Nutzung von RFID in der Fertigung stellt für ein MES keine technische Schwierigkeit dar, da alle Prozessinformationen bereits im MES vorliegen und damit über die Schreib-/Leseeinheiten auch auf den RFID-Chip geschrieben werden können. Ebenso können natürlich jederzeit die Informationen ausgelesen, in der Produktionsdatenbank des MES gespeichert und dann weiterverarbeitet werden.

MES-Funktionalitäten zur Erstellung von Barcode-Etiketten und RFID

Tabelle 4.13 MES-Unterstützung für Barcode Etiketten / RFID

Maßnahme	MES-Modul	MES-Funktion
Dezentraler Barcode-Druck am Arbeitsplatz nach internen/externen Vorgaben	Etikettendesigner	Etikettendruck
RFID Schreib-/Lesezugriff	Process Communication Controller	---

Erstellung eines Werkzeuglebenslaufs mit MES

Das MES-Modul Werkzeug- und Ressourcenmanagement (WRM) unterstützt bei der Erstellung von Werkzeuglebensläufen. In diesem Modul können alle Werkzeuge verwaltet werden. Dabei wird auch festgehalten, bei welchen Aufträgen und an welcher Maschine die Werkzeuge eingesetzt wurden, welche Einsatzzeiten bzw. Takte sie bereits hinter sich haben (Informationen aus der BDE/MDE) sowie wann welche Wartungen durchgeführt wurden. Diese gesamten Informationen werden vom MES im Hintergrund erfasst. Ohne diese Funktionalität würde die Erstellung eines Werkzeuglebenslaufs einen immensen manuellen Aufwand verursachen. Abbildung 4.27 zeigt eine mögliche Oberfläche eines Werkzeuglebenslaufes.

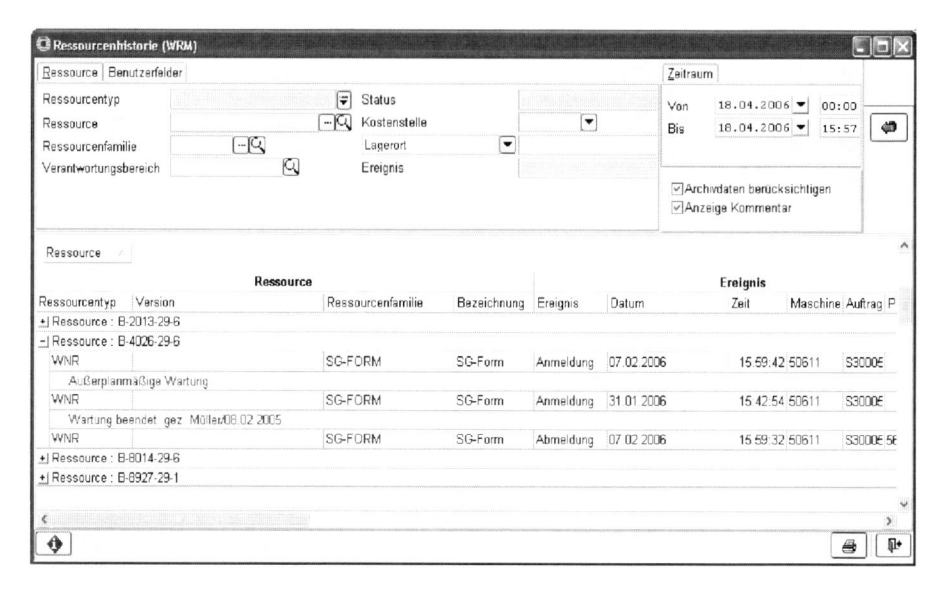

Abb. 4.27 Werkzeuglebenslauf im Werkzeug- und Ressourcenmanagement (WRM)

MES-Funktionalitäten zur Erstellung eines Werkzeuglebenslaufs

Tabelle 4.14 MES-Unterstützung zur Erstellung eines Werkzeuglebenslaufs

Maßnahme	MES-Modul	MES-Funktion
Verwaltung des Werkzeugbestands	Werkzeug- und Ressourcenmanagement	Werkzeugverwaltung
Erfassung der Einsatzzeiten bzw. Takte je Werkzeug	Werkzeug- und Ressourcenmanagement	Ressourceneinsatz
	Betriebsdatenerfassung	Auftragsinformation

Prüfzertifikate nach Kundenvorgaben oder Normen mit MES

Auf Basis der in einem MES erfassten Messwerte der fertigungsbegleitenden Prüfung lassen sich jederzeit Prüfzertifikate generieren. Dabei können die Zertifikatsmerkmale selektiert und Word-Vorlagen hinterlegt werden, so dass sich für jeden Kunden automatisch individuelle Zertifikate erstellen lassen.

MES-Funktionalitäten zur Erstellung von Prüfzertifikaten

Tabelle 4.15 MES-Unterstützung für Prüfzertifikate

Maßnahme	MES-Modul	MES-Funktion
Automatische Generierung anhand der Produktions- und Qualitätsdaten	Fertigungsbegleitende Prüfung	Automatische Generierung von Prüfzertifikaten

FDA-konforme Dokumentation der Fertigungsprozesse mit MES

Durch die Abbildung aller Produktionsdaten in einem einzigen System (MES) lassen sich die FDA-Richtlinien wesentlich einfacher umsetzen, als bei verteilten Systemen. FDA-konforme MES bieten für die Gewährleistung der Datensicherheit nach FDA 21 CFR Part 11 folgende Funktionalitäten:

Zugriffssicherheit
- Absicherung von Zugriffen auf Datenbestände durch Login-Mechanismen und Berechtigungsprüfung
- Passwortschutz an den Konsolen
- Berechtigungskonzept auf funktionaler Ebene (z.B. Anschauen oder Ändern)
- Berechtigungskonzept auf Bereichsebene (z.B. Abteilung A, nicht aber Abteilung B)

- Kennwortrichtlinien, die den Aufbau und die Gültigkeitsdauer von Passwörtern steuern
- Kryptische Passwortverschlüsselung in der Datenbank

Prozessprotokoll (Audit Trail)
- Logging aller Systemtransaktionen
- Protokollierung der Originalmeldungen mit Zeitstempel und Benutzer
- Protokollierung aller Änderungen von Originaldaten mit Zeitstempel und Benutzer
- Vollständige Review-Möglichkeiten
- Schutz des Logging-Mechanismus gegen Zugriff und Manipulation

Datenkonsistenz
- Plausibilisierung aller Eingaben
- Anzeige von Plausibilitätsverletzungen mit Begründung
- Unterstützung von Eingaben durch Auswahlmasken
- Protokollierung und Alarmierung definierbarer kritischer Ereignisse durch die MES-Funktion Eskalationsmanagement

Personenidentifikation
- Mitarbeiterquittung bei allen Meldedialogen
- Personenidentifikation durch elektronisch lesbare Medien (Barcode, Legic, biometrische Scanner)

MES-Funktionalitäten zur FDA konformen Dokumentation

Tabelle 4.16 MES-Unterstützung zur FDA-konformen Dokumentation

Maßnahme	MES-Modul	MES-Funktion
Zugriffssicherheit	Alle	Login, Berechtigungsprüfung
Prozessprotokoll (Audit Trail)	Alle	Prokollierung aller Transaktionen
Datenkonsistenz	Alle	Plausibilisierung der Eingaben
Personenidentifikation	Alle	Identifikation durch elektronisch lesbare Medien (Barcode, Legic, biometrische Scanner)

Unterstützung der Supply Chain mit MES

Zur Unterstützung der Supply Chain, d.h. zur Vernetzung der eigenen Produktion mit Lieferanten und Kunden, verfügen MES über Web-Funktionalitäten. Diese erlauben es dem Geschäftspartner, sich über das Internet Informationen über aktuelle Aufträge, Termine o.ä. zu holen. So könnte ein Lieferant beispielsweise auf einer passwortgeschützten Seite einen Überblick bekommen, wann seine Materialien in der Produktion benötigt werden. Damit kann er just-in-time oder sogar just-in-sequence anliefern. Der Kunde oder das Außenbüro in Shanghai könnten sich über eine entsprechende Internetseite über die aktuellen Produktions- und Liefertermine informieren. Bereitgestellt werden diese Information aus der Betriebsdatenerfassung eines MES.

MES-Funktionalitäten zur Unterstützung des Supply Chain

Tabelle 4.17 Unterstützung der Supply Chain mit MES

Maßnahme	MES-Modul	MES-Funktion
Visualisierung der genauen Planungstermine im Internet	BDE @ Web	Terminübersicht

KVP, Six Sigma & Co. mit MES

MES haben einen ganz erheblichen Einfluss auf die Effektivität und Effizienz von KVP- bzw. Six Sigma Aktivitäten. Bei beiden Methodischen Ansätzen geht es darum, bestehende Prozesse kontinuierlich zu verbessern. Das setzt voraus, dass zunächst einmal gemessen werden muss, wie der Ist-Zustand ist. Dann müssen Maßnahmen gefunden werden, mit denen der aktuelle Zustand verbessert werden kann. Im nächsten Schritt muss die Wirksamkeit dieser Maßnahmen wieder überprüft werden. Bei Six Sigma ist dieser Prozess in die fünf Schritte DMAIC (Define, Measure, Analyze, Improve, Control) unterteilt. Mit den Funktionalitäten eines MES können alle fünf Phasen unterstützt und damit der gesamte Verbesserungsprozess beschleunigt werden (Schumacher, J., 2005).

Tabelle 4.18 Unterstützung der Projektphasen des Six Sigma durch MES

Six Sigma Projektphase	MES-Unterstützung
Define	- Zu verbessernde Prozesse können durch die bereits vor Projektstart vorliegenden prozessorientierten Kennzahlen und Pareto Diagramme über Fehler und Störungen schneller erkannt werden. - Durch die vollständige Prozesstransparenz werden Potenziale vollständig aufgedeckt. - Projektziele können besser definiert werden, da der Ist-Zustand bereits bekannt ist.

Tabelle 4.18 Fortsetzung

Six Sigma Projektphase	MES-Unterstützung
Analyze	- Unterstützung der Analyse der Daten durch Einbeziehung aller Prozesseinflüsse. - Bessere Erkennbarkeit systematischer Einflussgrößen (Beispiel: immer bei Werkzeug X an Maschine Y.
Improve	- Lösungen können schneller gefunden werden, da mehr Prozessinformationen zur Verfügung stehen.
Control	Direkt nach der Implementierung einer Verbesserungsmaßnahme kann deren Wirkung anhand von prozessorientierten Kennzahlen überprüft werden. - Die Kennzahlen lassen sich zum Reviewing auf Knopfdruck im zeitlichen Verlauf darstellen.

Zusammenfassend lässt sich sagen, dass mit einem MES nicht nur die Verbesserungsprozesse beschleunigt werden können, sondern dass sich auch mehr Potenziale erschließen lassen, da die Prozessinformationen lückenlos vorliegen. Diesen Sachverhalt verdeutlicht die Abbildung 4.28.

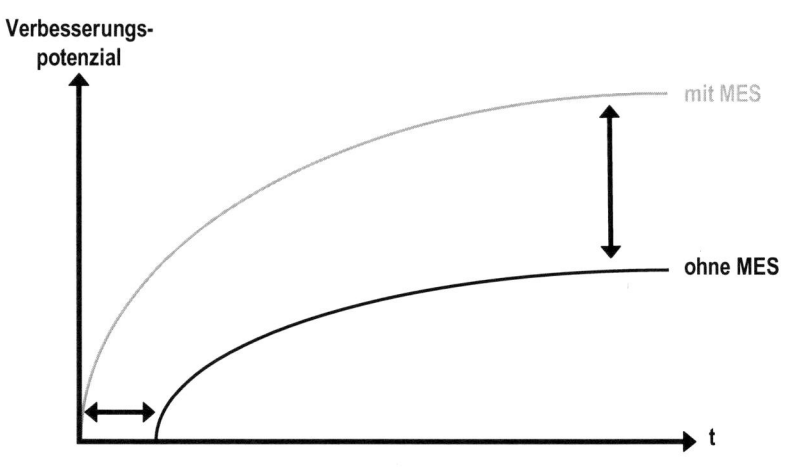

Verbesserungspotenziale werden durch MES schneller erkannt.
Es werden mehr Potenziale erkannt.

Abb. 4.28 KVP und Six Sigma Beschleunigung mit MES

Tabelle 4.19 gibt einen beispielhaften Überblick, welche MES-Funktionalitäten KVP- und Six Sigma Aktivitäten unterstützen können.

MES-Funktionalitäten zur Unterstützung von KVP, Six Sigma & Co.

Tabelle 4.19 MES-Unterstützung von KVP, Six Sigma & Co.

Maßnahme	MES-Module	MES-Funktionen
Erfassung prozessnaher Messgrößen	Betriebsdatenerfassung	Erfassung von Mengen und Zeiten
	Maschinendatenerfassung	Erfassung der Maschinenzeiten und Störungen
	Qualitätsmanagement	Erfassung von Qualitätsdaten
	Prozessdatenerfassung	Messwerterfassung
Identifizierung von Verbesserungspotenzialen	Betriebsdatenerfassung	Durchlaufzeitanalyse (Auftragsprofil)
	Maschinendatenerfassung	Stillstandsanalyse
	Qualitätsmanagement	Regelkarten, Ausschussanalyse, etc.
	Prozessdatenerfassung	Messwertauswertung
Zielvorgaben für die Mitarbeiter	Manufacturing Scorecard	Aktuelle Darstellung u. Verlauf
Leistungslohn	Leistungslohnermittlung	
Überprüfung der Wirksamkeit von Maßnahmen (Reviewing)	Siehe Erfassung prozessnaher Messgrößen	Siehe Erfassung prozessnaher Messgrößen

4.4 Hinweise zur Modulauswahl

Die Entscheidung, welche der in den vorangegangenen Kapiteln genannten MES-Module in welcher Reihenfolge im Unternehmen eingeführt werden sollen, kann zum einen auf Basis einer modulbezogenen Potenzialabschätzung (siehe Kapitel 5) erfolgen. Hilfreich kann jedoch auch eine Bewertung durch Paarvergleich sein. Beides ist jedoch nur dann erforderlich, wenn sich die Reihenfolge nicht bereits aus der betrieblichen Praxis ergibt.

Eine Bewertung durch Paarvergleich kann entweder nach den definierten Zielgrößen erfolgen oder direkt nach den MES- Modulen. Beides soll im Folgenden kurz dargestellt werden. Generell wird empfohlen, zunächst wenige, sehr wichtige MES-Module einzuführen und diese dann nach und nach weiter auszubauen. Dadurch wird die Einführung erleichtert und die Akzeptanz bei den Mitarbeitern erhöht.

4.4.1 Bewertung der Zielgrößen durch Paarvergleich

Die Bewertung der individuell für das Unternehmen identifizierten Zielgrößen kann durch einen so genannten Paarvergleich erfolgen. Hierbei wird jede Zielgröße mit den anderen Zielgrößen verglichen und bewertet. Anhand der Gesamtpunktzahl ergibt sich ein Ranking (Priorisierung) der Zielgrößen. Beispiel:

Verglichene Zielgrößen:

- Durchlaufzeit
- Maschinenproduktivität
- Personalproduktivität
- Termintreue

Tabelle 4.20 Bewertung der Zielgrößen durch Paarvergleich

	Durchlaufzeit	Maschinenproduktivität	Personalproduktivität	Termintreue	Summe	Ranking
Durchlaufzeit	1	2	2	1	6	1
Maschinenproduktivität	0	1	0	0	1	3
Personalproduktivität	0	2	1	0	3	2
Temintreue	1	2	2	1	6	1

„1" bedeutet „Kriterium 1 gleich wichtig wie Kriterium 2"
„2" bedeutet „Kriterium 1 ist wichtiger als Kriterium 2"
„0" bedeutet „Kriterium 1 ist nicht so wichtig wie Kriterium 2"

Beispiel: Die Verkürzung der Durchlaufzeit ist bei diesem Unternehmen wichtiger als die Verbesserung der Maschinenproduktivität. Die hier vorgenommene Bewertung ist nur beispielhaft. Sie muss individuell für das Unternehmen vorgenommen werden.

In diesem Beispiel würde sich das Unternehmen zunächst auf die Zielgrößen „Reduzierung der Durchlaufzeit" und „Erhöhung der Termintreue" konzentrieren und damit auch die in diesem Zusammenhang stehenden MES-Module im Unternehmen einführen.

4.4.2 Bewertung der MES-Module

Eine andere Möglichkeit der Modulauswahl ist der direkte Paarvergleich der individuell für das Unternehmen identifizierten MES-Funktionalitäten bzw. MES-Module. Hierbei werden die einzelnen Module aufgrund ihrer Wichtigkeit mit den anderen Modulen verglichen und bewertet. Die resultierende Punktanzahl steuert die Reihenfolge der Einführung. Beispiel:

Verglichene MES-Module:

- Betriebsdatenerfassung (BDE)
- Maschinendatenerfassung (MDE)
- Leitstand (HLS)
- Personalzeiterfassung (PZE)
- Qualitätsmanagement (CAQ)

Tabelle 4.21 Bewertung der MES-Module durch Paarvergleich

	BDE	MDE	HLS	PZE	CAQ	Summe	Ranking
BDE	1	2	2	2	2	9	1
MDE	0	1	2	2	2	7	2
HLS	0	0	1	2	2	5	3
PZE	0	0	0	1	2	3	4
CAQ	0	0	0	0	1	1	5

„1" bedeutet „Kriterium 1 gleich wichtig wie Kriterium 2"
„2" bedeutet „Kriterium 1 ist wichtiger als Kriterium 2"
„0" bedeutet „Kriterium 1 ist nicht so wichtig wie Kriterium 2"

Beispiel: Das Modul Betriebsdatenerfassung (BDE) ist bei diesem Unternehmen wichtiger als die Personalzeiterfassung (PZE). Die hier vorgenommene Bewertung ist nur beispielhaft. Sie muss individuell für das Unternehmen vorgenommen werden.

In diesem Beispiel würde das Unternehmen zunächst die Module Betriebsdatenerfassung (BDE) und Maschinendatenerfassung (MDE) einführen. Diese könnten dann später durch den Leitstand (HLS), eine Personalzeiterfassung (PZE) und ein Qualitätsmanagement (CAQ) erweitert werden.

4.5 Beispielkonzepte für verschiedene Fertigungstypen

Bei produzierenden Unternehmen kann grundsätzlich zwischen den Betriebstypen Einzelfertiger, Serienfertiger und Massenfertiger unterschieden werden. Unternehmen des gleichen Betriebstyps haben üblicherweise ähnliche Anforderungen an die Produktion. Daher werden im Folgenden für jeden dieser Betriebstypen beispielhaft mögliche Anforderungen an die Produktion sowie die daraus resultierende MES-Modulauswahl beschrieben. Diese Beispiele sollen helfen, die eigene Auswahl noch einmal an einem für einen Betriebstyp üblichen Konzept zu reflektieren.

4.5.1 Beispielkonzept für Einzelfertiger

Die Anforderungen an Einzelfertiger

Einzelfertiger fertigen z.B. Maschinen und Anlagen im Auftrag des Kunden. Die Fertigung erfolgt meist nach dem Werkstattprinzip, d.h. die einzelnen Arbeitsgänge (z.B. Drehen, Fräsen, Galvanik) sind räumlich getrennt. Hierbei kommt es insbesondere auf eine hohe Termintreue und kurze Durchlaufzeiten an. Tabelle 4.22 beschreibt die üblichen Anforderungen beim Einzelfertiger. Die Anzahl der Punkte ist ein Maß für die Wichtigkeit (Relevanz).

Tabelle 4.22 Übliche Anforderungen beim Einzelfertiger

Einzelfertiger	
••••••••••	Auftragsdurchlaufzeit
•••	Maschinenproduktivität
•••••••	Personalproduktivität
•••••••••	Termintreue
•••	Umlaufbestände
••••	Produktqualität
•••••	Flexibilität
••••••	Transparenz
••••••	Transparenz

Mögliche MES-Module

Aus den o.g. Anforderungen lassen sich die in Kapitel 4.3 beschriebenen MES-Module identifizieren. Am Beispiel des Einzelfertigers könnte sich demnach folgende Gewichtung der MES-Module ergeben:

Tabelle 4.23 Priorisierung der MES-Module beim Einzelfertiger

Einzelfertiger	
●●●●●●●●●●	BDE Betriebsdatenerfassung
●●●●●●●	MDE Maschinendatenerfassung
●●●●●●●●●	HLS Leitstand
●●	MPL Material- und Produktionslogistik
●●●	WRM Werkzeug- und Ressourcenmanagement
●●●●●	PZE Personalzeiterfassung
●●●●	PEP Personaleinsatzplanung
●●	LLE Leistungslohnermittlung
●●●	CAQ Qualitätsmanagement
●●	PDV Prozessdatenverarbeitung

4.5.2 Beispielkonzept für Serienfertiger

Die Anforderungen an Serienfertiger

Serienfertiger fertigen z.B. Metallerzeugnisse, Kunststoffteile, Pharmaartikel, Lebensmittel, etc., oft in mehreren Varianten. Die Fertigung erfolgt entweder nach dem Werkstattprinzip, in dezentralen Strukturen (Fertigungssegmenten) oder teilweise auch durch Linien-/Fließfertigung.

Tabelle 4.24 Übliche Anforderungen beim Serienfertiger

Serienfertiger	
●●●●●●●●●●	Auftragsdurchlaufzeit
●●●●	Maschinenproduktivität
●●●●●●	Personalproduktivität
●●●●●●●●	Termintreue
●●●●	Umlaufbestände
●●●●●●●●	Produktqualität
●●●●●●●	Flexibilität
●●●●	Transparenz

Hierbei kommt es insbesondere auf eine hohe Flexibilität in Bezug auf Kundenwünsche an, aber auch auf kurze Durchlaufzeiten und hohe Qualität. Tabelle 4.24 beschreibt die üblichen Anforderungen beim Serienfertiger. Die Anzahl der Punkte ist ein Maß für die Wichtigkeit (Relevanz).

Mögliche MES-Module

Aus den o.g. Anforderungen lassen sich die in Kapitel 4.3 beschriebenen MES-Module identifizieren. Am Beispiel des Serienfertigers könnte sich demnach folgende Gewichtung der MES-Module ergeben:

Tabelle 4.25 Priorisierung der MES-Module beim Serienfertiger

Serienfertiger	
●●●●●●●●●●	BDE Betriebsdatenerfassung
●●●●●●●●	MDE Maschinendatenerfassung
●●●●●●●●●	HLS Leitstand
●●●●●	MPL Material- und Produktionslogistik
●●●●●	WRM Werkzeug- und Ressourcenmanagement
●●●●●	PZE Personalzeiterfassung
●●●●	PEP Personaleinsatzplanung
●●	LLE Leistungslohnermittlung
●●●●●	CAQ Qualitätsmanagement
●●●	PDV Prozessdatenverarbeitung

4.5.3 Beispielkonzept für Massenfertiger

Die Anforderungen an Massenfertiger

Massenfertiger fertigen in der Regel nur wenige Artikel, jedoch in sehr hohen Stückzahlen. Die Fertigung ist dabei meist hoch automatisiert und erfolgt nach dem Linien-/Fließprinzip. Es kommt daher beim Massenfertiger insbesondere auf eine hohe Maschinen- und Anlagenproduktivität bei hoher Qualität und Termintreue an. Tabelle 4.26 beschreibt die üblichen Anforderungen beim Massenfertiger. Die Anzahl der Punkte ist ein Maß für die Wichtigkeit (Relevanz).

Tabelle 4.26 Übliche Anforderungen beim Massenfertiger

Massenfertiger	
••••	Auftragsdurchlaufzeit
••••••••••	Maschinenproduktivität
••••	Personalproduktivität
••••••••	Termintreue
•••	Umlaufbestände
•••••••••	Produktqualität
••	Flexibilität
•••	Transparenz

4.5.3.2 Mögliche MES-Module

Aus den o.g. Anforderungen lassen sich die in Kapitel 4.3 beschriebenen MES-Module identifizieren. Am Beispiel des Massenfertigers könnte sich demnach folgende Gewichtung der MES-Module ergeben:

Tabelle 4.27 Priorisierung der MES-Module beim Massenfertiger

Massenfertiger	
••••••••	BDE Betriebsdatenerfassung
••••••••••	MDE Maschinendatenerfassung
••••••	HLS Leitstand
••	MPL Material- und Produktionslogistik
••••	WRM Werkzeug- und Ressourcenmanagement
••••	PZE Personalzeiterfassung
•••	PEP Personaleinsatzplanung
••	LLE Leistungslohnermittlung
••••••••	CAQ Qualitätsmanagement
••••••	PDV Prozessdatenverarbeitung

Literatur

Rehbehn R (2003) Mit Six Sigma zu Business Excellence. Publicis Corporate Publishing.
Rother M (2004) Sehen lernen. Lean Management Institut
Schumacher J (2005) KVP und Six Sigma Beschleunigung mit MES. Industrie Management Nr. 21, 2005
Tominaga M (1996) Erfolgsstrategien für deutsche Unternehmer. Econ, Essen

5 Wirtschaftlichkeitsbetrachtungen und ROI – Analyse

Wirtschaftlichkeit ist der effiziente Umgang mit knappen Ressourcen. Aus ökonomischer Sicht beschreibt Wirtschaftlichkeit das Verhältnis von monetär quantifizierbaren Kosten zur gemessenen Leistung. Maßnahmen und Aktivitäten gelten dann als wirtschaftlich, wenn die aus der Leistung realisierbaren Erträge innerhalb eines bestimmten Betrachtungszeitraums die mit der Leistungserbringung verbundenen Aufwendungen übersteigen.

Im Mittelpunkt privatwirtschaftlichen Handelns steht jedoch zunächst nicht Wirtschaftlichkeit, sondern das Erzielen möglichst großer Gewinne. Anders als beim Monopolisten führt unter Konkurrenzbedingungen zwischen den Unternehmen das Streben nach hoher Wirtschaftlichkeit auch zur Maximierung des Gewinns. Wirtschaftlichkeit wird damit zu einem kritischen Erfolgsfaktor für ein langfristig erfolgreiches Agieren am Markt.

Ähnlich wie für das Gesamtunternehmen erweist sich die Wirtschaftlichkeit auch als erfolgskritischer Faktor für die Einführung eines MES. Im Zuge der anstehenden Investitionsentscheidung äußern sich derartige Wirtschaftlichkeitsüberlegungen beispielsweise in simplen Fragestellungen wie:

- Rechnet sich die Investition in ein MES?
- Wie hoch sind die erzielbaren Einsparungen?
- Wann wird sich die MES-Einführung amortisieren?
- Wie hoch ist der Return on Investment?

Neben diesen rein kaufmännischen Überlegungen stehen auf der Fertigungsebene in erster Linie die mit einer MES-Einführung erzielbaren Verbesserungen bei den operativen Abläufen im Mittelpunkt des Interesses:

- Können mit dem MES Schwachstellen in der Produktion identifiziert und behoben werden?
- Um wie viel Prozent kann die Auftragsdurchlaufzeit verkürzt werden?
- Wie stark können Auslastung und Produktivität der vorhandenen Ressourcen gesteigert werden?
- Um wie viel Prozent kann der Anteil der Liegezeit an der Gesamtdurchlaufzeit gesenkt werden?

Die Ausführungen der nachfolgenden Abschnitte sollen helfen, diese und andere Fragen zur Vorteilhaftigkeit der Einführung eines MES zu beantworten. Es werden verschiedene Ansätze zur Messung und monetären Bewertung der identifizierten Potenziale diskutiert und eine Methode zur Quantifizierung des Nutzens vorgestellt. Ein weiterer Abschnitt widmet sich der ganzheitlichen Betrachtung der mit der MES-Einführung verbundenen Investitions- und Betriebskosten, während abschließend verschiedene Methoden und Rechenmodelle zur monetären Bewertung der Vorteilhaftigkeit einer MES-Investition aufgezeigt werden. Den methodischen Rahmen bildet dabei ein mehrstufiges Vorgehensmodell, welches bei vertretbarem Aufwand eine fundierte Entscheidungsunterstützung im Vorfeld der Einführung eines MES liefert.

Erhebung der Potenziale

Monetäre Bewertung der Potenziale

Ermittlung der Kosten nach TCO

Bewertung der Wirtschaftlichkeit

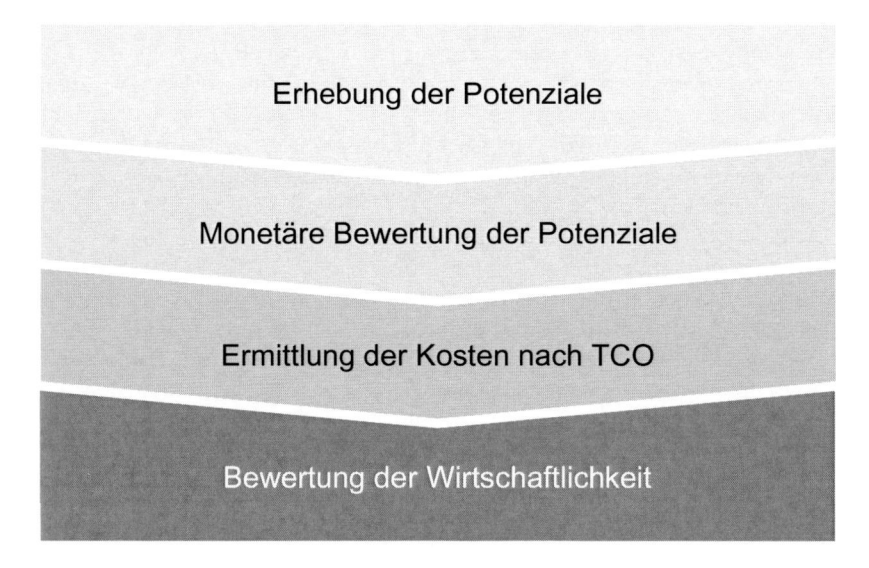

Abb. 5.1 Vorgehensmodell zur Wirtschaftlichkeitsberechnung

5.1 Quantifizierung des Nutzens

Global betrachtet repräsentiert die Fertigung nur einen kleinen Ausschnitt der Supply Chain ohne direkte Schnittstelle zum Kunden. Unter Wertschöpfungsgesichtspunkten stellt sie jedoch das Zentrum der unternehmerischen Tätigkeit dar. Produktqualität auf hohem Niveau wird heute vorausgesetzt und rückt als kaufentscheidendes Merkmal mehr und mehr in den Hintergrund. Als direkt vom Kunden wahrnehmbarer Nutzen wirkt Lieferservice in seinen Dimensionen Lieferzeit, Termintreue und Lieferflexibilität durch die im Rahmen zunehmender Kundenorientierung beständig wachsenden Anforderungen an Ansprechverhalten und Reaktionsgeschwindigkeit der Wertschöpfungskette bis in die Fertigungsbereiche hinein.

Andererseits ist jede Kette nur so stark wie ihr schwächstes Glied. So können sich die Wirkungen kleiner Schwachstellen in der Fertigung aufgrund des so genannten Bullwhip-Effekts bis zum direkten Kontakt mit dem Kunden am Point of Sale erheblich potenzieren und mitunter nachteilige Konsequenzen in Bezug auf den zukünftigen Geschäftsverlauf nach sich ziehen.

Eine an den Anforderungen des Kunden ausgerichtete Gestaltung der Produktionsprozesse bedingt die Formulierung korrespondierender Ziele. Bezogen auf den einzelnen Fertigungsauftrag beschreiben Durchlaufzeit, Termintreue und Flexibilität die im Wesentlichen durch Kundenanforderungen getriebenen Zielgrößen in der Fertigung. Neben qualitativ hochwertigen Produkten erwarten Kunden jedoch zunehmend auch die permanente Auskunftsfähigkeit bezüglich des individuellen Produktionsauftrags. Mit der in diesem Zusammenhang geforderten hohen Transparenz der Fertigungsprozesse lassen sich zudem Planungsqualität und Reaktionsgeschwindigkeit dauerhaft positiv beeinflussen. Unter Wirtschaftlichkeitsgesichtspunkten steht die effiziente Nutzung der vorhandenen Kapazitäten im Mittelpunkt des Interesses. Aus Unternehmenssicht erheben hohe Lohnkosten und teure Maschinen daher Produktivität und Auslastung der Ressourcen zu zentralen Zielgrößen der Fertigung.

Aufträge	Ressourcen	Prozess
• Durchlaufzeit • Termintreue • Flexibilität • Produktqualität	• Auslastung • Produktivität • Umlaufbestand • Zeitunabhängige Kosten	• Transparenz • Erfüllung externer Anforderungen

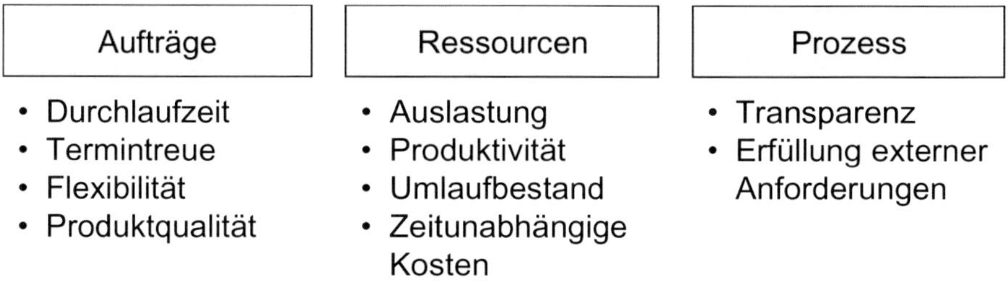

Abb. 5.2 Zielgrößen der Fertigung

Als zentraler Bestandteil des Management by Objectives-Ansatzes ermöglicht die Messung entsprechender Eingangsgrößen und die Berechnung korrespondierender Kennzahlen eine Einschätzung des aktuellen Ist-Zustands hinsichtlich des Grads der Zielerreichung. Klar formulierte Ziele und der aktuelle Grad der Zielerreichung bilden auch den Ausgangspunkt für die Quantifizierung des Nutzens einer MES-Einführung. Im Rahmen der Investitionsentscheidung ist also die Frage zu beantworten, inwieweit sich die Einführung eines MES positiv auf den Grad der Erreichung der einzelnen Ziele auswirkt bzw. welche relativen Verbesserungen der verschiedenen Zielgrößen sich realisieren lassen.

Betriebswirtschaftliche Investitionen beschreiben die Anschaffung langfristig nutzbarer Produktionsmittel. Entscheidungen über Investitionen sind oftmals von strategischer Tragweite und gehen mit der langfristigen Bindung größerer Kapitalbeträge einher. Zudem sind Investitionen nur sehr schwer umkehrbar. Aufgrund dieser Problematik werden Investitionsentscheidungen in der Regel in den oberen Führungsebenen des Unternehmens abseits des operativen Geschäfts getroffen. Die Entscheidungsträger stützen sich dabei selten auf operative Kennzahlen wie Durchlaufzeit oder Maschinenauslastung. Vielmehr dominieren die von Controllern in mühevoller Kleinarbeit zu Berichten verdichtete Vielzahl monetärer Einzelinformationen und finanzwirtschaftliche Kennzahlen die Investitionsentscheidung.

Für eine Investitionsentscheidung auf Basis fundierter und belastbarer Daten besteht demnach eine zwingende Notwendigkeit, den Nutzen einer MES-Einführung nicht nur in der Verbesserungen des Grads der Erreichung der Zielgrößen in der Fertigung auszudrücken, sondern monetär in Euro und Cent zu beziffern.

5.1.1 Produktionsfaktor Information

Zunehmende Kundenorientierung und mehrdimensionale Zielsetzungen in teilweise konträren Ausprägungen stellen beständig wachsende Anforderungen an die Planung und Steuerung der Fertigungsprozesse. Essentiell in diesem Zusammenhang ist die Bereitstellung der im jeweiligen Kontext benötigten Informationen in hinreichender Aktualität und Qualität. Das Spektrum reicht von Mengen- und Termininformationen zu den einzelnen Fertigungsaufträgen über aktuelle Maschinen- und Prozessdaten bis hin zur konkreten Arbeitsanweisung für den jeweiligen Werker. Informationsmanagement wird damit zu einem wesentlichen Bestandteil des Produktionsmanagements.

Tabelle 5.1 Beispiele für benötigte Informationen in der Fertigung

Plandaten	Auftragsbestand
	Liefertermine
	Personalverfügbarkeit
	Maschinenwartungen
Ist-Daten	Maschinenbelegung
	Rüstzustände
	Aktueller Auftrag
	Bereits produzierte Menge
	Restbearbeitungsdauer
Arbeitsanweisungen	Stücklisten
	Arbeitspläne
	Prüfpläne
	Zeichnungen
	Fotos
	Videos
Kennzahlen und Auswertungen	Leistungskennzahlen
	Produktivitätskennzahlen
	Stillstandszeiten
	Ausschussquoten
	Störgründe
	Termintreue

Mittels signifikanter Verbesserungen im Informationsmanagement eröffnet die Einführung eines MES Potenziale für eine effizientere Gestaltung der Fertigungsprozesse. Für den Nutzen eines MES bei der Beschaffung, Verarbeitung und Bereitstellung von Informationen lassen sich verschiedene Dimensionen identifizieren. So wirkt die durch die Einführung eines MES mögliche automatisierte Bereitstellung bislang manuell erhobener und aufbereiteter Informationen unmittelbar und nachhaltig positiv auf die Personaleffizienz. Das Gleiche gilt für die Nutzung entsprechender MES-Funktionen anstelle von zuvor manuell durchgeführten Planungs- und Koordinationsaktivitäten.

Der Nutzen eines MES kann sich jedoch auch in Form der Bereitstellung von Informationen darstellen, die aufgrund eines zu hohen manuellen Aufwands oder fehlender technischer Möglichkeiten bislang überhaupt nicht erhoben wurden. Ähnlich verhält es sich mit der Bereitstellung von Funktionen, die unter den bisherigen IT-infrastrukturellen Gegebenheiten nicht realisierbar waren. Neben Potenzialen im Bereich der klassischen Zielgrößen wie Durchlaufzeit, Produktivität und Auslastung ergeben sich positive Auswirkungen auf Transparenz und Planungsqualität. Zudem eröffnen sich hier Möglichkeiten zur Erfüllung externer Anforderungen wie beispielsweise die Realisierung einer Chargenverfolgung.

Oberhalb der Fertigungsebene verfügen moderne Unternehmen heute oftmals über gut organisierte ERP-Strukturen mit einer kommerziell dominierten Sicht auf Bereiche wie Vertrieb, Personal, Materialwirtschaft, Finanzen oder die Fertigung. Andererseits verfügen moderne Produktionsanlagen vielfach über eine anspruchsvolle Automatisierungshardware, intelligente Steuerungssoftware und eine Netzwerkanbindung. Alle diese Systeme generieren eine Vielzahl von Informationen, sowohl zur Unternehmensplanung als auch zum Produktionsprozess. Es entstehen unzählige Informationsinseln. Die fehlende Synchronisation von Planungen und Aktivitäten verursacht dabei enorme Effizienzverluste (Dittmer 2005). Ähnlich verhält es sich mit dem parallelen Betrieb einzelner Insellösungen für das Fertigungsmanagement. Manuelle Versuche, die isoliert und oftmals auch redundant abgelegten Daten zu verknüpfen, verursachen einen immensen zeitlichen Aufwand. Die fehlende Aktualität der Daten macht eine schnelle und flexible Reaktion auf unvorhergesehene Entwicklungen nahezu unmöglich.

MES verbinden die einzelnen Systeme für das Fertigungsmanagement zu einer aus einer zentralen Datenbasis gespeisten horizontal integrierten Gesamtlösung. Gleichzeitig ermöglichen sie als vertikales Bindeglied zwischen den transaktionsorientierten ERP-Systemen und der Automatisierungsebene die Synchronisation unternehmerischer Plandaten mit aktuellen Rückmeldungen aus der Fertigung.

Der Nutzen eines MES liegt also vor allem in der effizienten Beschaffung, Aufbereitung und Bereitstellung der für eine bestmögliche Planung und Steuerung der Fertigungsprozesse benötigten Informationen. Die hohe Aktualität und Qualität der bereitgestellten Informationen garantiert Transparenz, Flexibilität und eine hohe Reaktionsgeschwindigkeit. Zudem erhöht die systemseitige Abbildung ausgewählter Workflows die Prozesssicherheit.

5.1.2 Vorgehen bei der Ermittlung der Potenziale

Im Folgenden soll nun eine Vorgehensweise zur unternehmensspezifischen Ermittlung der auf Basis signifikanter Verbesserungen im Informationsmanagement realisierbaren Potenziale in der Fertigung vorgestellt werden. Dieser mehrstufige Prozess setzt zum einen die Kenntnis von Funktionsumfang und Einsatzmöglichkeiten eines MES, zum anderen umfassendes Wissen bezüglich der unternehmensspezifischen Fertigungsprozesse voraus. Eine Analyse der Potenziale einer MES-Einführungen basiert somit in erster Linie auf dem Wissen der Mitarbeiter des einführenden Unternehmens. Gegebenenfalls empfiehlt es sich, externe Berater oder Experten des Anbieters hinzuzuziehen und die Potenzialermittlung als kooperativen Prozess durchzuführen.

In einem ersten Schritt gilt es, mit Hinblick auf die jeweils relevanten Zielgrößen die Schwachstellen im operativen Fertigungsprozess und entsprechende Handlungsbedarfe zu erkennen. Ausgehend von der beobachteten Wirkung müssen auf Grundlage der Kenntnis der einzelnen Wirkzusammenhänge die Ursachen identifiziert und entsprechende Maßnahmen zur Beseitigung dieser Ursachen abgeleitet werden. Oftmals können diese Maßnahmen wegen fehlender Echtzeitinformationen oder mangels geeigneter Softwarefunktionen gar nicht, oder nur mit erheblichem, mitunter wirtschaftlich nicht vertretbarem, manuellen Aufwand umgesetzt werden. MES schließen diese Informations- und Funktionslücken und so gilt es herauszufinden, wie die MES-Funktionalität gewinnbringend zur Umsetzung der zur Beseitigung der Schwachstellen im Fertigungsprozess notwendigen Maßnahmen eingesetzt werden kann und welche Potenziale sich daraus ergeben.

Bezogen auf den Bereich Informationsmanagement betrifft dies beispielsweise den Ersatz bislang manuell durchgeführter Tätigkeiten bei der Beschaffung, Aufbereitung und Bereitstellung der für die Planung, Steuerung und Bearbeitung der Fertigungsaufträge benötigten Daten durch automatisierte MES-Funktionen. Die in ein MES implementierten Planungs- und Simulationsalgorithmen können beispielsweise dazu beitragen, die Planungsqualität zu erhöhen und den Anteil der aus Planungsfehlern resultierenden und damit vermeidbaren Aufwendungen zu reduzieren.

Als elementar erweist sich in diesem Zusammenhang die Einbindung des MES in die vorhandene IT-Infrastruktur. Dabei ist zu untersuchen, welche maschinellen Ressourcen angebunden und welche Informationen über Maschinen- und Anlagenzustände automatisch gewonnen und innerhalb des MES verarbeitet werden können. Im Sinne der angestrebten vertikalen Integration mit der ERP-Ebene sind im Rahmen der Potenzialanalyse die Möglichkeiten der Übernahme von Plandaten und der Rückmeldung von Ist-Daten über entsprechende Schnittstellen zwischen ERP-System und MES zu berücksichtigen.

5.1.3 Operationalisierung der Potenziale

Operationalisierung beschreibt die Messbarmachung der durch den Einsatz eines MES realisierbaren Potenziale. Investitionsentscheidungen werden von den Verantwortlichen mehrheitlich auf Basis finanzwirtschaftlicher Kennzahlen getroffen und so gilt es im Folgenden, einen Ansatz zur monetären Bewertung des im Rahmen einer Potenzialanalyse identifizierbaren Nutzens einer MES-Einführung zu entwickeln.

Die aus verschiedenen Anwendungsbereichen unter dem allgemeinen Begriff des magischen Dreiecks bekannten Zielgrößen Zeit, Qualität und Kosten bilden einen geeigneten Ausgangspunkt für die Operationalisierung des Nutzens. Zeit- und Kostenkomponenten sind direkt messbar, während Qualität über den Weg der für die Behebung der Folgen von Nichtqualität notwendigen Aufwendungen bewertet werden kann. Diese lassen sich wiederum als Zeit- und Kostenanteile ausdrücken.

Die Verwendung von Zeiten und Kosten als Messgrößen für die Quantifizierung der Potenziale birgt mehrere Vorteile. Zum einen handelt es sich dabei nicht um ein theoretisches Konstrukt, sondern um direkt beobachtbare und fassbare Größen, was die Akzeptanz beim Anwender entscheidend begünstigt. Zum anderen lässt sich die Mehrzahl der klassischen Zielgrößen der Fertigung wie Durchlaufzeit, Produktivität oder die Auslastung der benötigten Ressourcen auf diese direkt messbaren Eingangsgrößen zurückführen.

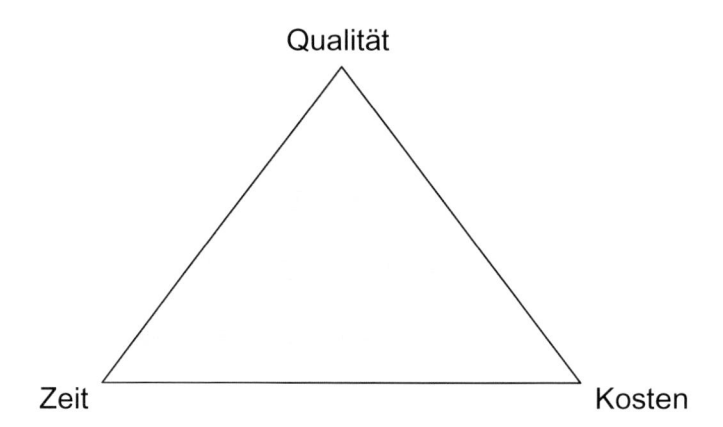

Abb. 5.3 Das Magische Dreieck

Ein Großteil der in Zusammenhang mit der Fertigung von Produkten entstehenden Kosten ist zeitabhängig. Nur ein geringer Anteil der Durchlaufzeit entfällt tatsächlich auf die wertschöpfende Bearbeitung und so erscheinen auch die heute üblichen hohen Gemeinkostenanteile in der Produktion oftmals als eine Funktion der Zeit (Schumacher 2004). In der traditionellen Kostenrechnung bleibt eine Verkürzung der Durchlaufzeit ohne Auswirkung auf die Stückkosten, weshalb auf

Basis reiner Kostenbetrachtungen nur unzureichende Aussagen über die Vorteilhaftigkeit einer MES-Investition zu treffen sind. Mögliche Zeitersparnisse stellen somit eines der wichtigsten und damit auch zwingend zu erfassenden Potenziale dar.

Zentrale Aufgabe aller Planungs- und Steuerungsaktivitäten in der Fertigung ist die bestmögliche Zuweisung von Aufträgen zur Bearbeitung mit Hilfe der vorhandenen Ressourcen. So bilden Fertigungsaufträge einerseits und die Bindung der Ressourcen andererseits die geeigneten Bezugsobjekte für die Bewertung der identifizierten Zeitpotenziale. Die Erfassung auftragsbezogener Zeitanteile zielt in erster Linie auf die Ermittlung von Verbesserungspotenzialen bei der wichtigen Zielgröße Durchlaufzeit ab. Die Möglichkeiten einer sinnvollen monetären Bewertung kürzerer Durchlaufzeiten mit Bezug auf den einzelnen Fertigungsauftrag beschränken sich aufgrund der fehlenden Schnittstellen zum Kunden auf Kostenersparnisse durch eine geringere Kapitalbindung in Umlaufbeständen sowie durch eine Verringerung der für die Pufferung bzw. Lagerung der Umlaufbestände benötigten Flächen.

Die Erfassung von Zeitanteilen bezogen auf die Nutzung der einzelnen Ressourcen erlaubt eine monetäre Bewertung der Ressourcenbindung. Dabei sind grundsätzlich unterschiedlich zu bewertende Anteile von Nutzung bzw. Nichtnutzung der zu betrachtenden Ressourcen zu unterscheiden. Diese können über entsprechend festzusetzende Stundensätze für Nutzung bzw. Nichtnutzung maschineller und personeller Ressourcen in Euro und Cent bewertet werden. Ferner ist es möglich, auf Basis dieser detailliert erfassten Zeitanteile fundierte Aussagen über Verbesserungspotenziale bei Produktivitäts- und Auslastungskennziffern zu generieren.

Als zweite direkt erfassbare Größe sind Einsparungen bei den nicht zeitabhängigen Kosten von Interesse. In dieser Kategorie werden beispielsweise Potenziale im Bereich der Materialkosten, der Kosten für Betriebsmittel oder auch der Aufwendungen für Vertragsstrafen erfasst. Neben diesen nicht zeitabhängigen Kosten, die z.B. für den Druck von Fertigungspapieren und Etiketten entstehen, sind als weitere Komponente kalkulatorische Kosten zu berücksichtigen, wie sie z.B. aus der Bindung finanzieller Ressourcen in hohen Umlaufbeständen hervorgerufen werden.

Neben diesen plausibel monetär quantifizierbaren Potenzialen einer MES-Einführung wurden zuvor eine Reihe weiterer Nutzendimensionen wie Transparenz, Flexibilität oder aber die Möglichkeit der Erfüllung externer Anforderungen identifiziert. Oftmals entfalten diese Potenziale ihre Wirkung nur mittelbar, teilweise in Kombination mit anderen Nutzendimensionen, oder sie begünstigen einfach nur die Erschließung anderer Potenziale. Vielschichtige Randbedingungen und komplexe Wirkzusammenhänge lassen es daher weder praktikabel noch seriös erscheinen, diese Nutzendimensionen mittels methodisch zumindest angreifbarer Ansätze in Euro und Cent zu beziffern. Aufgrund des Fehlens fundierter Methoden zur Überführung dieser Potenziale in belastbare und sinnvoll interpretierbare Ergebnisse sollte in diesem Fall einer rein qualitativen Bewertung, z.B. mittels additiver Scoringmodelle, der Vorzug gegeben werden.

5.2 Quantifizierung der Kosten

IT-Manager stehen heutzutage vor permanenten Herausforderungen durch innovative Technologien, kurze Lebenszyklen, komplexe Unternehmensnetzwerken bei gleichzeitigem Kostendruck und Rechtfertigungszwang für neue IT-Investitionen. Die Auswahl und Einführung komplexer IT-Lösungen ist für jedes Unternehmen eine große Herausforderung und mit einem erheblichen finanziellen Aufwand verbunden. Bereits während der Einführungsphase der IT-Lösung entstehen enorme Kosten für die entsprechende Software, die Neuanschaffung von Hardware oder Consultingaufwendungen. Hinzu kommen während des gesamten Lebenszyklus laufende Kosten im Produktivbetrieb. Die Schwierigkeit liegt unter anderem in der finanziellen Bewertung so genannter „versteckter" Kosten. Diese müssen in eine ganzheitliche Wirtschaftlichkeitsbetrachtung im Vorfeld einer IT-Investitionsentscheidung integriert werden.

Im folgenden Abschnitt werden zunächst die Grundlagen des Total Cost of Ownership Konzeptes und der Prozesskostenrechnung vorgestellt. Im Anschluss wird dargestellt, wie darauf basierend die Einführungskosten sowie die laufenden Betriebskosten eines MES quantifiziert werden können. Dies dient als Grundlage für eine Wirtschaftlichkeitsbewertung der MES-Investition.

5.2.1 Das Total Cost of Ownership Konzept

IT-Systeme verursachen nicht nur in der Einführungsphase Kosten, sondern auch während des gesamten Lebenszyklus. Diese laufenden Betriebskosten können die ursprünglichen Anschaffungskosten nach einigen Jahren sogar übersteigen und müssen im Auswahlprozess einer IT-Lösung ein wichtiges Kriterium darstellen. Daher wurde Mitte der 80er Jahre die so genannte Betriebskostenanalyse bzw. das Total Cost of Ownership Konzept (TCO) von der Unternehmensberatung Gartner entwickelt. Anlass zur Entwicklung des Konzeptes war dabei vor allem, dass trotz fallender Preise für Hard- und Software ein Anstieg der gesamten IT-Kosten festgestellt werden konnte. Dies konnte auf heterogene und komplexe IT-Strukturen und den damit verbundenen versteckten Organisationskosten zurückgeführt werden (Krcmar 2003).

Das TCO Konzept ist ein Best-Practice-Ansatz und bezieht sich auf alle Kosten-Aspekte der späteren Nutzung innerhalb des gesamten Systemlebenszyklus. Bereits vor der Einführung des IT-Systems sollen versteckte Kostentreiber identifiziert werden. Dabei werden direkte (budgetierbare) und indirekte (nichtbudgetierbare) Kostenbereiche unterschieden.

Direkte Kosten fallen bei der Beschaffung und im Betrieb von IT-Lösungen an und setzen sich aus den Anschaffungskosten, den Einführungskosten, den allgemeinen Betriebskosten, den Kosten der Weiterentwicklung sowie den Außerstandsetzungskosten zusammen.

Im Gegensatz zu den direkten Kosten entstehen indirekte Kosten nicht aufgrund der Anschaffung oder der Gewährleistung des Betriebs der IT-Lösung, sondern als Folge unproduktiver Nutzung durch den Endanwender. Indirekte Kosten, die beispielsweise aus veralteten IT-Systemstrukturen resultieren, äußern sich als (Krcma 2003):

- Negative Produktivitätseffekte, z.b. aufgrund mangelnder Motivation der Mitarbeiter wegen schlechter Systemergonomie
- Kosten durch Systemausfälle, z.b. aufgrund geplanter und ungeplanter Unterbrechungen der Arbeit oder verzögerter Problembehandlung
- Sonstige Kosteneffekte, z.b. aufgrund mangelhafter Konfiguration, dezentraler Entwicklungen und Anpassungen, etc.

Die indirekten oder auch nicht-budgetierten Kosten können mehr als 20% der Gesamtkosten ausmachen (Krcmar 2003). Durch die Verwendung einer integrierten MES-Gesamtlösung können derartige Kosten jedoch deutlich reduziert werden. Grundsätzlich gilt die Abschätzung der indirekten Kosten als problematisch, da die unternehmensspezifischen Gegebenheiten hier eine maßgebende Rolle spielen.

Die TCO-Methode sollte in ein umfassendes Kostenmanagementkonzept integriert werden. Hilfreich ist hier unter anderem die Einführung von Service Level Agreements (Dienstgütevereinbarung), in denen die Qualität und die Preise für IT-Dienstleistungen geregelt und kontrolliert werden.

5.2.2 Prozesskostenrechnung

Ein weiterer Ansatz zur Ermittlung der Kosten des Betriebs von IT-Systemen ist die so genannte Prozesskostenrechnung. Neben den direkt quantifizierbaren IT-Kosten wie Ausgaben für Software und Hardware werden die Prozesse der indirekten IT-Leistungsbereiche (z.B. Service Management, Qualifizierung, etc.) auf einzelne Kostenträger verrechnet. Kostenfaktoren in diesen Bereichen haben in den letzten Jahren immer mehr an Bedeutung gewonnen, wurden bisher jedoch lediglich pauschal auf einzelne Kostenträger verrechnet. Durch die Bestimmung der Kosten in den indirekten Leistungsbereichen wird mit Hilfe der Prozesskostenrechnung versucht, eine erhöhte Transparenz bei den IT-Kosten zu schaffen und Anhaltspunkte für Einsparpotenziale zu finden. Die Prozesskostenrechnung eignet sich insbesondere als Verfahren zur Kostenvergleichsrechnung, wenn es beispielsweise um die Ablösung von Altsystemen durch moderne IT-Lösungen geht. Die Differenz der Ergebnisse zeigt das realisierbare Einsparpotenzial auf.

Das zentrale Problem bei der Ermittlung prozessbezogener Kosten besteht darin, dass die betrachteten Prozesse in der Regel abteilungs- und damit kostenstellenübergreifend ablaufen. Mit Hilfe der herkömmlichen, nach Kostenstellen gegliederten, Kostenrechnung können diese Daten nicht direkt erhoben werden. Diese Aufgabe soll mit Hilfe der Prozesskostenrechnung gelöst werden. Dazu wird folgende Vorgehensweise vorgeschlagen:

1. Tätigkeitsanalyse zur Identifikation von leistungsabhängigen IT-Prozessen
2. Wahl geeigneter Bezugsgrößen zur Bewertung leistungsmengeninduzierter IT-Prozesse
3. Festlegung der Prozessplangrößen
4. Planung der Prozesskosten sowie der enthaltenen IT-Kostenreiber
5. Ermittlung der Prozesskostensätze

5.2.3 Einführungskosten bei MES

Vor der Realisierung von Effizienzgewinnen und der Erreichung der gesetzten Ziele wie z.B. die Erhöhung der Maschinenauslastung und der Senkung der Durchlaufzeiten stehen die Systemimplementierung und die damit verbundenen Kosten. Der dreistufige Einführungsprozess beginnt zunächst mit einer initialen Konzeptionsphase (Gronau 2001):

Konzeptionsphase

Innerhalb der Konzeptionsphase wird zunächst die Zielsetzung der MES-Einführung abgestimmt. Es folgt die Erstellung eines Ablauf- und Zeitplanes sowie die Bildung eines Projektteams aus allen beteiligten Unternehmensbereichen. Während der Ist-Analyse werden relevante Geschäftsprozesse untersucht sowie Schwachstellen identifiziert und bewertet. Die Konzeptionsphase wird durch die Entwicklung eines ganzheitlichen Soll-Konzeptes abgeschlossen.

Systemauswahlphase

In dieser Phase wird zunächst das Marktangebot erkundet und ein Anforderungskatalog erstellt. Relevante Systeme werden bewertet und eine Favoritengruppe identifiziert. Während der Endauswahl erfolgt die Durchführung von Anbieter- und Anwendertests. Des weiteren wird ein Pflichtenheft zur Durchführung notwendiger Anpassungen erstellt.

Realisierungsphase

In Vorbereitung auf den Produktivbetrieb wird das Soll-Konzept aus der ersten Phase weiter spezifiziert. Ein entsprechender Realisierungsplan wird erstellt. Die Mitarbeiter werden auf den Umgang mit dem neuen System durch Anwenderschulungen vorbereitet. Zudem dient diese Phase auch der Schaffung technischer Voraussetzungen. Während der Systeminstallation wird die neue MES-Lösung auf die individuellen Anforderungen angepasst und konfiguriert. Des Weiteren erfolgt die Anbindung benachbarter Systeme wie z.B. des übergeordneten ERP-Systems und der Automatisierungsebene. Während der Inbetriebnahme werden zunächst die

Stammdaten eingepflegt und Tests durchgeführt. Erst dann erfolgt der Übergang in die Betriebsphase.

Die Kosten für den Einführungsprozess müssen individuell in Abhängigkeit vom jeweiligen Anwenderunternehmen beziffert werden. Zusätzliche Kosten entstehen durch die Einbindung externer Dienstleister wie z.B. Unternehmensberatungen. Dies bietet sich dann an, wenn im Unternehmen die notwendigen MES-Kompetenzen oder die zeitlichen Kapazitäten nicht vorhanden sind.

Folgende Kostenblöcke müssen im Rahmen der Einführung eines MES berücksichtigt werden (Gronau 2001):

- Kosten für Software (Lizenzkosten): Zu den Lizenzkosten gehören neben der eigentlichen Anwendungssoftware auch eventuell anfallende Aufwendungen für neue Datenbanksoftware, Betriebssysteme sowie Serversoftware. Insgesamt sollte dieser Kostenblock in der Regel nicht mehr als 20 bis 25 Prozent des gesamten Projektbudgets betragen.
- Kosten für Hardware und weitere IT-Infrastruktur: Hierbei können Investitionen in den Bereichen Server, Elektrotechnik, Klimatechnik, Brandschutz, Sicherheitstechnik sowie Netzwerktechnik erforderlich werden. Hinzu kommen die Kosten für die Anbindung maschineller Ressourcen. Die Vielfältigkeit der Schnittstellen zu Produktionsmitteln stellt ein großes Problem dar. Aufgrund fehlender Standards werden teilweise noch bis heute auf Seiten der Maschinenhersteller proprietäre Steuerungen und Protokolle entwickelt, so dass mit der Anbindung heterogener Maschinenparks enorme Kosten für den Anwender verbunden sein können (Kletti 2006). Eine kostengünstige Lösung wäre der Rückgriff auf bereits bestehende Standards. Hierzu gehören SECS (Semiconductor Equipment Communication Standard), GEM (Generic Equipment Model) für die Maschinen-Host-Kopplung sowie OPC (Object Linking and Embedding for Process Control) - ein Übertragungsformat für den Austausch von Prozessdaten, wie es z.B. für die Anbindung von XML-Systemen verwendet wird. Dieser Standard ermöglicht die Kommunikation von Komponenten verschiedenster Herkunft und hat sich inzwischen als eine Art de-facto Industriestandard für die interoperable Verbindung von Systemen und Anwendungen in der Automatisierungstechnik etabliert (Lindemann u. Schmid 2005).
- Kosten der Geschäftsprozessanalyse zur bestmöglichen Integration des MES: Eine systematische Prozessanalyse ist eine wertvolle Grundlage für die Einführung des MES. Dadurch kann späterer Anpassungsaufwand des Systems vermieden und eine bestmögliche Integration in die täglichen Arbeitsprozesse gewährleistet werden.
- Kosten der Einführungsunterstützung und Programmanpassung: In diese Kategorie gehören Aufwendungen zur Parametrisierung der MES-Lösung. Die Kosten für die Programmanpassung umfassen die mit dem Hersteller zu vereinbarenden individuellen Anpassungen und Erweiterungen.
- Kosten der Datenübernahme aus Altsystemen und der Anbindung benachbarter IT-Systeme: Über geeignete Schnittstellen kann der Datenaustausch mit

dem bestehenden ERP-System erfolgen. Weit über die reine Schnittstellenadaption hinausgehen die Ansätze der Enterprise Application Integration (EAI). Dies ermöglicht auch die Abbildung der zugrunde liegenden Prozesslogik.
- Kosten für internen und externen Support: Besonders in der Einführungsphase kann es zu Anwendungsproblemen kommen, die eine schnellstmögliche Behebung erfordern, um Produktivausfälle zu vermeiden.
- Kosten für Qualifizierungsmaßnahmen: Dieser Kostenblock hängt stark von der Komplexität des eingeführten MES ab. Ein durchdachtes Qualifizierungskonzept verkürzt die Einführungszeit des Systems und erhöht die Akzeptanz bei den Mitarbeitern.
- Administrative Kosten: Hier sind beispielsweise Kosten für das Projektmanagement und allgemeiner Verwaltungsaufwand zu berücksichtigen.

Neben diesen direkten Kosten besteht zudem die Gefahr des Auftretens indirekter Kosten. Negative Produktivitätseffekte können beispielsweise durch die ungewohnte Ergonomie der IT-Lösung und die daraus entstehenden Zeitverluste verursacht werden. Hier ist es wichtig, die Mitarbeiter von Beginn an vom Nutzen des Systems zu überzeugen, um damit die notwendige Motivation im täglichen MES-Umgang sicherzustellen. Des weiteren sollte eine strukturierte Einführungsplanung Kosten durch ungewollte Systemausfälle während der Arbeitszeit vermeiden. In diesem Zusammenhang ist es wichtig, dass das Projektteam zur Systemeinführung mit Mitarbeitern aus allen relevanten Fachabteilungen besetzt wird, um so mögliche Gefahren frühzeitig zu erkennen sowie die fachgemäße Konfiguration und notwendige Anpassungen im System zu gewährleisten.

5.2.4 Laufende Betriebskosten eines MES

Nach dem Ansatz des Total Cost of Ownership (TCO) dürfen zur Bewertung der Wirtschaftlichkeit einer MES-Lösung nicht nur Anschaffungs- und Einführungskosten berücksichtigt werden. Elementar ist auch eine Betrachtung der laufenden Kosten im Systembetrieb. Mögliche Kostentreiber liegen unter anderem in folgenden Bereichen:

- Service Management: Unternehmen müssen in der Lage sein, schnell auf Veränderungen am Markt zu reagieren. Dies erfordert eine besondere Flexibilität des MES-Systems, welches in der Lage sein muss, jederzeit neue Fertigungsprozesse abzubilden bzw. sich an Änderungen der laufenden Prozesse anzupassen. Im Bereich Service-Management entstehende direkte Kosten umfassen insbesondere Aufwendungen für den internen und externen Support, die Hardware-Wartung sowie allgemeine administrative Kosten. Auch die Kosten für notwendige Upgrades und Releases können diesem Bereich zugeordnet werden.
- Anwenderqualifizierung: Die Verfügbarkeit kompetenter Anwender und somit auch deren Ausbildung spielt eine entscheidende Rolle im MES-Betrieb

und setzt eine fachgerechte Qualifizierung voraus. Die MES-Qualifizierung ist ein kontinuierlicher Lernprozess, der nicht bereits mit der eigentlichen Schulung, sondern erst mit der reibungslosen Bewältigung der täglichen Aufgaben und Problemsituationen am Arbeitsplatz abgeschlossen ist. Direkte Kosten der Anwenderqualifizierung resultieren zunächst aus der Beauftragung entsprechender Trainer und Ausbilder (z.B. externer Schulungsanbieter). Des weiteren müssen hier auch die Opportunitätskosten in Rechnung gestellt werden, d.h. die Zeit, in der die Mitarbeiter nicht für die Erledigung ihrer täglichen Arbeitslast zur Verfügung stehen, sondern für Schulungsmaßnahmen freigestellt werden.
- Allgemeine Betriebskosten: In dieser Kategorie werden beispielsweise Aufwendungen für Strom, Raummiete oder Versicherung zusammengefasst.

5.3. Bewertung von MES-Investitionen

IT-Ausgaben werden heutzutage nicht mehr als umsatzabhängiges Budget betrachtet, sondern als Investition, aus der zukünftig ein positiver Ertrag erwirtschaftet werden muss. Während die Kosten des IT-Projektes zwar verhältnismäßig leicht gemessen werden können, gestaltet sich die Abschätzung des realisierbaren Nutzens dagegen erheblich schwerer (Dibbern et al., 2005). Dieser setzt sich beispielsweise aus realisierbaren Kosteneinsparungen, einer höheren Prozesseffizienz, einer verbesserten Flexibilität, höherer Kundenzufriedenheit sowie einer verbesserten Informationsbereitstellung zusammen.

Generell sollte die Einführung einer MES-Lösung als komplexe IT-Investition mit unternehmensweiten Auswirkungen betrachtet werden, die erst im Zusammenspiel mit den organisatorischen Rahmenbedingungen erfolgswirksam werden kann. Im folgenden Kapitel wird gezeigt, wie die Wirtschaftlichkeit einer MES-Investition durch Gegenüberstellung des realisierbaren Nutzens und der dafür notwendigen Aufwendungen bewertet werden kann.

5.3.1. Methoden der Investitionsbewertung

In der betriebswirtschaftlichen Literatur wird eine Vielzahl von Methoden zur Bewertung von Investitionen unterschieden, von denen die wichtigsten nachfolgend kurz erläutert werden.

Zur Abschätzung der Vorteilhaftigkeit von Investitionen eignet sich zunächst die Ermittlung des Kapitalwerts (Barwert, Net Present Value, NPV). Dabei wird davon ausgegangen, dass eine Investition typischerweise durch eine Basisinvestition, eine Nutzungsdauer und periodische Erträge charakterisiert ist. Mit Hilfe des Kapitalwerts können verschiedene IT-Projekte durch Diskontierung der Erträge auf den heutigen Zeitpunkt verglichen werden. Die Ermittlung des Kapitalwerts ist vor allem auch im Bereich der Unternehmensbewertung stark verbreitet. Trotz einer Vielzahl unterschiedlicher Wege zur Wertermittlung, sind Ertragswert- und

Discounted-Cash-Flow-Verfahren (DCF-Verfahren) hier als einzig zulässige Methoden anerkannt. Während bei den Ertragswertverfahren der Unternehmenswert durch Diskontierung zukünftiger finanzieller Überschüsse bestimmt wird, kann der Barwert bei den DCF-Verfahren durch die Diskontierung von Cash Flows errechnet werden. Aber auch die Definition der Cash Flows ist von der angewandten Methode innerhalb der DCF-Verfahren abhängig (z.B. WACC, APV, etc.). Durch Berücksichtigung der Unsicherheit wird aus der Berechnung eines einfachen Barwertkalküls ein komplexes mathematisches Problem. Nach dem Pareto-Prinzip sind die benötigten Daten nicht mit vertretbarem Aufwand zur ermitteln (Kosten der Informationsbeschaffung vs. Informationsgenauigkeit). Daher wird im Folgenden das Kapitalwertkonzept zur Abschätzung der Vorteilhaftigkeit von IT-Investitionen auf die Berechnung unter Sicherheit beschränkt. Dies soll die Praktikabilität des Ansatzes erhöhen und damit wird die Grundlage für den Einsatz in einer realen Unternehmensumgebung gelegt. Der Kapitalwert wird, wie folgt dargestellt, durch Diskontierung zukünftiger Einkünfte Z_t ermittelt:

$$(1) \quad NPV = -I_0 + \sum_{t=1}^{T} \frac{Z_t}{(1+i)^t}$$

I_O beschreibt in diesem Zusammenhang die initiale Investitionsausgabe, während mit t die aktuelle Periode und mit T die voraussichtliche Nutzungsdauer der Investition angegeben wird.

Der RoI (Return on Investment) stellt eine der bekanntesten Methoden zur Abschätzung der Vorteilhaftigkeit einer Investition dar. Durch Berechnung des RoI kann die Rendite des investierten Kapitals bestimmt werden. Mathematisch kann der RoI als Quotient aus Periodengewinn und Kapitaleinsatz ermittelt werden:

$$(2) \quad RoI = \frac{Gewinn}{Gesamtkapital} \times 100$$

Durch Berechnung des RoI wird eine Aussage über den betriebswirtschaftlichen Totalerfolg einer Investition zu einem bestimmten Zeitpunkt getroffen. Bei Vorteilhaftigkeit der Investition ergibt das Ergebnis einen positiven Prozentwert.

Die Amortisationsrechnung (Pay-back-Methode) ist ein statisches Verfahren der Investitionsrechnung. Damit kann der Zeitraum ermittelt werden, in dem das investierte Kapital über die Erlöse wieder in die Unternehmung zurückfließt:

$$(3) \quad Amortisationsdauer = \frac{Periodenerfolg}{Kapitaleinsatz\ pro\ Periode}$$

Bei der Methode des Internen Zinsfusses IRR (Barwertrentabilitätsmethode, Methode des internen Ertragssatzes) wird der Zinssatz gesucht, bei dem der Kapitalwert des Investitionsprojektes gleich Null ist. Der interne Zinssatz gibt die Rentabilität des eingesetzten Kapitals an und wird mit dem allgemeinen Kalkulationszinssatz verglichen:

$$(4) \quad NPV = -I_0 + \sum_{t=1}^{T} \frac{Z_t}{(1+i)^t} = 0$$

Der interne Zinsfuss kann am besten über ein so genanntes Interpolationsverfahren ermittelt werden. Dazu wird ein beliebiger Zinsfuss i_1 festgelegt, wodurch der Kapitalwert des Projektes errechnet werden kann. Liegt der errechnete Wert über null ($NPV_1 > 0$) bzw. unter 0 ($NPV_1 < 0$), so muss der Zinsfuss im Iterationsdurchlauf entsprechend neu gewählt werden ($i_2 > i_1$ bzw. $i_2 < i_1$). Durch Einsatz einer geeigneten Interpolationsformel kann der Näherungswert für den internen Zinsfuss mathematisch gelöst werden. Entspricht der interne Zinssatz dem Kalkulationszinssatz, so werden die eingesetzten Mittel wieder gewonnen und die Beträge genau zu diesem festgelegten Kalkulationszinssatz verzinst. Ist der interne Zinssatz größer als der festgelegte Kalkulationszinssatz, so errechnet sich eine zusätzliche Verzinsung über die Mindestverzinsung des Kapitalzinssatzes hinaus. Die Investition ist somit als vorteilhaft einzustufen. Ist der interne Zinssatz kleiner als der festgelegte Kalkulationszinssatz, so wird nicht einmal die Mindestverzinsung erreicht. Die Investition ist damit unwirtschaftlich.

Im folgenden Abschnitt werden die Methoden der Investitionsbewertung auf den Fall einer MES-Einführung übertragen und angepasst. Dazu wird in Kapitel 5.3.2 die Bewertung zunächst eingeschränkt auf Grundlage der Initialkosten durchgeführt. In Kapitel 5.3.3 erfolgt eine erweiterte Bewertung unter Berücksichtigung von Kosten (Total Cost of Ownership) und Nutzen (Total Benefits of Ownership).

5.3.2. Bewertung der MES-Einführung auf Basis der Initialkosten

Zur Verdeutlichung der nachfolgenden Berechnungen sei folgendes kleines Fallbeispiel angenommen: Ein Spritzgussbetrieb realisiert durch die Einführung eines MES jährliche Einsparungen in Höhe von 141.200 Euro. Demgegenüber steht für das System eine initiale Investitionsausgabe von 100.500 Euro. Diese werden über eine angenommene Nutzungsdauer von fünf Jahren linear abgeschrieben. Der marktübliche Zins liegt bei 10%.

Die Bewertung einer MES-Investition mit Hilfe des Kapitalwerts erfolgt durch die periodische Diskontierung der durch die MES-Einführung realisierbaren Einsparpotenziale (monetär bewertete Nutzeneffekte), welche den Einführungskosten gegenübergestellt werden müssen:

$$(5) \quad NPV = -I_0 + \sum_{t=1}^{T} \frac{\text{Realisierbares Einsparpotenzial}}{(1+i)^t}$$

5.3. Bewertung von MES-Investitionen

Für das angenommene Fallbeispiel ergibt sich somit folgende Rechnung:

(5a) $\quad \text{NPV} = -100.500 + \sum_{t=1}^{5} \frac{141.200}{(1+0,1)^t} = 434.759 \; Euro$

Der RoI ergibt sich aus dem Quotienten der realisierbaren Einsparpotenziale und den periodisch erfolgenden Abschreibungen (AfA) des MES.

(6) $\quad \text{RoI} = \frac{\text{Realisierbares Einsparpotenzial}}{\text{AfA}}$

Im betrachteten Spritzgussbetrieb wird die MES-Investition über fünf Jahre mit jeweils mit 20.100 Euro abgeschrieben. Die RoI-Berechnung ergibt also:

(6a) $\quad \text{RoI} = \frac{141.200}{20.100} = 702 \; \%$

Die Amortisationsdauer eines MES bei gleich bleibenden realisierten Einsparpotenzialen ergibt sich aus den monetär bewerteten Nutzeneffekten der MES-Einführung wie folgt:

(7) $\quad \text{Amortisationsdauer} = \frac{\text{Investitionssumme}}{\text{Realisierbares Einsparpotenzial} + \text{AfA}}$

Im betrachten Fallbeispiel errechnet sich die Amortisationsdauer als:

(7a) $\quad \text{Amortisationsdauer} = \frac{100.500}{141.200 + 20.100} = 0,62 \; Jahre$

Die Bestimmung des internen Zinsfußes erfolgt über die Gleichsetzung des Kapitalwertes mit Null:

(8) $\quad \text{NPV} = -I_0 + \sum_{t=1}^{T} \frac{\text{Realisierbares Einsparpotenzial}}{(1+i)^t} = 0$

Im Fall des betrachten Spritzgussbetriebs führt die Lösung der Gleichung

$$(8a) \quad NPV = -100.500 + \sum_{t=1}^{5} \frac{141.200}{(1+0,1)^t} = 0$$

in mehreren Iterationen zu einem internen Zinsfuß von i = 139 %.

5.3.3. Bewertung der MES-Einführung nach TCO

Eine alleinige Verwendung des TCO-Ansatzes darf nicht als Entscheidungsgrundlage für die Durchführung einer MES-Einführung dienen, schließlich stellt das TCO-Konzept eine reine Kostenvergleichsrechnung dar. Vielmehr gilt es, zusätzlich zu den realisierbaren Potenzialen auch die laufenden Systemkosten in die Investitionsbewertung mit einzubeziehen.

Bei einer Erweiterung der Methoden der Investitionsbewertung um die Möglichkeit der Berücksichtung laufender Systemkosten errechnet sich der Kapitalwert wie folgt:

$$(9) \quad NPV = -I_0 + \sum_{t=1}^{T} \frac{\text{Realisierbares Einsparpotenzial - TCO}}{(1+i)^t}$$

Für das im vorhergehenden Abschnitt beschriebene Fallbeispiel der Einführung eines MES bei einem Spritzgussbetrieb werden im Folgenden nun jährliche Kosten für den Systembetrieb in Höhe von 10.580 Euro angenommen. Als Kapitalwert ergibt sich unter Berücksichtigung der laufenden Kosten demnach:

$$(9a) \quad NPV = -100.500 + \sum_{t=1}^{5} \frac{141.200 - 10.580}{(1+0,1)^t} = 394.652 \; Euro$$

In die RoI-Berechnung fließen die laufenden Kosten folgendermaßen ein:

$$(10) \quad RoI = \frac{\text{Realisierbares Einsparpotenzial - TCO}}{AfA}$$

Für das zuvor skizzierte Fallbeispiel beträgt der korrigierte Return on Investment:

$$(10a) \quad RoI = \frac{141.200 - 10.580}{20.100} = 650 \; \%$$

Dieser Ansatz kann auch auf die Berechnung der Amortisationsdauer übertragen werden:

$$(11) \quad \text{Amortisationsdauer} = \frac{\text{Investitionssumme}}{\text{Realisierbares Einsparpotenzial - TCO + AfA}}$$

Die Amortisationsdauer der MES-Einführung im betrachteten Spritzgussbetrieb beträgt somit:

$$(11a) \quad \text{Amortisationsdauer} = \frac{100.500}{141.200 - 10.580 + 20.100} = 0{,}67 \; \textit{Jahre}$$

Der interne Zinsfuß errechnet sich unter Berücksichtigung der laufenden Betriebskosten als:

$$(12) \quad \text{NPV} = -I_0 + \sum_{t=1}^{T} \frac{\text{Realisierbares Einsparpotenzial - TCO}}{(1+i)^t} = 0$$

Übertragen auf das Beispiel eines Spritzgussbetriebs ergibt die Lösung der Gleichung:

$$(12a) \quad \text{NPV} = -100.500 + \sum_{t=1}^{5} \frac{141.200 - 10.580}{(1+0{,}1)^t} = 0$$

auf Basis der laufenden Betriebskosten einen internen Zinsfuß von $i = 128\,\%$.

5.4 Softwaregestützte Potenzialanalyse

Softwarewerkzeuge dienen neben der Vereinfachung und Beschleunigung bestimmter Arbeitsabläufe durch die Bereitstellung entsprechender Funktionen auch der methodischen Unterstützung in der Bearbeitung von Aufgaben. Für eine Bewertung der Nutzenpotenziale der Einführung eines MES erscheint es unter der Maßgabe der Durchführbarkeit einer solchen Analyse mit vertretbarem Aufwand und der Notwendigkeit der Generierung verlässlicher Ergebnisse, die nicht zuletzt auch als Basis für eine nachfolgende Investitionsentscheidung dienen sollen, überaus sinnvoll, den zuvor aufgezeigten Weg zur Quantifizierung der Potenziale in Form eines einfachen Softwaretools zu implementieren. Anforderungen an ein solches Werkzeug sind neben der Möglichkeit der Ermittlung von Potenzialen hinsichtlich fertigungsspezifischer Zielgrößen die monetäre und qualitative Bewertung des Nutzes auf Basis der Funktionalität der einzelnen Komponenten einer

MES-Lösung unter Berücksichtigung der unternehmensspezifischen Gegebenheiten.

Die nachfolgende Abbildung beschreibt eine einfache und effiziente Vorgehensweise zur Bewertung der Wirtschaftlichkeit einer MES-Einführung mit Hilfe eines eigens dafür konzipierten Softwaretools. Einzelne Schritte des Vorgehensmodells werden in den nun folgenden Abschnitten detailliert erläutert.

Abb. 5.4 Vorgehensmodell der softwaregestützten Potenzialanalyse

5.4.1 Abgrenzung des Untersuchungsbereichs

Am Anfang einer Potenzialanalyse steht zunächst die Spezifikation des Untersuchungsbereichs. Erfahrungen aus der Beratungspraxis weisen dabei eine zielorientierte Vorgehensweise als sinnvoll aus. Der Grad der Erreichung fertigungsspezifischer Zielgrößen kann durch unterschiedliche Funktionen eines MES verbessert werden. Die Betrachtung ausgewählter Zielgrößen ermöglicht somit eine Eingrenzung des Untersuchungsbereichs auf die jeweils relevanten MES-Funktionen und Prozesse in der Fertigung.

Einen weiteren Ansatz zur Abgrenzung des Analysebereichs bilden die acht in der Richtlinie 5600 des VDI definierten Aufgaben eines MES. Vielfach werden bestimmte Aufgaben mittels dedizierter Komponenten innerhalb einer MES-Lösung realisiert, so dass auf diese Weise die Analyse auf die relevanten Bereiche beschränkt werden kann. Die Verwendung der VDI-Aufgaben erleichtert zudem dem nicht vollends mit der MES-Thematik bzw. den einzelnen Komponenten bzw. Modulen der spezifischen MES-Lösung vertrauten Anwender die Orientierung und das Verständnis.

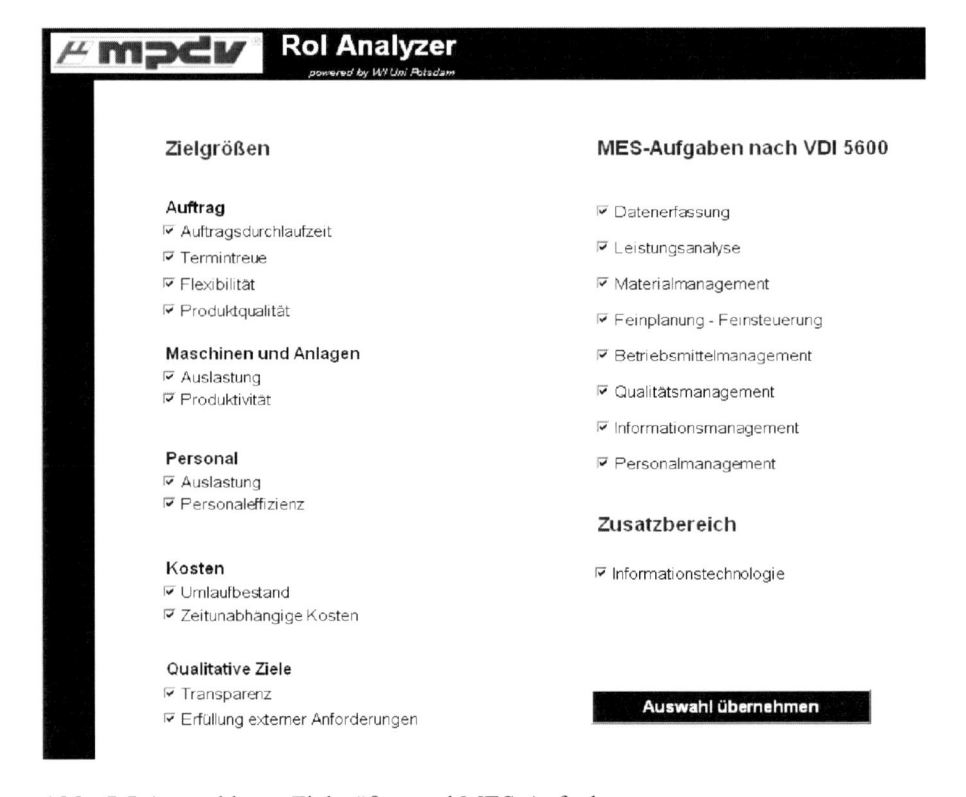

Abb. 5.5 Auswahl von Zielgrößen und MES-Aufgaben

5.4.2 Erhebung der Potenziale

Die Implementierung der erwähnten Abgrenzungsmöglichkeiten als Funktionalität eines Softwarewerkzeugs ermöglicht die individuelle Zusammenstellung des Analysebereichs. Für die Durchführung von Potenzialanalysen erweist sich eine fragebogengestützte Vorgehensweise als vorteilhaft. Ziel der Analyse ist es, durch sehr spezifisch formulierte und auf die jeweilige MES-Funktion und den entsprechen-

198   5 Wirtschaftlichkeitsbetrachtungen und ROI – Analyse

den Anwendungsfall in der Fertigung abgestimmte Fragestellungen, möglichst präzise Aussagen zu den realisierbaren Potenzialen zu generieren. Bezugsobjekt für die Ermittlung zeitinduzierter Potenziale sind zum einen Fertigungsaufträge, zum anderen die für die Bearbeitung der Aufträge benötigten Ressourcen.

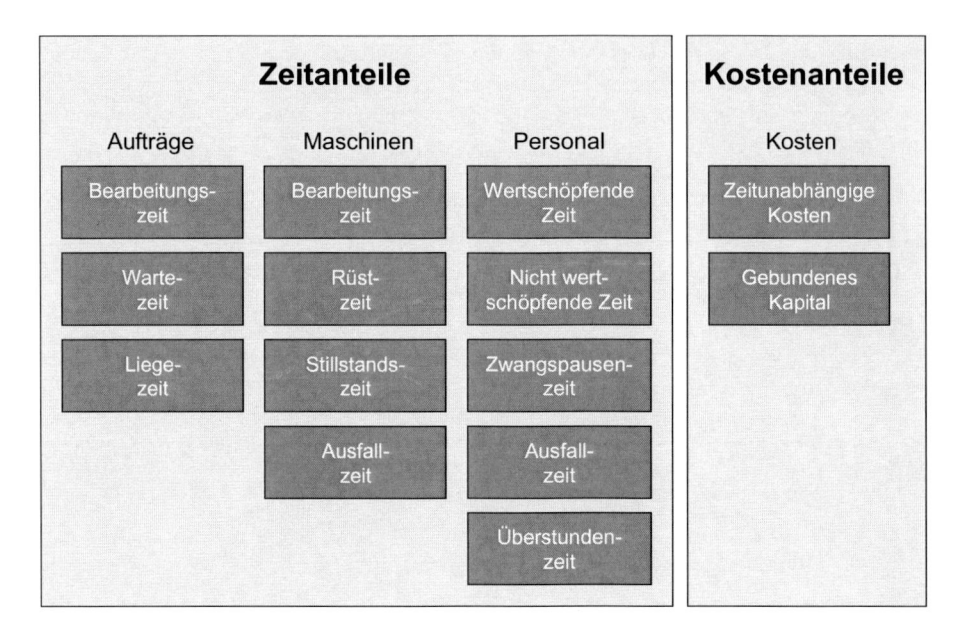

Zeitanteile			Kostenanteile
Aufträge	Maschinen	Personal	Kosten
Bearbeitungszeit	Bearbeitungszeit	Wertschöpfende Zeit	Zeitunabhängige Kosten
Wartezeit	Rüstzeit	Nicht wertschöpfende Zeit	Gebundenes Kapital
Liegezeit	Stillstandszeit	Zwangspausenzeit	
	Ausfallzeit	Ausfallzeit	
		Überstundenzeit	

Abb. 5.6 Erfassung der Zeit- und Kostenanteile in der Fertigung

Fertigungsaufträge

Für das Bezugsobjekt Fertigungsauftrag wird zwischen Bearbeitungszeit, Wartezeit und Liegezeit unterschieden. Die Bearbeitungszeit beschreibt dabei denjenigen Anteil der Durchlaufzeit, der tatsächlich für die Bearbeitung eines Auftrags auf der Maschine bzw. durch den Werker benötigt wird. Die Wartezeit repräsentiert den Zeitraum, den der Fertigungsauftrag, z.B. aufgrund der Belegung der benötigten Ressource mit einem anderen Auftrag, auf seine Bearbeitung vor der Maschine wartet. Die Liegezeit hingegen beschreibt den Anteil der Durchlaufzeit, den der Fertigungsauftrag nach erfolgter Bearbeitung bis zu seiner Einsteuerung in die folgende Stufe des Fertigungsprozesses oder bis zur Übergabe an der folgenden Schnittstelle, z.B. zum Versand, aufgrund nicht technologisch bedingter Motive in Puffern oder Zwischenlagern liegt. Im Rahmen der der Potenzialanalyse sind bezogen auf den Durchlauf der Fertigungsaufträge beispielsweise folgende Fragestellungen zu beantworten:

- Wie viel Wartezeit im Auftragsdurchlauf kann durch die automatische Berechnung und Visualisierung der Reichweiten in den Materialpuffern zwischen den einzelnen Arbeitsgängen vermieden werden?
- Wie viel Wartezeit lässt sich durch die Möglichkeit der Werkerselbstprüfung an Prüfstationen bzw. den Maschinenterminals und die elektronische Bereitstellung der Prüfdokumente vermeiden?
- Wie viel Warte- bzw. Liegezeit im Auftragsdurchlauf kann durch den Einsatz mobiler Endgeräte zur Datenerfassung und Bereitstellung der Prüfdokumente eingespart werden?

Maschinen und Anlagen

Die detaillierte Erfassung der Potenziale in der Nutzung von Maschinen und Anlagen erfolgt ebenfalls über unterschiedlich zu bewertende Zeitanteile. Die Bearbeitungszeit repräsentiert diejenigen Zeitanteile, bei der die betrachteten maschinellen Ressourcen tatsächlich mit der Bearbeitung von Fertigungsaufträgen belegt sind. Rüstzeiten entstehen bei der notwendigen Einrichtung der Maschinen für die Bearbeitung anstehender Aufträge z.B. durch Werkzeugwechsel oder Programmieraufwand. Die Stillstandszeit beschreibt einen Zeitraum, in dem maschinelle Ressourcen zwar verfügbar, jedoch nicht mit Aufträgen belegt sind. Derartige Zeitanteile resultieren beispielsweise aus Unzulänglichkeiten bei der Maschinenbelegungsplanung oder der aufgrund von Dispositionsfehlern mangelnden Verfügbarkeit weiterer benötigter Ressourcen wie Material oder einem Mitarbeiter zur Bedienung der Maschine. Ausfallzeiten entstehen hingegen aufgrund technischer Störungen oder der notwendigen Durchführung von Instandhaltungsmaßnahmen. Zeitanteile der Nutzung bzw. Nichtnutzung maschineller Ressourcen können beispielsweise durch folgende Fragestellungen erhoben werden:

- Wie viel Stillstandszeit bei Maschinen und Anlagen kann durch eine automatische Maschinenbelegung unter Anwendung definierbarer Planungsstrategien und Prioritätsregeln vermieden werden?
- Wie viel Rüstzeit kann durch eine in die Planung integrierte Rüstwechseloptimierung vermieden werden?
- Wie viel Ausfallzeit kann durch eine automatische Standzeitüberwachung für Werkzeuge vermieden werden?

Personaleinsatz

Die Effizienz der eingesetzten Mitarbeiter wird in erster Linie durch den Anteil der wertschöpfenden Zeit an der insgesamt verfügbaren Personalzeit bestimmt. Wertschöpfende Zeit beschreibt im Kontext der Fertigung diejenige Zeit, die der Werker mit Aktivitäten zur physischen Bearbeitung der Fertigungsaufträge beschäftigt ist. Als nicht wertschöpfende Zeitanteile werden koordinierende und dispositive Tätigkeiten, sowie alle Aktivitäten, die nicht der unmittelbaren Wertschöpfung dienen, klassifiziert. Dies betrifft beispielsweise Such- und Rechercheaufwand oder Zeiten für das Zurücklegen von Wegen. Als weiterer Zeitanteil sollten Zwangspausenzeiten erfasst werden. In ihrem Wesen entsprechen diese Zeiträume der Stillstandszeit maschineller Ressourcen, d.h. der Werker wartet auf den nächsten Auftrag oder die Verfügbarkeit einer benötigten Ressource. Ausfallzeiten bei Mitarbeitern werden durch Krankheiten und Ähnliches hervorgerufen. Von besonderem Interesse sind Zeitanteile in Form von Überstunden, da diese oftmals mit zusätzlichen finanziellen Aufwendungen oder außerplanmäßigen Ausgleichsleistungen einhergehen. Typische Fragestellungen zur Quantifizierung der Potenziale im Bereich der Personalzeitanteile sind:

- Wie viel nicht wertschöpfende Zeit kann durch eine automatische Berücksichtigung von Mindestlagerzeiten und Haltbarkeits- / Verfallsdaten bei der Materialdisposition vermieden werden?
- Wie viel manueller Aufwand kann durch eine automatische Erfassung des Auftragsfortschritts eingespart werden?
- Wie viel Zwangspausenzeit lässt sich durch die simulative Einplanung von Aufträgen vermeiden? (Durchführung von what-if-Analysen)

Kosten

Neben den zeitinduzierten Potenzialen können durch den Einsatz eines MES auch Verbesserungen bei den nicht zeitabhängigen Kosten bzw. den kalkulatorischen Kosten realisiert werden. Für die Ermittlung derartiger Potenziale sind z.B. folgende Fragestellungen zu beantworten:

- Wie viel Kosten, z.B. für Vertragsstrafen, können durch die automatische Überwachung der Termintreue vermieden werden?
- Um wie viel kann das in Umlaufbeständen gebundene Kapital durch eine automatische Berechnung und Visualisierung der Reichweiten in den Materialpuffern zwischen den einzelnen Arbeitsgängen vermindert werden?
- Wie viel Materialkosten, z.B. für Nacharbeiten, lassen sich durch eine systemgestützte statistische Prozessregelung vermeiden?

IT-spezifische Potenziale

Zusätzlich zu den bei den operativen Fertigungsprozessen realisierbaren Verbesserungen müssen als weitere Nutzendimension im Sinne des Total Benefits of Ownership Ansatzes auch die aus dem Betrieb einer integrierten Gesamtlösung mit moderner Architektur im Vergleich zur Nutzung mehrerer herkömmlicher Insellösungen resultierenden Potenziale im IT-Bereich mit in die Bewertung der MES-Investition einfließen. Ähnlich wie bei der fertigungsspezifischen Nutzenermittlung erweist sich hier eine fragebogengestütze Erhebung dieser Potenziale als vorteilhaft. Spezifische Fragestellungen wären beispielsweise:

- Welche Kosten, z.B. für den Betrieb mehrerer Datenbanken, können durch die zentrale Datenhaltung innerhalb eines MES-Systems eingespart werden?
- Wie viel Aufwand für Schulung und Qualifizierung kann durch den Ersatz mehrerer Insellösungen durch ein horizontal integriertes MES eingespart werden?
- Wie viel Aufwand für Schnittstellengestaltung kann durch den Ersatz mehrerer Insellösungen durch ein horizontal integriertes MES eingespart werden?

Bezugsperioden

Die aus der Vielzahl der Funktionen und Anwendungsfälle resultierende Vielschichtigkeit der Fragestellungen erfordert für die präzise Erhebung der Potenziale die Möglichkeit der Auswahl unterschiedlicher Bezugsperioden. Neben geeigneten Zeiteinheiten wie beispielsweise Arbeitstag, Woche oder Jahr bietet sich auch der einzelne Fertigungsauftrag als Bezugsgröße an. So lassen sich die Potenziale als Einsparungen pro Zeiteinheit bzw. pro Auftrag quantifizieren. Eine Normierung individueller Bezugsgrößen wird durch entsprechende Softwarefunktionen sichergestellt.

Relevanzbewertung

Die innerhalb der Potenzialanalyse abgefragten Funktionen sollten bezüglich des spezifischen Anwendungsfalls auch einer qualitativen Bewertung unterzogen werden. Gemäß den Ausführungen des vorherigen Abschnitts soll an dieser Stelle nicht der Versuch unternommen werden, nur mittelbar wirkende Potenziale mit Hilfe methodisch fragwürdiger Ansätze in Euro und Cent umzurechnen. Vielmehr wird in diesem Zusammenhang eine Benotung der Relevanz der abgefragten Funktion in Bezug auf die Erreichung nicht monetär fassbaren Zielgrößen wie Transparenz, Flexibilität oder die Erfüllung externer Anforderungen empfohlen. Die Bewertung der Relevanz einzelner Funktion erfolgt beispielsweise anhand folgender Fragestellungen:

- Wie wichtig ist eine automatische Ermittlung der IST-Leistungsgrößen (Nutzgrad, Wirkungsgrad, OEE etc.)?
- Wie wichtig ist eine Funktion zur Dokumentation der Werkzeughistorie?
- Wie wichtig ist die Durchführung von Erstmusterprüfungen / PPAP für Kunden und Lieferanten nach QS 9000 und VDA?

Als vorteilhaft erweist sich hier die Verwendung einer Bewertungsskala mit geradzahliger Abstufung, da so der natürlichen Tendenz zur wenig aussagekräftigen Auswahl des neutralen Mittelwerts vorgebeugt wird. In einer späteren Auswertung können die Einzelwertungen zu Relevanzkennwerten, sowohl auf der Betrachtungsebene des Gesamtsystems als für einzelne Komponenten bzw. Module aggregiert werden.

5.4.3 Unternehmensindividuelle Anpassung

Unternehmensspezifische Gegebenheiten bilden die Grundlage für eine individuelle Bewertung der identifizierten Potenziale. Diese werden in der Analyse durch eine entsprechende Parametrisierung des Softwaretools berücksichtigt. Mit Hinsicht auf die Praktikabilität und das Ziel der Durchführung derartiger Potenzialanalysen mit vertretbarem Aufwand wird empfohlen, sich an dieser Stelle auf einige wenige Stammdaten zu beschränken. Für das Bezugsobjekt Fertigungsauftrag sind hier die aktuelle Durchlaufzeit und die Anzahl der während einer bestimmten Bezugsperiode in die Fertigung eingesteuerten Aufträge von Interesse. Zur Bewertung der Nutzung von Maschinen und Anlagen werden ein durchschnittlicher Stundensatz sowie Angaben zur Maschinengesamtlaufzeit benötigt. Ähnlich verhält es sich mit personellen Ressourcen. Einige wenige Angaben wie die Anzahl der Mitarbeiter, ein durchschnittlicher Stundensatz und die Spezifikation der Arbeitszeit genügen bereits für eine monetäre Bewertung der identifizierten Potenziale. Eine Quantifizierung der durch eine Reduzierung gebundenen Kapitals realisierbaren Potenziale erfolgt anhand des zu spezifizierenden kalkulatorischen Zinssatzes.

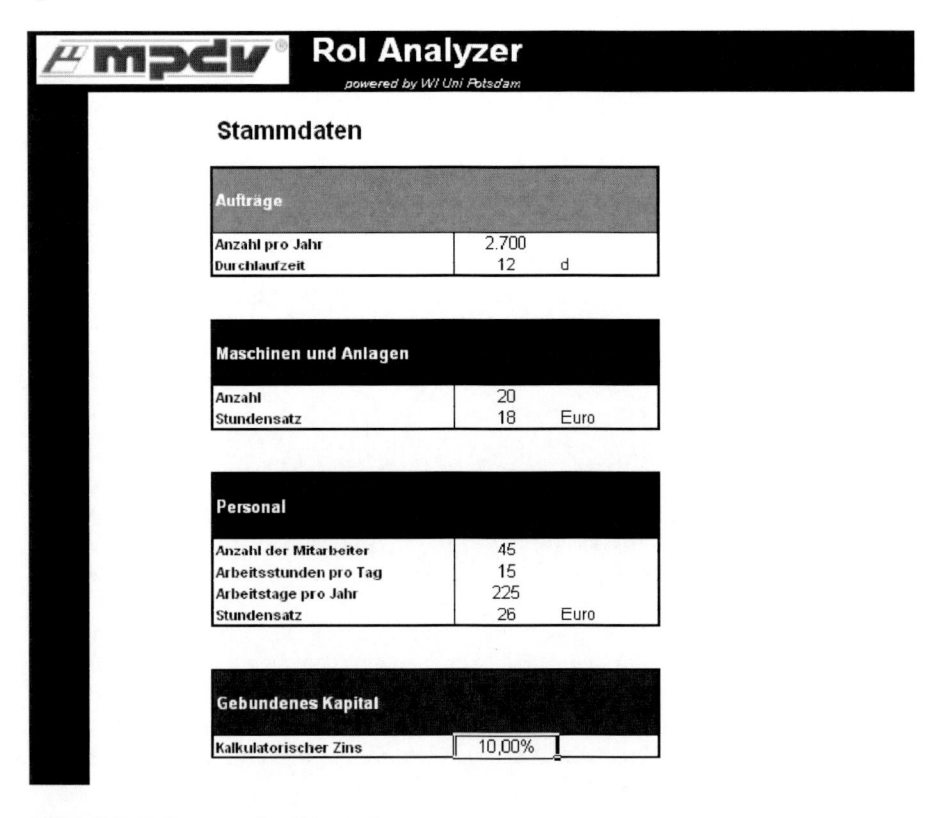

mpdv® RoI Analyzer
powered by WI Uni Potsdam

Stammdaten

Aufträge	
Anzahl pro Jahr	2.700
Durchlaufzeit	12 d

Maschinen und Anlagen	
Anzahl	20
Stundensatz	18 Euro

Personal	
Anzahl der Mitarbeiter	45
Arbeitsstunden pro Tag	15
Arbeitstage pro Jahr	225
Stundensatz	26 Euro

Gebundenes Kapital	
Kalkulatorischer Zins	10,00%

Abb. 5.7 Erfassung der Stammdaten

Die Überführung der identifizierten Zeitpotenziale in monetäre Einsparungen wird durch eine individuelle Bewertung der einzelnen Zeitanteile mit den angegebenen Kostensätzen möglich. Da nicht zwingend davon ausgegangen werden kann, dass jede eingesparte Stunde zu einhundert Prozent in wertschöpfende Bearbeitungszeit umgesetzt wird, sind die einzelnen Zeitanteile für die monetäre Bewertung zu gewichten. So können beispielsweise Einsparungen an nicht wertschöpfender Zeit untergewichtet werden, während ein eventuell zu zahlender Überstundenaufschlag durch eine Übergewichtung eingesparter Überstundenzeitanteile berücksichtigt werden kann. Diese Korrekturfaktoren zur differenzierten monetären Bewertung der einzelnen Zeitanteile in der Bindung maschineller und personeller Ressourcen ermöglichen eine individuelle Abstimmung des Bewertungsverfahrens auf die jeweiligen unternehmensspezifischen Gegebenheiten.

5.4.4 Ergebnisse

Aufbauend auf den mittels der zu beantwortenden Fragen erhobenen Einzelpotenzialen, den angegebenen Stammdaten und den individuell angepassten Korrekturfaktoren kann die Implementierung entsprechender Algorithmen in das Softwarewerkzeug eine automatische Berechnung und Bewertung der durch die Einführung eines MES erzielbaren positiven Nutzeneffekte durchgeführt werden. Neben den nunmehr monetär in Euro und Cent ausweisbaren Potenzialen werden auch realisierbare Verbesserungen bezüglich des Grads der Zielerreichung ausgewählter Zielgrößen wie Durchlaufzeit, Produktivität und Auslastung der betrachteten Ressourcen aufgezeigt.

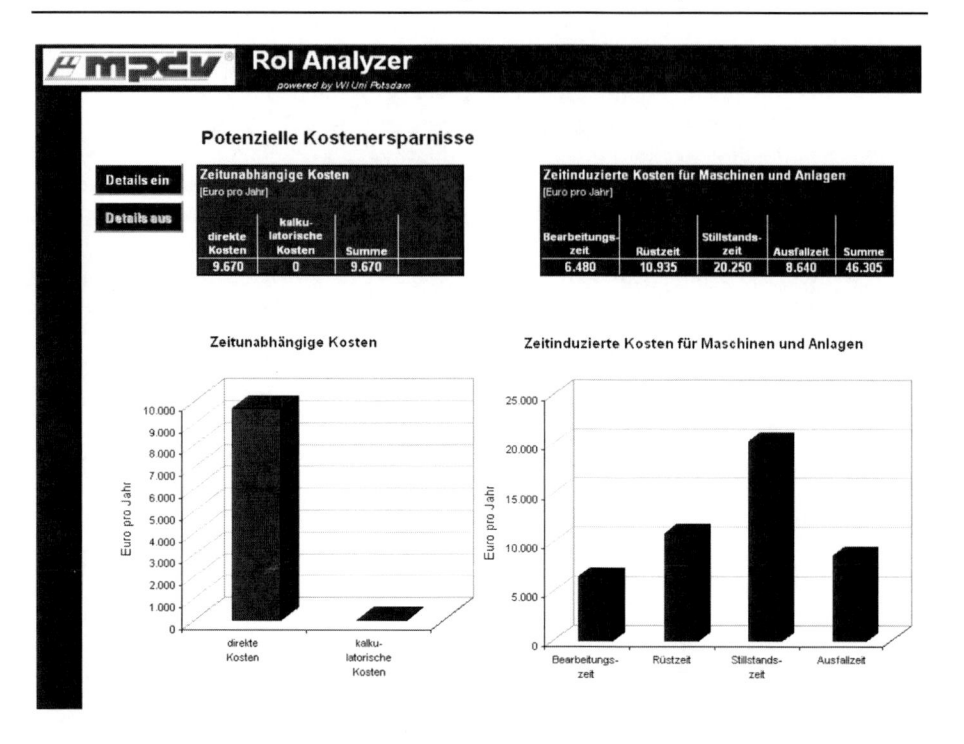

Abb. 5.8 Zeitunabhängige und zeitinduzierte Einsparpotenziale

Abseits dieser direkt quantifizierbaren Nutzeneffekte ermöglicht ein auf Basis der qualitativen Beurteilung der einzelnen MES-Funktionen errechneter Indikator eine Bewertung der Relevanz des MES in Bezug auf die nicht direkt quantifizierbaren Zielgrößen wie Transparenz oder Flexibilität. Alle Ergebnisse der Potenzialanalyse können auch auf Komponenten- bzw. Modulebene disaggregiert werden. Zusätzlich zur Nutzenbeurteilung des Gesamtsystems ermöglicht eine solche Funktion die Identifikation der Module mit den größten Nutzeneffekten. Basierend auf der qualitativen Bewertung der einzelnen MES-Funktionen kann zudem aufgezeigt werden, welche Komponenten z.B. für die Erfüllung bestimmter externer Anforderungen zwingend benötigt werden. Funktionen des Softwaretools zur grafischen Visualisierung der Potenziale erleichtern die Interpretation der Ergebnisse.

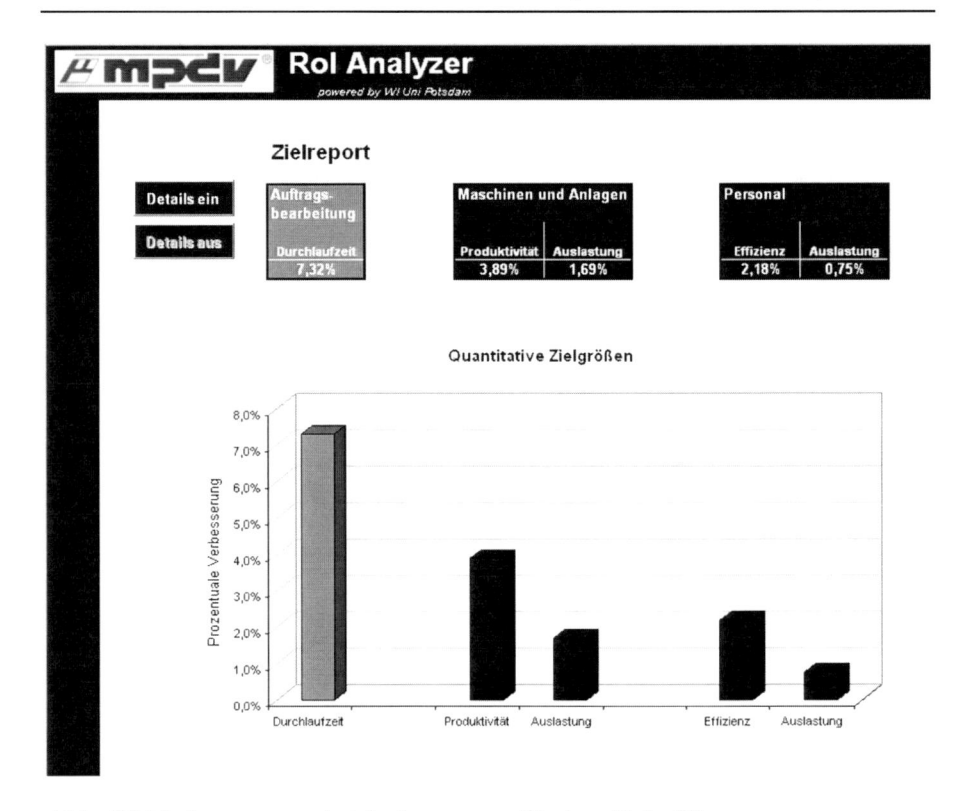

Abb. 5.9 Verbesserungen bei fertigungsspezifischen Zielgrößen

5.4.5 Erfassung von Einführungs- und Betriebskosten

Die Ergebnisse der zuvor durchgeführten softwaregestützen Potenzialanalyse dienen als wesentliche Eingangsgröße für die Quantifizierung der Kosten von Einführung und Betrieb einer MES-Lösung. Neben dem Nutzen des Gesamtsystems werden in den Analyseergebnissen modulspezifische Potenziale ausgewiesen. Diese Einzelbewertungen ermöglichen die Identifikation der Module mit der höchsten Nutzenerwartung und können in den Auswahlprozess bei der Spezifikation des Funktionsumfangs mit einfließen.

Ist die Auswahl der einzuführenden Module bzw. Komponenten eines MES getroffen und sind die zu realisierenden Funktionen festgelegt, kann auf dieser Basis nun eine Erweiterung der Potenzialanalyse um die Betrachtung der für eine spätere Bewertung der Investition zu spezifizierenden Kosten der MES-Lösung vorgenommen werden. Im Sinne des Total Cost of Ownership-Ansatzes werden in der Potenzialanalyse sowohl initiale Investitionen, als auch die später im Systembetrieb anfallenden laufenden Kosten berücksichtigt.

Aus Gründen der Praktikabilität sollte auf eine zu detaillierte Kostenerfassung verzichtet und die Vielzahl der Einzelpositionen zu einigen wenigen Hauptkategorien verdichtet werden. So sind investitionsseitig unter Berücksichtigung des ausgewählten Funktionsumfangs einmalige Kosten in den Bereichen Hardware, Software, Systemeinführung und Initialschulung der Mitarbeiter zu betrachten. Als laufende Kosten werden Aufwendungen für Systembetrieb, Support, Qualifizierung sowie die Wartung von Software und Hardware erfasst.

Für die spätere Wirtschaftlichkeitsbewertung der MES-Investition auf Basis finanzwirtschaftlicher Kennzahlen werden zudem die Spezifikation der geplanten Nutzungsdauer und die Angabe eines für die Bewertung heranzuziehenden kalkulatorischen Zinssatzes benötigt.

5.4.6. Bewertung der Wirtschaftlichkeit

Die softwaregestützte Potenzialanalyse gestattet eine fundierte Quantifizierung des Nutzens einer MES-Einführung. Bezogen auf den Ausgangszustand können die hier ermittelten Einsparungen kontinuierlich in jedem Jahr während der gesamten Nutzungsdauer des MES realisiert werden und sind daher im Rahmen der Wirtschaftlichkeitsbetrachtung entsprechend zu berücksichtigen. Kostenseitig fließen die Aufwendungen für Initialinvestition und laufenden Systembetrieb in die finale Betrachtung der Kosten-Nutzen-Releation einer MES-Einführung ein.

Die Betriebswirtschaft stellt eine Reihe von Kennzahlen zur Bewertung der wirtschaftlichen Vorteilhaftigkeit von Investitionen bereit, deren Berechnung durch Implementierung entsprechender Funktionen von einem Softwarewerkzeug zur Potenzialanalyse übernommen wird. So werden für die einzuführende MES-Lösung neben den jährlich realisierbaren monetär bewerteten Einsparungen finanzwirtschaftliche Kennzahlen wie Return on Investment, Amortisationsdauer, Net Present Value und Internal Rate of Return ausweisen. Derartige Bewertungen können entweder auf Basis der initialen Investitionskosten oder aber als ganzheitliche Betrachtung im Sinne des TCO-Ansatzes vorgenommen werden.

Neben den im Rahmen der Potenzialanalyse identifizierten möglichen Verbesserungen der operativen Abläufe in Bezug auf die spezifischen Zielgrößen der Fertigung liefern die im Zuge der Wirtschaftlichkeitsbewertung generierten finanzwirtschaftlichen Kennzahlen eine fundierte Grundlage für die letztendlich zu treffende Entscheidung über die Einführung eines MES.

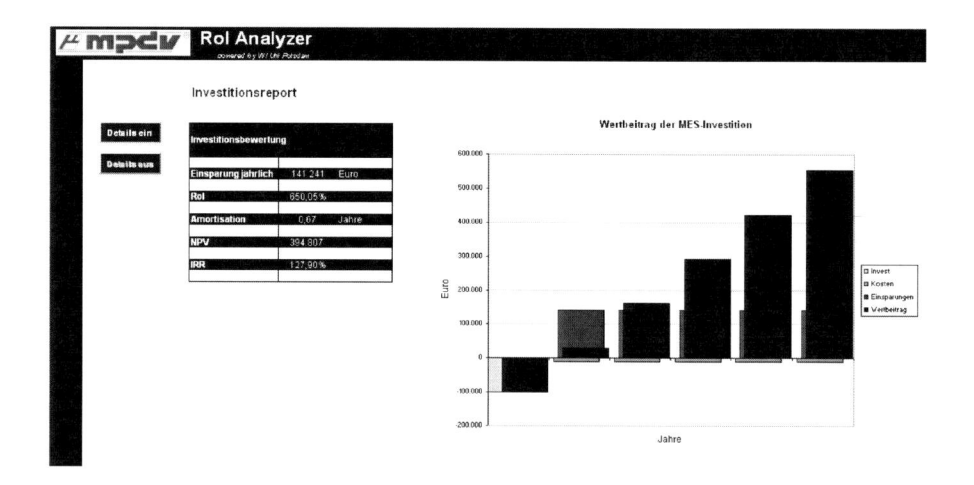

Abb. 5.10 Bewertung der Wirtschaftlichkeit der MES-Einführung

Literatur

Dibbern P, Günther O, Teltzrow M (2005) Produktivitätsmessung von ERP-Lösungen. In: ERP Management 1, S. 17 – 20.
Dittmer M (2005) Effiziente Integration von ERP- und Automatisierungsebene. PPS Management 10 S. 58-60.
Gronau N (2001) Industrielle Standardsoftware. Oldenbourg .
Kletti J(Hrsg.) (2006). MES. Manufacturing Execution System. Springer,Berlin
Krcmar H (2003) Informationsmanagement. 3. Auflage, Springer, Berlin.
Lindemann M, Schmid S (2005) Marktüberblick: Manufacturing Execution Systems. PPS Management 10 (2005) 3, S. 56-57.
Schumacher J 2004 Neue Wege zur effektiven Fabrik: Wertschöpfung ohne Verschwendung durch den Einsatz von MES. PPS Management, 9. Jahrgang, 3. Ausgabe

6 Einführung eines MES im Unternehmen

Die Einführung eines MES ist je nach Ausprägung ein bedeutendes Vorhaben für ein Unternehmen. Aufgrund der großen funktionellen Bandbreite, die MES-Systeme in verschiedenen Unternehmen abdecken, kann sicherlich keine pauschale „Bedienungsleitung" gegeben werden, wie ein Projekt zur erfolgreichen Einführung eines MES abzulaufen hat. Die Einflussfaktoren sind vielfältig und prägen die Dimensionen des Projektes: Größe des Unternehmens, Zielsetzungen, Funktionale Bandbreite, Anzahl der von der Systemeinführung betroffenen Mitarbeiter, Anzahl Bereiche oder Werke und die Laufzeit des Projektes, nur um einige zu nennen.

Nachfolgend wird der Ablauf der Einführung eines MES-Projektes beschrieben. Je nach individueller Ausprägung und Dimension eines solchen Projektes, können die Reihenfolge und der Inhalt der Projektschritte im eigenen Unternehmen von der hier gegebenen Vorlage abweichen. Dem Leser soll jedoch ein Leitfaden gegeben werden, anhand dessen wichtige Projektinhalte lokalisiert oder deren Umsetzung erleichtert werden soll.

Die Einführung eines MES beginnt bei der Konzepterstellung inklusive der Auswahl eines MES-Partners und eines MES-Systems und endet mit der eigentlichen Implementierung und Inbetriebnahme des Systems im Unternehmen.

Die Einführung eines MES ist häufig eine strategische Investition für ein Fertigungsunternehmen. Aus diesem Grund ist es besonders wichtig, aus den teilweise widerstrebenden Zielen und Anforderungen an ein solches Projekt ein Optimum zu entwickeln. Um diese Fragestellung allen Projektbeteiligten transparent zu machen, bietet sich die Darstellung dieses Sachverhaltes in einer sogenannten Optimierungspyramide an (Abbildung 6.1). In dieser Darstellung lassen sich die konkurrierenden Ansprüche an das MES-Projekt

- Projektbudget
- Beabsichtigte Prozessverbesserungen
- Projektziele
- Kosten der Implementierung und
- Wünsche der Anwender

veranschaulichen.

Ein theoretisches Optimum für das Projekt ist erreicht, wenn ein „Gleichgewicht zwischen den Eckpunkten" herrscht.

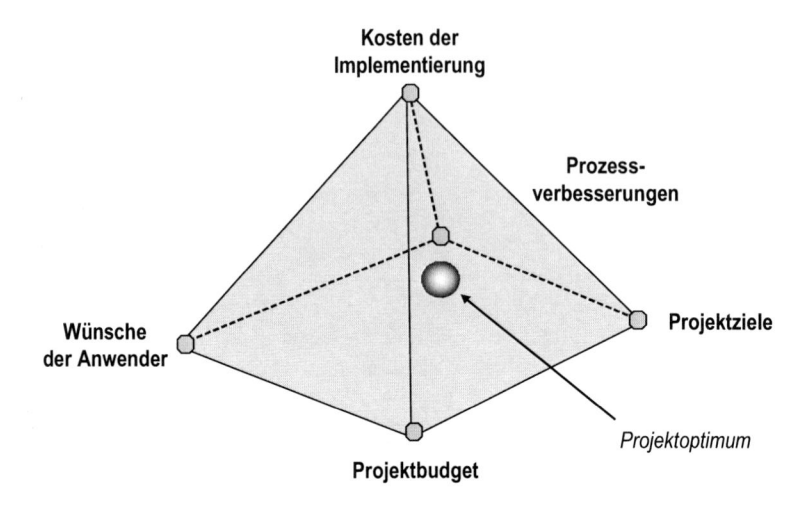

Abb. 6.1 Optimierungspyramide für ein MES-Projekt

6.1 Konzepterstellung

6.1.1 Phasen der Konzepterstellung

Da die Konzepterstellung auch bei der Einführung eines MES-Systems einen massgeblichen Erfolgsfaktor darstellt, soll zunächst näher auf die klassische Begriffsdefinition der am Markt gängigen Vokabeln in diesem Umfeld eingegangen werden:

> Anforderungskatalog
> Lastenheft
> Pflichtenheft
> Detailkonzept

Die im folgenden getroffenen Definitionen sollen für ein Unternehmen einen Leitfaden darstellen. Es hängt von der individuellen Situation des Unternehmens, des dort vorhandenen Know-hows und der Zielsetzung ab, ob alle diese vier Dokumente als reale Projektdokumentationen relevant sind. Wichtig ist, dass sich die Projektbeteiligten im Unternehmen darüber klar sind, dass die Dokumente, die zur späteren Definition des Leistungsumfanges des MES führen, üblicherweise über einen mehrstufigen Prozess entstehen, eine unterschiedliche Qualität haben und der Detaillierungsgrad ansteigt. Beispielsweise ist im Anforderungskatalog ein Ziel ganz global umschrieben, im Detailkonzept dagegen sind alle Funktionen spezifiziert, die zur Erreichung dieses Zieles benötigt werden. Es ist wichtig, dass der Entstehungsprozess der einzelnen Dokumente nachvollziehbar ist. Grundsätzlich muss zum Ende der Konzeptphase transparent sein, welche MES-Funktionen zu welchen Projektzielen gehören. Die Abbildung 6.2 zeigt den Ablauf in der Konzeptphase des Projektes: die Entwicklung vom Anforderungskatalog zum Detailkonzept.

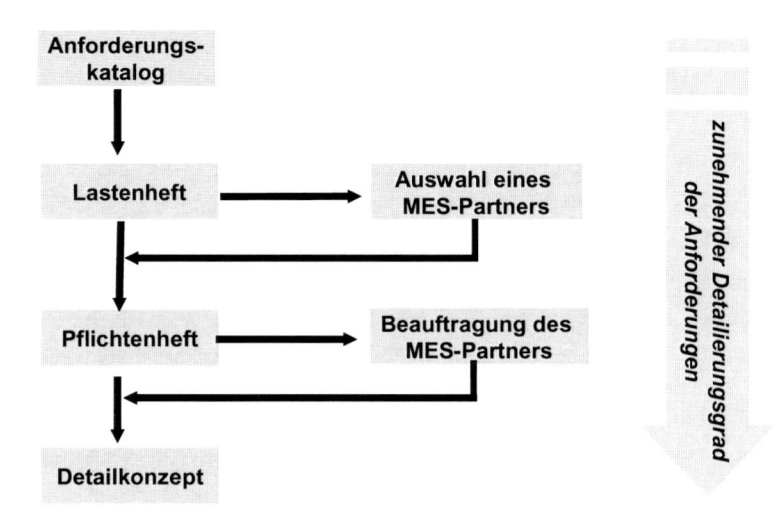

Abb. 6.2 Ablauf in der Konzeptphase

Diese Zusammenhänge spielen dann auch später im Projekt bei der realen Umsetzung der Anforderungen in Systemfunktionen eine Rolle. Wenn im Rahmen des so genannten Changemanagements Anforderungen geändert werden oder spätere Anforderungen hinzukommen, muss dies über die einzelnen Dokumente hinweg nachvollziehbar sein. Häufig ist zu beobachten, dass die Ersteller der Dokumente oder die Mitglieder des Projektteams wechseln. Als Konsequenz geht der rote Faden des Projektes verloren und die entstehenden Dokumente sind ohne inneren Zusammenhang. Die Gefahr, dass zum Schluss bei der Implementierung des Systems Funktionen realisiert werden, die nicht im Einklang mit einem ursprünglich definierten Ziel stehen oder in der Realität einem definierten Ziel sogar entgegenlaufen, ist dann sehr groß. Die negativen Auswirkungen auf das Gesamtbudget und damit auf den Return of Invest (ROI) des Projektes liegen auf der Hand.

Anforderungskatalog

Der Anforderungskatalog ist ein rein internes Arbeitspapier des Unternehmens, das zum Start des Projektes „Einführung eines MES" erstellt werden sollte. Wichtig ist in diesem Zusammenhang die eindeutige Definition der Ziele, also die Beantwortung der Frage: Was will ich mit der Einführung des MES verbessern?

Die von der MES-Einführung betroffenen Organisationseinheiten müssen definiert werden und deren Anforderungen an das System in den Anforderungskatalog aufgenommen werden. Im Anforderungskatalog selbst stehen in der Regel noch keine Funktionsbeschreibungen oder Systemdefinitionen. Die Anforderungen stellen zunächst nur die betrieblichen Notwendigkeiten dar. Es macht durchaus Sinn in dieser Phase bereits eine externe Unterstützung im Sinne einer Ablauf- oder Organisations-Unternehmensberatung einzusetzen. Ideal und empfehlenswert ist es, dass diese Unternehmensberatung Erfahrungen im Bereich der Fertigungsoptimierung, der Optimierung von Fertigungsabläufen und im Bereich von MES-Systemen einbringt. Es gibt Anbieter von MES-Systemen am Markt, die eigene Organisationseinheiten haben, die sich ausschließlich und weitergehend unabhängig vom Produkt mit diesen Fragestellungen beschäftigen. Eine solche Unterstützung bereits bei der Erstellung des Anforderungskatalogs kann sehr hohe synergetische Wirkungen auf das Gesamtprojekt haben und natürlich der Beschleunigung des Projektes und der Kostensenkung dienen. Die „gesammelten" Anforderungen müssen gesichtet, priorisiert und bewertet werden. Die Bewertung, d.h. ob relevant oder nicht relevant, erfolgt im Wesentlichen anhand der zunächst vorgenommenen Zieldefinition. Eine Entscheidungsmatrix ist als Hilfsmittel geeignet, um die Systemanforderungen den Projektzielen gegenüber zu stellen.

Lastenheft

Das Lastenheft stellt üblicherweise die Grundlage für die Auswahl des MES-Partners dar. Unter Umständen findet auf dieser Basis erst eine Vorauswahl statt, d.h. eine Einschränkung auf zwei bis drei potenzielle MES-Partner.

Demzufolge müssen die eher intern formulierten Anforderungen des Unternehmens aus dem Anforderungskatalog in Anforderungsdefinitionen überführt werden, die auch für Externe verständlich sind. Da auf Basis des Lastenheftes bereits ein vorläufiges Angebot oder zumindest eine Kostenschätzung des Anbieters erfolgen soll, werden hier auch die organisatorischen Randbedingungen, wie Anzahl Arbeitsplätze, soweit relevant Anzahl Werke oder Standorte, aufgenommen, in die das System übernommen oder in denen ein Rollout gemacht werden soll. Die bestehende IT-Infrastruktur und die zu schaffenden Schnittstellen für bereits bestehende IT-Systeme müssen hier aufgenommen werden. Wichtig ist, dass der Ersteller des Lastenheftes sich an den Zielen orientiert, die im Anforderungskatalog definiert wurden.

Details sollten nur dann aufgenommen werden, wenn sie aus Sicht des Unternehmens unabdingbare Voraussetzungen beschreiben. So macht es zum Beispiel wenig Sinn, durch Nennung von proprietären Datenbanksystemen, Betriebssystemplattformen oder Hardwareherstellern die Auswahl an zur Verfügung stehenden MES-Systemen so stark einzuschränken, dass sich diese technischen Randbedingungen am Ende innerhalb des Lastenheftes zu einem Ziel aufschwingen, das über allen funktionalen Anforderungen steht.

Gerade im Zusammenhang mit dem MES stellt sich häufig die Frage, ob die unternehmenseigene IT-Strategie über den Anwendernutzen zu stellen ist. Ein solcher Fall liegt dann vor, wenn ein mögliches MES-System andere Betriebssysteme oder Datenbankplattformen erfordern würden als die bereits vorhandenen (siehe Kapitel 6.2.2).

Pflichtenheft

Als nächster Schritt wird das Lastenheft, in dem die Anforderungen des Fertigungsunternehmens niedergelegt sind, in ein so genanntes Pflichtenheft überführt. Dieses beschreibt die „Pflichten" des Systemlieferanten, aber auch die „Pflichten" des Fertigungsunternehmens selbst. Per Definition kann erst nach Erstellung des Pflichtenheftes seriös der Gesamtpreis eines MES-Systems vom Lieferanten ermittelt werden. Das Pflichtenheft muss hierzu vollständig alle Pflichten, d.h. alle Lieferungen, Dienstleistungen beinhalten, die notwendig sind, um den gewünschten Funktionsumfang abzudecken und die vorgegebenen Ziele zu erreichen.

Während im Lastenheft unter Umständen noch Anforderungen stehen, die sowohl vom Fertigungsunternehmen als auch vom Lieferanten zu erfüllen sind, muss spätestens im Pflichtenheft eine eindeutige Zuordnung getroffen werden, ob eine Leistung vom Lieferanten oder vom Fertigungsunternehmen selbst zu erbringen ist.

Bei der Erstellung des Pflichtenheftes ist es sinnvoll, den zukünftigen Lieferanten des MES-Systems einzubinden. Es geht hier bereits um Details, z.B. wie Anforderungen aus dem Lastenheft, die später im System abgebildet oder umgesetzt werden. Eine Festschreibung auf die eine oder andere Vorgehensweise bedeutet natürlich, dass anbieter- oder systemabhängig ganz unterschiedliche Kosten für das Fertigungsunternehmen entstehen können. Darüber hinaus spielt der Beratungsaspekt eine wesentliche Rolle. Der Anbieter hat zu diesem Zeitpunkt die Möglichkeit, aus seiner Erfahrung heraus bessere oder alternative Wege aufzuzeigen, oder auch die notwendige Flexibilität im System zur Verfügung zu stellen, ohne dass diese Flexibilität in diesem Stadium negative Auswirkungen auf die Kosten hat. Umso wichtiger ist es, bereits mit dem Lastenheft und in der anschließenden Vertriebs- und Beratungsphase den richtigen MES-Partner auszuwählen (siehe Kapitel 6.2.1).

Äußerst wichtig ist in den Phasen Pflichtenhefterstellung und Detailkonzept das Controlling dieser Vorgänge. Controlling ist im ursprünglichen Sinne des Wortes (Steuerung) die Lenkung der beteiligten Fachteams. Die folgende Vorgehensweise, die natürlich nicht nur auf Pflichtenhefterstellung, sondern auch auf ähnliche Prozesse angewendet werden kann, hat sich bewährt.

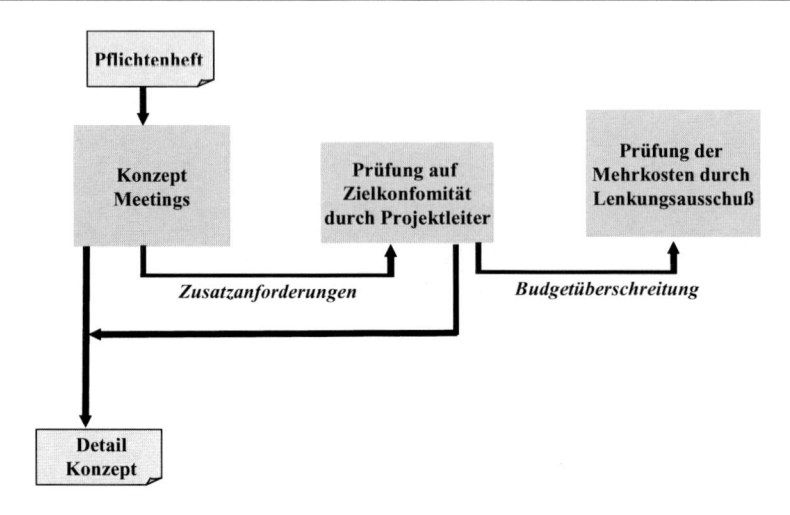

Abb. 6.3 Controlling bei Erstellung des Feinkonzeptes

Detailkonzept

Ziel des Detailkonzeptes ist es, die im Pflichtenheft grob definierten Anforderungen an das System in echte Systemfunktionen, praktische Bedienabläufe mit dem System, aber auch Bedienabläufe in der Fertigung zu überführen. Um die Abweichungen von den ursprünglichen Zielen und einer Erhöhung der Implementierungskosten zu verhindern, ist es empfehlenswert, einen Lenkungsausschuss einzurichten, sofern die zu erwartende Projektgröße dies rechtfertigt (siehe Kapitel 6.3.3).

Dem Lenkungsauschuss obliegt als oberstes Entscheidungsgremium im Projekt die Kosten- und Zielkontrolle. Deshalb müssen die auftretenden Abweichungen zum Pflichtenheft betreffend Kosten und Funktionalität des MES von der Projektleitung dem Lenkungsausschuss vorgelegt werden. (Berichtswesen).

Sowohl der Systemlieferant als auch das Fertigungsunternehmen müssen hier Mitarbeiter aufbieten, die die notwendige Qualifikation als Projektleiter aber auch als Moderator haben, um in den Fachteams eine problemorientierte und effektive Arbeit zu gewährleisten. Es zeigt sich immer wieder, dass dies die maßgeblichen Einflussfaktoren auf die Kosten und das Gelingen des Projektes sind. Gerade in dieser frühen Phase des Projektes muss das Notwendige vom „Schönen" getrennt werden. Dabei müssen die Aspekte Kosten, Einführungsgeschwindigkeit und Akzeptanz des Systems gleichermaßen berücksichtigt werden.

Eine empfehlenswerte Vorgehensweise ist es, das Detailkonzept mit einem sogenannten Prototyping zu verbinden. Dazu wird bereits zu Beginn der Konzeptphase ein Testsystem aufgesetzt. Das Testsystem besteht aus der Installation des Standard-Softwareumfangs des ausgewählten MES-Systems. Auf diesem System erfolgen Tests, Systemanweisungen und das Customizing. Daraus ergeben sich Prototypen der später zu realisierenden Systemfunktionen. Bei dieser Vorgehensweise lässt sich die Leistungsfähigkeit der ausgewählten Standardsoftware mit der

Erreichung von geplanten Zielen der Anwendungen in Einklang bringen. Voraussetzung ist die vorherige Auswahl eines MES-Systems mit einem breiten Anwendungsspektrum und einer hohen Flexibilität zur einfachen Implementierung der unternehmensspezifischen Prozesse und Anforderungen.

Das für die Konzeptphase aufgebaute Testsystem ist während der gesamten Projektphase für

- interne Schulungen
- eigene Implementierung (z. B. dem Erstellen von spezifischen Reports oder Auswertungen)
- Tests von Schnittstellen
- Systemtests
- die Systemabnahme

zu verwenden.

Nach dem GoLive dient dieses System, idealerweise weiterhin als Testsystem. Während des Produktivbetriebs kann damit die Evaluierung von Erweiterungen oder Änderungen von Systemeinstellungen durchgeführt werden.

Je nach Wahl der GoLive-Strategie (siehe Kapitel 6.3.12) kann ein solches System auch als Pilotsystem für einen Test unter Produktivbedingungen eingesetzt werden.

6.1.2 Beispiele

Beispielstruktur eines Konzeptes

Um einen Anhaltspunkt für die Struktur von Pflichtenheften und Detailkonzepten zu haben, findet sich hier eine Stoffsammlung, die aus Auszügen solcher Dokumente verschiedener MES-Projekte entstanden sind. Sie kann vom Leser als eine Checkliste zur Erstellung eines Pflichtenheftes und Detailkonzeptes verwendet werden.

Projektüberblick
⇨ Motivation
⇨ Zielsetzung
⇨ Organisatorische Rahmenbedingungen des Projektes
⇨ Eckdaten des Projektes

Beschreibung des Ist-Zustands
⇨ Unternehmensorganisation: Werke, Bereiche, Abteilungen ....
⇨ Fertigungsstruktur
　• Abläufe in der Giesserei
　• Abläufe in der Dreherei
　• Abläufe in der Oberflächenbearbeitung
　• Abläufe in der Montage
　• Werkzeugbau
　• Elektronikfertigung
　• Kunststofffertigung
　• Umformtechnik
　• weitere Bereiche
⇨ Mengengerüste: Aufträge, Durchlaufzeit, Maschinen, Arbeitsplätze
⇨ Vorhandene Systeme und Schnittstellen
　• ERP-System
　• Lohnsystem
⇨ IT-Infrastruktur: Server, Netzwerke, Betriebssysteme, Datenbanken
⇨ Technische Systeme: Prozessleitsysteme, Maschinensteuerungen

Allgemeine Anforderungen an das MES
⇨ Anforderungen an die Ergonomie
　• Individualisierungsmöglichkeiten
　• Office-Integration
　• Pflegefunktionen
⇨ Benutzerverwaltung und Berechtigungspflege
　• Sicherheitsanforderungen
　• Definition von Rollen / Profile
⇨ Systemarchitektur
　• Systemaufbau
　• Integration in die IT-Landschaft
⇨ Workflow-Funktionen
⇨ Geplante Ausbaustufen
⇨ Wartbarkeit des Systems

6.1 Konzepterstellung

Anforderungen an die Fertigungsplanung
⇨ Definition der Planungshorizonte
⇨ Anforderungen an die Visualisierung
⇨ Rüstzeitoptimierung
⇨ Simulation
⇨ Bildung von Sammelarbeitsgängen
⇨ Vorgangssplits
⇨ Druck der Arbeitspapiere

Anforderungen an die Erfassung in der Produktion
⇨ Anforderungen an Handling und Dialogführung (Ergonomie)
⇨ Informationsanzeigen am BDE-Terminal
⇨ Erfassung an Maschinenarbeitsplätzen
 • Typen der Datenerfassung: manuell, automatisch
 • Meldungsarten
 • Zu erfassende Daten
⇨ Erfassung an MDE-Arbeitsplätzen mit manueller Statuszuordnung
 • Meldungsarten
 • Zu erfassende Daten
⇨ Erfassung an Handarbeitsplätzen
 • Meldungsarten
 • Zu erfassende Daten
⇨ Maschinenanbindung
 • Anbindung über OPC-Technologie
 • Anbindung über SPS
 • Anbindung über Datei-Interface
 • Anbindung über I/O-Karte
 • Anbindung über proprietäre Protokolle
⇨ Druck von Kundenetiketten und Materialbegleitetiketten
 • Ablauf des Etikettendrucks
 • Gebindeetiketten
 • Probenidentifikation
 • Nachdruck von Gebindeetiketten
⇨ Mengengerüst
⇨ Festlegung der BDE-Terminal-Standorte

Verwaltung von Maschinensteuerungsprogrammen (DNC)
⇨ DNC-Verwaltungsfunktionen
⇨ DNC-Client-Funktionen am PC
⇨ Archivierung der DNC – Datensätze

Anforderungen an die Datenpflege der Bewegungsdaten
⇨ Pflege von Auftragsdaten
⇨ Pflege von Maschinenbuchungen
⇨ Pflege von Personalbuchungen

Anforderungen an Informationsfunktionen und Auswertungen
⇨ Auftragsvorrat
⇨ Auftragsübersicht
⇨ Auftragsstatus
⇨ Maschinenübersicht
  • Tabellarische Darstellung
  • Graphische Darstellung
⇨ Personalübersicht
⇨ Schichtprotokolle
⇨ Personalreports
⇨ Auftrags- und Artikelprofile
⇨ Auftrags-, Artikel- und Ausschussstatistiken
⇨ Stillstandsauswertungen
⇨ Leistungsreports
⇨ Informationsdarstellung im Intranet oder Internet

Werkzeug und Ressourcenmanagement
⇨ Ressourcenstückliste
⇨ Ressourcenstatus
⇨ Standortübergreifender Ex- und Import von Ressourcendaten

Personalzeiterfassung und Zutrittskontrolle
⇨ Flexzeit, Langzeitkonten, Lebensarbeitszeit
⇨ Planung der Arbeitszeit
⇨ Bewertung der Zeiten
⇨ Datenpflege und Tagesgeschäft
⇨ Listen und Auswertungen
⇨ Sicherheitskonzept
  • Sicherung von Bereichen, Zonen, Türen, Drehkreuzen
  • Alarmweiterleitung
  • Protokollierung von Zutritten

Leistungslohnermittlung
⇨ Überblick
⇨ Monatslohn/Zeitlohn
⇨ Akkord/Zeitlohn in Einzelverrechnung
⇨ Gruppenprämie

Materialfluss und Materialverfolgung
⇨ Allgemeines zur Material- & Produktionslogistik
⇨ Abbildung von WIP-Materialbeständen (Work in Process)
⇨ Materialbewegungen: Datenaustausch zwischen MES und ERP
⇨ Meldung von Ein- & Ausgangslosen
⇨ Materialverprobung bei Meldevorgängen in der Produktion (Sicherheitsaspekte)

Anforderungen an die Instandhaltung
⇨ Instandhaltungsaufträge
⇨ Planung der Instandhaltung
⇨ Durchführung von Instandhaltung
  • Instandhaltungsauftrag an- und abmelden
  • Verbuchung von Zeiten
  • Besonderheiten bei Stillstandsaufträgen
  • Automatische Handwerkerabmeldung
⇨ Vorbeugende Instandhaltung (Maschinenstundenzähler)

Anforderungen an Prozessdatenverarbeitung
⇨ Zu erfassende Prozessparameter
⇨ Archivierung der Prozessparameter
⇨ Warn- und Eingriffsgrenzen
⇨ Stichprobenentnahme

Anforderungen der Qualitätssicherung
⇨ Fertigungbegleitende Prüfung
⇨ Fertigung - SPC
  • Probengenerierung und –behandlung
  • Liste anstehender Prüfungen
  • Eskalation bei negativem Probenergebnis
  • Qualitätsinformationen in einem grafischen Maschinenpark
⇨ Messwerterfassung im Labor-Bereich
⇨ Prüfmitteldatenimport
⇨ Reklamationsmanagement
  • Erzeugung eines Nacharbeitsauftrags
  • Interne Reklamationen
  • Automatische Reklamationserzeugung
  • Reklamationsbefund und –abschluss
  • Ermittlung der Bearbeitungs- und Reklamationszeit
⇨ Auswertungen
  • Regelkarten
⇨ Produktionslenkungsplan
⇨ Prüfmittelmanagement
⇨ Lieferantenbewertung
⇨ Standortübergreifende Prüfplanung

⇨ Sperrlagermanagement
⇨ Datensicherung & Archivierung

Allgemeine Systemanforderungen
⇨ Mengengerüst zur Serverauslegung und Datenhaltung
⇨ Systemsicherheitskonzept
⇨ System- und Datensicherheitskonzept
⇨ Datensicherungskonzept
⇨ Anforderungen an die Offline-Fähigkeit und den Notbetrieb des MES

Definition der notwendigen Schnittstellen zu anderen Systemen
⇨ Schnittstellen zum ERP
⇨ Schnittstellen zur Instandhaltung
⇨ Schnittstellen zur Mitarbeitereinsatzplanung
⇨ Schnittstellen im Bereich der Datenerfassung
⇨ Schnittstellen zum Qualitätsmangementsystem
⇨ Verwendete Technologien
⇨ Maschinenschnittstellen (SPS, techn. Netzwerke)
⇨ Waagenschnittstellen
⇨ Prüfmaschinen
⇨ Inspektionsgeräte

Projektablauf
⇨ Terminplan der Systemeinführung
⇨ Schulungsplan
⇨ Definition der GoLive-Szenarien
⇨ Einführungsstrategie
⇨ Dokumentation
⇨ Systemabnahme und Test
⇨ Wartungs- und Supportkonzept

Vom Anforderungskatalog zum Detailkonzept

Die folgenden Abbildungen (Abb. 6.4 bis Abb. 6.7) beschreiben an einem einfachen Beispiel die „Erfassung von Ausschuss in der Produktion", wie in den Dokumenten vom Anforderungskatalog bis zum Detailkonzept der Detaillierungsgrad und die Komplexität steigen.

> **Die Ausschusserfassung im Bereich Spritzguss** muss eine auftragsbezogene Kostenkontrolle ermöglichen.

Abb. 6.4 Darstellung des Beispiels „Ausschusserfassung" im Anforderungskatalog

> **Die Ausschusserfassung im Bereich Spritzguss** muss auf folgende Arten möglich sein:
> - automatisch direkt über Maschinenanbindung
>   Es wird ein Lösungsvorschlag zur Art der Anbindung erwartet
> - manuelle Zuordnung durch den Maschinenbediener
> - die erfassten Daten müssen auftrags- und maschinenbezogen auszuwerten sein

Abb. 6.5 Darstellung des Beispiels „Ausschusserfassung" im Lastenheft

Die Ausschusserfassung im Bereich Spritzguss muss auf folgende Arten möglich sein:
- automatisch direkt über Maschinenanbindung
  Folgende Maschinen sind anzubinden (siehe beiliegende Aufstellung mit folgenden Angaben:
  Maschine, Art der Anbindung, zur Verfügung stehende Signale).
  Die elektrische Installation der Anbindung erfolgt durch den Auftraggeber.
  Die logische und systemseitige Anbindung wird vom Auftragnehmer durchgeführt.
- manuelle Zuordnung von mindestens 15 Ausschussgründen je Maschine.
  Die Texte der Ausschussgründe müssen frei definierbar sein.
- die erfassten Daten müssen bereichs-, maschinenbezogen und auftragsbezogen über frei zu definierende Zeiträume auszuwerten sein.
- die erfassten Daten müssen einmal pro Tag für die Auftragsnachkalkulation an das ERP-System übergeben werden.

Abb. 6.6 Darstellung des Beispiels „Ausschusserfassung" im Pflichtenheft

222 6 Einführung eines MES im Unternehmen

Eingabemaske am BDE-Terminal

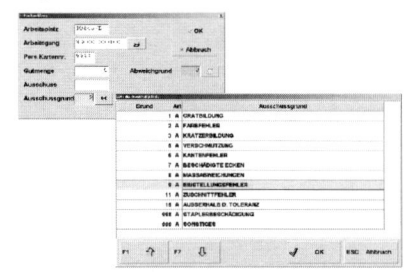

Ausschuss-Statistik als Auswertung am Meisterarbeitsplatz

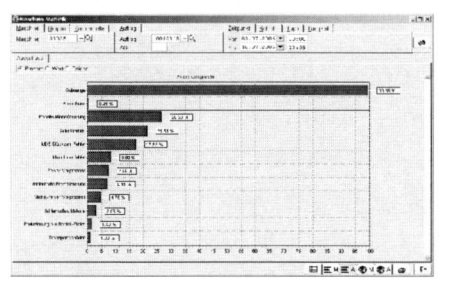

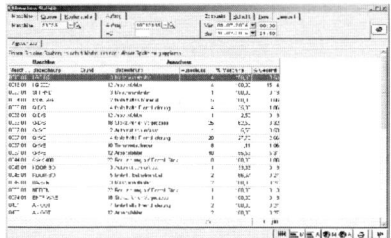

Maschinen-Installationsvorgabe

Maschine	Schnittstelle	Signal GUT	Signal AUSSCHUSS	verantwortlich für Installation	Installations-termin
Maschine 1	SIEMENS S7	Register 23	Register 5	Auftragnehmer	21.6.2007
Maschine 2	potentialfreier Kontakt	Klemme 3	Nicht vorhanden	Auftraggeber	22.6.2007

Datensatz „Auftragsrückmeldung ERP"

Datenfeld	Länge	Verwendung ERP	Zeitpunkt der Rückmeldung
Auftrag	15	--	--
Ausschussmenge	7	Verbuchung Auftrag	Auftragsende-meldung

Abb. 6.7 Darstellung des Beispiels „Ausschusserfassung" im Detailkonzept

6.2 Auswahl eines MES

Der Prozess der Auswahl des richtigen MES zerfällt in zwei wichtige Komponenten:

- die MES-Software
- den MES-Partner.

Beide Komponenten sind nahezu gleichermaßen wichtig für die erfolgreiche Einführung eines MES in einem Fertigungsunternehmen. Grundsätzlich sollte bei der Auswahl darauf geachtet werden, dass nur die Eigenschaften der Software und des Partners in die Entscheidung einfliessen, die im vorliegenden Projekt von echter Bedeutung sind. Dazu ist es sinnvoll von Anbeginn die Projektziele (z.B. in einer Entscheidungsmatrix) den Eigenschaften von MES-Software und MES-Partner gegenüberzustellen.

6.2.1 Auswahl eines MES Partners

Die Auswahl des „richtigen" MES-Partners ist letztendlich in vielen Projekten der entscheidende Erfolgsfaktor für die Erreichung der gestellten Projektziele. Zum einen muss der Lieferant des MES ein Software-Produkt liefern, zum anderen aber dem Kunden Beratungsleistungen anbieten. Die Beratungsleistungen werden zu Beginn des Projektes im Vordergrund stehen bis die Leistungsfähigkeit der eingesetzten Software wirklich voll umfänglich vom Kunden beurteilt werden kann. Um die Qualität der Beratung des Lieferanten beurteilen zu können, sollten folgende Kriterien herangezogen werden:

- Erfahrung
- Unternehmensphilosophie
- Referenzen
- Serviceangebot

Erfahrung

Hier spielt zunächst die Erfahrung des Anbieterunternehmens eine Rolle, d. h. wie lange beschäftigt sich das Unternehmen mit MES, aber vor allem mit der Anwendung zur Optimierung von Fertigungsprozessen. Es ist wichtig, dass der Inhalt der Beratung sich vor allem zum frühen Zeitpunkt des Projektes weniger um ein Softwareprodukt als um die Lösung der Anforderungen des Kunden dreht. Eine wirklich gute Implementierung eines MES-Systems setzt voraus, dass die Fertigungsprozesse überdacht werden, um die eine oder andere organisatorische Prozessverbesserung bereits mit der Einführung des MES-Systems umzusetzen. In zweiter Linie spielt auch die persönliche Erfahrung des Beraters, der mit der Umsetzung des Kundenprojektes betraut ist, eine Rolle. Hier ist zu empfehlen, während der Auswahlphase in den Akquisitionsgesprächen mit dem Lieferanten, auf diese Tatsache bereits einzugehen und später - sollte es mit diesem Lieferanten zu einem realen Projekt kommen - einen erfahrenen Mitarbeiter als Berater auszuwählen. Aus dem oben gesagten ist abzuleiten, dass vor allem das Verständnis für Fertigungsprozesse und die Erfahrung im Umgang mit unterschiedlichen Fertigungsabläufen eine maßgebliche Rolle spielt. Ein typisch branchenspezifisches Wissen ist in der Regel sekundär.

Ausrichtung des Unternehmens

Das Unternehmen des ausgewählten MES-Partners sollte sich nicht nur als IT-Systemhaus verstehen, welches nur der Hersteller eines Softwareproduktes ist. Der Partner sollte sich als Lösungsanbieter verstehen, bei dem Software und Beratungsleistung eine Einheit bilden, die zur Erreichung der Optimierungsziele des Fertigungsunternehmens führen. Das heißt, dass sich dessen Handeln nicht ausschließlich darauf konzentriert, das eigene Softwareprodukt beim Kunden zu implementieren und dabei möglichst die Fertigungsprozesse des Kunden auf die Software anzupassen. Der umgekehrte Weg ist richtig: die Software ist so einzusetzen, dass die notwendigen Fertigungsprozesse maßgeblich unterstützt werden. Darüber hinaus soll das MES Verbesserungspotenziale innerhalb der Fertigungsprozesse aufzeigen. Dies ist jedoch nur dann effektiv möglich, wenn der MES-Partner sich mit seinen Mitarbeitern mit den Themen Fertigungsoptimierung dauerhaft auseinandersetzt und die Anwendung im Vordergrund steht.

Referenzen

Im Zeitalter des Internets und einer stark ausgeprägten Informationstechnologie ist es vermeintlich sehr einfach geworden, Informationen über Lieferanten bis hin zu Referenzlisten dieser Lieferanten aus dem Internet abzurufen. Im Bewusstsein, dass die so gesammelten Informationen im gewissen Maße eine Zufälligkeit aufweisen, ist es umso wichtiger, diese Informationen richtig zu bewerten. Um so mehr gewinnt das Betrachten von Referenzen an Wichtigkeit. Die Referenz für ein MES-System oder einen Anbieter eines MES-Systems sollte nicht nur eine Referenz für die Leistungsfähigkeit des Systems sein, sondern auch für die Kompetenz des Implementierungspartners also des MES-Anbieters. Da ein MES-System sehr komplexe Verzweigungen innerhalb des Unternehmens hat, ist zur Beurteilung der Referenz wichtig, inwieweit das System und der Anbieter an der gesamten Lösung und nicht nur an Teilbereichen der Implementierung beteiligt waren.

Ideal ist in diesem Zusammenhang, wenn der Hersteller bzw. das System über eine so genannte Users Group verfügt. Dies ist eine Vereinigung von Systemanwendern (Unternehmen), die häufig gegenseitig und mit dem Hersteller einen regen Erfahrungsaustausch pflegen. Ziel einer Users Group ist der Austausch von best practise Lösungen der Mitglieder untereinander. Sie sorgen auch durch Foren und Vorschläge für die anwendungsgerechte Weiterentwicklung des betreffenden MES-Systems. Einige dieser Users Groups bieten auch einen Informationsaustausch mit zukünftigen Systemanwendern an. Damit sind diese der ideale Ansprechpartner für Unternehmen, die sich in der Auswahlphase für ein MES-System befinden.

Allein das Vorhandensein einer aktiven Users Group ist schon ein deutliches Zeichen dafür, dass es sich um ein System handelt, das über eine ausgeprägte Standardsoftware verfügt, die in breiter Fläche und langfristig am Markt eingesetzt wird. Unter dem Gesichtspunkt der Investitionssicherheit ist dies ein wichtiger Faktor bei der Entscheidung für ein System.

Support

Was versteht man im Allgemeinen unter Support? Grundsätzlich sind dies alle Unterstützungsleistungen, die ein Systemanbieter dem Endkunden, dem Fertigungsunternehmen zum Schutz der ursprünglich getätigten Investition bei Einführung des Systems anbieten muss. Dazu gehören im einzelnen:

- Anwenderunterstützung per Telefon
- Anwenderunterstützung per Remotezugriff auf das Kundensystem
- Anwenderunterstützung vor Ort beim Kunden
- Hotlineservices
- Beratung zur Unterstützung bei neuen Anforderungen
- Unterstützung bei Systemerweiterungen
- Updateservices

Eine flexible Supportorganisation des Anbieters ist wichtig, da sich Fertigungsabläufe sehr schnell an die Anforderungen der Kunden anpassen müssen. Insofern darf ein MES-System nicht als eine statisch eingeführte Lösung gelten. Das sind Vokabeln, die man in der Vergangenheit für IT-Systeme wie Lohnbuchhaltung und ERP verwenden konnte, aber auch dort hat die Flexibilisierung aufgrund von sich ändernden Geschäftsprozessen oder Fertigungsabläufen Einzug gehalten.

Die unterstützenden Supportleistungen zur Aufrechterhaltung des Regelbetriebes müssen dem Fertigungsunternehmen vom Lieferanten im Rahmen eines Wartungsvertrages vertraglich zugesichert werden. In diesem Zusammenhang müssen Reaktionszeiten, die Verfügbarkeiten von Hotline und Serviceeinrichtungen in angemessenem Maße der Verfügbarkeit der eigenen Fertigung entsprechen. Bei diesen Definitionen und vertraglichen Bindungen mit dem Anbieter muss jedoch auch die eigene Organisation eingebunden werden.

Zum Beispiel muss die Frage gestellt und beantwortet werden, welche Unterstützungsleistungen intern und extern sind notwendig, um einen reibungslosen Fertigungsablauf systemseitig unterstützen zu können, wenn die Fertigung in einem Drei-Schichtbetrieb arbeitet. Es macht wenig Sinn, wenn der Systemanbieter einen 24-Stunden-Support für das System bietet, die eigene IT-Infrastruktur bzw. die personelle Besetzung des Fertigungsunternehmens diesen Anforderungen aber nicht gerecht werden kann. In Fertigungsunternehmen mit internationaler Ausrichtung (Standorten außerhalb von Deutschland in unterschiedlichen Zeitzonen) sind diese Bedürfnisse verständlicherweise noch deutlicher ausgeprägt.

Es ist empfehlenswert zunächst zu analysieren, welche Dienstleistungen vom Partner erbracht werden müssen und welche Dienstleistungen das Fertigungsunternehmen hausintern erbringen will. Die internen Unterstützungsleistungen gilt es mit den Unterstützungsleistungen des Anbieters abzugleichen bzw. zu harmonisieren. Hierzu müssen folgende Fragen beantwortet werden:

- Wird vom Anbieter Hardware-Service benötigt oder ist dieser völlig unabhängig vom Anbieter bzw. vom MES-System, da im Unternehmen nur standardisierte Hardware verwendet wird?
- Wird eine mehrsprachige Hotline (außer Deutsch und Englisch) benötigt oder sind alle Keyuser und Systemverantwortlichen auch in externen ausländischen Standorten entsprechend ausgebildet?
- Wird in den einzelnen Standorten Vorort-Support benötigt, wenn ja, mit welcher Qualifikation?

Bei der Beantwortung dieser Fragen wird sehr schnell deutlich, dass es kein pauschales Anforderungsprofil an einen Anbieter gibt, sondern die jeweiligen Umstände maßgeblich sind. Es gibt Hardware- und Systemlieferanten, die einen vollwertigen Service für diese Hardware- und Systemkomponenten anbieten. Dieses Angebot wird schnell fälschlicherweise auf Anwendungs- und das Beratungs-Know-how projeziert. Wichtig ist, dass ein potenzieller MES-Partner alle diese Dienstleistungen „irgendwo in der Welt" bereithält und bei Bedarf das Know-how an den richtigen geografischen Standort bringen kann, entweder durch Vororeinsätze, durch Remote, Customizing oder Service via Internet.

Multiple Language Support (Mehrsprachigkeit)

Im Umfeld der Globalisierung der Unternehmen gewinnt die Mehrsprachigkeit des MES-Systems an Bedeutung. Es gibt Anbieter, die einen sehr geringen Standardumfang des Systems in vielen Sprachen anbieten. Hier besteht jedoch die Gefahr, dass Systemerweiterungen, die ein Fertigungsunternehmen benötigt, mit diesem Standard nicht abgedeckt werden und die Mehrsprachigkeit für individuelle Anpassungen nur mit verhältnismäßig hohem Aufwand herzustellen ist. Deshalb sollte Wert draufgelegt werden, dass die Mehrsprachigkeit im System flexibel ggf. durch Eigenleistung des Fertigungsunternehmens herzustellen ist. Die Fähigkeit des Systems, die Mehrsprachigkeit z.B. durch Tabellensteuerung zu unterstützen, ist auch dann von großer Bedeutung, wenn Sprachen kurzfristig individuell nachgezogen werden müssen, oder ein Rollout in ein Land erfolgt, für das noch keine Sprachunterstützung vorliegt. Diese Beispiele sollen zeigen, dass auch bei der Einführung eines MES-Systems die Angebote der Anbieter differenziert gesehen werden müssen. Im Zeitalter der Globalisierung und des internationalen Marketings gilt es mehr denn je, Werbeaussagen den eigenen tatsächlichen Anforderungen gegenüber zu stellen und diese auf den Prüfstand zu stellen.

Service Level Agreement (SLA)

Für eine konsequente Nutzung eines MES im Unternehmen ist auch nach der eigentlichen Einführung die kontinuierliche Unterstützung und Betreuung durch den MES-Anbieter erforderlich. Insofern ist es wichtig, mit dem Anbieter über dessen Unterstützungsmöglichkeiten und -varianten zu sprechen. Häufig werden solche Dienstleistungen in sogenannten Service Level Agreements (SLA) zwischen den Partnern vereinbart, die in mehreren Stufen unterschiedliche Leistungsumfänge bieten.

Abb. 6.8 Stufungen eines Service Level Agreements

Der ideale Service Level kann dann auf die Bedürfnisse des Unternehmens zugeschnitten werden, wie z.B.:

- Systemadministration (remote oder on site)
- Beratung/Schulung
- Analyse von Anforderungen
- Customizing
- Weiterentwicklung

Sich bereits in einem sehr frühen Stadium eines Projektes über Art und Umfang der benötigten Dienstleistungen und über die Möglichkeiten des Anbieters Gedanken zu machen lohnt sich, denn oft sind im Rahmen der Service Level Agreements sehr flexible Leistungen zu günstigen Konditionen möglich.

6.2.2 Systemauswahl

Ein MES muss heute den gängigen Anforderungen im Hinblick auf vertikale und horizontale Integration genügen (VDI 5600). Für die vertikale Integration (Kapitel 6.2.2.c) sind zur Anbindung an übergeordnete Systeme (ERP/QM/HR) standardisierte und nach Möglichkeit zertifizierte Schnittstellen zu fordern. Dabei ist eine hohe Flexibilität im Informationsaustausch durch Customizing wünschenswert.

Den Gegenpart hierzu stellt die Integration der Fertigungsebene dar. Für die Anbindung von Anlagen und Maschinen muss das MES aktuelle Standards erfüllen und zugleich eine flexible Möglichkeit bieten, die Vielzahl noch existierender nicht standardisierter Steuerungen mit überschaubarem Aufwand anzubinden.

Für die horizontale Integration (Kapitel 6.2.2.b) ist das Leistungsspektrum des MES selbst ausschlaggebend. Je „breiter" das MES ausgelegt ist, desto mehr Möglichkeiten bieten sich dem Nutzer, aktuelle oder zukünftige Anforderungen innerhalb eines Systems abzubilden.

6.2.2 a) Skalierbarkeit der MES-Lösung

Um die notwendige Flexibilität für eine Anwendung zu erreichen, muss die Architektur des MES sicherstellen, dass unterhalb einer ERP-Lösung ein MES skalierbar ist. Das gilt auch innerhalb einer Installation bei einem Fertigungsunternehmen. Denn je nach Fertigungsbereich sind die Anforderungen an ein MES ganz unterschiedlich. In weitgehend automatisiert laufenden Fertigungsbereichen, wie beispielsweise dem Kunststoffspritzguss, steht die technische Anbindung von Maschinen, beginnend bei der Datenerfassung von Mengen oder Störungen und Prozessparametern bis hin zur Übergabe von Maschineneinstelldaten, im Vordergrund. Im personalintensiven Produktionsbereich wie der Montage dagegen geht es um die Erfassung von Zeiten und das Anzeigen von Bildinformationen wie Montageanweisungen. Für beide Anwendungen werden unterschiedliche Erfassungstechnologien benötigt, die das MES im Bedarfsfall flexibel unterstützen muß.

Darüber hinaus muss der Fertigungsprozess sich selbst permanent anpassen. Zum einen hervorgerufen durch ablauftechnische Optimierungen, zum andern aber auch durch immer dynamischer ablaufende Produktänderungen, bei immer geringer werdenden Losgrößen.

Die Dynamik des Fertigungsprozesses in einem Unternehmen erfordert ein anpassungsfähiges und damit technisch skalierbares MES-System:

- Dynamische Erweiterungsmöglichkeit der IT-Infrastruktur durch konsequenten Einsatz von Standards als Betriebssystem, Datenbank und Netzwerktechnik
- Unterstützung der gängigen Schnittstellen zu den ERP-Anwendungen (siehe Kapitel 6.3.6)
- Einbinden in etwaig vorhandene Integrationsszenarien (z.B. SAP Netweaver), um eine bedarfsorientierte Informationsverteilung im Unternehmen zu ermöglichen

- Vom Anwender anpassbare MES-Bedienoberfläche, zur Generierung eigener Auswertungen in der Fertigung.

6.2.2 b) MES mit breitem Anwenderspektrum (horizontale Integration)

Um sicher zu sein, dass ein MES-System innerhalb eines Fertigungsunternehmens einen zukunftssicheren Einsatz garantiert, müssen Funktionen vorhanden sein, die eine horizontale Integration für die Anwendung sicherstellen. Grundsätzlich bedeutet dies, dass Komponenten für

- Auftragsdatenerfassung (BDE)
- Maschinendatenerfassung
- Leitstand
- Material- und Produktionslogistik
- Personalzeiterfassung
- Leistungslohn
- Qualitätssicherung
- Zutrittskontrolle
- DNC
- Prozessdaten
- Werkzeug- und Ressourcenmanagement

vorhanden sein müssen, um in der vollen Anwendungsbreite einem Fertigungsunternehmen eine durchgängige Lösung bieten zu können.

Dabei sind integrierte Systeme zu bevorzugen, die zwischen den einzelnen MES-Komponenten keine Schnittstellen aufweisen, sondern auf einer einzigen Datenbasis beruhen. Dies ist die Voraussetzung für eine echte Informationsintegration und eine effektive, weil flexible Nutzung der gewonnenen Informationen.

Da in vielen Fällen bei der Einführung eines MES anfänglich nicht alle MES-Komponenten benötigt werden und die Einführung selbst nicht durch unnötige Zusätze erschwert und beeinträchtigt werden soll, ist darauf zu achten, dass das MES sich durch Modularität und funktionale Gliederung auf die Anforderungen eines Unternehmens konfektionieren lässt. Dabei sollen sich bei späteren erweiterten Anforderungen fehlenden Module und Funktionen einfach ergänzen lassen.

Ein weiteres wichtiges Kriterium bei der Auswahl eines MES-Systems sind die Möglichkeiten, die ein MES dem Unternehmen bietet, eigene Modifikationen und Erweiterungen selbsttätig durchzuführen, ohne dabei den Standardisierungsgedanken aus den Augen zu verlieren. Ein MES sollte hierzu entsprechende Entwicklungsumgebungen und Benutzerschnittstellen zur Verfügung stellen, die es ermöglichen, eigene Informationsdarstellungen zu entwickeln oder gar auf die Verarbeitung der Unternehmensdaten Einfluss zu nehmen.

6.2.2 c) Anbindung der Automatisierungsebene (Vertikale Integration)

Eine weitere entscheidende Eigenschaft mit der das MES die Integrierbarkeit von verschiedenen Fertigungsorganisationen und Branchen sicherstellt, ist die Unterstützung von allen gängigen Technologien auf der Automationsebene. Neben Verwendung von Standards muss hier das MES-System in der Lage sein, auch sehr individuell programmierte Prozessleitsysteme, Erfassungssysteme oder gar Maschinen und Aggregate anzubinden, die nach wie vor bei vielen Fertigungsunternehmen im Einsatz sind. Denn nur so ist eine flächendeckende Lösung im Unternehmen und die Vermeidung von neuen Insellösungen zu erreichen. Entgegen dieser Tendenz soll das MES dafür sorgen, dass bestehende Insellösungen in der Fertigung in das MES integrierbar sind und damit eine homogene Schnittstelle zum ERP-System geschaffen wird.

Im folgenden sind Beispiele für Technologie- und Qualitätsstandards aufgeführt, die ein MES unterstützen sollte:

RFID – Radio Frequency Identification

Während in den vergangenen Jahren die Identifikation von Material, Personal und Auftragspapieren via Barcodelabels die Erfassung im Produktionsablauf bestimmte, ist das RFID-Verfahren immer weiter auf dem Vormarsch. Aufgrund der mittlerweile sehr preiswerten und zuverlässigen Technologie bietet RFID durch die Möglichkeit, dass die Datenträger im Fertigungsablauf beschrieben und dadurch verändert werden können, eine breite Anwendungspalette, z.B. bei der Materialverfolgung durch die Nutzung des Datenträgers als „elektronische" Etiketten. Voraussetzung ist selbstverständlich, dass das MES die hierfür notwendige Anwendung für diese Technik zur Verfügung stellt.

OPC – Open Link Enabling (OLE) für Process Control

Die Kommunikationstechnik OPC, die mittlerweile viele Hersteller von Fertigungsmaschinen und Anlagen unterschiedlichster Branchen unterstützen, ist im Moment auf dem Weg, sich als flächendeckender Standard durchzusetzen. Deshalb ist es notwendig, dass ein MES über diese Technologie in der Lage ist, Maschinen-, Qualitäts- und Prozessdaten aus Maschinen und Aggregaten auszulesen. Darüber hinaus müssen Steuerinformation (so genannte Einstelldaten) vom ERP oder einen Steuerungsleitrechner über das MES teilweise auftrags-/produktbezogen an das Fertigungsaggregat gebracht werden.

Euromap E63

Analog zu OPC stellt die Spezifikation E63 der Euromap Vereinigung einen Standard zur Maschinenkommunikation dar, der primär in der Kunststoff- und Gummiindustrie Verwendung findet. Ein typisches Einsatzgebiet ist die Spritzgussfertigung. E63 basiert auf dem Austausch standardisierter Dateien über Netzwerkverbindungen (TCP/IP).

6.2.2 d) FDA und GAMP4 Konformität

Neben den bereits erwähnten technischen Standards ist das MES auch für die Umsetzung von Qualitätsstandards der amerikanischen Food and Drug Administration (FDA) und daraus abgeleiteten Vorschriften GAMP4 (Good Automation Manufacturing Process) und den entsprechenden europäischen Normen maßgeblich. Diese Qualitätsnorm fordert vor allem von Lebensmittel- und Pharmaherstellern eine Validierung von eingesetzten ERP- und MES-Systemen, die für die Fertigungssteuerung und in der Produktion eingesetzt werden. Neben den Qualitätsanforderungen, die an Hersteller der ERP- und MES-Software gestellt wird, muss die Software Sicherheitsanforderungen sicherstellen, die in der Norm 21 CFR Part 11 der FDA vorgeschrieben sind. Es handelt sich hierbei weitgehend um funktionale Sicherheitsanforderungen, die die Software erfüllen muss. Heute ist der Einsatz einer FDA-unterstützenden MES-Software für ein Fertigungsunternehmen, das eine Validierung nach FDA erhalten will, Grundvoraussetzung, um die Kosten hierfür in vertretbarem Rahmen halten zu können.

6.2.2 e) Unterstützung von IT-Standards

Aus IT Sicht ist es wichtig, dass sich das MES in die vorhandene IT-Struktur einfach integrieren lässt. Dazu gehört die Verwendbarkeit vorhandener Betriebssysteme und Datenbanken und somit die Möglichkeit, vorhandenes Know-how zu nutzen. Ein MES soll deshalb alle heute gängigen Betriebssysteme (Server und Client) und Datenbanken unterstützen bzw. darauf aufsetzen.

Betriebssysteme Server:

- MS Windows 2003 Server
- Linux (Suse, Red Hat)
- HP-UX
- IBM AIX
- Sun Solaris

Datenbanken:
- Oracle
- MS SQL Server
- Informix
- IBM DB 2

Betriebssysteme Client:
- MS Windows NT
- MS Windows 2000
- MS Windows XP
- Linux (Suse, Red Hat)

Neben diesen Standardprodukten gibt es natürlich auch einige systemtechnische Hilfsmittel, die in vielen Unternehmen aus unterschiedlichsten Gründen

Verwendung finden. Diese Produkte sollen gemeinsam mit dem MES weiterhin nutzbar sein oder auch gerade für den Einsatz des MES eingeführt werden.

Beispiele solcher Ergänzungsprodukte sind:
- VM Ware (Gestaltung virtueller Server)
- MS Windows Terminal Server
- Citrix Application Server
- WEB Browser
- Anti-Viren Programme
- System- und Datensicherungsanwendungen

6.3 Projektmanagement und Systemeinführung

6.3.1 Vorbereitung

Viele Unternehmen sprechen von einer Systemeinführung und meinen damit die Installation eines Produktes und ein paar Tage Mitarbeiterschulung. Die Einführung eines MES ist aber vielmehr ein Prozess der Einbettung eines Systems in die gesamte Organisation eines Unternehmens, bei dem technische, organisatorische und menschliche Belange zu berücksichtigen sind. Die Vorbereitungen eines MES-Projektes sind deshalb besonders wichtig und stellen die Weichen für den Projektverlauf. In vielen Fällen wird dies unterschätzt und führt später zu erheblichen Schwierigkeiten und zu Budgetüberschreitungen bis hin zum Misserfolg.

Vor diesem Hintergrund sind besondere Anforderungen an Projektleitung und Projektteams im Unternehmen, bei Lieferanten und Partnern zu stellen. Die wichtigsten Punkte sind hier die Aufstellung des Projektteams und die Vergabe von erforderlichen Kompetenzen. Für die Projektleiter beider Seiten (des Fertigungsunternehmens und des MES-Anbieters) sind Organisations- und Führungsfähigkeiten (soziale Kompetenz) wesentlich wichtiger als Fach- und Sachkenntnisse, die von Projektmitarbeitern beizutragen sind. Projekterfahrung und Vertrautheit mit Projektmanagementmethoden sollten selbstverständlich sein. Die Unterstützung eines solchen Projektes durch die Geschäftsleitung ist Voraussetzung für den Erfolg und soll im gesamten Unternehmen deutlich sein.

Es empfiehlt sich, die Motivation für die Einführung eines MES nicht nur dem Projektteam, sondern allen Beteiligten und Betroffenen transparent zu machen. Dabei ist eine Ausrichtung auf unterschiedliche Bereiche erforderlich, denn Mitarbeiter in der Fertigung haben einen anderen Blickwickel als z.B. Mitarbeiter in der Arbeitsvorbereitung oder im Personalbüro.

In allen Bereichen eines Unternehmens sind es aber die gleichen Ängste von Mitarbeitern, die Skepsis oder gar Argwohn auslösen und somit dem Projekterfolg im Wege stehen. Es sind Ängste vor Veränderungen, vor Überwachung und Kontrolle bis hin zur Angst um den eigenen Arbeitsplatz. Diese Ängste gilt es frühzeitig zu nehmen und stattdessen Perspektiven aufzuzeigen, die jeden einzelnen motivieren, das Projekt aktiv zu unterstützen. In Unternehmen mit einem Betriebsrat bietet es sich an, diesen frühzeitig zu involvieren und bei der Lösung dieser Aufgabe einzubinden.

Ein weiterer wichtiger Aspekt ist die Definition der Ziele, die mit dem Projekt zu erfüllen sind. Unter einem Unternehmensgesamtziel gibt es hier üblicherweise eine Vielzahl von Einzelzielen, die innerhalb der Organisation völlig unterschiedlich sein können. Sie zu dokumentieren und den Erfolg des Projektes an ihrer Erfüllung zu messen, ist eine Grundvoraussetzung. Die Erfahrung zeigt, dass sich im Verlauf vieler Projekte die Ziele mehrfach verschoben haben. Dies ist durchaus legitim, erfordert aber die nachhaltige Dokumentation der Ausgangssituation und der Abweichungen mit den entsprechenden Konsequenzen für den weiteren Projektverlauf. Andernfalls ist ein Projekterfolg nicht ermittelbar und in extremen Fällen muss deshalb das Projekt als gescheitert betrachtet werden.

Neben den Zielen sind aber auch die Erwartungen, die Personen oder Personengruppen mit der Einführung eines MES verbinden von erheblicher Bedeutung. Wichtig für die Projektleitung ist es, sich mit diesen Erwartungen vertraut zu machen. Sind diese absehbar nicht zu erfüllen, sollte das frühzeitig kommuniziert werden. Im anderen Fall ist die Erfüllung der gesetzten Erwartungen gleichbedeutend mit der Erreichung der Projektziele.

Welche Zielgruppen gibt es in Ihrem Unternehmen und wie sehen die Erwartungen der Zielgruppen aus? Führen Sie hierbei bitte möglichst alle org. Einrichtungen und Schnittstellen im Projekt auf.

Zielgruppe / org. Einrichtung / Schnittstellen	Erwartungen	Projektbezug	Ansprechpartner

Abb. 6.9 Beispiel einer Vorlage zur Zielgruppenbetrachtung

Zur Entwicklung einer Einführungsstrategie sollte auf die Erfahrung des MES-Anbieters mit vergleichbaren Projekten zurückgegriffen werden. Es sind völlig unterschiedliche Strategien denkbar, die von den Begebenheiten im Unternehmen und von den gesetzten Zielen abhängen. Es geht dabei darum, eine Folge von Einzelschritten festzulegen, die sich an den Einzelzielen des Projektes orientieren. Dabei sind Konzepterstellung, Schulung, Test- und Pilotinstallationen, GoLive-Strategie (siehe Kapitel 6.3.12) sowie „Roll Out" genauso zu betrachten wie die funktionale Gliederung des MES selbst. Weiterhin sind in einer guten Strategie

Motivation und Fähigkeiten von Bereichen, Abteilungen und Mitarbeitergruppen berücksichtigt. Oft erweist sich bei der Einführung der Weg vom Einfachen hin zum Komplexen als vorteilhaft, weil damit vor allem den zuvor angesprochenen menschlichen Ängsten entgegengewirkt wird. Später wird die gewählte Strategie als Grundlage für die Meilensteinplanung dienen (siehe Kapitel 6.3.7).

Auf Basis der Einführungsstrategie sollte bei Bedarf auch eine grobe Investitions- und Kapazitätsbedarfsplanung erstellt werden.

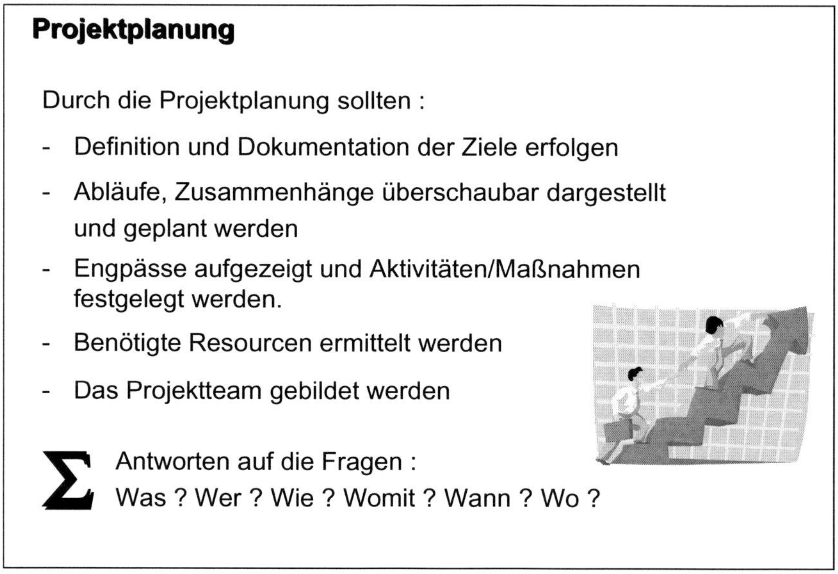

Projektplanung

Durch die Projektplanung sollten :

- Definition und Dokumentation der Ziele erfolgen
- Abläufe, Zusammenhänge überschaubar dargestellt und geplant werden
- Engpässe aufgezeigt und Aktivitäten/Maßnahmen festgelegt werden.
- Benötigte Resourcen ermittelt werden
- Das Projektteam gebildet werden

Σ Antworten auf die Fragen :
Was ? Wer ? Wie ? Womit ? Wann ? Wo ?

Abb. 6.10 Projektplanung

6.3.2 Auftragserteilung und Projektstart

Auf Grundlage der zuvor getroffenen Anbieter- und Systemauswahl erfolgt die Beauftragung des Anbieters. Die Rand- und Rahmenbedingungen des geschlossenen Vertrages sollen der Projektleitung bekannt und während des gesamten Projektverlaufes transparent sein. Sie können zwischen einfachen Kaufverträgen für ein Softwareprodukt und umfangreichen Werkverträgen variieren und bilden die Grundlage für die Zusammenarbeit mit dem Anbieter. Bei Werkverträgen stellen sie die Basis für eine spätere Abnahme des MES-Systems dar.

Einige Eckdaten für das Projekt stehen in aller Regel bereits zum Beginn eines Projektes fest. Sie sollten nochmals explizit festgehalten und dokumentiert werden:

- Projektziele
- Projektbudget
- Grober Terminplan
- Einführungsstrategie
- GoLive-Strategie

Damit beginnt das Projekt und der Projektleiter übernimmt die Verantwortung von den bisherigen Entscheidungsträgern. Seine Aufgabe ist es nun, den Erfolg des Projektes vollumfänglich sicherzustellen. Damit dies gelingt, sind die ersten Schritte sehr entscheidend.

Die folgenden Checklisten sollen als Anregung und Gedankenstütze verstanden werden. Nicht alle darin enthaltenen Fragestellungen sind auf jedes Unternehmen und für jeden Kunden gleichermaßen anwendbar. Es obliegt dem Projektleiter mit seinem Team die für sein spezielles Projekt relevanten Punkte herauszugreifen und für sich zu beantworten.

Tabelle 6.1 Checkliste für den Projektstart

Projekt: Einführung eines MES	erledigt	Verweis auf Dokument
⇨ Sind die Randbedingungen des Projekts geklärt?	O	....
• Projekt entspricht Strategie?	O	....
• Priorität des Projekts?	O	....
• Promotor des Projekts?	O	....
• Zwänge des Auftraggebers?	O	....
• Sonstiges	O	....

⇨ Sind die Ziele des Projekts geklärt?	erledigt	Verweis auf Dokument
• Schriftlich, klar?	O	....
• Detailliert, operational?	O	....
• Einigkeit zu den Zielen erzielt?	O	....
• Zielen von allen Betroffenen akzeptiert?	O	....
• Sonstiges	O	....

⇨ Liegt das technische Lösungskonzept vor?	erledigt	Verweis auf Dokument
• Abgrenzung des Ergebnisses?	O	....
• Technologien klar?	O	....
• Elemente der Lösung / Teilprojekte?	O	....
• Schnittstellen?	O	....
• Tests klar?	O	....
• Sonstiges	O	....

⇨ Ist die Projektorganisation geklärt?	erledigt	Verweis auf Dokument
• Rolle des Projektleiters?	O	....
• Sind alle Betroffenen beteiligt?	O	....
• Entscheidungswege klar?	O	....
• Übergeordnete Gremien?	O	....
• Sonstiges	O	....

⇨ Ist das Projektteam richtig installiert?	erledigt	Verweis auf Dokument
• Notwendige Know-how im Projekt?	O	....
• Welche Meilenstein-Entscheidungen?	O	....
• Parallele Teilprozesse notwendig?	O	....
• Änderungsverfahren klar?	O	....
• Sonstiges	O	....

⇨ Ist der Projektablauf festgelegt?	erledigt	Verweis auf Dokument
• Meilensteine definiert?	O	....
• Welche Meilenstein-Entscheidungen?	O	....
• Parallele Teilprozesse notwendig?	O	....
• Änderungsverfahren klar?	O	....
• Sonstiges	O	....

⇨ Wie sieht die Terminplanung aus ?	erledigt	Verweis auf Dokument
• Vorgegebene Termine?	O	....
• Welche Kostenwerte sind vergeben?	O	....
• Finanzierung steht?	O	....
• Welche Prioritäten haben die Kosten?	O	....
• Sonstiges	O	....

⇨ Wie sieht die Kostenplanung aus?	erledigt	Verweis auf Dokument
• Kosten je Abteilung geplant?	O	....
• Welche Kostenwerte sind vergeben?	O	....
• Finanzierung steht?	O	....
• Welche Prioritäten haben die Kosten?	O	....
• Sonstiges	O	....

⇨ Wie werden Aufträge vergeben?	erledigt	Verweis auf Dokument
• Einsatzmittelbedarf geklärt?	O	....
• Wer erhält Aufträge?	O	....
• Sind Verträge geklärt?	O	....
• Sonstiges	O	....

⇨ Wie sieht die Überwachung des Projekts aus?	erledigt	Verweis auf Dokument
• Wer erhält wann Berichte?	O	…………..
• Wie, mit welchem Inhalt?	O	…………..
• Wer fällt Änderungsentscheidungen?	O	…………..
• Welche Daten haben Priorität?	O	…………..
• Sonstiges	O	…………..

Tabelle 6.2 Checkliste für Projektziele

Projekt: Einführung eines MES	erledigt	Verweis auf Dokument
⇨ Randbedingungen	O	…………..
• wie gliedert sich das Projekt in die Unternehmensstrategie ein ?	O	…………..
• Welches Budget ist vorhanden ?	O	…………..
• Anlass des Projekts?	O	…………..
• Welche Priorität hat das Projekt?	O	…………..
• Wer ist für das Projektmarketing verantwortlich ?	O	…………..
• Wer ist Initiator des Projekts?	O	…………..
• Welches Managementziele gibt es ?	O	…………..
• Welche Hintergründe sind wichtig?	O	…………..
• Ist das Projekt schon allgemein bekannt?	O	…………..
• Sonstiges	O	…………..

⇨ Projektziele?	erledigt	Verweis auf Dokument
• Leitziel vorhanden?	O	…………..
• Projektziele vorhanden?	O	…………..
• Gibt es strategische Vorgaben?	O	…………..
• Was will der Auftraggeber/Nutzer?	O	…………..
• Gibt es übergeordnete interne Ziele?	O	…………..
• Sind die Ziele klar?	O	…………..
• Prioritäten der Ziele klar?	O	…………..
• Akzeptieren alle Betroffenen die Ziele?	O	…………..
• Welche Ziele kann das Projektteam gestalten?	O	…………..
• Sonstiges	O	…………..

Tabelle 6.3 Checkliste für die Projektwirtschaftlichkeit

Projekt: Einführung eines MES	erledigt	Verweis auf Dokument
⇨ Wirtschaftlichkeit?	○	…………..
• Sind alle Kostenfaktoren bekannt?	○	…………..
• Sind die Folgekosten berücksichtigt?	○	…………..
• Anlass des Projekts?	○	…………..
• Gibt es eine Worst-Case-Betrachtung?	○	…………..
• Ist der ROI errechnet?	○	…………..
• Welche Unsicherheiten existieren?	○	…………..
• Welche Methoden der Wirtschaftlichkeitsberechnung werden eingesetzt?	○	…………..
• Spielt die Break-Even-Zeit eine Rolle?	○	…………..
• Sonstiges	○	…………..

6.3.3 Teambildung zur Systemeinführung

In Abhängigkeit vom Projektumfang und vom Projektinhalt kann es notwendig und ratsam sein, für die Durchführung des Projektes ein Team zu bilden, das für die Dauer des Projektes besteht. Die Zusammenstellung des Projektteams und die für das Projekt geltende Organisationsform sind dann Grundlage für den Projektstart. Bei umfangreichen Projekten benötigt die Projektorganisation neben dem Projektleiter und seinem Stellvertreter die Beteiligung von Fachkräften aus den von der MES Einführung betroffenen Bereichen, sowie die Beteiligung der IT-Fachabteilung und gegebenenfalls der Kompetenzträger für anzubindende Systeme (ERP/PPS, HR, Anlagensteuerungen, etc.). Eine klare und eindeutige Organisationsform, verbunden mit ebenso klaren Regelungen der Weisungsbefugnis ist festzulegen. Kompetenzstreitigkeiten im Verlaufe eines Projektes sind kontraproduktiv und können die Erreichung der Projektziele erschweren oder gar verhindern.

In vielen Projekten wird eine Matrix-Organisation gewählt, in der die Verantwortlichkeiten aus der Linie (Abteilungszugehörigkeit) mit denen der Projektinstanzen geteilt werden. Der Mitarbeiter unterliegt somit der Weisungsbefugnis seines Vorgesetzten und der des Projektleiters. Alternativ hierzu kann eine reine Projektorganisation aufgebaut werden, in der der Projektleiter auch die Rolle des fachlichen Vorgesetzten übernimmt. Beide Organisationsformen bieten Vor- und Nachteile, die es für die jeweiligen Projektvorhaben und Unternehmenssituationen abzuwägen gilt.

Die Qualifikation der Teammitglieder sollte nicht nur an der fachlichen Kompetenz gemessen werden. Vor allem für den Projektleiter sind die Managementfähigkeiten und die soziale Kompetenz ausschlaggebend. Leider wird heute in einigen Unternehmen immer allein nach Verfügbarkeiten entschieden. Damit besteht die Gefahr, dass der zum Projektleiter wird, der „Zeit" hat. In der Realität hat jedoch die Person des Projektleiters einen maßgeblichen Anteil am Erfolg des Projektes, gemessen an der Zielerreichung und Budgeteinhaltung. Ähnliche Maßstäbe wenn auch nicht in gleichem Maße, sollten auch bei der Auswahl der anderen Teammitglieder angelegt werden.

Tabelle 6.4 Checkliste zur Bildung des Projektteams

⇨ Teammitglieder	erledigt	Verweis auf Dokument
• Wer steht fest?	O	....
• Wer wird noch gebraucht (welche Fachabteilung)?	O	....
• Ist das nötige Know-How im Team?	O	....
• Ist die Mitarbeit verabredet?	O	....
• Wie viel Kapazität hat jeder?	O	....
• Welche Entscheidungsfreiheit hat jeder?	O	....
• Ist die Art der Mitarbeit klar?	O	....
• Sind die Aufgaben der Teammitglieder klar?	O	....
• Ist die Kommunikation gesichert?	O	....
• Sind die Spielregeln der Teamarbeit geklärt / erarbeitet?	O	....
• Sonstiges	O	....

⇨ Psychosoziales Umfeld?	erledigt	Verweis auf Dokument
• Kennt sich das Projektteam?	O	....
• Gibt es Probleme mit dem Projektleiter?	O	....
• Wer ist Promotor des Projekts?	O	....
• Gibt es Widerstände gegen das Projekt?	O	....
• Gibt es Widerstände gegen Personen?	O	....
• Ist allen der Sinn des Projektes klar?	O	....
• Gibt es widerstrebende Bereichsinteressen?	O	....
• Gibt es „Vergangenheiten"?	O	....
• Ist der Informationsfluss sichergestellt?	O	....
• Wie sind die persönlichen Ziele der Mitglieder?	O	....
• Gibt es Probleme zwischen Linie und Projekt?	O	....
• Gemeinsame Ergebnisse schaffen! ?	O	....
• Sonstiges	O	....

Ein Projekt zur Einführung eines MES sollte mit einem Kick Off Termin mit allen Projektbeteiligten Ihres Unternehmens begonnen werden. Dort sollten noch einmal die Ziele und die Einführungsstrategien vorgestellt werden, die zuvor festgelegt wurden. Die Projektbeteiligten müssen ein klares Rollenverständnis bekommen, damit es nicht im späteren Ablauf zu Missverständnissen kommt. Allen Beteiligten sollen Aufgaben, Rechte und Pflichten im Projekt bekannt sein.

Die obige Checkliste soll helfen, die notwendigen Fragestellungen aufzuwerfen: Im Allgemeinen wird die Besetzung im Laufe des Projektes einem Wandel

240   6 Einführung eines MES im Unternehmen

unterliegen. Grundsätzlich ist eine Umbesetzung des Teams in den 3 Projektphasen denkbar oder es können zumindest die Rollen der Teammitglieder wechseln:

- Anbieterauswahl
- Konzeptphase
- Realisierungsphase

Die Erweiterung oder Reduzierung des Projektteams beim Übergang von der einen in die nächste Phase hängt mit der sich ändernden Zielsetzung und den sich annähernden fachlichen Schwerpunkten zusammen.

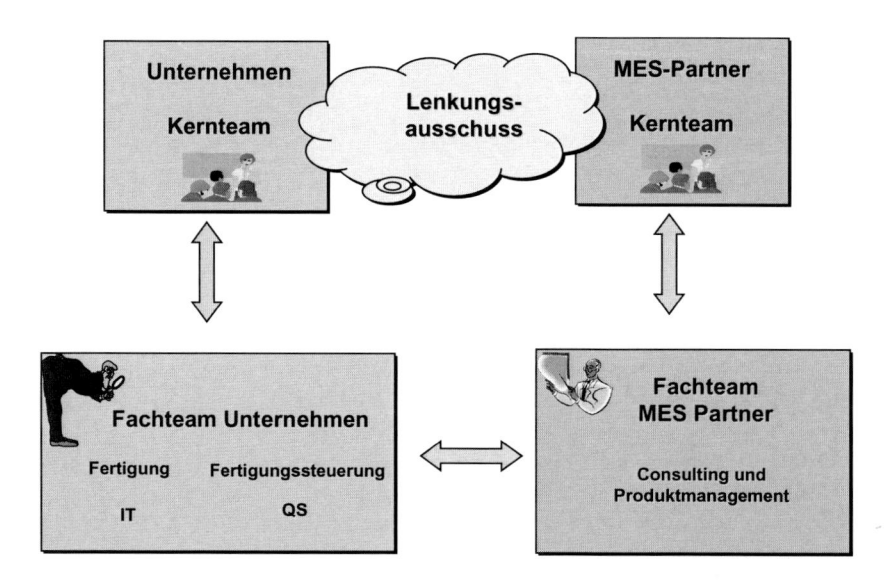

Abb. 6.11 Struktur eines MES-Projektteams

Üblicherweise ist das Projektteam in ein Kernteam und in mehrere Fachteams gegliedert. Im Kernteam sind neben dem Projektleiter alle Mitglieder vertreten, die dauerhaft dem Projekt zugeordnet sind und die Entscheidungskompetenzen innerhalb des Projektes besitzen. Je nach den zu behandelnden Themen in den 3 Phasen werden die Fachteams entweder zur Beratung herangezogen oder Aufgaben des Projektes an diese Fachteams delegiert. Das Kernteam - allen voran natürlich der Projektleiter - hat die Aufgabe, die Projektziele einzuhalten und deren Einhaltung im gesamten Projektablauf zu überwachen. Vor allem auch die anderen Projektmitglieder auf die Einhaltung der Ziele hinzuweisen und Aktivitäten und Aufgaben innerhalb des Projektteams entsprechend zu definieren und zu delegieren.

Die Fachteams bestehen seitens des Fertigungsunternehmens maßgeblich aus den Keyusern der einzelnen Bereiche, also den Anwendungsverantwortlichen, die

6.3 Projektmanagement und Systemeinführung

auch nach Einführung des Systems die Aufgabe haben, die Endanwender zu schulen und diese anwendungsseitig am System zu betreuen. Der Systemanbieter muss hierzu adäquate Mitarbeiter zur Verfügung stellen, die die von den Endanwendern vorgebrachten Wünsche nicht nur am Pflichtenheft, sondern auch am System abgleichen und daraus systemseitige Funktionen entwickeln.

Bei einer standardnahen Einführung eines MES-Teilbereiches wie z. B. der Betriebsdatenerfassung (BDE) oder der Maschinendatenerfassung (MDE) können solche Projektorganisationsstrukturen durchaus auch überflüssig sein. Eine gesunde Verhältnismäßigkeit zwischen Projekt und Projektorganisation muss gegeben sein, um ein Projekt zum Erfolg zu führen.

Als Beispiel sind im folgenden einige Fachteams und deren Aufgaben genannt. Diese Aufstellung hat natürlich keinen Anspruch auf Vollständigkeit.

Tabelle 6.5 Projektaufgaben

Fachteam	Aufgabe im Projekt
IT	Lösung der IT-technischen Problemstellungen
	Optimierung des Kosten-Nutzen-Verhältnisses der benötigten IT-Infrastruktur
Produktion	Spätestens in der Konzeptphase werden die Keyuser eingebunden.
	Im Detailkonzept werden die Bedienabläufe im MES-System festgelegt.
Arbeitsvorbereitung	Spezifikation der benötigten MES-Funktion zur Abbildung des Steuerungsszenarios in der Fertigung.
Controlling	Definition der benötigten Unternehmenskennwerte aus dem MES-System.
Einkauf	Hier handelt es sich nicht im Anwendungssinne um ein Fachteam. Aufgabe ist die Vertragsgestaltung mit dem MES-Lieferanten im Einklang mit den Interessen der fachlichen Anforderungen an MES-Systeme und -Anbieter.

Weitere betroffene Abteilungen und damit Fachteams können sein: Logistik- und Transportwesen, Personalabteilung, Qualitätssicherung usw.. Übergeordnetes Ziel ist für alle Kern- und Fachteammitglieder das Kosten-Nutzenverhältnis der Anforderungen zu betrachten und die Zukunftsorientierung beim Abbilden von Abläufen und Prozessen im zukünftigen MES.

Die Erfahrung zeigt, dass es von großem Vorteil ist, bereits zum Projektstart neben den eigenen Kern- und Fachteams und denen des MES-Partners einen Projekt-Lenkungsausschuss zu definieren. Die Zusammenstellung dieses Lenkungsausschusses ist natürlich abhängig von der Größe des Projektes und von der Organisation des Unternehmens. Deshalb kann die folgende Empfehlung nur Beispielcharakter haben.

Fertigungsunternehmen
- Sponsor des Projektes
- Mitglied aus der Geschäftsleitung, dem das Projekt „untersteht"
- Projektleiter

MES-Partner
- Mitglied der Geschäftsleitung
- Projektleiter

In den vorher festzulegenden Lenkungsausschusssitzungen muss von den Projektleitern ein Statusbericht des Projektes vorgelegt werden. Dieser Statusbericht beinhaltet einen Soll-Ist-Vergleich der Kosten und Termine und bereits ergriffene oder noch zu beschliessende Maßnahmen bei Abweichungen. Der Lenkungsausschuss ist auch das Gremium zur Überwachung der Einhaltung ursprünglicher Projekt- und Unternehmensziele und unterstützt bei der Strategiewahl zur Erreichung dieser Ziele.

6.3.4 Projektregeln

Der nächste Schritt nach der Festlegung der Projektorganisation ist ein Kick Off Termin mit dem MES Anbieter und beteiligten Partnern. In die Ergebnisse dieser Termine werden häufig sehr hohe Erwartungen gesteckt, wie beispielsweise ein detaillierter Termin- und Meilensteinplan. Diese Erwartungen müssen in aller Regel enttäuscht werden, denn die Voraussetzung zur Erfüllung werden hier erst geschaffen. In einem solchen Kick Off Meeting geht es zunächst darum, sich kennen zu lernen und vorhandene Informationen auszutauschen. Die Präsentation der Projektorganisationen, der Projektziele und der vorgesehenen Projekteinführungsstrategie bildet den zentralen Inhalt. Die Erreichung einer gemeinsamen Sicht auf das zu bewältigende Projekt ist Primärziel des Kick Off Termins.

Die Vereinbarung von „Umgangsformen" und Kommunikationswegen sollen für das Projekt getroffen werden und erste Aufgaben, vor allem im Hinblick auf die Meilenstein- und Terminplanung, werden vergeben.

Besonderes Augenmerk ist darauf zu legen, dass der Informationsfluss im Projekt zentral über die Projektleiter der beteiligten Unternehmen läuft. Der Informationsaustausch zwischen Teammitgliedern wird von der Projektleitung initiiert und bedingt den Ergebnisbericht an die Projektleiter. Nur so kann sicher gestellt werden, dass kein Informationsverlust entsteht und dass eine Informationssynchronisation erfolgt.

Sowohl intern als auch mit den Projektpartnern empfehlen sich regelmäßige Projektstatusmeetings.

Interne Projektmeetings

Besondere Bedeutung kommt hierbei dem Informationsaustausch zwischen den Beteiligten selbst und gegenüber der Projektleitung zu. Nicht zu unterschätzen ist aber auch die motivierende Wirkung und das Entstehen eines WIR-Gefühls im Projektteam. Bei häufigen Zusammenkünften (z.B. einmal wöchentlich für interne Meetings) werden diese nur wenig Zeit in Anspruch nehmen, sichern aber andererseits den Informationsfluss im Projekt. Ideal ist die Festlegung fester Zeitpunkte, wie „jeden Freitag 13 Uhr". Das erleichtert die Planung und das Projektstatusmeeting etabliert sich sehr schnell.

Das Meeting selbst sollte einem festgelegten Ablauf folgen:

- Statusbericht des Projektleiters
- Statusberichte der Projektbeteiligten
- Bei Bedarf Festlegung von Massnahmen und Vorgehensweisen
- Ausblick auf die Planung/Aufgaben der kommenden Woche
- Anregungen/Fragen der Teilnehmer

Zur Protokollierung eignet sich ein fortlaufendes Protokoll, das bei jedem Meeting ergänzt wird. Aufgaben werden mit Verantwortlichen und Terminsetzung aufgenommen und später als erledigt gekennzeichnet. So lässt sich in einem Dokument sehr schnell ein Überblick über die Projektsituation gewinnen.

Externe Projektmeetings

Eine zyklische Abstimmungen und Synchronisation zwischen den projektbeteiligten Unternehmen ist grundsätzlich erforderlich. Dabei muss dies nicht notwendigerweise immer am runden Tisch erfolgen. Auch telefonische Abgleiche oder Termine unter Verwendung anderer Medien wie Webkonferenzen sind ausreichend, um den Projekterfolg zu sichern. Bei diesen Projektmeetings sind folgende Punkte immer abzuklären:

- Entwicklung des Terminplanes, Veränderungen, Abweichungen
- Abgleich des Projekthaushaltes (Budget)
- Feststellung des Projektstandes im Hinblick auf definierte Projektziele
- Weitere Vorgehensweise, nächste Schritte
- Beschluss von Maßnahmen als Reaktionen auf Abweichungen

Es ist zu empfehlen, dass der Projektleiter die Durchführung der festgelegten Termine überwacht und die Regelmäßigkeit sicherstellt. Nur so kann er gewährleisten, dass sich Missverständnisse und kleine Projektstörungen nicht zu einer ernsthaften Gefahr für das Projekt aufbauen.

Besondere Bedeutung kommt bei diesen Meetings auch der Vertrauensbildung zu. Wie in jeder Partnerschaft muss sich im Verlaufe der Zusammenarbeit gegenseitiges Vertrauen und ein gemeinsames Zielverständnis aufbauen. Dies wird am schnellsten durch das offene Gespräch und uneingeschränkten Informationsaustausch erreicht.

Die wesentlichen Informationen aus diesen Projektmeetings sollten auch als Managementinformation dem Lenkungsausschuss oder der Geschäftsleitung des Unternehmens vorgelegt werden. Auch hier besteht natürlich der Wunsch, über den Projektverlauf und -fortschritt regelmäßig informiert zu werden.

6.3.5 Definition eines Templates und Competence Teams

Die Investition in ein MES-System ist auf mehrere Jahre hin ausgerichtet. Bei der Einführung des MES werden auch die davon betroffenen Prozesse beeinflusst und optimiert. Demzufolge macht es Sinn, möglichst viel Know-how über das MES und den Umgang mit diesem System im eigenen Haus aufzubauen. Grundsätzlich hängt dies von der jeweiligen Firmenphilosophie und der damit verbundenen Frage ab, ob ein Insourcing oder eher Outsourcing dieses Know hows betrieben wird? Speziell beim MES ist zu berücksichtigen, dass sich das Anwendungs-Know-how sehr stark auch mit den Kernprozessen des Unternehmens befasst, weshalb der hausinterne Know-how-Aufbau empfehlenswert erscheint. Handelt es sich um ein Fertigungsunternehmen, das mehrere unabhängige Produktionsstätten unterhält oder gar eine Konzernstruktur aufweist, so steht die Einführung eines MES-Systems häufig auch unter dem Gesichtspunkt der Vereinheitlichung von Prozessen in den einzelnen Produktionsstätten oder Firmen. Es empfiehlt sich die Definition von übergreifenden Kennwerten, wie Produktivität oder OEE (Overall Equipment Efficiency) innerhalb eines MES-Systems zu implementieren und durch die Einführung dieses MES-Systems in allen Standorten eine einheitliche Definition dieser Kennwerte auf einer technischen Grundlage zu haben. Die Bewertung und der Vergleich dieser Kennwerte ist damit deutlich effektiver und der Definitionsaufwand geringer, als beim Einsatz unterschiedlicher MES-Systeme und damit unterschiedlicher Verfahren zur Ermittlung solcher Kennwerte einsetzen.

Es empfiehlt sich, das MES-System als sogenanntes Template innerhalb des Unternehmens zu definieren. In einem Template sind die eingesetzten Softwaremodule, das durchgeführte Customizing, die Anpassungen an diesem System und auch ein beispielhaftes Einführungsszenario vereinheitlicht. Weitere Rollouts an verbundene Unternehmen können dann standardisiert nach dem gleichen Muster durchgeführt werden.

Als weitere organisatorische Maßnahme macht es grundsätzlich Sinn, im Unternehmen ein sogenanntes Competence-Team zu definieren, das den vollständigen Rollout eines solchen Systems auch auf andere Standorte organisiert und gleichzeitig als zentraler Ansprechpartner für Fragen oder Erweiterungen, gegebenenfalls auch für den Support dieses Systems, im Unternehmensverbund fungiert. Dies vereinheitlicht natürlich nicht nur die Vorgehensweise im MES, sondern hat gleichzeitig kostendämpfende Wirkung, da einige Einrichtungen gemeinsam von mehreren Standorten genutzt werden können. Auch der Know-how-Aufbau im

Unternehmen kann so zumindest für die übergeordneten Belange zentralisiert erfolgen.

Um zu verhindern, dass im Laufe der Zeit die getroffenen Definitionen „durch den täglichen Gebrauch eines solchen Systems aufgeweicht werden", ist es notwendig, dem Competence-Team die nötigen internen Kompetenzen zu geben, um die festgelegten Richtlinien im Firmenverbund auch durchsetzen zu können.

6.3.6 Schnittstellen zum MES

Bei der Einführung eines MES ist das Thema Schnittstellen, das ohnehin über Jahre hinweg zum Schreckgespenst der IT-Technologie geworden ist, ein überaus wichtiges Thema. Umso mehr, als dass das MES per Definition die Integration der Maschinen- und Automatisierungsebene hin zur kaufmännischen Ebene der ERP-Systeme, Lohnbuchhaltungs- und Produktions-Planungs-Systeme übernehmen muss. Die Anzahl der anzubindenden Systeme kann in einem MES-Projekt sehr hoch sein. Dadurch, dass die genannten Systeme ganz unterschiedliche Ausprägung haben (vom ERP-System bis zur Maschinensteuerung), ist üblicherweise eine ganze Palette von Technologien zur Übertragung von Daten innerhalb eines Projektes anzutreffen. Zur Verdeutlichung des Sachverhaltes werden im folgenden ohne Anspruch auf Vollständigkeit einige der gängigen Schnittstellen-Technologien und die anzubindenden Systeme und/oder Anwendungen aufgelistet:

- Filetransfer: Austausch von Daten und Form von Dateien
- Externer Aufruf von Systemfunktionen
- z. B. Remote Function Calls, Business Application Programming Interface bei SAP, kurz: BAPI
- Datenbankconnectoren
- Datenaustausch durch direkten Zugriff auf Datenbanken von Systemen
- serielle oder TCP/IP Anbindungen
- z.B. zur Anbindung von Maschinensteuerungen

Damit werden anwendungsseitig Anbindungen zu folgenden System realisiert:

- Up- and Downloads zu ERP-, QS- oder Lohnbuchhaltungssystem,
- Übertragung von Prozessdaten und von Prozessleitsystemen an das MES
- Initiale Übertragung von im MES benötigten Stammdaten
- Anbindung von Maschinensteuerungen
- Anbindung von Einzelwaagen oder ganzen Wägesystemen

Darüber hinaus gibt es am Markt immer mehr vollständige Integrationsszenarien, die Kunden oder Partnern von Softwareherstellern angeboten werden, um weitere Anwendungen in bereits bestehende Systemlandschaften zu integrieren. Das Stichwort „Service Oriented Architecture (SOA)" sei hier erwähnt. So hat z.B. die SAP AG ihr Produkt SAP Netweaver als Integrationsszenario auf den

Markt gebracht. Die Vokabel „Schnittstelle" verschwindet hier fast vollständig aus dem Sprachgebrauch. Jedoch muss beachtet werden, dass in solchen Systemen zwar standardisierte Technologien zur Verfügung stehen, die die Anbindung für den Anwender erleichtern, die Definition der Dateninhalte und die Verbindung der dahinter stehenden Anwendungen bleibt als wichtige Aufgabe innerhalb eines Projektes nach wie vor bestehen. Ein weiteres Beispiel ist das MES Link Enabling (MLE) der MPDV Mikrolab GmbH, mit dem eine sehr gute Flexibilisierung bei der Anbindung verschiedener Systeme erreicht wird.

Mit diesen Beispielen soll vor allem verdeutlicht werden, dass es im Schnittstellenumfeld sehr viele IT-spezifische Schlagworte gibt, die dem Leser automatisch Anwendungen implizieren, obwohl es sich nur um die Bezeichnung von Technologien handelt, die bei Bedarf beliebig austauschbar wären. Innerhalb eines MES-Projektes sind üblicherweise sehr alte Systeme mit alten Technologien und neue Systeme mit neuen Technologien vor allem auch mit einem völlig unterschiedlichen Dokumentationsgrad anzutreffen. Deshalb ist es lohnend eine Schnittstellenanalyse durchzuführen. Hier soll dem Anwendungsnutzen (Wozu werden die Daten benötigt?) der technologische und auch der logische Aufwand einer Schnittstelle gegenübergestellt werden. Grundsätzlich ist der logische (anwendungsseitige) und der technologische Teil einer Schnittstelle zu trennen. Beispiel: In einem System können Treiber zur seriellen Anbindung von Maschinensteuerungen beinhaltet sein, diese Anbindung kann auch technologisch sehr einfach durchgeführt werden, und doch bleibt die Beantwortung der Frage offen, welche Daten transferiert werden müssen und wie die Daten in den zu verbindenden Systemen verarbeitet werden sollen.

Zum einen müssen diese Fragen vom Anwender beantwortet werden, zum anderen müssen vom Anbieter innerhalb des Pflichtenheftes oder spätestens im Detailkonzept Lösungsvorschläge unterbreitet werden, wie die Anforderungen des Anwenders abzubilden sind.

Meist ist es sinnvoll auch im Projektteam die Verantwortlichkeiten für eine Schnittstelle aufzuteilen: z.B. die Technologie ist Thema der IT, während die logischen Inhalte in der Verantwortung der Keyuser liegen.

6.3.7 Erstellung des Projektplans

Bei der Projektplanung legt man die Einführungsstrategie zu Grunde und verfeinert diese Schritt für Schritt. Zunächst beginnt die Planung mit folgenden Projektschritten:

- Produktschulung der Key-User
- Konzepterstellung und -detaillierung
- Schaffen bzw. Ergänzen der Infrastruktur (Netzwerk, Strom, etc.)
- Definition und Beschaffung von Hardwarekomponenten (Server, PCs, etc.)
- Installation eines Test- und Schulungssystems
- Bereitstellung von Testdaten
- Definition von Schnittstellen
- Pilotbetrieb (in mehreren Stufen)

- Schulung der Systemanwender
- Erstellen Anwenderdokumentation/Benutzerhandbuch
- Roll-Out (in mehreren Stufen)
- Projektabschluss

Zur Darstellung des Projektplanes bietet sich die Methode des Projektstrukturplanes (PSP) an. Eine so erstellte Projektstruktur lässt sich einfach ergänzen und bis zu dedizierten Einzelaufgaben herunterbrechen. Jede dieser Aufgaben wird dann einem Projektmitglied zugeordnet und liegt in dessen Verantwortung. Zwischen den Einzelaufgaben können einfach Abhängigkeiten definiert werden (Aufgabe 1.2.3 muss erledigt sein, bevor Aufgabe 4.2.2 beginnen kann). Auf diese Weise arbeitet man sich relativ schnell zum konkreten Projektablaufplan hin und kann hier auch die zeitkritischen Punkte in der Planung feststellen.

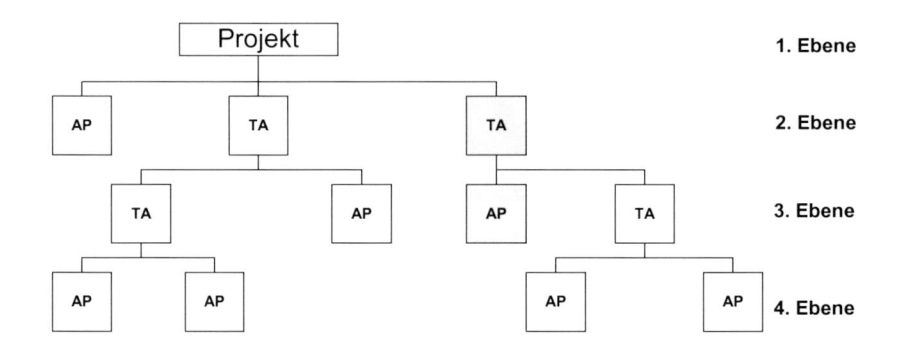

TA= Teilaufgabe = Teil des Projekts, der im Projektstrukturplan weiter aufgegliedert ist

AP= Arbeitspaket

Quelle: DIN 69 901

Abb. 6.12 Beispiel eines Projektstrukturplans (PSP)

Wichtig ist in diesem Zusammenhang auch die Festlegung von Projektmeilensteinen, wie zum Beispiel „Abschluss Konzept" oder „Abschluss Pilotbetrieb". Durch dieses strikte Vorgehen wird vermieden, dass in den Projektphasen ungewollte und unkontrollierte Überlappungen entstehen. Ein Konzept muss beispielsweise abgeschlossen sein, bevor Modifikationen am System erfolgen. Ein fehlender Meilenstein „Konzeptabschluss" kann bedeuten, dass schleichend am Inhalt des Konzeptes weitere Änderungen erfolgen, während andere auf Basis einer Vorversion arbeiten. Dies soll nicht heißen, dass nicht nachträglich erforderliche Änderungen auch an abgeschlossenen Projektmeilensteinen erfolgen können und dürfen. Jedoch unterliegen diese nach dem Abschluss des Meilensteines einem kontrollierten Changemanagement, welches dafür Sorge tragen muss, dass alle Beteiligten die Kenntnis über diese Nachträge erlangen.

Ein Meilenstein in einem Projektplan fasst mehrere sinnvoll zusammengehörige Projekteinzelschritte zusammen. Der Meilenstein ist dann abgeschlossen, wenn alle Einzelschritte des Meilensteines abgeschlossen sind. So banal und einfach diese Sachverhalte klingen, so entscheidend ist die Einhaltung dieser Regeln für das Gelingen des Projektes. Eine sinnvolle Festlegung von Projektmeilensteinen ist also eine wichtige Grundlage für die Gesamtprojektplanung. Ein einfaches Beispiel für solche Meilensteine in einem Projekt kann sein:

- Projektstart nach Fertigstellung des Pflichtenheftes
- Fertigstellung des Detailkonzeptes
- Pilotphase / Ausbildung der Mitarbeiter
- Roll Out
- Projektabschluss

In realen Projekten empfiehlt es sich allerdings eine feinere Meilensteinbildung zu wählen und somit bessere Kontrollmöglichkeiten innerhalb des Projektes zu schaffen. Die Meilensteine bieten hervorragende Möglichkeiten den Fortschritt und die Entwicklung eines Projektes im Hinblick auf Termine, Kosten und Zielerreichung zu überprüfen. Im Kunden-/Lieferantenverhältnis bieten sich Gelegenheiten für Abnahmeszenarien und ggf. Zahlungsschritte.

Innerhalb der gesetzten Meilensteine können dann die zur Erreichung des Meilensteines erforderlichen Einzelprojektschritte terminiert werden. So umfasst beispielsweise ein Meilenstein „Erstellung Detailkonzept" folgende Punkte:

- Ausbildung der Konzept-Mitarbeiter am MES Standard des Lieferanten
- Erstellung eines Gesamteinführungskonzeptes
- Erstellung eines Erfassungskonzeptes
- Erstellung eines Verarbeitungs- und Auswertekonzeptes
- Erstellung eines Schnittstellenkonzeptes
- Erstellung eines Sicherheits- und Sicherungskonzeptes
- Bewertung der Konzeptinhalte (zu erwartende Kosten bei Abweichungen vom Standard des MES)
- Abschluss der Konzepterstellung und Abnahme des Konzeptes durch die Projektleitung.

6.3.8 Kostenkontrolle im Projekt

Üblicherweise wird zu Beginn eines Projektes ein Budget freigegeben, mit dem die gesteckten Ziele erreicht werden sollen. Im Verlauf des Projektes ist es Aufgabe der Projektleitung, die tatsächlich anfallenden Kosten zu ermitteln und zu überwachen und im Bedarfsfall auf ungeplante Entwicklungen zu reagieren. Wie aber ist dies dem Projektleiter möglich? Statusanfragen bei Projektbeteiligten zu deren Teilaufgaben sind oft wenig aufschlussreich, da die Antworten viel Interpretationsraum lassen. Aussagen wie „fast fertig" oder „nur noch den letzten Test" haben für die Projektleitung nicht den benötigten Informationsgehalt.

Hier helfen die allgemeinen Grundlagen des Projektmanagements weiter. Im Projektstrukturplan (PSP) werden zu Beginn des Projektes alle Einzelaufgaben als Arbeitspakete hinterlegt. Das Gesamtbudget wurde auf diese Arbeitspakete als Planvorgabe verteilt, so dass nun für jede Aufgabe ein freigegebenes Teilbudget existiert.

Wird durch einen Arbeitspaketverantwortlichen erkannt, dass das für ein Arbeitspaket vorgesehene Budget nicht ausreichend sein wird, so ist er in der Verantwortung, dies der Projektleitung mitzuteilen und eine Budgeterhöhung zu beantragen. Gegebenenfalls wird diese Erhöhung durch die Projektleitung freigegeben und das Gesamtprojektbudget wird somit aufgestockt. Wichtig ist hierbei die explizite Freigabe eines höheren Kostenrahmens, da nur so sichergestellt wird, dass die Beteiligten (Projektleiter und Arbeitspaketverantwortlicher) sich gemeinsam der Notwendigkeit und der Konsequenzen dieser Maßnahme bewusst sind.

Die Arbeitspaketverantwortlichen berichten dem Projektleiter über den Status ihrer Arbeitspakete, wobei diese nur zwei gültige Zustände annehmen dürfen: „nicht fertig" und „fertig".

Bei „fertigen" Arbeitspaketen wird gleichermaßen der tatsächlich entstandene Aufwand ermittelt und berichtet und kann dann bei der Kostenkontrolle berücksichtigt werden.

Konkret bedeutet dies, dass die Projektleitung zur Kostenermittlung nur vollständig abgeschlossene Arbeitspakete heranzieht und diese den Planzahlen gegenüberstellt.

6.3.9 Änderungsmanagement

In einem Projekt können sich über die Laufzeit viele kleine und große Änderungen ergeben. Dies können Änderungen inhaltlicher Art sein, die im Widerspruch zum Feinkonzept stehen oder dieses ergänzen. Dies können aber auch organisatorische Dinge sein, wie z.B. personelle Wechsel im Projektteam oder die Änderung einer Einführungs- oder GoLive-Strategie. Unter Umständen ist sogar ein direkter Einfluss des Marktes auf das Projekt spürbar. So können z.B. für bestimmte Produkte neue, zu erfüllende Qualitätskriterien eine Rolle spielen.

All diese Änderungen werden einen Einfluss auf den Projektverlauf und das Projektergebnis haben. Wie groß der Einfluss ist und welche Risiken solche Änderungen mit sich bringen, muss für jeden einzelnen dieser Punkte abgeschätzt werden, wenn dieser zum Projektbestandteil wird. Um die Nachvollziehbarkeit im Projekt zu gewährleisten, ist es erforderlich, jede dieser Änderungen zu dokumentieren, zu begründen und für das Projekt zu bewerten. Besonderes Augenmerk ist dabei auf die monetären Auswirkungen (Budget) und auf die Auswirkungen hinsichtlich der Erreichung der gesetzten Projektziele zu legen.

Häufig haben in der Vergangenheit untergeordnete Interessen zu Veränderung von Projekten geführt und damit die Erreichung der übergeordneten Projektziele verhindert. Nur mit konsequenter Nutzung eines Änderungsmanagements (Change Requests) kann dem entgegengewirkt werden.

6.3.10 Schulung und Einführungsberatung

Der Schulungsplan im MES-Projekt ist ein wichtiges Thema, vor allem um einen möglichst reibungslosen GoLive und eine reibungslose Einführungsphase des Systems zu gewährleisten. Die Teammitglieder des Projektteams müssen in diesen Schulungsplan aufgenommen werden. Demzufolge sollte zumindest ein Teil des Schulungsplan bereits vor der Erstellung des Detailkonzeptes existieren, um sicherzustellen, dass auch die notwendige Ausbildung der Teammitglieder, vor allem der Fachteams erfolgt.

Es wird an dieser Stelle davon ausgegangen, dass der ausgewählte MES-Partner eine umfangreiche Standardsoftware anbietet, die eine vollständige MES-Lösung darstellt. In diesem Fall wird sich das Detailkonzept im wesentlichen damit befasse, die eigenen Prozesse im Unternehmen - in der Fertigung - mit den bereitgestellten Standardfunktionen abzubilden. Um das notwendige Customizing oder gar die notwendigen kundenspezifischen Softwareanpassungen möglichst gering zu halten, muss das Fachteam im Vorfeld den vollständigen Funktionsumfang des MES-Systems kennen lernen. Hierzu wird das Schulungsangebot des MES-Partners herangezogen. Individuelle Schulungen - zugeschnitten auf den geplanten Einsatz - bergen die Gefahr, dass man das Projektteam zu früh auf die Abbildung des „Althergebrachten" fokussiert und damit das Potenzial für mögliche Prozessverbesserung sehr eingeschränkt wird. Von daher sollten, wenn immer möglich, die Alternative einer neutralen Produktschulung genutzt werden.

Für den späteren GoLive und die Einführungsphase gibt es folgende Alternativen bei der Ausbildung der Mitarbeiter:

Die Keyuser sollten neben der eigenen Anwendung, also dem Funktionsumfang, der für deren Bereich eingesetzt wird, einen Gesamtüberblick über das Leistungsspektrum des MES Systems haben. Dies ist entscheidend, um später bei zusätzlichen Anforderungen der Endanwender deren Tragweite einschätzen zu können oder auch um im produktiven Einsatz sinnvoll optimieren oder Prozessverbesserungen formulieren zu können. Soweit es sich um Mitglieder des Projektteams handelt, hat diese Schulung, wie bereits erwähnt, schon vor oder in der Konzeptphase stattgefunden.

Die Keyuser sind dann idealerweise für die Schulung der Endanwender im Unternehmen verantwortlich und führen diese auch selbst durch. Die Endanwender sind sowohl Mitarbeiter in der Verwaltung und Fertigung, die auf die erfassten Daten in Form von Auswertungen zugreifen oder Daten pflegen oder planen, als auch die Mitarbeiter in der Fertigung, die mit den MES-Endgeräten an der Maschine oder am Arbeitsplatz arbeiten. Bei diesen Mitarbeitern, die das System in alltäglichen Abläufen nutzen, ist es sinnvoll, die Schulungsinhalte an den unternehmensspezifischen Anforderungen zu orientieren und die damit verbundenen

Abläufe und Arbeitsschritte zu vermitteln. Die Schulungen sollten durch eine entsprechende Einführungsunterstützung während der ersten Zeit nach dem Go Live ergänzt werden.

Projekt Schulungsplan

		Projektleiter	Systemadm.	Key-User	Meister / Schichtleiter
Systemüberblick		X	X	X	X
Anwenderschulungen (Beispiele)	Auftragsdaten			X	
	Maschinendaten			X	
	Leitstand			X	
	Material- und Produktionslogistik			X	
Administratorschulung			X		
Datenerfassung in der Produktion (durch Key-User)					X

Abb. 6.13 Beispiel eines Projekt-Schulungsplans

Im Gegensatz zu klassischen IT-Systemen wie Lohnbuchhaltung oder auch Produktions-Planungs-Systeme hat das MES-System, sofern es in voller Breite in einem Fertigungsunternehmen einzuführen ist, eine wesentlich höhere Anwendungstiefe. Es bleiben nahezu keine Disziplinen und keine Organisationseinheit des Fertigungsunternehmens bei einer Einführung des MES unberührt. Von daher kommt auch der einführenden Dienstleistung (der Einführungsunterstützung) eine besondere Bedeutung zu. Neben den klassischen Disziplinen der Projektleitung und der Anwenderbetreuung sollte im Rahmen der Einführungsunterstützung auch das Coaching der beteiligten Mitarbeiter vor allem der Keyuser und gegebenenfalls auch des Projektleiters des Kunden (je nach Erfahrung) eine maßgebliche Rolle spielen. Natürlich muss dazu eine solche Dienstleistung auch qualifiziert vom Anbieter selbst zur Verfügung gestellt werden (siehe hierzu auch Anbieterauswahl).

Das Coaching während der Einführungsphase soll vor allem dazu dienen, dass die Mitarbeiter und damit das Fertigungsunternehmen selbst nach der Einführungsphase in der Lage sind, das System selbstständig zu bedienen, zu administrieren und je nach Anforderung auch Änderungen oder Eigenentwicklungen an dem System durchführen zu können. Dies ist wichtig, da das System und seine Funktionen sich den ständig wechselnden Anforderungen des Marktes an das Fertigungsunternehmen anpassen sollen. Die notwendige Flexibilität ist jedoch nur dann gegeben, wenn im Unternehmen selbst ein breites Know-how über das System und die Änderbarkeit des Systems existieren. Diesen Zustand herzustellen ist mit eine Aufgabe der Dienstleistung Einführungsunterstützung und des damit verbundenen Coachings.

Die Einführungsunterstützung selbst hat ein recht breit gefächertes Spektrum. Es geht von der Unterstützung der Mitarbeiter in der Fertigung bei dem täglichen Umgang mit Erfassungsdialogen und den Endgeräten bis hin zur Unterstützung bei komplexen IT-technischen Zusammenhängen wie Schnittstellen zu übergelagerten ERP-Systemen, Optimierung der IT-Infrastruktur und der bereits in der Pflichtenheft- oder Feinkonzeptphase beschriebene Steuerungs-/Controllingaspekt hinsichtlich Ziele und Kosten. Denn auch in der Einführungsphase ist es wichtig, mit Änderungen am System maßzuhalten und diese ständig an den ursprünglichen Definitionen zu messen.

6.3.11 Infrastruktur schaffen

Entsprechend der Festlegungen im Detailkonzept (siehe Kapitel 6.1.1) ist die Infrastruktur für das Projekt termingerecht bereitzustellen. Dies gilt zum einen für die benötigten Server und die PC-Arbeitsplätze als auch für die Erfassungs-Infrastruktur in der Fertigung vor Ort und die Anbindung von Maschinen und Aggregaten.

Bereits sehr früh im Projekt muss ein adäquates Equipment für das Test- und Pilotsystem bereit stehen. Hier sollte von Anbeginn darauf geachtet werden, dass die bereitgestellten Komponenten denen entsprechen, die auch hinterher im Produktivbetrieb verwendet werden, damit bereits während der Implementierungsphase auf eventuell neuen Komponenten (sowohl Betriebssystem, Datenbanken als auch Hardwareseite) Erfahrung gesammelt werden kann. Das Zusammenspiel zwischen Hard- und Software-Komponenten und System- und Anwendungssoftware-Komponenten sollte frühzeitig getestet werden können.

Sind darüber hinaus innerhalb des Projektes größere Verkabelungsarbeiten zu tätigen, müssen diese rechtzeitig geplant werden und sind mit den anderen Projektschritten zu synchronisieren. Vor allem Tätigkeiten direkt in der Fertigung, z.B. die Anbindung von Maschinen und Aggregaten, müssen häufig in produktionsfreien Zeiten erfolgen oder sind erst während der eigentlichen Umstellung auf den Produktionsbetrieb möglich. Diese Arbeiten sind so vorzubereiten, dass beim eigentlichen GoLive die Risiken für Verzögerungen minimiert werden.

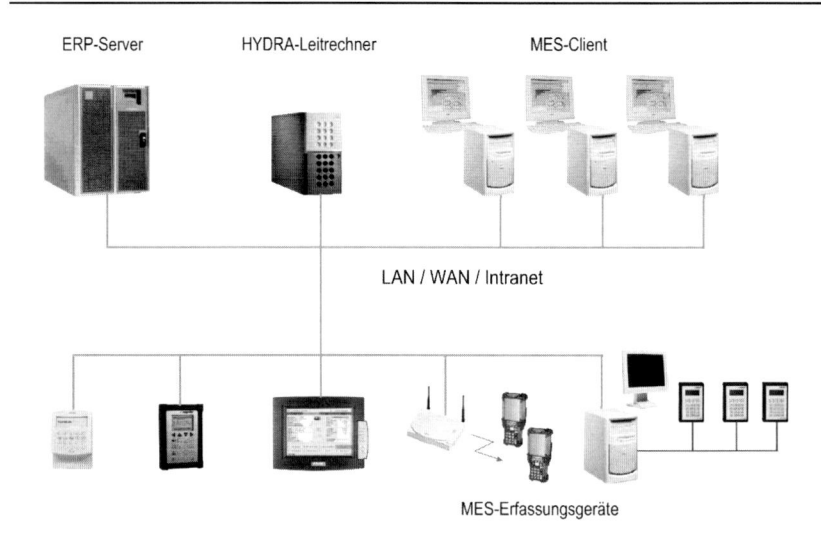

Abb. 6.14 Beispiel einer typischen MES-Infrastruktur

Häufig ist bei Einführung eines MES-Systems die IT-Infrastruktur betroffen und es stellt sich die Frage, ob die Erneuerung der IT-Infrastruktur in Verbindung mit dem MES davor oder danach passieren kann. In diesem Zusammenhang ist es notwendig, vor allem auch für die Budgetierung, zu differenzieren und Kosten und Nutzen gegenüberzustellen. Es gilt, vor allem unter Kostengesichtspunkten, die Vor- und Nachteile abzuwägen. Auch hier ist allgemein bekannt, dass auch im IT-Bereich wie im Consumer-Bereich die IT-Strategien gewissen Moden unterliegen, die kommen und gehen und nicht immer die prognostizierten ROI-Vorteile im praktischen Einsatz auch wirklich zu halten sind. Gerade in diesem Bereich wird häufig der Begriff Standardisierung mit dem Verlust jeglicher Flexibilität innerhalb des Unternehmens verwechselt.

So gibt es beispielsweise viele Bereiche im Unternehmen, die mit sog. Thin-Clients also einer Terminal-Server-Strategie von Microsoft oder CITRIX optimal auszustatten sind. Jedoch wird es Bereiche gerade im MES-Umfeld geben, die sinnvollerweise mit sogenannten FAT-Clients auszustatten sind. Gegebenenfalls werden beide Technologien im Unternehmen benötigt. Es sollte immer darauf geachtet werden, dass die IT-Strategie nicht über den eigentlichen Kernzielen des Unternehmens steht. Vor allem im MES-Bereich ist es wichtig die IT-Infrastruktur und den Nutzen gegenüberzustellen. Häufig ist die Bedienbarkeit mit Fragen zu Meldefrequenz, Anzahl Arbeitsplätze, Anzahl Maschinen, Motivation der Mitarbeiter bei der Bedienung des Systems verknüpft.

Besonders bei der Auswahl von Technologie ist es wichtig, zu bewerten, ob die jeweilige Technologie Vorteile für die Anwendung birgt. Beispielsweise bietet die RFID-Technologie, die heutzutage sehr „populär" ist, wenn es um Identifikation z.B. von Maschinen, Werkzeugen oder Material in der Fertigung geht, nicht in jedem Anwendungsfall Vorteile gegenüber der „sehr alten" aber stabilen Barcodetechnologie. Für einen Anwendungsfall bei dem Materialien ohnehin manuell durch Personal transportiert werden, bietet ein „remote" lesen, wie es ein RFID-Equipment bietet, gegenüber dem herkömmlichen Scannen des Barcodes fast keinen praktischen Vorteil. Beim Einsatz des Barcodes können jedoch die vorhandenen Erfahrungen und die Kostenvorteile genutzt werden, ansonsten ist der Einsatz neuer Technologien immer ein zusätzliches Risiko für das Projekt, diese lohnen sich nur, wenn für das Projekt ein entsprechender Anwendungsnutzen gegenüber steht.

Ähnliches gilt auch für den Einsatz von Funkterminals oder vergleichbaren Technologien. Grundsätzlich sollte darauf geachtet werden, dass Hard- und Software möglichst nicht auf propietäre Lösungen basieren. Dies ist wichtig, um zukünftig bei einem notwendigen Austausch von Hard- und Software flexibel zu sein. Jedoch ist es auch hier wichtig zwischen Anwendbarkeit und Technologie zu differenzieren.

Betrachtet man das Kosten-/Nutzen-Verhältnis bei der Festlegung der IT-Infrastruktur näher, ist es wichtig, den Nutzen in anwendungsseitige und technische Vorteile zu unterteilen. Dementsprechend muss auch die Bewertung durch unterschiedliche Stellen (ggf. Fachteams) im Unternehmen vorgenommen werden.

An dem Beispiel Auswahl der MES-Endgeräte (BDE-Terminal) in der Fertigung soll dieses Prinzip erläutert werden. Häufig wird in MES-Projekten die Frage gestellt: Welche und wie viele BDE-Terminals werden in der Fertigung benötigt?

Bevor die Frage beantwortet werden kann, muss von den Anwendern geklärt werden, welche Funktionen an den Geräten ausgeführt werden sollen. Folgende Kriterien müssen zur anwendungsseitigen Bewertung herangezogen werden:

Tabelle 6.6 Beispielkriterien zur Auswahl von MES-Terminals

Welche Daten sollen angezeigt werden (Textanzeige, Bilder)?	Größe des Displays
Wie häufig müssen Mitarbeiter das Gerät innerhalb einer Schicht bedienen?	Anzahl der Geräte
Soll eine direkte Anbindung an eine Maschine erfolgen?	vorhandene Schnittstellen
Mit welchen Umweltbedingungen ist am Standort der Geräte zu rechnen (Staub, Wasser)?	Schutzart des Geräts
Wie einfach soll die Bedienung sein?	Folientastatur, Touchscreen
Müssen aufwändige Kundenetiketten gedruckt werden?	Ausstattung mit Druckern

Erst nach Klärung dieser Fragen und Bewertung der Wichtigkeit der Kriterien ist es sinnvoll, die IT-technische Bewertung zu den Themen Aufwand bei der Administration, Standardisierung der verwendeten Hardware, Netzwerkanbindung und Rechnerverfügbarkeit anzustellen. Danach kann dann die Frage nach dem Gerätetyp (Industrie-PC, Office-PC, proprietäre BDE-Hardware oder mobile Erfassungsgeräte) beantwortet werden. Es schließt sich dann die Feststellung der Kosten der Geräte an, um die ermittelten Kosten dem Nutzen gegenüberzustellen. Hier spielt selbstverständlich auch die Anzahl der Geräte eine Rolle. Je nach Organisation und Einsatzort sind Kriterien fix vorgegeben, andere können aufgrund des Kosten-/Nutzenverhältnisses bewertet werden.

6.3.12 GoLive-Strategien

Ergänzend zur Einführungsstrategie ist ein bedeutender Faktor die Auswahl der richtigen GoLive-Strategie, also der Vorgehensweise wie das MES System im Unternehmen „produktiv geschaltet" wird.

Über die zur Auswahl stehenden Möglichkeiten sollte sicherlich bei Beginn des Projektes schon nachgedacht werden, jedoch kann realistisch eine Festlegung auf eine bestimmte GoLive-Strategie erst nach Erstellung des Detailkonzeptes getroffen werden. Diese hängt von vielen unterschiedlichen Faktoren ab, so dass an dieser Stelle nur grundsätzliche Möglichkeiten dargestellt werden können. Die richtige Strategie für das eigene Unternehmen muss jedoch individuell innerhalb des Projektes gefunden werden.

Vom Grundsatz her hat ein MES-Projekt sowohl horizontal als auch vertikal ein sehr breites Spektrum. D.h. zum einen (vertikal) reicht die Funktionalität von der Maschine und den konkreten Abläufen in der Produktion bis zur „Auswertung" der erfassten Daten im Controlling, zum anderen (horizontal) sind in der Fläche des Unternehmens ein Großteil der Mitarbeiter z.B. über die Personalzeiterfassung oder Zutrittskontrolle eingebunden. Im endgültigen Realbetrieb (nach flächendeckendem GoLive) ist es ja gerade das Ziel, dass sowohl horizontal als auch vertikal alle Funktionen und Bereiche durch das MES eng verwoben sein sollen und das MES auch das Bindeglied zu allen Systemen darstellt. Genau dieses Ziel macht es natürlich schwierig, Funktionen oder Systemteile herauszulösen, um diese bereichsweise einzuführen. Es ist mit der Grund dafür, dass mit der MES-Einführung z.B. zeitgleich ERP-Systeme eingeführt oder „ausgetauscht" werden. Dies reduziert zwar teilweise die organisatorischen Aufwände, erhöht aber verständlicherweise das Projektrisiko.

Es können klassisch folgende GoLive-Strategien unterschieden werden:

- Big Bang-Strategie
- Horizontale Strategie
- Vertikale Strategie
- Matrix Strategie

Big Bang-Strategie

Hier wird der gesamte MES-Funktionsumfang in allen organisatorischen Bereichen des Unternehmens mit allen Schnittstellen zu den umliegenden Systemen oder Maschinen oder Aggregaten zu einem Zeitpunkt in Betrieb genommen. Sicherlich gibt es auch hier die Möglichkeit, nach der eigentlichen Testphase begrenzte Live-Tests durch Doppelbetrieb (entweder Handaufschreibung oder Betrieb eines Altsystems) das Risiko einer Umstellung zu mindern. Eine solche Big Bang-Strategie wird häufig im Zusammenhang mit einer ERP-Einführung gewählt, wenn es im Gesamtumfeld zu aufwändig erscheint, für eine Übergangsphase Schnittstellen z.B. zu einem Alt-ERP zu realisieren, um dieses ERP dann in der zweiten Phase (unter Umständen 2 - 3 Monate später) abzulösen und dann erneut Pflegeaufwände und Schnittstellenaufwände zu haben. Grundsätzlich ist diese Strategie aufwandsseitig und organisatorisch empfehlenswert, jedoch muss das individuelle Risiko bewertet werden, was zu tun ist, wenn organisatorische oder systemseitige Verzögerungen oder Stillstände eintreten, um den „Schaden für das Unternehmen" zu begrenzen (Definition von Fallback-Szenarien oder Notbetrieb).

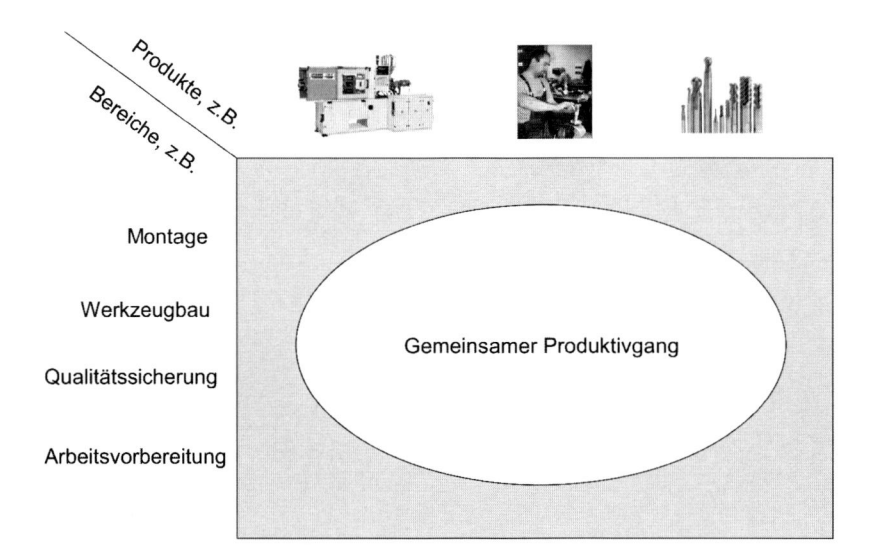

Abb. 6.15 Big Bang Strategie: Alle Bereiche werden mit allen Produkten zeitgleich produktiv gestellt

Horizontale Strategie

In diesem Fall entscheidet man sich dazu eine bestimmte Funktionalität des MES zunächst möglichst flächendeckend in Betrieb zu nehmen, um dann weitere Funktionen in Stufen dazuzuschalten. Für die jeweiligen Stufen ist zu definieren, welche Aufwände hier entstehen und wie Verbindungen zu anderen bestehenden Systemen organisatorisch zu bewerkstelligen sind. Beispiel: ein Unternehmen plant im Rahmen der MES-Einführung auch ein Personalzeiterfassungssystem einzuführen. Die Funktion der Personalzeiterfassung ist aufgrund der eher einfachen Verknüpfung zu anderen MES-Funktionen prädestiniert dafür, zunächst flächendeckend eingeführt zu werden: also die Kommt- / Geht-Stempelungen zu erfassen und die Daten an das Lohnbuchhaltungssystem zu übertragen. Komplexer wird der Vorgang dann, wenn im MES-System nicht nur die Personalzeiterfassung (als Kommt-/Gehtbuchung), sondern auch die Leistungslohnermittlung für den Fertigungsbereich abgebildet werden soll. In diesem Fall ist es in einem zweiten Schritt sicherlich notwendig, mit der Einführung der Leistungslohnermittlung auch die Auftragsdaten- und Maschinendatenerfassung einzuführen, da diese häufig die Basis für die Leistungslohnermittlung liefert.

Bereiche, z.B. \ Produkte, z.B.			
Montage	**Stufe 1**	Stufe 2	Stufe 3
Werkzeugbau	**Stufe 1**	Stufe 2	Stufe 3
Qualitätssicherung	**Stufe 1**	Stufe 2	Stufe 3
Arbeitsvorbereitung	**Stufe 1**	Stufe 2	Stufe 3

Abb. 6.16 Horizontale Strategie: Alle Bereiche werden mit einer gestuften Auswahl von Produkten produktiv gestellt

Vertikale Strategie

Dieser Strategie liegt zugrunde, dass für einen Organisationsbereich im Unternehmen, z.B. in einer Abteilung der nahezu gesamte MES-Funktionsumfang in der Breite vollständig eingeführt wird, die weiteren Abteilungen oder Bereiche jedoch mit der bisherigen Systemlandschaft bzw. Organisation parallel dazu betrieben werden. Diese Strategie kann nur dann gewählt werden, wenn innerhalb der Organisation des Unternehmens auch ein autarker Bereich lokalisiert werden kann, für den diese Logik mit vertretbarem Aufwand anwendbar ist.

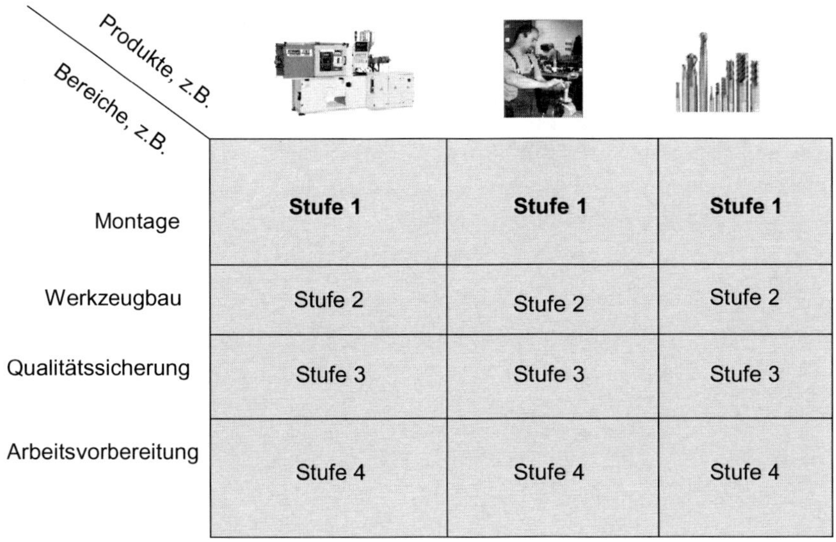

Bereiche, z.B. \ Produkte, z.B.			
Montage	Stufe 1	Stufe 1	Stufe 1
Werkzeugbau	Stufe 2	Stufe 2	Stufe 2
Qualitätssicherung	Stufe 3	Stufe 3	Stufe 3
Arbeitsvorbereitung	Stufe 4	Stufe 4	Stufe 4

Abb. 6.17 Vertikale Strategie: Alle Produkte werden in einer stufenweise in einzelnen Bereichen produktiv gestellt

Matrix-Strategie

Die Matrix-Strategie ist eine Mischung zwischen der horizontalen und der vertikalen Strategie. D.h. es wird ein umgrenzter Funktionsteil des MES ausgegliedert, dieser wiederum wird dann stufenweise in einzelnen Bereichen und nicht flächendeckend eingeführt.

Natürlich gibt es bei den oben genannten Strategien keine akademische Definition, die einzuhalten ist oder die man real einhalten kann. Es sind mögliche Vorgehensweisen, die man in Betracht ziehen sollte, aber auch jede beliebige Mischversion ist zulässig, sofern die Aufwände, Kosten oder Risiken im Unternehmen reduziert werden können.

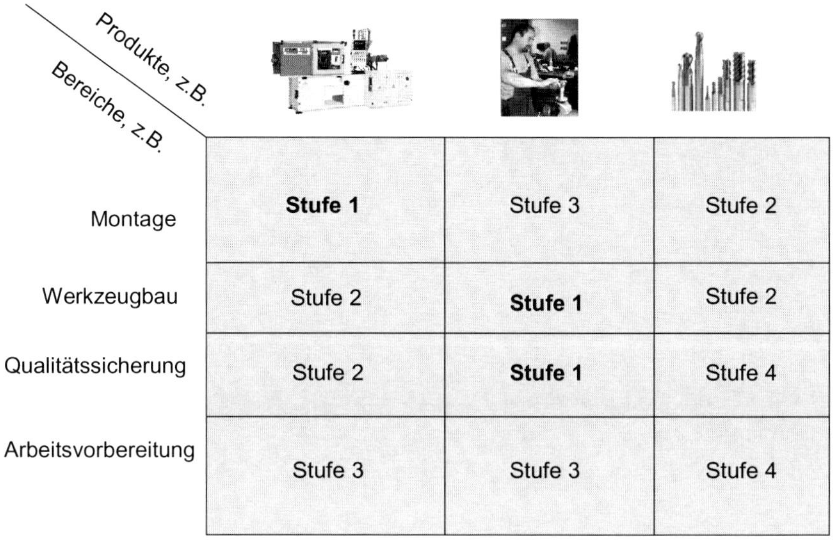

	Produkte, z.B.		
Bereiche, z.B.			
Montage	**Stufe 1**	Stufe 3	Stufe 2
Werkzeugbau	Stufe 2	**Stufe 1**	Stufe 2
Qualitätssicherung	Stufe 2	**Stufe 1**	Stufe 4
Arbeitsvorbereitung	Stufe 3	Stufe 3	Stufe 4

Abb. 6.18 Matrix-Strategie: Stufenweiser Produktivgang bezogen auf Produkte und Bereiche

Risikoanalyse und Fallbackszenarien

Die Auswahl der richtigen Strategie wird immer erst nach einer Risikoanalyse stattfinden können, in der folgenden Kriterien bewertet werden:

- Dauer des benötigten Produktionsstillstand
- terminliche Abhängigkeiten, z. B. Monats- oder Quartalsgrenzen
- Risiko/Kosten bei unerwarteten Verzögerungen
- Aufwand: Personal- und Materialkosten
- Möglichkeiten der manuellen Datenerfassung und -pflege

Ungeachtet dieser Kriterien ist für jedes Szenario ein Fallback-Szenario zu definieren, also eine Vorgehensweise für den Fall, daß die Systemumstellung misslingt oder abgebrochen werden muss.

6.3.13 Abschluss des Projektes

Ebenso wichtig wie ein guter Projektstart ist ein gutes und definiertes Projektende. So werden Unsicherheiten bei allen Beteiligten und vor allem auch ungewollte weitere Aufwände, Veränderungen und Kosten vermieden.

Folgende Punkte gehören zu einem Projektabschluss:
- Bewertung des Projektes anhand der gestellten Zielvorgaben
- Bewertung des Projektes anhand der gestellten Erwartungen
- Einholen von Feedback von den Projektbeteiligten und Nutzern des Systems
- Würdigung der Leistungen der Projektbeteiligten (Belohnung, Beurteilung, Empfehlung, usw.)
- Frühzeitige Vorbereitung der Reintegration der Projektbeteiligten in Fachbereiche
- Publikation des Projektabschlusses und offizielle Systemübergabe an Fachbereiche
- Projektabschlussmeeting
- Organisation eines Abschlussempfangs / einer Abschlussfeier für das Projektteam
- Evtl. Empfehlungen für Folgeprojekte (z.B. Nutzung weiterer MES-Komponenten)

Literatur

Schelle H (2003) Projekte zum Erfolg führen. Beck Wirtschaftsberater
RKW-Verlag(2001) Der Projektmanagement Fachmann. Band 2,
ISBN 3-926984-57-0 6. Auflage 2001
Kletti J (2004) MES-Manufacturing Execution System. Springer Verlag Berlin
Schulungsunterlagen der Firma MPDV Mikrolab GmbH (2006)
Kurs HYDRA erfolgreich einführen

7 Fallbeispiel Firma Legrand-BTicino GmbH

7.1 Vorstellung des Unternehmens

Die Legrand-Gruppe ist als einer der weltweiten Marktführer für Elektroinstallationsmaterial und mit über 30.000 Mitarbeitern in 60 Ländern vertreten. Das Ziel von Legrand ist, jedem Elektrofachmann an jedem Ort der Welt das optimale Material zu liefern, das er für die Installation im Wohnungs-, Büro- und Gewerbebau sowie in der Industrie benötigt.

Die Legrand GmbH hat sich am 01. September 2005 mit der ebenfalls zum Konzern gehörigen Seko-BTicino GmbH zusammengeschlossen. Die neu gegründete Legrand-BTicino GmbH bündelt damit ihre Produkt- und Vetriebskompetenz im Elektrofachbetrieb. Vom Standort Soest wird ein ausgesuchtes Produktportfolio im deutschen Markt vertrieben. Weiterhin ist Soest das Center of Competence für die Zeitschalttechnik, welches außer Schaltuhren auch Thermostate & Jalousiesteuerungen für den Weltmarkt produziert.

7.2 Ausgangssituation

Um weiterhin wettbewerbsfähig zu sein, ergaben sich in den vergangenen 4 Jahren enorme Wandlungen in folgenden Bereichen des Produktionsstandortes Soest:

7.2.1 Kunststoffverarbeitung – Spritzerei

Zunächst wurde eine Layoutoptimierung durchgeführt. Die Spritzgießmaschinen wurden bei gleichbleibendem Produktionsvolumen reduziert. Die erforderlichen Arbeitsbedingungen wurden durch den Umbau der Maschinenhallen geschaffen. Weiterhin ergab sich eine deutliche Qualitätsverbesserung durch die Etablierung von „Do it right first time!"/ „Machs gleich richtig!"

Durch die Kanban-Belieferung (Transportbehälter, Losgrößen Abstimmung) wurde die Ablaufsteuerung optimiert, wodurch sich eine Reduzierung der Umlaufbestände ergab. Die Organisation wurde durch die Etablierung der Schicht- bzw. Team-Betreuer/innen (Coaches) und durch den Entfall aller bisherigen Vorarbeiterregelungen verschlankt. Desweiteren wurden die Mitarbeiter durch Training qualifiziert, z.B. zum Maschinenbediener. Anhand der folgenden zwei Skizzen lässt sich die Materialflussoptimierung und die Prozessdatenpflege der Spritzgießteile erkennen:

- Überprüfung und Korrektur der Zykluszeiten im Arbeitsplan
- Optimierung von Zykluszeiten
- Optimierung des Ablaufes (direkt an der Maschine)

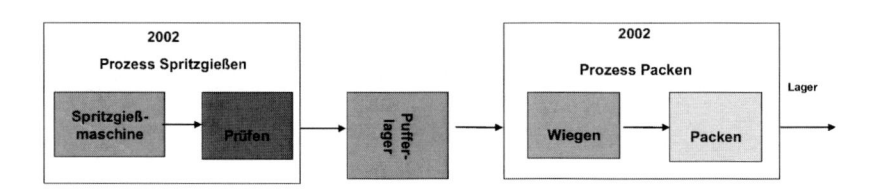

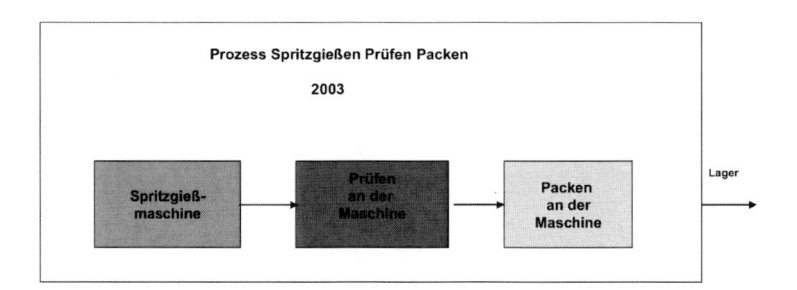

Abb. 7.1 Veränderungen am Spritzgießprozess, Vergleich 2002 zu 2003

7.2.2 Kunststoffverarbeitung – Werkzeugbau

Folgende Wandlungen ergaben sich im Bereich Kunststoffverarbeitung / Werkzeugbau:

- Straffe Organisation und Controlling als Profit Center durch Zieltransparenz und Steuerung mit Kennzahlen
- Effizienzverbesserung durch Neuorganisation des Auftragswesens
- „Papierlos" durch Manufacturing Execution System (MES)
- Erhöhung der Auslastung und Effizienz durch neue Produkte
- Entwicklung der Organisation hin zur Teamstruktur

Materialversorgung Lanco

Kunststoffteile Fertigung 2005 für Antriebsmodul

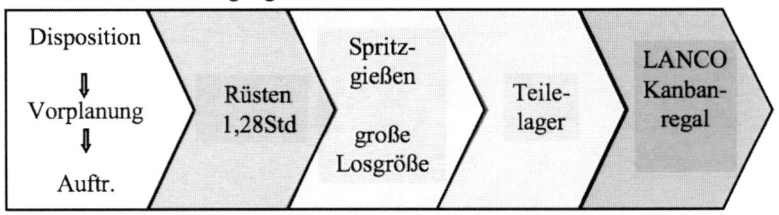

Disposition ⇩ Vorplanung ⇩ Auftr. → Rüsten 1,28Std → Spritzgießen große Losgröße → Teilelager → LANCO Kanbanregal

Kunststoffteile Fertigung 2006 für Antriebsmodul

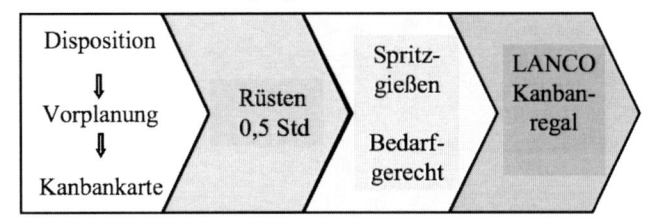

Disposition ⇩ Vorplanung ⇩ Kanbankarte → Rüsten 0,5 Std → Spritzgießen Bedarfgerecht → LANCO Kanbanregal

Abb. 7.2 Materialversorgung Lanco, Vergleich 2005 zu 2006

7.2.3 Endmontage

In der Endmontage gab es die folgenden Optimierungsprojekte:

- Verringerung des Prüfaufwandes (z. B. Integration/Verlagerung der Endprüfung)
- Verringerung der Durchlaufzeiten (z. B. Vermeidung von Zwischenpuffern)
- Aufbau von ergonomischen und prozessausgerichteten Montagearbeitsplätzen
- Fehlerkostenreduzierung
- Integration des Packprozesses in den Montageablauf
- Sicherstellung und Organisation der Materialbereitstellung (z. B. Umstellung der Materialversorgung auf KANBAN)
- Einrichtung von Lagerplätzen und deren Organisation am Arbeitsplatz
- Qualitätssicherungsmaßnahmen (z. B. permanente Laufprüfungen)
- Erhöhung der Qualitätsanforderungen, auch für vorgeschaltete Teilprozesse (z. B. Vereinbarungen mit Lieferanten)
- Erhöhung der Kundenzufriedenheit
- Qualifikation der Mitarbeiter

7.2.4 Projekt Flow Production

Die Flow-Production ist eine zeitlich gebundene Fertigung, das heißt, die einzelnen Arbeitsverrichtungen sind zeitlich aufeinander abgestimmt und die Produkte werden während ihrer Fertigung automatisch zum nächsten Arbeitsplatz befördert. Vorteile:

- Deutliche Produktivitätssteigerung durch die Einführung eines Fließfertigungskonzeptes im Endmontagebereich
- Von ursprünglich manuellen Testschritten zu jetzt automatischen Testschritten
- Von ursprünglich manuellem Ultraschallschweißen zu jetzt automatischem Ultraschallschweißen
- Von ursprünglich Einzelarbeitsplätzen zu jetzt automatisch verketteten Abläufen
- Minimaler Rüstaufwand des eingesetzten Systems bei Auftragswechsel durch einfaches Starten und Beenden des Auftrages durch die Mitarbeiter am Arbeitsplatz
- Softwareanpassungen für Prüf-, Kennzeichnungs- und Montageeinrichtungen in der Transferlinie erfolgen vollautomatisch

Die Verbesserung der Produkt- und Prozessqualität erfolgte durch:

- die übersichtliche Gestaltung der Prozesse, Materialflüsse und Einzelarbeitsplätze. Hierdurch können die Mitarbeiter/-innen besser am kontinuierlichen Verbesserungsprozess (CIP) beteiligt werden
- sehr kurze Fehlerrückmeldungen und somit Prozessoptimierung durch integrierte Endprüfung direkt am Montageplatz sowie vollautomatischer Inlineprüfung der digitalen Geräte
- integriertes Produktaudit: Stichproben Qualitätsprüfung aus Kundensicht

Abb. 7.3 „Flow Line 1"   **Abb. 7.4** „Flow Line 2"

7.3 MES-Einführung im Unternehmen

Die Auslöser für die Einführung eines MES waren:

- Der Bedarf an einem Leitstand in der Kunststoffspritzerei. Das vorhandene System wurde vom damaligen Anbieter nicht mehr weitergepflegt (Anbieter ist nicht mehr am Markt).
- Die bisherige Systemanbindung an das ERP-System war nie vollständig entwickelt.
- Die Abläufe in der Spritzerei sind zwischenzeitlich vollständig umgestaltet: die Werkzeugverfügbarkeit ist verbessert, die Spritzgießmaschinen sind erneuert, alle Maschinen sind mit automatischen Handlings versehen, die Mitarbeiter sind umqualifiziert, die Fließfertigung für Baugruppen ist etabliert.
- Der Wunsch nach einem zentralen System für alle Prozesse unterhalb des ERP-Systems.
- Das Ziel, die Prozesse transparenter zu machen.
- Verbesserungspotenziale zu erkennen.
- Einen zeitnahen und papierlosen Informationsfluss zu haben.
- Die Visualisierung der Prozesse für die Werker/Mitarbeiter.
- Die Prozessverantwortung auf die Mitarbeiter zu übertragen.
- Der Wunsch Ziele zu vereinbaren.
- Der Bedarf an Kennzahlen zur Verfolgung der Effektivität und Effizienz.
- Der Wunsch nach einem „Simulationstool" für eine schlanke Fertigungssteuerung über alle Stufen.
- Die Umstellung von „Planwirtschaft" auf verbrauchsgesteuerten Materialfluss mit schlanken Umlaufbeständen.
- Eine integrierte Lösung für Betriebsdaten, Maschinendaten, Leitstand, CAQ, Personalzeit und Zutrittskontrolle (keine Insellösungen).
- Die „Papierlose Fabrik".

7.4 Projektablauf

7.4.1 MES-Einführung

Beginn der Anbieterauswahl: Mai 2003
Entscheidung für den Anbieter (MPDV): Dezember 2003
    Begründung: zentrales System für alle Prozesse zwischen ERP und der Fertigungsebene für einen zeitnahen und papierlosen Informationsfluss; hohe Funktionalität in den Standardmodulen.

Projektfreigabe vom Konzern: März 2004

Bezeichnung der Tätigkeit / Aktion	Zeitpunkt
Projektstart (Kickoff)	KW 17 / 2004
Beschaffung externer Server - Beratung durch MPDV	
Schulungen	ab KW 19 / 2004
Abschluß der Installations- und Montagearbeiten (Maschinenanbindungen)	KW 22 / 2004
Lieferung Server Lieferung Hardware MPDV	KW 22 / 2004
Beratung / Consulting	KW 23 / 2004
Bereitstellung der Schnittstelle ERP => HYDRA	KW 23 / 2004
Inbetriebnahme (Pilotsystem)	KW 23 / 2004
Einführungsunterstützung bei der Konfiguration des Systems	KW 29 / 2004
Start Spritzerei	KW 30 / 2004

Abb. 7.5 Übersicht über die Projektphasen

7.4 Projektablauf

Folgende Module wurden daraufhin bei Legrand eingeführt:

1. Leitstand (HLS) in der Spritzerei
   Maschinendatenerfassung (MDE) in der Spritzerei
   Betriebsdatenerfassung (BDE) in der Spritzerei
2. Wareneingangsprüfung (WEP) im Wareneingang
   Fertigungsbegleitende Prüfung (FEP) in der Fertigung
3. Personalzeiterfassung (PZE)
   Zutrittskontrolle (ZKS)
4. Betriebsdatenerfassung (BDE) im Werkzeugbau
5. Betriebsdatenerfassung (BDE) in der Endmontage

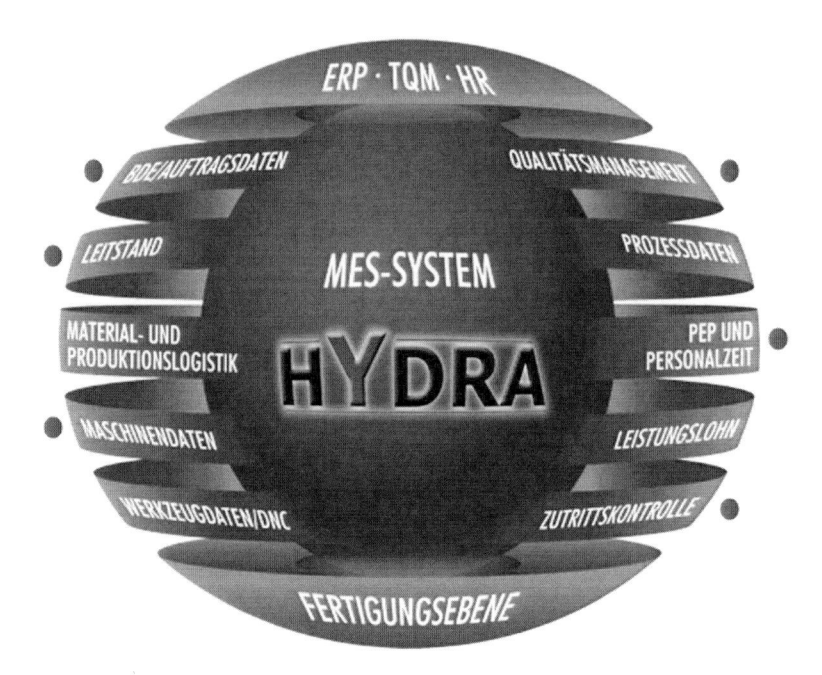

Abb. 7.6 „MES-System HYDRA". Die bei Legrand eingeführten Module sind durch Punkte gekennzeichnet.

7.4.2 Einführung eines Kennzahlensystems

Zur Verbesserung aller (Geschäfts-) Prozesse wurde entschieden, ein Kennzahlensystem (Cockpit-Chart-System) einzuführen. Das Cockpit-Chart-System (CCS) ist ein Instrument zur Steuerung des Gesamtunternehmens und der einzelnen Bereiche sowie zur Generierung und Interpretation von wichtigen Führungsinformationen. Nachdem die Kennzahlen definiert waren, wurden die Kennzahlenbesitzer festgelegt. Die Kennzahlenbesitzer sind hierbei für den Inhalt und die Ergebnisse verantwortlich. Die Produktionsdaten stammen aus dem MES HYDRA von MPDV (Maschinenzeitprofile, Stillstände/Störklassen, Rüstzeiten, Laufzeiten, Gleitzeit, Krankenstand etc.), sowie aus dem ERP-System.

Die Einführung des CCS war unter anderem Bestandteil eines übergeordneten SCM-Projektes, das im Folgenden näher erläutert werden soll. Unter Supply Chain Management versteht man die Aktivitäten von Unternehmen, alle Prozesse in der Wertschöpfungskette, von den Lieferanten bis zu den Abnehmern, systematisch zu planen und zu regeln.

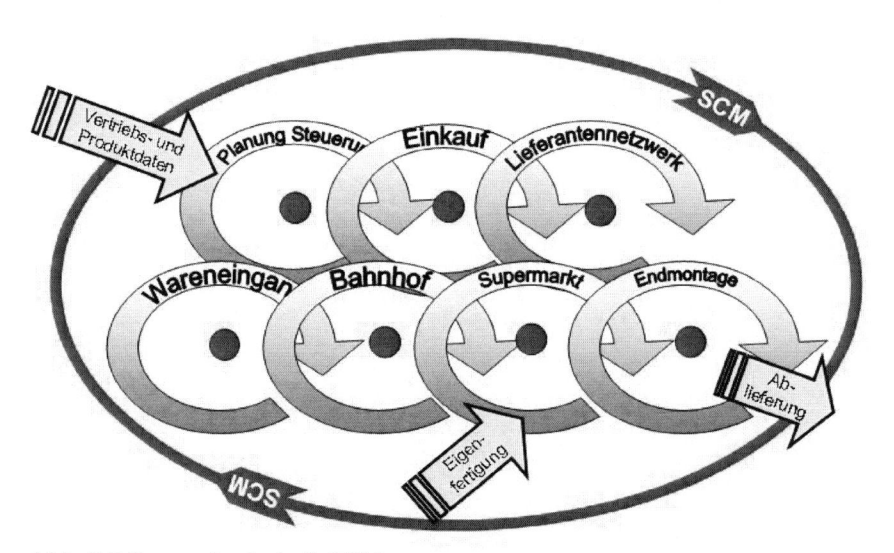

Abb. 7.7 Prozesslandschaft SCM

Betrachtungsgegenstand ist der Material- und Produktfluss in einem logistischen Netzwerk, das aus Verbindungen zwischen internen und externen Lieferanten und Abnehmern besteht.

Zielsetzung ist die Gestaltung und Optimierung aller Prozesse der Wertschöpfungskette von der Materialbeschaffung bis zur Einlagerung der Produkte.

Aufgaben:

- Schlanke Materialversorgung in der Produktion von der Warenannahme bis zum Arbeitsplatz
- Aufwandsreduzierung bei der Warenannahme durch Einbeziehung der Lieferanten und Methodenoptimierung
- Identprüfung der Ware bei der Annahme
- Neuorganisation der Materialbuchungen (Barcode)
- Einführung der Lagerplatzverwaltung – Wegeoptimierung
- Optimierung der DLZ der Wareneingänge < 2 Tage

- Monatliche Reunion Plan Industriel (mittel- bis langfristige Planung aller Ressourcen)
- Planung und Steuerung von Produktaus- und -neuanläufen
- Optimierung und Anpassung, zum Beispiel bei Änderungen in der Produktionslogistik
- Schlanke Zulieferstruktur der Fertigung
  Interner Materialfluss: Materialversorgung der Produktion mit selbst steuernden Regelkreisen (Kanban)
  Externer Materialfluss: 3 Hauptlieferanten liefern Elektronikmodule. Andere Roh-, Hilfs- und Betriebsstoffe werden international (Konzern) und lokal eingekauft
- Sicherheitsbestand der Baugruppen von externen Lieferanten aufbauen
- Gleichzeitig Reduzierung der Umlaufbestände
- Zukauf aller Baugruppen 100% getestet 0-Fehler Ablieferung

Ziel und Anforderungen an die Kennzahlen

Die Kennzahlen aus MES und CCS werden zur täglichen Zielverfolgung und zur ständigen Verbesserung der Prozesssteuerung eingesetzt. Die drei Hauptziele im Überblick lauten:

- ständige Verbesserung aller Haupt- und Nebenprozesse durch "Management By Objectives"
- Zeitnaher Überblick über den Ist-Zustand aller definierten Prozesse für alle Prozessbeteiligten
- Zieltransparenz und -verabredung (MBO) online in einem gemeinsamen transparenten Medium

Zusammengefasst soll das System CCS als Führungsinstrument für Analysen, Prognosen, Problemdiagnose, Frühwarnung, Planung/Steuerung/Kontrolle, etc. dienen. Das Kennzahlensystem steht der Geschäftsleitung, Bereichsleitung, Abteilungsleitung, Prozess-Coaches und Sachbearbeitern zur Verfügung, während die Kennzahlen aus dem MES der Produktionsleitung, Abteilungsleitung, Prozess-Coaches und den Werkern zur Verfügung stehen.

Die Anforderungen an die Systeme waren die leichte und anwenderfreundliche Handhabung für alle Mitarbeiter/-innen des Unternehmens, die zeitnahe Systemantwort/-reaktion, die weitestgehend automatische Datenintegration (Fehlervermeidung/Aufwandreduktion) und natürlich die einfache Durchführung von unternehmensspezifischen Anpassungen.

Eine weitere wichtige Anforderung ist die Datenzuverlässigkeit, das heißt die Visualisierung von aktuellen und fehlerfreien IST-Daten und die Vermeidung von lückenhaften Kennzahlenabbildungen.

Ergebnis: Prozessfehler, die zu Engpässen oder Kostenüberschreitungen führen könnten, werden schon vor Eintreten erkannt:

=> Entscheidungshilfe für Prozessverantwortliche
=> Frühzeitige Aktion versus Reaktion
=> Selbstlaufendes Managementsystem durch Früh-Warn-System!!!

7.5 Bisher erzielte Ergebnisse

In der Kunststoffspritzerei konnten die Umlaufbestände für Kunststoffkomponenten und Baugruppen um 57% (Sep. 2005) bei verbesserter Liefertreue (Verbesserung von 96% auf 99%) gesenkt werden! Desweiteren wurde der Planungsaufwand um über 700 Stunden/Jahr reduziert („Ablauf-Simulation im Leitstand und automatische Datenrückmeldung").

Weitere Qualitätsverbesserung wurden durch zeitnahe Zahlen-Daten-Fakten erzielt: der Ausschuss sank von ca. 0,30% auf kleiner 0,17% gemessen an der Gesamtleistung der Produktion. Ebenfalls entstand eine Rüstzeitoptimierung von durchschnittlich 1 h 35 min. (Okt. 2004) auf ca. 30 min..

Weitere Ziele im Bereich der Kunststoffspritzerei in 2006

Die Umlaufbestände für Kunststoffkomponenten und Baugruppen sollen um > 10% gesenkt werden. Die Rüstzeit soll auf < 30 min. optimiert werden. Weitere Ziele sind die hohe Prozesssicherheit mit großer Flexibilität durch Transparenz und ständige Prozessverbesserungen.

Praxisbeispiele MES Leitstand

Maschinenpark

Durch die Einführung des MES HYDRA können die Maschinen schnell, lückenlos und rund um die Uhr überwacht werden. Die aktuelle Situation kann im realitätsnahen Maschinenpark, wie in der Abbildung 7.8 zu sehen ist übersichtlich, online dargestellt werden.

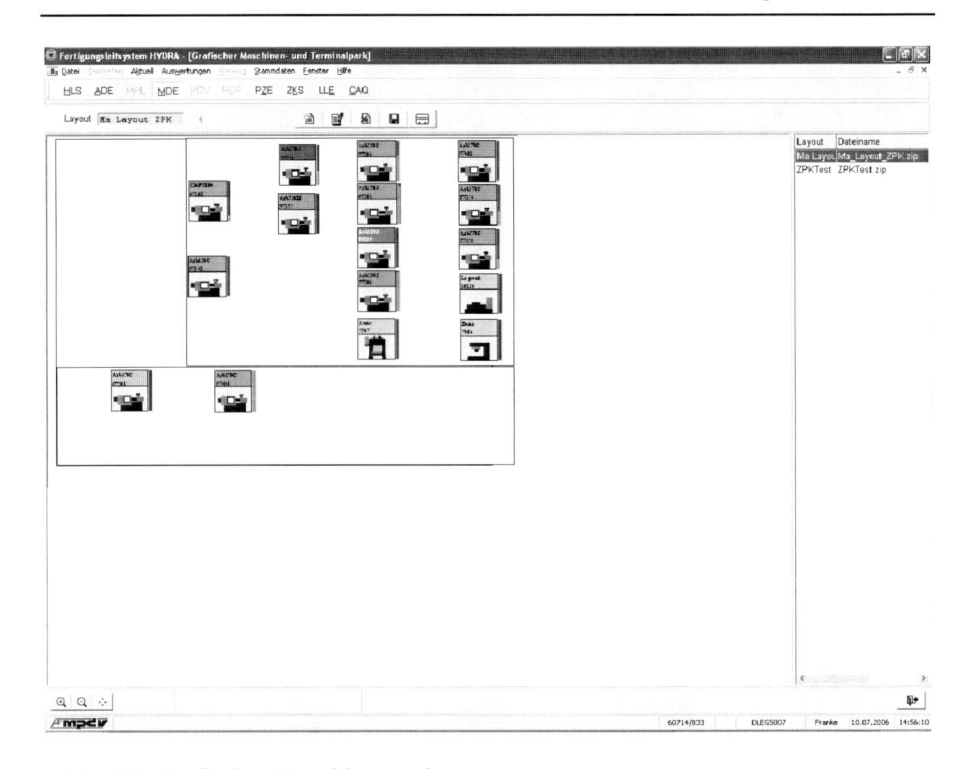

Abb. 7.8 Grafischer Maschinenpark

Graphischer Leitstand

Die Abbildung 7.9 zeigt eine alternative Darstellung auf dem Leitstand. Damit steht online eine Reihe wichtiger Informationen einen Blick zur Verfügung:

- Maschinenstatus (steht oder läuft)
- Taktungen und Zyklen
- Die Auftragsbelegung der Maschinen
- Der Belegungshorizont jeder Maschine
- Auftragsfortschritt
- Restlaufzeiten
- Reservierungen
- Zukünftige Kapazitätskonflikt
- Ressourcenverfügbarkeiten

In einer zusätzliche Ansicht können vorlaufend für einen einstellbaren Zeithorizont Belastungsübersichten angezeigt werden.

272   7 Fallbeispiel Firma Legrand-BTicino GmbH

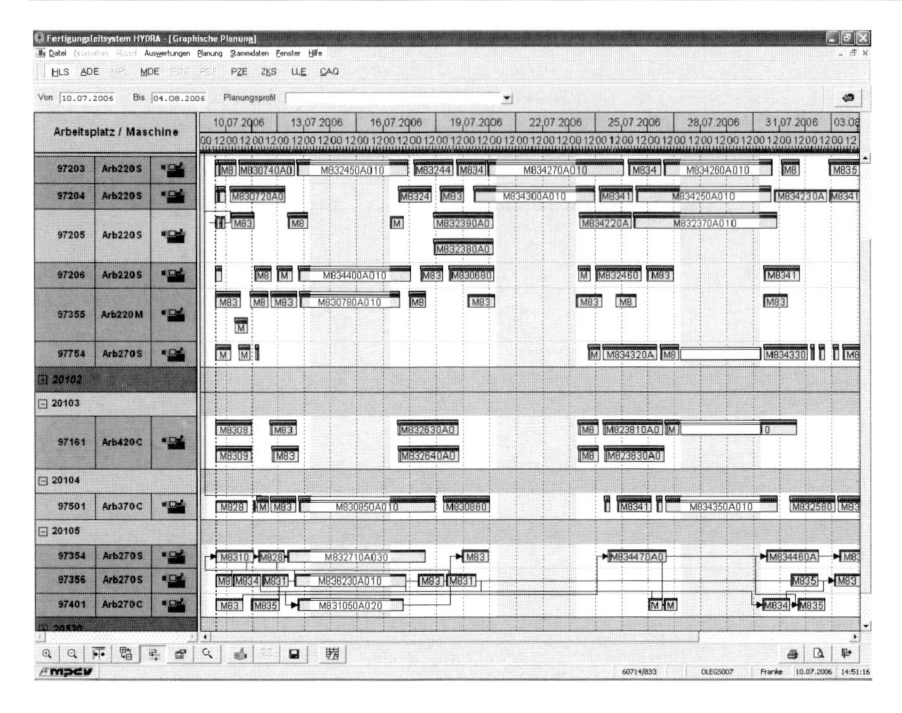

Abb. 7.9 Fertigungsleitstand

Soll-Ist-Vergleiche

Die Abbildung 7.10 stellt die auftragsbezogene Soll-Ist-Statistik dar, mit Hilfe derer die Plandaten im PPS-System mit den Ist-Daten aus der Produktion verglichen und gegebenenfalls nachjustiert werden können.

Die Abbildung 7.10 zeigt eine Gegenüberstellung der Plandaten aus dem ERP-System mit den Ist-Daten aus der laufenden Produktion. Im oberen Teil wird neben arbeitsgangbezogenen Vorgabedaten auch der jeweils angefallene Personaleinsatz angezeigt.

7.5 Bisher erzielte Ergebnisse 273

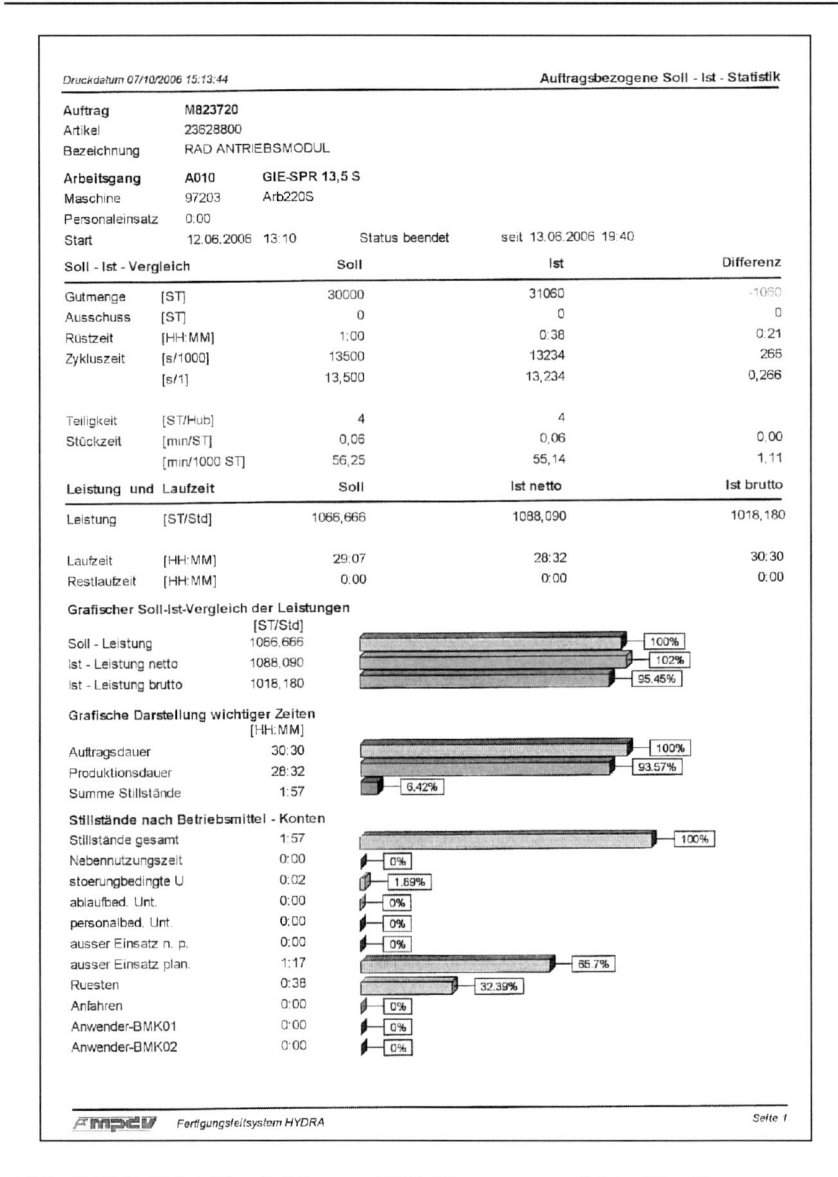

Druckdatum 07/10/2006 15:13:44			Auftragsbezogene Soll - Ist - Statistik	
Auftrag	M823720			
Artikel	23628800			
Bezeichnung	RAD ANTRIEBSMODUL			
Arbeitsgang	A010	GIE-SPR 13,5 S		
Maschine	97203	Arb220S		
Personaleinsatz	0:00			
Start	12.06.2006 13:10	Status beendet	seit 13.06.2006 19:40	
Soll - Ist - Vergleich		**Soll**	**Ist**	**Differenz**
Gutmenge	[ST]	30000	31060	-1060
Ausschuss	[ST]	0	0	0
Rüstzeit	[HH:MM]	1:00	0:38	0:21
Zykluszeit	[s/1000]	13500	13234	266
	[s/1]	13,500	13,234	0,266
Teiligkeit	[ST/Hub]	4	4	
Stückzeit	[min/ST]	0,06	0,06	0,00
	[min/1000 ST]	56,25	55,14	1,11
Leistung und Laufzeit		**Soll**	**Ist netto**	**Ist brutto**
Leistung	[ST/Std]	1066,666	1088,090	1018,180
Laufzeit	[HH:MM]	29:07	28:32	30:30
Restlaufzeit	[HH:MM]	0:00	0:00	0:00

Grafischer Soll-Ist-Vergleich der Leistungen
[ST/Std]
Soll - Leistung   1066,666   100%
Ist - Leistung netto   1088,090   102%
Ist - Leistung brutto   1018,180   95.45%

Grafische Darstellung wichtiger Zeiten
[HH:MM]
Auftragsdauer   30:30   100%
Produktionsdauer   28:32   93.57%
Summe Stillstände   1:57   6.42%

Stillstände nach Betriebsmittel - Konten
Stillstände gesamt   1:57   100%
Nebennutzungszeit   0:00   0%
stoerungbedingte U   0:02   1.69%
ablaufbed. Unt.   0:00   0%
personalbed. Unt.   0:00   0%
ausser Einsatz n. p.   0:00   0%
ausser Einsatz plan.   1:17   85.7%
Ruesten   0:38   32.39%
Anfahren   0:00   0%
Anwender-BMK01   0:00   0%
Anwender-BMK02   0:00   0%

AMPEV   Fertigungsleitsystem HYDRA   Seite 1

Abb. 7.10 Soll-Ist-Vergleich von ERP Planungen und Ist- Situation

Im ersten Teil der Tabelle "Soll-Ist-Vergleich" werden Informationen zu bisher erfassten Mengen und Zeiten (Spalte Ist) angezeigt und den Vorgaben des ERP-Systems (Spalte Soll) gegenübergestellt.

Im unteren Teil der Tabelle erfolgt eine Gegenüberstellung der Leistung, Laufzeit sowie Restlaufzeit. Bei den Ist-Daten wird unterschieden zwischen Brutto und Netto. Während die Basis der Nettowerte nur die bisher angefallene Hauptnutzungszeit ist, erfolgt die Berechnung der Bruttowerte immer auf Basis der Bele-

274   7 Fallbeispiel Firma Legrand-BTicino GmbH

gungszeit. Zusätzlich werden die Leistungswerte sowie die angefallenen Zeiten prozentual in Form von Balkendiagrammen visualisiert.

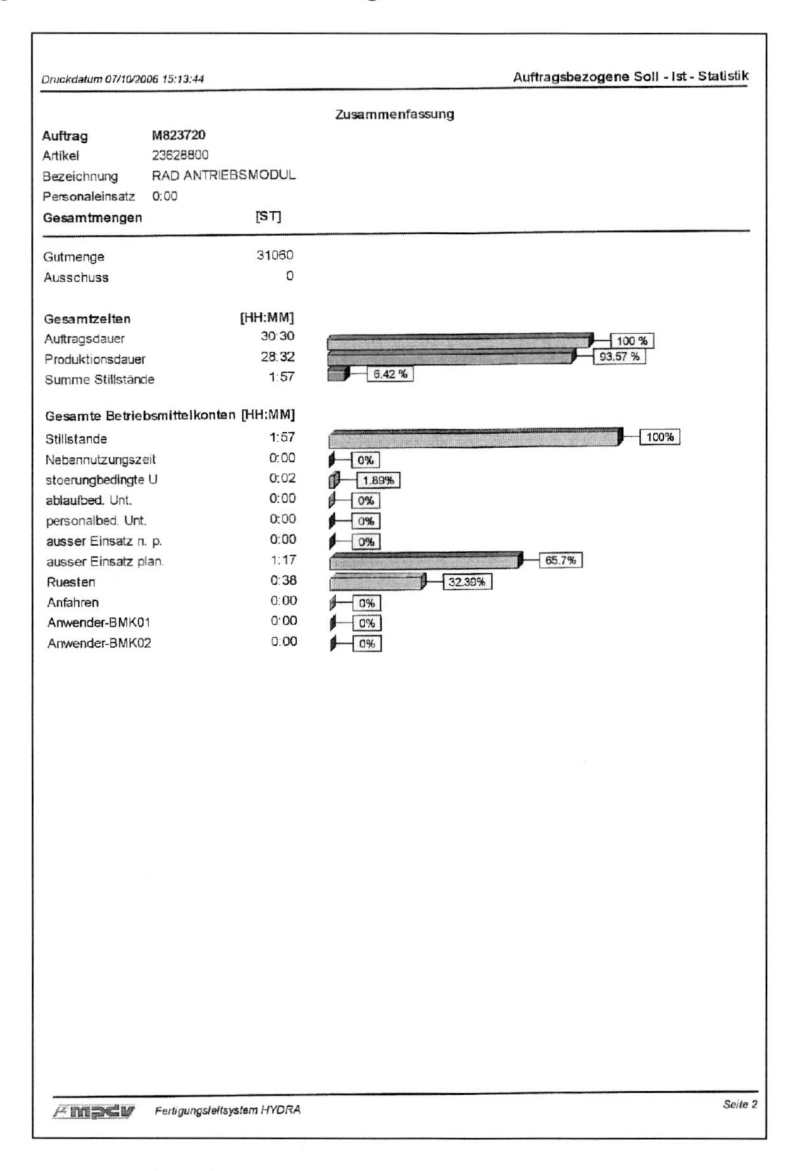

Abb. 7.11 Auftragsbezogene Zusammenfassung

Am Ende der Statistik wird eine Kumulation über alle Arbeitsgänge dieses Auftrags ausgegeben, welche einerseits die gesamte Gutmenge und den gesamten Ausschuss ermittelt (siehe Abbildung 7.11). Andererseits werden die Zeiten aufgelistet, die in Summe auf den einzelnen Betriebsmittelkonten angefallen sind und deren prozentualer Anteil an der gesamten Auftragsdauer.

7.6 Zusammenfassung

Die Einführung eines MES war die logische Konsequenz auf dem Weg zu mehr Wirtschaftlichkeit in der Fertigung. So konnte bei Legrand-BTicino nicht nur die Planung der Fertigungsaufträge verbessert werden, sondern es stehen nun auch prozessorientierte Kennzahlen als Zielvorgaben für die Mitarbeiter zur Verfügung. Alleine durch die verbesserte Planung konnten Umlaufbestände und Durchlaufzeiten reduziert und bestehende Anlagen besser ausgenutzt werden. Die Einbindung der Mitarbeiter durch Zielvorgaben brachte einen zusätzlichen Motivationsschub, der auch den kontinuierlichen Verbesserungsprozess im Unternehmen positiv stimulierte. Die bereits heute erreichten Ergebnisse bilden die Basis für künftige Verbesserungen. Damit wird der Verbesserungsprozess bei Legrand-BTicino nie enden. Das MES dokumentiert den Fortschritt durch aussagefähige Kennzahlen.

8 Fallbeispiel Firma Swiss Caps AG

8.1 Vorstellung des Unternehmens

Die SWISS CAPS AG in Kirchberg (www.swisscaps.ch), Schweiz, ist ein internationales Dienstleistungsunternehmen für die Pharma-, Lebensmittel- und Kosmetikindustrie. Für die Kunden werden alle festen Darreichungsformen konzipiert, entwickelt, gefertigt und verpackt. So werden beispielsweise Hart- und Weichkapseln, mit und ohne Gelatine, Tabletten, Brausetabletten und Dragées gefertigt. Hinzu kommt ein umfangreiches Serviceprogramm, das die Produktion begleitet. Die vielfältigen Aufgaben sind auf folgende Produktionsstätten in Europa und in den USA verteilt:

SWISS CAPS AG Kirchberg, Schweiz
In Kirchberg befindet sich der Stammsitz von SWISS CAPS. Hier laufen die Fäden aller Standorte zusammen. Rund 320 Mitarbeiter produzieren hier das gesamte Spektrum pharmazeutischer Darreichungsformen: 2 Milliarden Weichkapseln, mit und ohne Gelatine, sowie 120 Millionen Hartkapseln und 2 Milliarden Tabletten und Dragées. Ein umfassender Analytik- und Zulassungs-Service rundet das Angebot ab.

SCA Lohnherstellungs GmbH, Deutschland
Der Standort Bad Aibling ist fokussiert auf die Verpackung der in Kirchberg oder Bad Aibling produzierten Kapseln. Mit mehr als 120 Mitarbeitern werden pro Monat mehr als 7 Millionen Blister produziert in den Bereichen Arzneimittel, Lebensmittel und Kosmetika.

SWISS CAPS Inc. Miami, USA
In Miami produzieren etwa 175 Mitarbeiter Weichgelatinekapseln für den amerikanischen Markt. Zurzeit wird die Kapazität auf 2 Milliarden Kapseln pro Jahr erhöht.

H. & E.-Pharma SA Bioggio, Schweiz
Als Tochterunternehmen von SWISS CAPS produziert die H. & E.-Pharma in Bioggio mit ca. 50 Mitarbeitern jährlich 300 Millionen Brausetabletten.

Swisscaps Rumänien in Cornu
Der Standort Rumänien wurde kontinuiertlich ausgebaut. Mittlerweile sind ca. 120 Mitarbeiter beschäftigt. Von oeligen Kapseln und Paint Ball wurde ab Juli

2006 aus Suspensionen gefertigt um die Bulk-Produktion in Kirchberg zu entlasten. Als weiteres Standbein produziert Cornu Paint Balls.

8.2 Ausgangssituation

Die bisherige Systemlandschaft bei Swiss Caps setzte sich aus drei verschiedenen, durch Schnittstellen verbundene IT-Systeme zusammen: die Verkaufsaufträge und der Versand wurden in SAP durchgeführt, der Einkauf und die Produktion setzten jeweils eigene Tools ein.

Die verschiedenen Systeme kommunizierten zum Teil über standardisierte Schnittstellen, zum Teil aber auch über selbst erstellte Schnittstellen miteinander. Es hatte sich gezeigt, dass die Schnittstellen die häufigste Fehlerursache der IT-Systeme sind und damit eine hohen personellen Aufwand erfordern. Der Aufwand für das Monitoring der Systeme verschlang eine ganze IT-Stelle und führte immer wieder zu Unterbrechungen im Prozess.

Da die Informationen weder in der richtigen Form, noch online zur Verfügung standen, wurden durch viel manuellen Aufwand die Daten in Excel-Files übertragen und überwacht. Die Erkenntnis dabei war, dass jede Information, die ausgedruckt wird, genau zu diesem Zeitpunkt bereits schon wieder veraltet ist. Dies führte dazu, dass sich die Organisation selbst beschäftigt hat, um die richtigen Informationen an die richtigen Stellen zu übermitteln.

Die Übersicht über Plan- und Ist-Termine sowie über Soll- und Ist-Durchlaufzeit konnte nur durch manuell geschriebene Aufzeichnungen durchgeführt werden. Die Entnahme der Rohstoffe aus dem Lager erfolgte durch die auf den Laufblättern beschriebenen Mengen. Der Zeitversatz zwischen Entnahme im System und der physischen Entnahme konnte bis zu zwei Tage betragen. Dies führte immer wieder zur Lagerunstimmigkeiten. Hinzu kam, dass es bei dem Mengengerüst von Swiss Caps einfach nicht mehr möglich war, die notwendigen Buchungen betriebswirtschaftlich effizient durchzuführen.

Im Pharmaumfeld müssen Hersteller die GMP (Good Manufacturing Practice) und FDA (Food and Drug Administration) Anforderungen erfüllen. Dies bedeutet, dass auch die in der Produktion eingesetzte Hard- und Software konform zu diesen Richtlinien sein muss. Die bestehenden Systeme waren jedoch schon älter, so dass sie die Anforderungen nicht mehr erfüllten.

Um das längerfristige Wachstum, die Transparenz der Prozesse und die Anforderungen von GMP und FDA sicherzustellen, wurde beschlossen, ein komplettes Redesign der Prozesse und Systeme durchzuführen.

8.3 MES Einführung im Unternehmen

Die Entscheidung für die Einführung eines MES im Unternehmen fiel nach folgenden Vorüberlegungen.

Was soll im Produktionsprozess verbessert werden?

Im ersten Schritt wurde definiert, was künftig am Produktionsprozess verbessert werden soll. Oberstes Ziel für SWISS CAPS war es, in Verbindung mit SAP ein validiertes bzw. validierbares Gesamtsystem zu erhalten, das die Anforderungen von cGMP, 21 CFR Part 210 + 211, 21 CFR PART 11 und GAMP4 erfüllt.

Hinzu kamen weitere Ziele aus der Produktion:

- Bessere Durchlaufzeiten
- Optimale Maschinenauslastung
- Reduzierung von Ausschuss
- Einsatzplanung von Personal
- Reduktion von manuell ausgefüllten Informationen
- Reduktion von Schnittstellen und damit Kosteneinsparung in der IT
- Gleiches Reporting von KPI (Key Performance Indikatoren) über verschiedene Produktionsstandorte hinweg
- Langfristige Archivierung von Rückverfolgungsdaten

Mit welchen Maßnahmen lassen sich diese Ziele erreichen?

Im nächsten Schritt wurde untersucht, wie diese Ziele erreicht werden können. Dabei wurden folgende Maßnahmen als besonders wichtig erachtet:

- Messung der Soll-Ist Abweichung der Durchlaufzeiten
- Messung der Maschinenverfügbarkeit und -stillstände sowie Ermittlung der jeweiligen Stillstandsursachen
- Messung der Ausschussmengen und Erfassung der Ausschussgründe
- Schaffung von Transparenz über den Personaleinsatz
- Verbesserung des Auftragdurchlaufs
- Reduzierung von Schnittstellen zwischen Prozess und IT durch Vermeidung von Insellösungen
- Erfüllung der GMP/FDA-Vorschriften durch Einsatz konformer IT
- Erfassung und Archivierung von Chargeninformationen (Material-, Qualitäts- und Prozessdaten)

Im Folgenden wurden die theoretischen Lösungsmöglichkeiten zur Umsetzung der Maßnahmen gegenüber gestellt:

Die notwendigen Maßnahmen werden durch manuelle Aufschreibungen umgesetzt:

Tabelle 8.1 Vorteile und Nachteile von manuellen Datenerfassungen

Vorteile	Nachteile
Bekannte Organisation	Hoher Aufwand für die Beschaffung aller notwendigen Kennzahlen
Jeder Mitarbeiter unterzeichnet die Formulare	Bei Reklamationen ist der Aufwand hoch, da alle Informationen zusammengesucht werden müssen
	Prozesse können nur manuell überwacht werden

Alle notwendigen Maßnahmen werden durch ERP-Prozesse abgebildet bzw. unterstützt:

Tabelle 8.2 Vorteile und Nachteile von Erfassungen im ERP

Vorteile	Nachteile
Keine Schnittstellen	Falls das ERP System mehr Performance benötigt, zum Beispiel für Monats- oder Jahresabschluss in der Finanzabteilung, wird die Performance im Shopfloorsystem mit beeinträchtigt.
Eine Datenbasis	Die meisten ERP-Systeme sind nicht dafür ausgelegt, Prozesse in der Produktion abzubilden.
	Die Anbindung von Maschinen-/ Prozessdaten ist in ERP Systemen eher nicht gegeben.

Die notwendigen Maßnahmen werden durch ein MES unterstützt:

Tabelle 8.3 Vorteile und Nachteile von Erfassujngen im MES

Vorteile	Nachteile
Losgelöst von ERP-System. Verfügbar 24 h.	Eine Schnittstelle zum ERP System
Einbindung von Maschinen- , Prozess-, Material- und Qualitätsdaten in den Prozess sehr einfach möglich.	Schulungsaufwand, um die neuen Prozesse aufzuzeigen

Die Entscheidung fiel auf Basis der Vorüberlegungen für den Einsatz eines MES-Systems. Ausgewählt wurde aufgrund der GMP/FDA-Konformität sowie der funktionalen Möglichkeiten das MES HYDRA der Firma MPDV Mikrolab GmbH.

Welche MES-Funktionalitäten unterstützen die Maßnahmen?

Aus dem gesamten Funktionsumfang eines MES wurden bisher folgende Module eingeführt, mit denen die definierten Maßnahmen unterstützt werden. Die Tabelle 8.2 führt die MES-Gesamtfunktionalitäten und eingeführte Module (markiert) auf. Abbildung 8.2 zeigt die Einbindung des MES in die Systemlandschaft von Swiss Caps.

Tabelle 8.4 Ausgewählte MES Module und Funktionalitäten

MES Modul	MES Funktionalität
Betriebsdatenerfassung (BDE)	Auftragsinformationen, Durchlaufzeit
Maschinendatenerfassung (MDE)	Abbildung Maschinenpark, Statuserfassung, Stillstandsgründe
Leitstand (HLS)	Reihenfolgeplanung
Werkzeug- und Ressourcenmanagement (WRM)	Abbildung der Werkzeugbelegung und -wartung
Material und Produktionslogistik (MPL)	Materialbewegungen, Rückverfolgung, Chargen
Personalzeiterfassung (PZE)	Erfassung der Zeitstempelungen des Mitarbeiters
Qualitätsmanagement (CAQ)	Qualitätsmanagement
Prozessdaten (PDV)/DNC	Anbindung von Maschinen und Waagen
Zutrittskontrolle (ZKS)	Regelung des Zutritts in bestimmte Räume

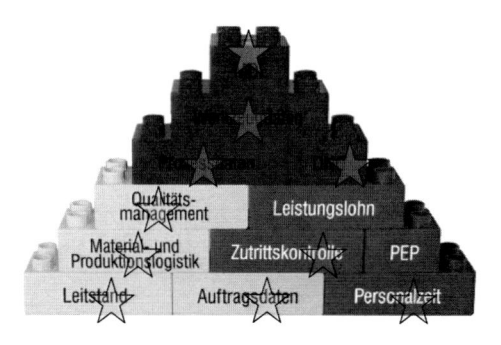

Abb. 8.1 MES Gesamtfunktionalitäten des Systems HYDRA

8.4 Projektablauf

Der gesamte Projektablauf von der Evaluation bis zum Go Live erstreckte sich bei Swiss Caps über einen Zeitraum von ca. einem Jahr. Im Folgenden werden die einzelnen Projektschritte näher erläutert.

IT- System Landschaft

```
                    ┌──────────────────────────────────┐
                    │ Management Information System    │
                    │           SAP/BW                 │
                    └──────────────────────────────────┘
                                    ↑
            ┌──────────────────────────────────────────────┐
            │              SAP R3 / Rel. 4.7               │
            └──────────────────────────────────────────────┘
                              - Auftragszeiten
      - Auftragsdaten         - Materialbewegungen
      - Artikeldaten          - Qualitätsdaten
      - Materialdaten         - Rückverfolgungsdaten
                              - Personalzeiten

            ┌──────────────────────────────────────────────┐
            │    Manufacturing Execution System (MES)      │
            │                  HYDRA                       │
            └──────────────────────────────────────────────┘
                              - Auftragszeiten          Personal-
      - Feinplanung           - Auftragsfortschritt     zeiterfassung
      - Auftragsdaten         - Statuserfassung         Zutrittskontrolle
      - Werkzeugmanage-       - Qualitätsdaten
        ment                  - Prozessdaten
                              - Rückverfolgungsdaten

            ┌──────────────────────────────────────────────┐
            │            Maschinen / Waagen                │
            └──────────────────────────────────────────────┘
```

Abb. 8.2 Übersicht über die Systemlandschaft

8.4.1 Evaluation

In der Evaluationsphase wurde ein MES-Anbieter gesucht, der nicht nur über das volle Spektrum der MES-Funktionalitäten verfügt, sondern dessen Lösungen auch FDA-konform sind, so dass eine Validierung des Gesamtsystems bestehend aus SAP und MES möglich ist. Hinzu kam die Anforderung, dass der Anbieter über Know-how und Erfahrung mit Schnittstellen zu SAP verfügen muss. Ein weiteres Kriterium war die Flexibilität, auf Kundenanforderungen eingehen zu können. Es stellte sich schnell heraus, dass MPDV einer der im SAP-Umfeld tätigen MES-Anbieter ist, der zudem die o.g. Anforderungen erfüllen kann.

8.4.2 Projektorganisation

Gleich zu Beginn des Projekts wurden die Projektverantwortlichen benannt und ein Organigramm erstellt.

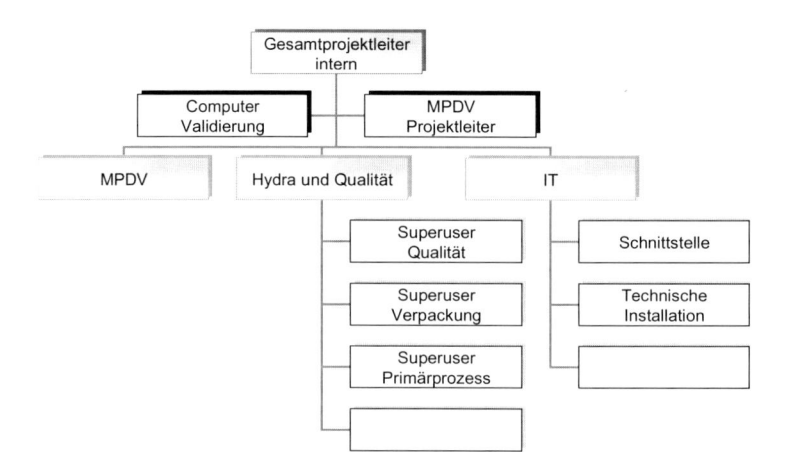

Abb. 8.3 Projektorganisation

8.4.3 Konzeption / Pflichtenheft

In Zusammenarbeit mit MPDV und den Personen im Betrieb mit den meisten Detailkenntnissen wurde ein Pflichtenheft erstellt. Es wurde eine Kombination zwischen Standardfunktionen und neuen Funktionen gefunden. In dieser Phase hatte MPDV die Möglichkeit, die Prozesse bei Swiss Caps kennen zu lernen, während sich die internen Mitarbeiter mit den Funktionen des MES auseinanderzusetzten. Durch die Abnahme des Pflichtenheftes von den internen Know-how-Trägern konnte mit der Implementierung begonnen werden.

8.4.4 Implementierung / Umsetzung des Pflichtenhefts

Das Projekt stand – wie wohl die meisten Projekte - unter Zeitdruck. Trotzdem wurde die Entwicklungszeit nicht gekürzt, da es ansonsten zu größerem Testaufwand kommen kann. In diesem Zusammenhang wurde auch die Schnittstelle zum SAP-System erstellt.

Die Implementierung wurde mit einem Funktionstest abgeschlossen, der direkt bei MPDV durchgeführt wurde. Bei diesem Treffen wurden noch Lücken im

Pflichtenheft festgestellt, die eine Anpassung des Konzeptes und der Schnittstellen notwendig machten.

8.4.5 Integrationstest

Durch den Integrationstest wurde sichergestellt, dass alle Funktionen auch in den Gesamtablauf passen. Es wurden von Order to Cash alle Funktionen vollumfänglich anhand eines Beispiels durchgespielt. Das Beispiel war so gewählt, dass es 80 % der Auftragsportfolios abdeckt.

Dieser Integrationstest wurde ausschließlich durch eigene Mitarbeiter durchgeführt. Der Abschluss des Integrationstestes war die Grundlage, um sich mit dem Go Live auseinander zu setzen. Als Resultat des Integrationstests wurde eine offene Postenliste erstellt, die sicherstellen soll, dass bis zum Go Live alles abgearbeitet wird. Während und nach dem Integrationstest begann die Schulung der User bei MPDV.

8.4.6 Parallellauf

Als letztes Element für einen erfolgreichen Start diente der Parallellauf. Mit dem Parallellauf wurden zwei Ziele verfolgt. Zum einen war dies die letzte Möglichkeit, vor dem Go Live die Prozesse am echten Beispiel zu sehen, um gegebenenfalls noch einmal korrigieren zu können. Zum anderen wurden damit die Schulungsmaßnahmen überprüft. Die meisten Schulungen sind sehr theoretisch. Der Mitarbeiter aus der Produktion kann sich nicht immer vorstellen, wieso von Eingangslosen, Work in Process (WIP) und Ausgangslosen gesprochen wird. Er arbeitet in der Produktion mit handfestem Material. Somit sollte die Schulung unbedingt vor Ort noch einmal wiederholt werden.

8.4.7 Go Live

Der Go Live fand gleichzeitig in zwei Werken statt. Eines in der Schweiz, das andere in Deutschland. Voraussetzung für den erfolgreichen Go Live war die Hotline-Organisation. Trotz guter Schulung traten in der ersten Wochen noch einige Fehler auf, die nicht erwartet wurden. Bei Swiss Caps übernahm daher jeweils einer der Superuser den Support vor Ort in der Tag- bzw. Nachtschicht. Es zeigte sich als sinnvoll, den Go Live stundengenau zu planen, damit alle Bestände und Personen zur richtigen Zeit vorhanden sind.

8.4.8 Validierung

Projektbegleitend wurde die Validierung aller Systeme durchgeführt. An erster Stelle stand die Risiko-Analyse, die aufzeigt, wo die größten Risiken liegen. Mit der Beschreibung der Funktionalitäten im Pflichtenheft konnte auch die Testdokumentation erstellt werden. Jeder Punkt aus der Risikoanalyse wurde bewertet und musste mit dem Integrationstest abgeschlossen werden. Die Freigabe der Systeme erfolgte erst, als der komplette Integrationstest erfolgreich durchgeführt war und von allen Personen unterschrieben wurde.

Auch nach dem erfolgreichem Go Live musste der Status der Validierung aufrecht erhalten werden. Aus diesem Grund wurde eine schriftliche Anweisung erstellt, die sicherstellt, dass bei Anpassungen der Systeme der Test und Installationsprozess sichergestellt wird.

Als Bestandteil der Go Live-Vorbereitung wurde ein Desaster Recovery Plan erstellt, der den Notfall beschreibt. Obwohl das MES-System und die Hardware ausgelegt sind für eine hohe Verfügbarkeit, kann es vorkommen, dass es zu einer Unterbrechung kommt. Damit die Produktion nicht limitiert wird, tritt der Notfallplan in Kraft. Darin ist jeder Prozess beschrieben und der Wiederanlaufplan festgelegt.

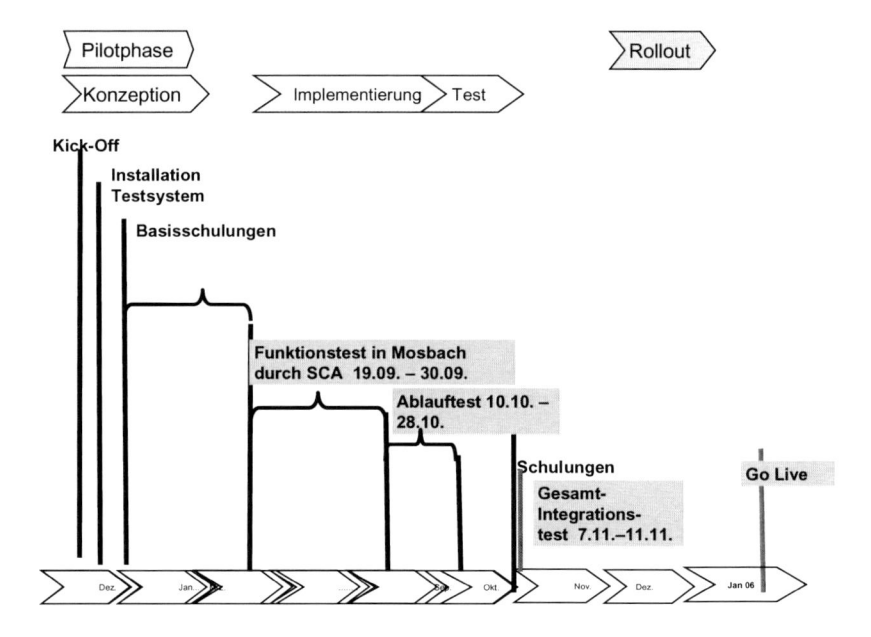

Abb. 8.4 Projektablauf der MES-Einführung

8.4.9 Roll-Out auf andere Standorte

Nach dem erfolgreichem Go Live wurde der Roll-Out in den Standort Rumänien angegangen. Der rumänische Standort ist ein neues Produktionswerk. Ziel war es, die gleiche Funktionalität einzuführen, wie dies schon im Mutterhaus erfolgte.

```
                    ┌─────────────────────┐
                    │ Gesamtprojektleiter │
                    │    Intern vor Ort   │
                    └─────────────────────┘
```

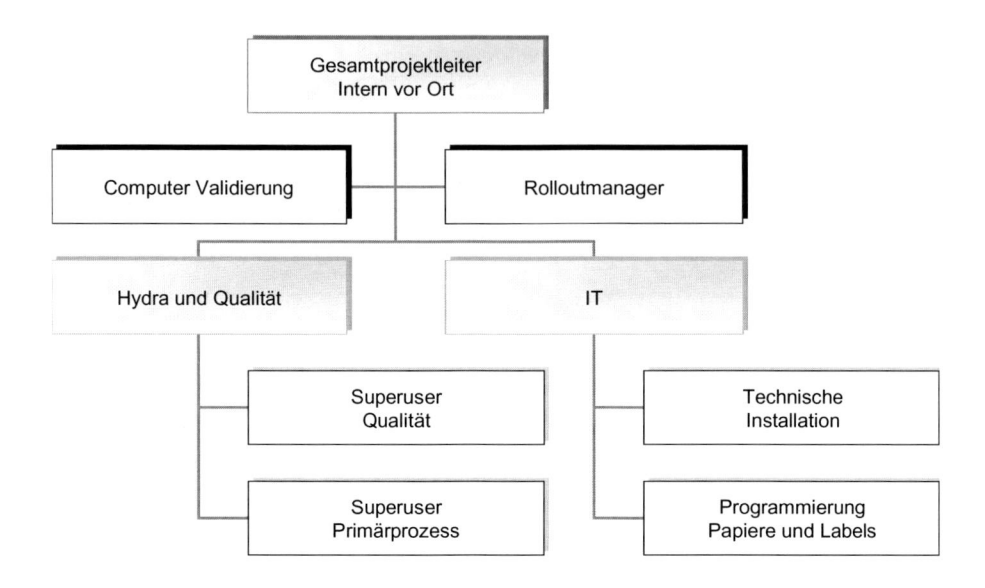

Abb. 8.5 Projektorganisation beim Roll-Out

Vorgehensweise beim Rollout

Es wurde beschlossen, dass im Werk Rumänien nur ein produktives MES-System zum Einsatz kommen soll. Die Testserver stehen nur in der Schweiz. Die Hardware wurde mit Hilfe von MPDV aufgesetzt. Alle Stammdaten wurden vom Mutterhaus übernommen. Somit waren bereits alle wichtigen Informationen, die für das konsolidierte Reporting benötigt wurden, vorhanden.

Der zweite Roll Out war einfacher, da die Mitarbeiter aus dem neuen Standort am lebenden Objekt sehen konnten, was sie tun müssen. Es gab keine theoretische Schulung mehr, sondern eine aktive, wo der Mitarbeiter genau das sah, wie es auch bei ihm sein wird. Die Übersetzung der Terminals in die Landesprache half dabei, Ängste der User abzubauen und die Akzeptanz zu erhöhen.

Im folgenden Projektplan ist beschrieben was die wichtigsten Punkte waren, die beachtet werden mussten, um einen erfolgreichen Go Live zu erzielen.

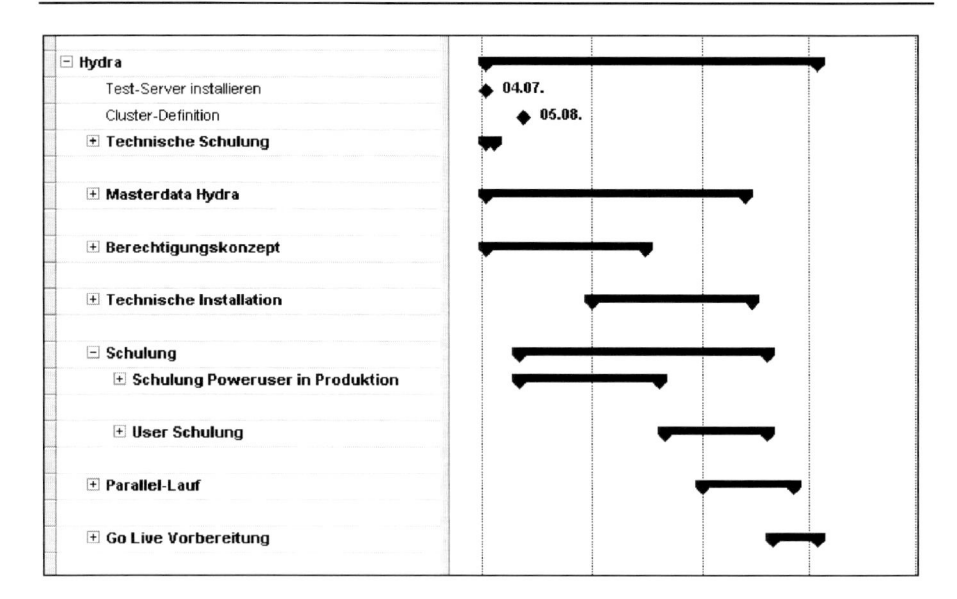

Abb. 8.6 Ablauf des Roll-Outs

8.4.10 Weitere Hinweise

Schnittstellen

Die Kontrolle der Schnittstelle zwischen ERP-System (hier SAP) und MES (hier HYDRA) kann erst erfolgen, wenn genügend Stammdaten im SAP-System vorhanden sind. Dies ist in einem Projekt mit ERP und MES meistens erst sehr spät gegeben. Insofern ist darauf zu achten, dass von Beginn an die Schnittstelle richtig eingerichtet wird. Hierbei ist es hilfreich, wenn die Schnittstellen - wie es zwischen SAP und HYDRA der Fall ist - standardisiert sind. Zusätzlich sollte die Schnittstelle so aufgebaut sein, dass sie mehrere Werke unterstützen kann.

Stammdaten

Die Stammdaten im ERP-System müssen wohl überdacht sein und stimmen. Nur so ist es möglich, Fehler schnellstmöglich zu identifizieren. Die Stammdaten im MES sollten standardisiert werden, damit werksübergreifende Statistiken wie Stillstandszeiten, Ausschussstatistiken, etc. gleichartig ausgewertet werden.

Schulung

Der Schulungsaufwand wird meist unterschätzt. Aus Erfahrung kann der User von der geschulten Information nur ca. 20 % behalten. Dies bestätigte sich im Parallellauf. Bei 3 oder 4 Schichtbetrieben ist die Aufnahmefähigkeit in der Nachtschicht noch geringer.

Die Schulung sollte unbedingt in der Sprache der Mitarbeiter durchgeführt werden. Schulungen durch IT-Personen werden vielfach nicht verstanden, da Begriffe verwendet werden, die nicht für jedermann verständlich sind. Daher ist es besser, die Schichtleiter durch die Superuser zu schulen. Die Schichtleiter wiederum schulen ihre direkten Mitarbeiter. Somit ist sichergestellt, dass in der Go Live-Phase das Know-how auf viele Personen verteilt ist.

8.5 Bisher erzielte Ergebnisse

Bei dem Go Live im Februar 2006 wurden mit einem Schlag sämtliche Module in SAP und HYDRA an einem Stichtag eingeführt. Da im Altsystem keine Planzeiten vorhanden waren, wurden Erfahrungswerte verwendet. Aus Erfahrung benötigt eine Organisation mindestens 3-6 Monate bis sie den Go Live überstanden und das neue System akzeptiert hat. Erst nach dieser Zeit können durch gezielte Maßnahmen die wirklichen Benefits erreicht werden.

So konnten bei Swiss Caps bereits folgende Verbesserungen erzielt werden:

- Transparenz von Soll und Ist- Zeiten
- Transparenz von Engpassressourcen
- Anforderungen gemäß FDA/GMP wurden erfüllt
- Durch den konsequenten Einsatz von Barcode wurde die Sicherheit erhöht, kein falsches Material einzusetzen
- Jedes eingesetzte Material sowie jedes eingesetzte Werkzeug kann jederzeit zurückverfolgt werden
- Durch den Einsatz des Qualitätsmoduls werden alle qualitätsrelevanten Informationen erfasst und sind für den Ausdruck des Prüfzeugnisses am Ende der Prozesskette auf Knopfdruck verfügbar
- Da nur noch eine Schnittstelle vorhanden ist, wurde das Monitoring sehr vereinfacht.

Autorenverzeichnis

Becher, Andreas, Dipl.-Ing. (BA) Maschinenbaustudium an der Berufsakademie Mannheim mit dem Schwerpunkt Konstruktion, Jahrgang 1966. Anschließend Ausbildung zum "Engineering Systems Engineer" bei EDS in Deutschland und USA. Ab 1992 Projektmanager im Hause MPDV. Seit 1998 Leiter des MPDV Projektmanagements und gesamtverantwortlich für Projektmanagement, Systemintegration und Support. a.becher@mpdv.de	
Brauckmann, Otto, Dipl.Kfm. Studium der BWL an der Ludwig-Maximilian-Universität in München mit dem Schwerpunkt Kostenrechnung, Jahrgang 1938. Seit 1984 selbstständig in Beratung und Vertrieb von Systemen zur Betriebsdaten-erfassung und Qualitätssicherung. 2002 Veröffentlichung des Buches Integriertes Betriebsdatenmanagement im Gabler Verlag. Mitautor des 2004 erschienenen Buch Manufacturing Scorecard im Gabler Verlag Brauckmann@Brauckmann-BDE.de	

Gronau, Norbert, Univ.-Prof. Dr.-Ing., Jahrgang 1964, studierte Maschinenbau und Betriebswirtschaftslehre an der Technischen Universität Berlin. Habilitation 2000 mit dem Thema "Nachhaltige Architekturen industrieller Informationssysteme bei organisatorischem Wandel" für das Lehrgebiet Wirtschaftsinformatik. Seit April 2004 ist er Lehrstuhlinhaber an der Universität Potsdam. Seine Forschungsinteressen liegen in den Bereichen Betriebliches Wissenmanagement und Wandlungsfähige ERP-Systeme.
ngronau@wi.uni-potsdam.de

Hildebrand, Bruno, Dipl. Wirtschaftsinformatik II AKAD, Jahrgang 1966, Schweiz. Nach dem Studium verschiedene Funktionen in der IT-Branche. Im Jahr 2002 war er verantwortlicher Projektleiter für die Einführung SAP und Hydra inkl. Rollenrückverfolgung mittels Hydra bei der Unternehmung ALCAN. Seit 2005 ist er IT Manager der Swisscaps Gruppe mit Werken in der Schweiz, Deutschland, Rumänien und USA.
bruno.hildebrand@ch.swisscaps.com

Kletti, Jürgen, Dr., Jahrgang 1948, Studium der Elektrotechnik mit dem Spezialfach „Technische Datenverarbeitung" an der Universität Karlsruhe. Nach der Promotion Gründung der Firma MPDV Mikrolab GmbH, deren Gesellschafter und Geschäftsführer er heute noch ist. MPDV beschäftigt sich seit 1990 hauptsächlich mit Software-Produkten und Dienstleistungen für die Fertigungsindustrie. Das Hauptprodukt von MPDV ist das MES-System HYDRA.
j.kletti@mpdv.de

Kletti, Wolfhard, Dipl. Informatiker Fachhochschule Mannheim, Jahrgang 1958, Beschäftigung als freier Mitarbeiter bei der IBM und in Projekten an der ETH Zürich.
Uni Karlsruhe mit dem Schwerpunkt Datenbanken für technische Anwendungen. Seit 1986 für die MPDV Mikrolab GmbH tätig.
Heute Mitglied der Geschäftsführung mit dem fachlichen Schwerpunkt Consulting.
w.kletti@mpdv.de

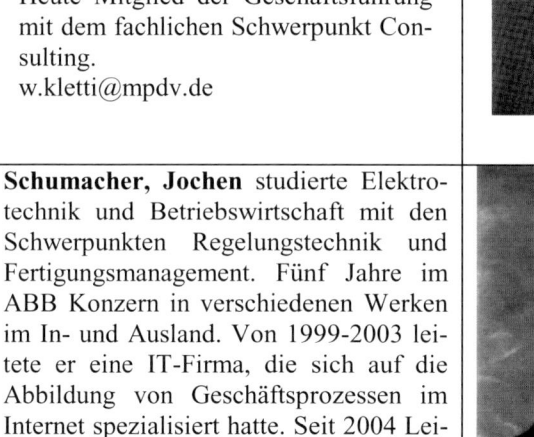

Schumacher, Jochen studierte Elektrotechnik und Betriebswirtschaft mit den Schwerpunkten Regelungstechnik und Fertigungsmanagement. Fünf Jahre im ABB Konzern in verschiedenen Werken im In- und Ausland. Von 1999-2003 leitete er eine IT-Firma, die sich auf die Abbildung von Geschäftsprozessen im Internet spezialisiert hatte. Seit 2004 Leiter der Beratungsabteilung MPDV Campus bei der MPDV Mikrolab GmbH. Referent auf Seminaren und Autor zahlreicher Veröffentlichungen in der Produktions- und IT-Fachpresse.
j.schumacher@mpdv.de

Sellmann, Wilfried, Dipl.-Ing. Elektrotechnik. Seit September 2001 Produktions-/Betriebsleiter der Legrand-BTicino GmbH in der Business Unit „Zeitschalttechnik, Thermostate, Jalousiesteuerung".
Verantwortlich für die Bereiche Industrial Engineering; Werkzeugbau; Kunststoffspritzgießen; Endmontage; SCM; Facility Management mit ca.150 Mitarbeitern. Seine Schwerpunktaufgaben liegen in der Prozessoptimierung bei Kernkompetenzen wie z.B.: Herstellung feinmechanischer Kunststoffteile und dazugehöriger Werkzeuge; hochflexible, kundenorientierte Endmontage in Form von weitgehend automatisierter Fließfertigung.
wilfried.sellmann@legrand-bticino.de

Sachverzeichnis

21 CFR Part 11 231
Änderungsmanagement 249
Best-Practice-Ansatz 185
Bullwhip-Effekts 179
Business Application Interface 245
Change Requests 250
Changemanagements 211
CITRIX 253
Citrix Application Server 232
Coaching 251
Competence-Team 244
Consumer-Bereich 253
Datenbankconnectoren 245
Dienstgütevereinbarung 186
Dienstleistungszentrum 1
Discounted-Cash-Flow-Verfahren 191
Downloads 245
Effizienzverluste 181
Euromap E63 230
FAT-Clients 253
FDA 231
Fehlersammelkarten 48
Feinplanung 7
Filetransfer 245
Funkterminals 254
Funktionsebenen 8
GAMP4 231
Geräteauswahl 255
GoLive-Strategie 215, 235, 249, 255
Grobplanung 7
Hotline 225
Hotlineservices 225
Initialkosten 192
Innovation 1
Insourcing 244

Integration
  horizontale 8, 228
  vertikale 8, 230
Interner Zinsfuß 191
Kapitalwerts 190
Kernteam 240
Keyuser 226
Keyusern 240
Kick Off Termin 239
Konzepterstellung 210
Kostenkontrolle 248
Kostensparprogramme 2
Kostenstruktur
  früher-heute 3
Kundenanforderungen 1
Lastenheft 213
Lenkungsausschuss 214
magisches Dreieck 183
Matrix–Organisation 238
Matrix-Strategie 258
Mehrsprachigkeit 226
MES Link Enabling (MLE) 246
myMES 11
Negativeffekte 1
Nutzenquantifizierung 179
OPC 230
Operationalisierung
  Nutzen 183
Outsourcing 244
Personalabbau 2
Pflichtenheft 213
Point of Sale 179
Potenzialanalyse 195
Produktgestaltung 1
Produktlebenszyklen 1
Projektdokumentationen 210
Projektmeilensteine 247

Projektstrukturplan (PSP) 247
Projektteam 243
proprietäres Datenbanksystem 212
Prototyping 214
Prozesskostenrechnung 185
Reaktionsfähigkeit 2
Referenzen 224
Regelkreis 4
Remote Function Calls 245
remote lesen
　RFID 254
Remotezugriff 225
RFID-Verfahren 230
Richtlinie 5600
　VDI 197
ROI-Betrachtungen 11
Rollout 212
SAP Netweaver 228, 245
Schnittstellen 245
Schwarze Löcher 2
Scoringmodelle
　additive 184
Service Level Agreements 186, 227
Service Oriented Architecture 245
simulative Planung 200
Skalierbarkeit 228

Soll-/Istvergleich
　permanenter 5
Strategie
　Big Bang 255
Stückkostenfalle 2
Support 225
TCO
　Total Cost of Ownership 185
TCP/IP Anbindungen 245
Teilelebenslauf 50
Template 244
Test- und Pilotinstallationen 233
Thin-Clients 253
Total Benefits of Ownership 192
Total Cost of Ownership 185
Transparenz 2
Turbulenz 1
Updateservices 225
Users Group 224
VDI-Richtlinie 5600 8
Verborgene Fabrik 2
Verkabelungsarbeiten 252
Verschwendungen 2
Wandelbarkeit 1
Wirtschaftlichkeit 2
Zielgruppenbetrachtung 233

Printed by Books on Demand, Germany